Lichtelektrische Zellen
und ihre Anwendung

Von

Dr. H. Simon und **Dr. R. Suhrmann**
Allgemeine Elektricitäts-Gesellschaft a. o. Professor an der Technischen Hochschule
Berlin Breslau

Mit 295 Abbildungen im Text

Berlin
Verlag von Julius Springer
1932

Alle Rechte, insbesondere das der Übersetzung
in fremde Sprachen, vorbehalten.
Copyright 1932 by Julius Springer in Berlin.
Softcover reprint of the hardcover 1st edition 1932

ISBN-13: 978-3-642-47296-1   e-ISBN-13: 978-3-642-47734-8
DOI: 10.1007/978-3-642-47734-8

Vorwort.

Über Photozellen und ihre Anwendungen sind bisher die folgenden Bücher erschienen:

Zworykin, V. K., u. E. D. Wilson: Photocells and their Applications. New York 1930.

Campbell, N. R., u. D. Ritchie: Photoelectric Cells. London 1929.

Barnard, G. R.: The Selenium Cell, its Properties and Applications. London 1930.

Anderson, J. S.: Photoelectric Cells and their Applications. London 1930.

Während das letztere eine Sammlung von Vorträgen darstellt, die im vergangenen Jahre auf einer Tagung der englischen physikalischen und optischen Gesellschaften gehalten wurden, und das von Barnard lediglich die Selenzelle bespricht, sind die beiden ersteren nach Art von Monographien systematisch aufgebaut und behandeln die Photozelle nur allgemein. Von ihnen unterscheidet sich das vorliegende Buch hauptsächlich dadurch, daß es nicht nur die Meßmethoden und einen Überblick der Anwendungen gibt, sondern sich auch mit der Theorie und der Herstellung der Photozellen befaßt. Die Theorie bringt es so weit, als zum Verständnis der Herstellungsmethoden und der Arbeitsweise der Zelle erforderlich ist; es bildet also eine Ergänzung des Buches von Gudden über „Lichtelektrische Erscheinungen" nach der praktischen Seite hin. Die älteren Ergebnisse der lichtelektrischen Forschung wurden nur dann herangezogen, wenn wir sie zur Abrundung der Darstellung benötigten, die neueren, sofern sie für die Zellenherstellung oder die Verwendung der Zelle von Bedeutung sind.

Besonders notwendig erschien es uns, nicht nur die elektrostatischen und elektromagnetischen Meßmethoden selbst, sondern auch die Hilfsmittel für lichtelektrisches Arbeiten zu behandeln, damit man in der Lage ist, an Hand des Buches z. B. eine Empfindlichkeitskurve aufzunehmen, ohne Spezialkenntnisse auf lichtelektrischem Gebiete zu besitzen. Dieser Abschnitt enthält also die „praktische Lichtelektrizität", wie Hallwachs in seinem Buche über „Lichtelektrizität" den entsprechenden Abschnitt seinerzeit benannte.

Bei der Schilderung der Anwendungen der Photozelle ging unser Bestreben dahin, eine möglichst systematische Zusammenstellung der bisher ausgearbeiteten Methoden zu geben, also nicht nur die einzelnen Anwendungen aufzuzählen, sondern sie übersichtlich in ihren Beziehungen zueinander zu betrachten. Daher wurden in den Fußnoten auch nicht alle Arbeiten zitiert, in denen die betreffende Methode benutzt worden ist, sondern hauptsächlich die, welche die Meßmethode stützten und zu ihrer Förderung beitrugen.

Wir möchten noch erwähnen, daß die Zitate der Herstellerfirmen einzelner Apparate in den Fußnoten nicht beanspruchen, eine Aufzählung aller einschlägigen Firmen zu geben. Wir haben die Bezugsquellen vielmehr nur auf Grund eigener Erfahrungen angeführt, um einen ersten Hinweis zu bieten.

Herrn K. Müller-Lübeck danken wir für die Ausführung der Berechnungen auf S. 162.

Beim Lesen der Korrekturen unterstützten uns in dankenswerter Weise die Herren Dr. Moeger, Dr.-Ing. F. Breyer, Dipl.-Ing. H. Csesch und H. Heiduck.

Berlin und Breslau, im Dezember 1931.

H. Simon. R. Suhrmann.

Inhaltsverzeichnis.

Seite
I. Einleitung (Suhrmann) 1
   1. Definition des äußeren lichtelektrischen Effektes (l. E.) 1
   2. Definition des inneren l. E. 2
II. Gesetzmäßigkeiten des äußeren l. E. (Suhrmann). . . 4
  A. Quantitative Gesetzmäßigkeiten 4
   3. Abhängigkeit des lichtelektrischen Stromes von der Lichtintensität; normale und selektive Empfindlichkeitskurve; langwellige Grenze. 4
   4. Auffallende und absorbierte Lichtenergie; schwarzer Körper 6
   5. Strom-Spannungskurve und Geschwindigkeitsverteilung 8
   6. Einsteinsche Gleichung; Austrittsarbeit und Kontaktpotential; Abweichungen von der Sättigung. 10
   7. Maximal erreichbare Elektronenausbeute. 13
   8. Lichtelektrische Gesamtemission. 15
  B. Qualitative Gesetzmäßigkeiten 17
   9. Abhängigkeit der lichtelektrischen Empfindlichkeit von der physikalisch-chemischen Beschaffenheit der Oberfläche; adsorbierte Schichten, Gasbeladung, Ermüdungserscheinungen 17
   10. Lichtelektrische Empfindlichkeit reiner Metalle und Metallverbindungen. 21
   11. Beeinflussung der Empfindlichkeit durch adsorbierte dünne Schichten. 24
   12. Selektiver l. E. 27
III. Gesetzmäßigkeiten des inneren l. E. (Suhrmann). . . 39
   13. Grundlegender Unterschied zwischen äußerem und innerem l. E.; Primärstrom; Sekundärstrom. 39
   14. Abhängigkeit der lichtelektrischen Leitfähigkeit vom Material; isolierende Kristalle; Halbleiter. 43
IV. Gesetzmäßigkeiten des Sperrschichtphotoeffektes (Suhrmann) 47
   15. Der Sperrschichtphotoeffekt, Hinterwandzelle und Vorderwandzelle 47
   16. Einzelheiten über das Zustandekommen des Sperrschichtphotoeffektes 49
   17. Der Becquereleffekt 54
V. Herstellung von Photozellen (Simon). 56
   18. Pumpanordnung, Zwischenvakuum, Kältemittel, Holzkohle, Quecksilberreinigung 56

Inhaltsverzeichnis.

Seite

19. Eigenschaften der Gläser; Gasabgabe, Leitfähigkeit, Glassorten; chemische Angreifbarkeit durch Alkalimetalle; Quarz und Hartgläser 60
20. Darstellung reiner Metalle; Schmelzpunkte; Dampfdrucke; Destillationsverfahren; Azidverfahren; Chloridverfahren; Thermitverfahren; Trägermetall; Metallspiegel 65
21. Darstellung reiner Gase; Wasserstoff; Sauerstoff; Stickstoff; Edelgase; Einlaßvorrichtung für Gase 76
22. Entgasungsverfahren; Gasdruckmessung; Ionisationsmanometer; Glühsender; Getter; elektrische Gasbindung; Ofen; Thermostat 79
23. Konstruktion und Herstellung verschiedener Zellentypen 83
24. Verstärkung durch Gasfüllung 92
25. Besondere Formen von lichtelektrischen Zellen; Quarzzellen; Zellen mit planparallelem Fenster; Zellen mit mehr als 2 Elektroden; Zellen mit eingebauten Heizelementen; Zellen mit eingebauter Verstärkerröhre . . . 98
26. Konstruktion und Herstellung von Photozellen, die auf dem inneren l. E. beruhen. Selenzellen, Thalofidzellen, Tellur-Selen-Zellen 104
27. Konstruktion und Herstellung von Sperrschichtphotozellen 115
28. Serienherstellung, Prüfung und Lebensdauer der Photozellen 117

VI. **Meßmethoden und Apparate bei lichtelektrischen Untersuchungen** 120

A. Elektrostatische Meßmethoden (Suhrmann) 120
29. Potential- und Zeitmeßmethode (Auflademethode) innerhalb des Sättigungsgebietes 120
30. Potential- und Zeitmeßmethode (Auflademethode) bei ansteigender Stromspannungskurve 126
31. Methode des stationären Ausschlags 130
32. Nullmethoden 135
33. Anwendbarkeit und Meßgenauigkeit der verschiedenen elektrostatischen Methoden 137

B. Instrumente für elektrostatische Messungen (Suhrmann) 140
34. Elektrometer 140
35. Kondensatoren, Hochohmwiderstände, Stoppuhren . . 148
36. Elektrostatischer Schutz und Isolation 153

C. Elektromagnetische Meßmethoden und Instrumente (Simon) 155
37. Direkte Messung des Photostroms mit dem Galvanometer 155
38. Allgemeines über Meßmethoden mit Verstärkeranordnungen 157
39. Meßmethoden mit Gleichstromverstärkung; Gleichstrom-Röhrenvoltmeter; mehrstufige Gleichstromverstärker . 170

Inhaltsverzeichnis. VII

Seite
40. Wechselstromverstärker, Röhrenvoltmeter mit Netzanschluß, Methoden zur Erzeugung eines modulierten Lichtstrahls 178
D. Methoden und Apparate zur Herstellung und Messung des in die Zelle einfallenden Lichtes (Suhrmann). 192
    41. Lichtquellen 192
    42. Lichtfilter, Monochromatoren, Polarisationsvorrichtungen 206
    43. Vorrichtungen zum Messen der Lichtintensität; Thermosäule, Auseichung mit der Hefnerkerze; Bolometer; hochempfindliche Galvanometer; Vergleichszelle. . . 218
VII. Anwendungen der Photozelle 233
  A. Lichtelektrische Photometrie (Suhrmann) 233
    44. Höchste erreichbare Empfindlichkeit; Meßgenauigkeit; Methoden zum Eliminieren von Lichtschwankungen; Fehler der verwendeten Photozelle 233
    45. Photometrierung unzerlegten Lichtes verschiedener Farbtemperatur; Lampenphotometer; Bestimmung der Farbtemperatur; Registrierphotometer; Pyrometer 248
    46. Spektralphotometer; Anwendung zur Absorptionsmessung, registrierendes Spektralphotometer; registrierender Farbenanalysator; Kolorimeter; Polarimeter 274
    47. Photometer für meteorologische und biologische Zwecke; Sternphotometer. 292
  B. Verwendung der Photozelle in der Nachrichtenübermittlung und im Tonfilm (Simon) 304
    48. Lichttelephonie 304
    49. Optophone und Blindenschrift 309
    50. Faksimileübertragung und Bildtelegraphie 311
    51. Fernsehen 320
    52. Tonfilm 331
  C. Anwendungen der Photozelle in Überwachungs- und Sicherungseinrichtungen, als Steuerorgan von Schaltern, Maschinen u. dgl. (Simon). 341
    53. Photozellenrelais; das „elektrische Auge" 341
    54. Anwendungen des Photozellenrelais 343
    55. Photozellensteuerung von Sortiermaschinen 358
Nachtrag zu V, Ziffer 27 360
Namen- und Sachverzeichnis 361

I. Einleitung.

1. Definition des äußeren lichtelektrischen Effektes.

Bestrahlt man eine negativ geladene Metallplatte (Abb. 1), die mit einem Elektroskop in Verbindung steht, mit dem Licht einer Kohlenbogenlampe, so fallen die Elektroskopblättchen zusammen, d. h. die Metallplatte verliert durch die Lichtbestrahlung ihre negative Ladung. Eine positive Auladung dagegen gibt die Metallplatte bei Bestrahlung nicht ab.

Dieser von Hallwachs im Jahre 1887 zuerst angestellte lichtelektrische Grundversuch bleibt unverändert, wenn sich die Metallplatte im Vakuum be-

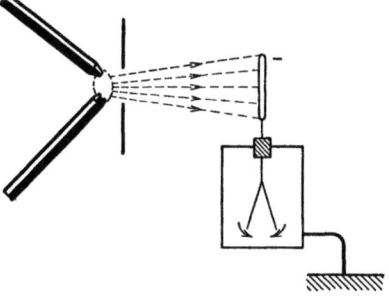

Abb. 1. Grundversuch zum äußeren lichtelektrischen Effekt.

findet und ihr gegenüber ein mit Erde verbundenes Netz angebracht ist. Auch dann verliert die Platte bei Bestrahlung ihre negative Ladung; sie gibt, wie wir heute wissen, Elektronen ab, die an das Netz herübergehen und dort zur Erde abgeleitet werden. Die Vakuumzelle ist zweckmäßig mit einem Quarzfenster für den Lichteintritt versehen, um auch die besonders wirksamen ultravioletten Strahlen bis zur Metallplatte gelangen zu lassen. Das Glas der Zellenwandung würde diese Strahlen absorbieren.

Man kann nun auch, wie in Abb. 2 angedeutet, das der Metallplatte gegenüberstehende Netz mit dem positiven Pol einer Anodenbatterie verbinden und das Elektroskop und damit die Platte durch Berührung mit Erde zunächst entladen. Dann wird sich das Elektroskop, sobald man die Erdung aufhebt, positiv aufladen, weil die durch die Lichtbestrahlung an der Platte ausgelösten Elektronen durch die Feldwirkung zwischen Platte und Netz von letzterem aufgefangen und über die Batterie zur Erde abgeleitet werden. Das Netz bildet die Anode, die Metallplatte die Kathode der Zelle.

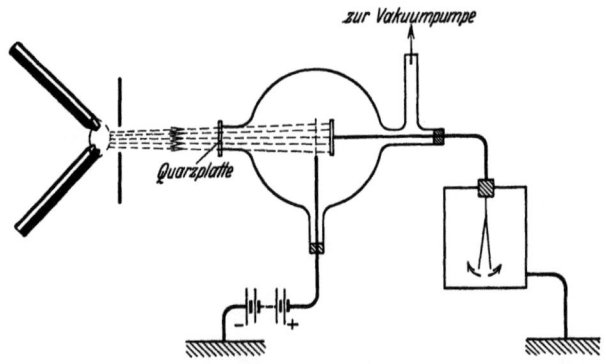

Abb. 2. Elektronenauslösung durch Bestrahlung einer Metallplatte in der lichtelektrischen Zelle.

Die durch Lichtbestrahlung an einer Metalloberfläche hervorgerufene Elektronenauslösung bezeichnet man als äußeren lichtelektrischen Effekt. Er bildet die Grunderscheinung für die Wirkung der Photozelle. Da er im Vakuum am wenigsten durch Nebenerscheinungen beeinflußt wird, beziehen sich die Ausführungen über den äußeren lichtelektrischen Effekt, wenn nichts anderes vermerkt ist, stets auf die im Vakuum zu beobachtenden Verhältnisse.

2. Definition des inneren lichtelektrischen Effektes.

Neben dem äußeren lichtelektrischen Effekt hat auch der innere lichtelektrische Effekt für die Konstruktion von Photozellen praktische Bedeutung. Diese Erscheinung wird ebenfalls am besten an Hand eines Grundversuches erklärt.

Zwischen zwei mittels eines Bernsteinstückes gehaltenen Elektrodenplatten (Abb. 3) ist ein dünner Zinksulfidkristall eingeklemmt. Die eine Platte wird zur Erde abgeleitet, die andere, welche mit einem Elektroskop in Verbindung steht, positiv oder

Definition des inneren lichtelektrischen Effektes.

negativ aufgeladen. Sobald man das Licht einer Bogenlampe auf den Zinksulfidkristall auffallen läßt, entlädt sich die aufgeladene Platte.

Auch diesen Versuch kann man, wie in Abb. 4 angedeutet, in der Weise wiederholen, daß man die freie Platte mit dem negativen oder positiven Pol einer Anodenbatterie verbindet und die mit dem Elektroskop verbundene Platte zunächst zur Erde

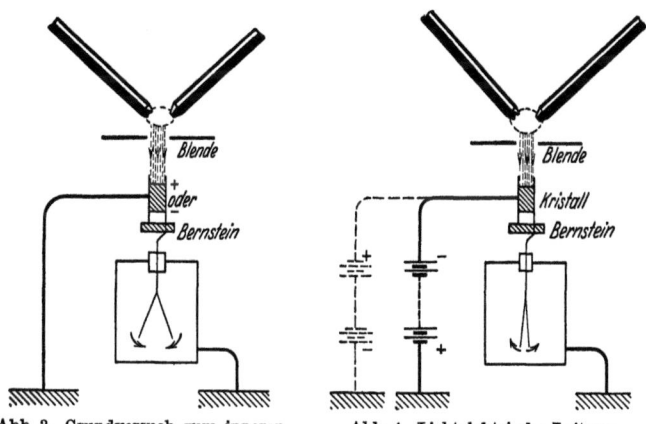

Abb. 3. Grundversuch zum inneren lichtelektrischen Effekt.   Abb. 4. Lichtelektrische Leitung.

ableitet. Sobald man jetzt bei bestrahltem Kristall die Erdung aufhebt, lädt sich das Elektroskop, je nach der Polung der Batterie, negativ oder positiv auf.

Zur Erklärung der beobachteten Erscheinung müssen wir annehmen, daß in dem Zinksulfidkristall durch die Bestrahlung Elektronen frei werden, die sich, je nach der Richtung des elektrischen Feldes zwischen den Elektroden, nach der mit dem Elektroskop verbundenen Platte zu oder von ihr weg bewegen und dadurch eine negative oder positive Auflading des Instrumentes hervorrufen.

Der innere lichtelektrische Effekt hat eine weitgehende Klärung durch die Untersuchungen von Gudden und Pohl erfahren.

II. Gesetzmäßigkeiten des äußeren lichtelektrischen Effektes.

A. Quantitative Gesetzmäßigkeiten.

3. Abhängigkeit des lichtelektrischen Stromes von der Lichtintensität; normale und selektive Empfindlichkeitskurve; langwellige Grenze.

Der in einer lichtelektrischen Zelle wie in Abb. 2 ausgelöste Elektronenstrom besitzt **keinerlei Trägheit**, selbst Lichtblitzen von $3 \cdot 10^{-9}$ sec vermag er momentan zu folgen[1].

Er ist ferner bei Bestrahlung mit einfarbigem Licht genau **proportional** der auffallenden Lichtintensität. Wir können ihn deshalb als relatives Maß der Lichtintensität zur Intensitätsmessung einfarbigen Lichtes verwenden (vgl. Ziffer 45). Ist bekannt, wieviel Elektronen pro **Energieeinheit** des auffallenden Lichtes bei Bestrahlung mit einer bestimmten Lichtwellenlänge in der Zelle frei werden, so vermögen wir die Intensität irgendeines Lichtstrahls derselben Wellenlänge im **absoluten Maße** anzugeben. Löst z. B. bei der Wellenlänge λ eine auffallende Lichtenergie von $a \frac{\text{cal}}{\text{sec}}$ einen Photostrom von $n \frac{\text{Coul}}{\text{sec}}$ aus, so erhält man von einer cal pro sec einen Elektronenstrom von $\frac{n}{a}$ Coul; die **Empfindlichkeit der Zelle für die Wellenlänge** λ beträgt dann $\frac{n}{a} \frac{\text{Coul}}{\text{cal}}$. Ergeben sich nun in einem anderen Falle bei Bestrahlung mit der gleichen Wellenlänge $n' \frac{\text{Coul}}{\text{sec}}$, so beträgt die auf die Zelle auffallende Lichtenergie $\frac{a}{n} \cdot n' \frac{\text{cal}}{\text{sec}}$. Dabei ist natürlich vorausgesetzt, daß alles in die Photozelle einfallende Licht auf die Kathode auftrifft.

Ist bei der Bestimmung der Größe a die Durchlässigkeit des Zellenfensters berücksichtigt worden[2], so gibt der Elektronenstrom pro cal, also $\frac{n}{a} \frac{\text{Coul}}{\text{cal}}$, die **Empfindlichkeit der**

---

[1] Lawrence, E. O., u. J. W. Beams: Phys. Rev. **29**, 903 (1927); **31**, 709 (1928).

[2] Im folgenden wird dies, falls nichts anderes vermerkt ist, stets angenommen.

Abhängigkeit des lichtelektrischen Stromes von der Lichtintensität. 5

Zellenkathode für auffallendes Licht der Wellenlänge λ an. Diese Größe ist bei einem bestimmten Werte von λ für verschiedene Metalloberflächen sehr verschieden und für ein und dasselbe Metall eine Funktion der Wellenlänge. Im allgemeinen steigt sie mit zunehmender Frequenz (abnehmender Wellenlänge) monoton an, wie aus Abb. 5[1] zu ersehen ist. Man sagt dann, die betreffende Oberfläche besitzt eine „normale" Empfindlichkeitskurve. In gewissen, weiter unten noch näher zu besprechenden Fällen jedoch weist

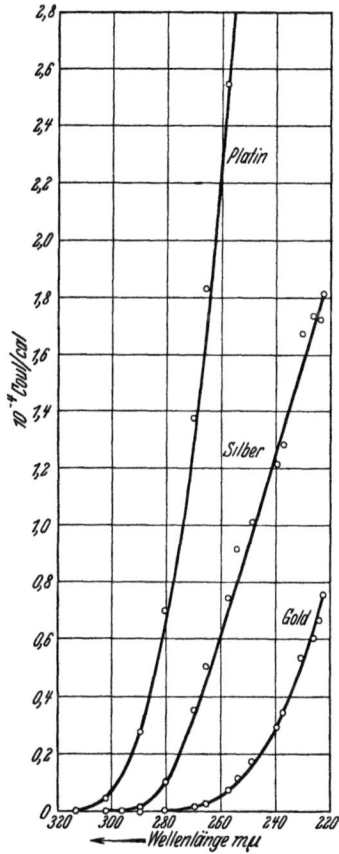

Abb. 5. „Normale" lichtelektrische Empfindlichkeitskurven (nach Suhrmann)

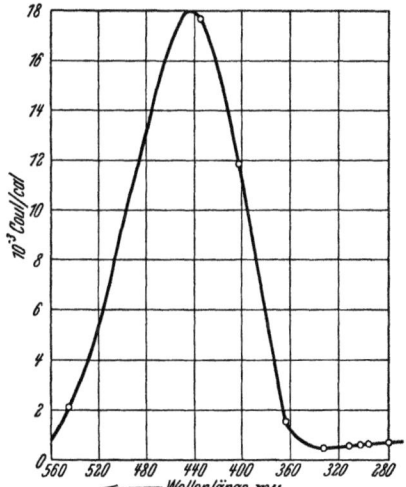

Abb. 6. „Selektive" Empfindlichkeitskurve von hydriertem Kalium.

die Empfindlichkeitskurve ein selektives Maximum auf (Abb. 6), d. h. in einem eng begrenzten Wellenbereich erhält man pro cal auffallenden Lichtes eine besonders große Elektronenmenge.

---

[1] Aus Suhrmann, R.: Z. Physik **33**, 63 (1925).

Die Stelle λ_0, an welcher die Empfindlichkeitskurve in die Abszissenachse einmündet, bezeichnet man als „langwellige (oder rote) Grenze". Licht, dessen Wellenlänge größer als λ_0 ist, vermag keine Elektronen mehr auszulösen. Je größer λ_0, desto brauchbarer ist die betreffende Metalloberfläche zur Herstellung von Photozellen, denn die Intensität der üblichen Lichtquellen ist zumeist im Ultrarot am höchsten und nimmt nach kurzen Wellen hin stark ab.

Für den Verlauf der Empfindlichkeitskurve hat man noch keinen völlig befriedigenden mathematischen Ausdruck finden können. Es existieren zwar mehrere Ansätze, die aber günstigstenfalls den Verlauf der normalen Kurve nur in einiger Entfernung von der langwelligen Grenze richtig darzustellen vermögen. Von den vorhandenen Formeln stimmen die beiden folgenden noch am besten mit der Erfahrung überein:

$$f(\lambda) = \text{const}\, \lambda \left(\sqrt{\frac{\lambda_0}{\lambda}} + \sqrt{\frac{\lambda}{\lambda_0}} - 2 \right) \frac{\text{Coul}}{\text{cal}} \qquad (1)*$$

und

$$f(\lambda) = \text{const} \left(1 - \frac{\lambda}{\lambda_0} \right)^\alpha \frac{\text{Coul}}{\text{cal}}, \qquad (2)**$$

wobei $\alpha = 2$ oder $\alpha = 3$. Will man sich einer solchen Formel, etwa zur Extrapolation einer Kurve nach kurzen Wellen hin, bedienen, so muß man stets prüfen, wie weit der mathematische Ausdruck den gemessenen Teil der Kurve wiederzugeben vermag.

4. Auffallende und absorbierte Lichtenergie; schwarzer Körper.

Die Werte $\frac{n}{a}$, als Funktion der Wellenlänge aufgetragen, ergeben zwar die Empfindlichkeitskurve der betreffenden Photozelle, aber nicht die „wahre" Empfindlichkeitskurve der darin enthaltenen Metalloberfläche. Tatsächlich wird nämlich nur ein Teil des auf letztere fallenden Lichtes absorbiert und teilweise in Elektronenenergie übergeführt. Ein beträchtlicher von der Wellenlänge abhängiger Anteil wird reflektiert und kommt somit für die

---

* Uspensky, A. W.: Z. Physik 40, 456 (1926).
** Werner, S.: Upsala Univ. Arsskr. 1914. Becker, A.: Ann. Physik (4) 78, 83 (1925).

Auslösung von Elektronen nicht mehr in Betracht. Wollen wir die wahre Empfindlichkeitskurve der Metalloberfläche bestimmen, so müssen wir den bei jeder Wellenlänge absorbierten Bruchteil des auffallenden Lichtes kennen und nur diesen bei der Ermittlung von $\frac{n}{a}$ in Rechnung stellen. Beträgt z. B. das Reflexionsvermögen der betreffenden Metallplatte $r\%$ für die Wellenlänge λ, so werden nur $1 - \frac{r}{100}$ des auffallenden Lichtes, also $a \cdot \left(1 - \frac{r}{100}\right) \frac{\text{cal}}{\text{sec}}$ absorbiert. Die wahre Empfindlichkeit beträgt daher $\dfrac{n}{a\left(1-\dfrac{r}{100}\right)} \dfrac{\text{Coul}}{\text{cal}}$; man kann sie, soweit das Reflexionsvermögen der Metalle bekannt ist[1], aus den gemessenen Werten von $\frac{n}{a}$ berechnen.

Bei solchen zu untersuchenden Metalloberflächen, die infolge ihrer physikalisch-chemischen Beschaffenheit besonders viele Elektronen emittieren, ist aber das Reflexionsvermögen zumeist nicht bekannt. Man hilft sich dann am besten in der Weise, daß man die Kathode der Zelle als „schwarzen Körper" ausbildet, z. B. in Form einer Kugel mit relativ kleiner Öffnung für den Lichteintritt, welche alles einfallende Licht nach vielfacher Reflexion schließlich absorbiert.

Leider wird von dem absorbierten Licht auch nur ein geringer, von der Wellenlänge abhängiger Prozentsatz in Elektronenenergie übergeführt. Der Hauptanteil setzt sich in Wärmeenergie um, geht also für die Elektronenauslösung verloren.

Eine wesentliche Aufgabe bei der Herstellung von Photozellen besteht nun darin, die physikalisch-chemische Beschaffenheit der Kathodenoberfläche so zu gestalten, daß der in Elektronenenergie umgewandelte Anteil des absorbierten Lichtes möglichst groß wird. In zweiter Linie muß man dafür sorgen, daß der absorbierte Anteil des auf die Kathode treffenden Lichtes genügend groß ist. Dies wird durch geeignete Kathoden- und evtl. Anodenkonstruktion erreicht, indem man, wie bereits erwähnt, der Kathode Kugelform gibt (Abb. 7) oder sie aufrauht, um ihr Reflexionsvermögen herabzusetzen. Auch eine kugelförmige, gut spiegelnde Anode, in deren Zentrum sich die

---

[1] Landolt-Börnstein: Erster Ergänzungsband S. 463 bis 480.

Kathode befindet, kann die Menge des von der Kathode absorbierten Lichtes erhöhen.

5. Strom-Spannungskurve und Geschwindigkeitsverteilung.

Die in Abb. 7 und 8 abgebildeten Zellen stellen zwei Haupttypen in bezug auf die **Elektrodenanordnung** dar; Abb. 7 zeigt die Zelle mit zentraler Anode, Abb. 8 gibt die Zelle mit zentraler Kathode wieder. Beide unterscheiden sich wesentlich in ihrer, bei konstanter Belichtung aufgenommenen Strom-Spannungskurve oder -kennlinie (vgl. auch Ziffer 23). Im ersten Fall wird Sättigung erst bei verhältnismäßig hohen Potentialen erreicht (Abb. 9 a), da die Elektronen nur durch starke Felder an die relativ kleine Anode herübergezogen werden[1]; im zweiten Fall erhält man bereits bei Null Volt vollständige Sättigung (Abb. 9 b), falls die Elektroden physikalisch-chemisch gleich beschaffen sind und die Anode nicht bestrahlt wird. Die von der zentralen Kathode ausgehenden Elektronen gelangen eben sofort auf die Anode, ohne noch einmal zur Kathode zurückzukehren.

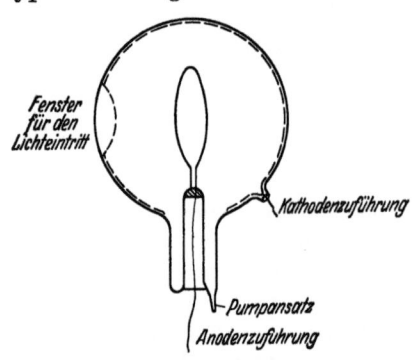

Abb. 7. Photozelle mit zentraler Anode.

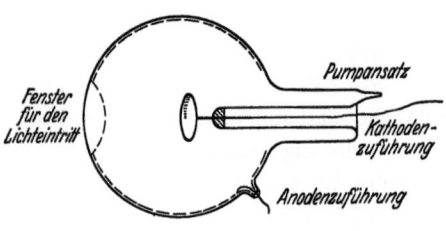

Abb. 8. Photozelle mit zentraler Kathode.

Unterhalb von Null Volt nimmt der Elektronenstrom nicht plötzlich bis auf Null ab, sondern vermindert sich allmählich, bis die Strom-Spannungskurve schließlich bei einem be-

---

[1] Ives, H. E., u. Th. C. Fry [Astrophys. J. **56**, 1 (1922)] haben die bei dieser Elektrodenanordnung gültige Formel für die Charakteristik aufgestellt.

stimmten negativen maximalen Potential in die Abszisse einmündet.

Die an der Kathode ausgelösten Elektronen vermögen also auch gegen ein negatives Anodenpotential anzulaufen; sie be-

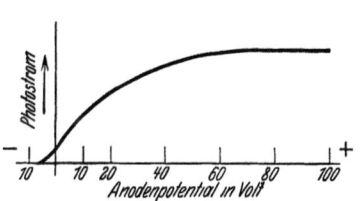

Abb. 9a. Strom-Spannungskurve einer Zelle mit zentraler Anode.

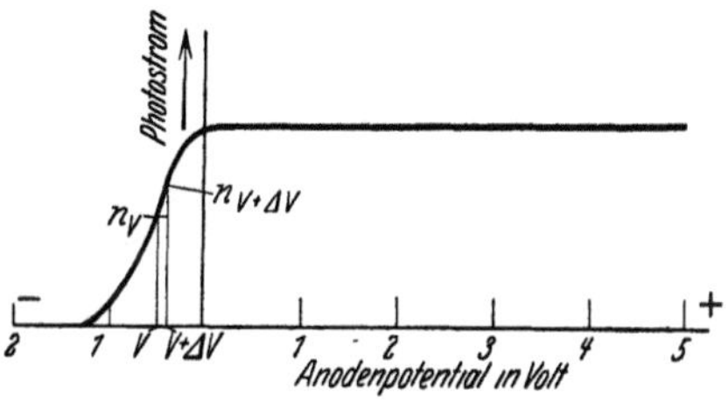

Abb. 9b. Strom-Spannungskurve einer Zelle mit zentraler Kathode.

sitzen, nachdem sie die Metalloberfläche verlassen haben, eine Eigengeschwindigkeit. Die größte vorhandene Eigengeschwindigkeit, ausgedrückt in Volt, ist der Abszissenwert der Stelle, an welcher die Strom-Spannungscharakteristik die Abszisse erreicht. Auf dieses Maximalpotential V_m lädt sich die Kathode auf, wenn man die Anode mit Erde verbindet und die Isolation der Kathode außerordentlich gut ist. Nur wenige Elektronen besitzen die Maximalgeschwindigkeit.

Die zu V gehörige Ordinate n_V in Abb. 9b gibt die Menge der Elektronen in $\frac{\text{Coul}}{\text{cal}}$, welche gegen das Anodenpotential V anlaufen können, deren Energie also V Volt und mehr beträgt. Suchen wir die zu $V + \Delta V$ Volt gehörige Ordinate $n_{V+\Delta V}$ auf, so erhalten wir alle Elektronen, deren Energie V beträgt, vermehrt um diejenigen, die noch gegen $V + \Delta V$ Volt an-

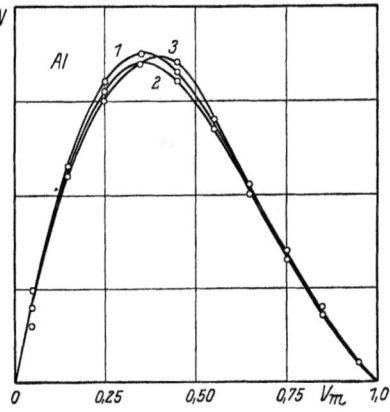

Abb. 10. Elektronen-Energieverteilungskurve bei Bestrahlung von Aluminium mit einfarbigem Licht verschiedener Wellenlänge. Kurve 1 mit 230 mμ, Kurve 2 mit 254 mμ, Kurve 3 mit 313 mμ. Abszisse: Bruchteil der Höchstenergie V_m. Ordinate: Anzahl der Elektronen [nach Lukirsky u. Prileżaew: Z. Physik 49, 236 (1928)].

laufen können. Die Differenz der Ordinaten $n_{V+\Delta V} - n_V$ ergibt also die Elektronen, deren Energie zwischen V und $V + \Delta V$ liegt. Wir finden somit die zu einer bestimmten Voltgeschwindigkeit gehörende Elektronenmenge, wenn wir in der Anlaufkurve der Strom-Spannungscharakteristik einer Zelle mit zentraler, von der Anode rings umgebener Kathode schrittweise um ΔV vorgehen und jedesmal die Zunahme des Elektronenstromes, die gleich der Differenz der um ΔV benachbarten n-Werte ist, berechnen[1]. Diese Differenz als Ordinate und den zugehörigen Mittelwert von V und $V + \Delta V$ als Abszisse aufgetragen, ergibt die Energieverteilungskurve (Abb. 10) der von dem Licht einer bestimmten Wellenlänge λ ausgelösten Elektronen[2].

6. Einsteinsche Gleichung; Austrittsarbeit und Kontaktpotential; Abweichungen von der Sättigung.

Die Maximalgeschwindigkeit V_m, welche die Elektronen bei Bestrahlung mit einfarbigem Licht aufweisen, ist eine Funktion der Schwingungszahl ν des auslösenden Lichtes. Nach Einstein entspricht jedem mit der Voltgeschwindigkeit V_m ausgelösten Elektron ein absorbiertes Energiequant $h \cdot \nu$ nach der Beziehung

$$e_0 \cdot V_m = h \cdot \nu - h \cdot \nu_0 . \tag{3}$$

Hierbei bedeutet $e_0 = 1{,}59 \cdot 10^{-19}$ Coul die Ladung des Elektrons, $h = 6{,}55 \cdot 10^{-27}$ erg·sec die Plancksche Konstante und ν_0 die Frequenz der langwelligen Grenze des bestrahlten Metalls. Dabei ist vorausgesetzt, daß Kathoden- und Anodenoberfläche physikalisch-chemisch gleich beschaffen sind und die Anode nicht vom Licht getroffen wird[3]. Die eingestrahlte und von einem Elektron aufgenommene Lichtenergie $h \cdot \nu$ wird also teils in kinetische Energie $\frac{m}{2} v^2 = e_0 \cdot V_m$ des Elektrons umgesetzt, teils leistet sie die Elektronenaustrittsarbeit

$$h \cdot \nu_0 = e_0 \cdot \Psi , \tag{4}$$

---

[1] Bezüglich der Anlaufkurve im Felde eines Plattenkondensators vgl. A. Becker im Handbuch der Experimentalphysik 23, Teil 2, S. 1229.
[2] Bezüglich der Form der Kurve und ihrer mathematischen Darstellung vgl. A. Becker: l. c. S. 1306.
[3] Falls V_m nach der oben geschilderten „Gegenfeldmethode" bestimmt worden ist.

Einsteinsche Gleichung; Austrittsarbeit und Kontaktpotential.

so daß Ψ selbst diese Austrittsarbeit in Volt darstellt. Ist nämlich
$$\nu = \nu_0,$$
so verlassen die Elektronen die Metalloberfläche mit der Geschwindigkeit $V_m = 0$, d. h. die gesamte eingestrahlte Lichtenergie $h \cdot \nu_0$ wird dazu benutzt, das Elektron aus dem Metall nach außen zu bringen.

Aus Gl. (4) erhält man

$$\Psi = \frac{h \cdot \nu_0}{e_0} = \frac{h \cdot \nu_0}{e_0} \cdot \frac{1}{\lambda_0} = \frac{1236}{\lambda_0}, \qquad (5)$$

falls die Lichtgeschwindigkeit mit ν_0 bezeichnet und die langwellige Grenze λ_0 in mμ angegeben wird. Die in dieser Weise aus λ_0 ermittelte Elektronenaustrittsarbeit Ψ ist innerhalb der Fehlergrenzen gleich der nach der Richardsonschen Gleichung

$$i = A \cdot T^2 \cdot e^{-\frac{e_0 \cdot \Psi}{k T}} \qquad (6)$$

berechneten[1], in welcher i den Glühelektronenstrom in Abhängigkeit von der absoluten Temperatur T darstellt. Bei reinen Metalloberflächen ist A eine universelle Konstante $\left(A = 60{,}2 \frac{\text{Amp}}{\text{cm}^2 \cdot \text{Grad}^2}\right)$; $k = 1{,}372 \cdot 10^{-16} \frac{\text{erg}}{\text{Grad}}$ bedeutet die Boltzmannsche Konstante.

Die Elektronenaustrittsarbeit ist gleichzeitig ein Maß für die „Elektronenaffinität" des betreffenden Metalls. Ist Ψ groß, so besitzt das Metall auch eine hohe Elektronenaffinität, d. h. es übt verhältnismäßig starke anziehende Kräfte auf die Elektronen aus. Verbindet man zwei Metalle verschiedener Elektronenaffinität, die Kathode und Anode einer Photozelle bilden mögen, über Erde miteinander, so reichern sich die Elektronen in dem Metall größerer Elektronenaffinität an und laden dieses somit negativ gegen das andere auf. Ein solches Metall ist also elektronegativ gegenüber einem elektropositiven mit geringer Elektronenaustrittsarbeit. Zwischen beiden Metallen besteht infolge der Verschiedenheit der Elektronenaustrittsarbeiten trotz der Erdung ein elektrisches Feld. Die zwischen ihnen vor-

---

[1] Suhrmann, R.: Z. Physik **13**, 17 (1923); ferner Du Bridge: Phys. Rev. (2) **31**, 236 (1928).

handene Potentialdifferenz, das „Kontaktpotential", ist entgegengesetzt gleich der Differenz der Austrittsarbeiten[1]:

$$K_{K,A} = -(\Psi_K - \Psi_A). \tag{7}$$

Die in der Einsteinschen Gleichung enthaltene Maximalaufladung ist infolge des Kontaktpotentials nur dann gleich dem beobachteten negativsten Anodenpotential V_m, wenn Ψ_K und Ψ_A von Kathode und Anode einander gleich sind. Ist dies nicht der Fall, so tritt zu $e_0 \cdot V_m$ auf der linken Seite der Gleichung (3) noch $-e_0 \cdot K_{K,A}$ hinzu:

$$e_0 \cdot V'_m = e_0 \cdot V_m - e_0 K_{K,A} = h \cdot (\nu - \nu_0) - e_0 \cdot K_{K,A}. \tag{8}$$

Um die wahre Maximalenergie V_m zu erhalten, muß man daher die gemessene Maximalenergie V'_m um $K_{K,A}$ vergrößern.

Dies hat zur Folge, daß die beobachteten Maximalpotentiale V'_m verschiedener Metalloberflächen, gemessen gegen ein und dieselbe Anode bei Bestrahlung mit derselben Frequenz ν, einander gleich sind. Es ist infolge Gl. (8), (4) und (7)

$$V'_m = \frac{h}{e_0} \cdot \nu - \frac{h}{e_0} \cdot \nu_0 - K_{K,A} = \frac{h}{e_0} \cdot \nu - \Psi_K + \Psi_K - \Psi_A = \frac{h}{e_0}\nu - \Psi_A,$$

also V'_m nur abhängig von ν und der Austrittsarbeit Ψ_A der Anode, d. h. unabhängig von der Austrittsarbeit Ψ_K der verschiedenen Kathoden.

Aus Gl. (3) ist zu entnehmen, daß das Maximalpotential V_m mit zunehmender Frequenz linear anwächst. Je kurzwelliger das auffallende Licht, desto schnellere Elektronen werden also ausgelöst und desto breiter ist der Potentialbereich, über den sich die Geschwindigkeitsverteilungskurve und damit die Anlaufkurve der Strom-Spannungskurve erstreckt.

In gewissen Fällen kann aber eine Verbreiterung dieses Kurventeils auch durch einen anderen Umstand hervorgerufen werden, der gleichzeitig ein dauerndes Ansteigen des im allgemeinen konstanten zweiten Teiles der Kennlinie bedingt[2]. Ist nämlich die Kathodenoberfläche sehr unregelmäßig gestaltet, besteht sie

---

[1] Schottky, W., u. H. Rothe: Handb. d. Experimentalphysik 13, 146; ferner R. A. Millikan: Phys. Rev. (2) 18, 236 (1921); P. Lukirsky u. S. Prileževaev: Z. Physik 49, 236 (1928).
[2] Suhrmann, R.: Naturwiss. 16, 336, 616 (1928). Lawrence, E. O., u. L. B. Linford: Phys. Rev. 36, 482 (1930).

z. B. aus Platinmohr, das mit einer monoatomaren Alkalihaut bedeckt ist (vgl. S. 25), so beobachtet man, daß der Übergang vom ansteigenden Teil der Strom-Spannungskurve zum zweiten Teil bei Bestrahlung mit langwelligem Licht ganz allmählich verläuft und der Elektronenstrom auch bei höheren Potentialen noch weiterhin zunimmt; die Zunahme kann, wie man aus Abb. 11 ersieht, bei einer Vergrößerung des Anodenpotentials von 20 auf 100 Volt fast 100% betragen. Bestrahlt man hingegen mit kurzwelligem Licht, so wird die Sättigung bereits bei verhältnismäßig geringen Potentialen erreicht.

Dieser Effekt ist in der Hauptsache durch das Eingreifen des äußeren Feldes in die Oberfläche zu erklären und kommt durch die an kleinen Unebenheiten der Oberfläche vorhandenen hohen Potentialgradienten zustande. Er hat naturgemäß eine Verschiebung der direkt beobachteten langwelligen Grenze zu längeren Wellen mit zunehmendem Anodenpotential zur Folge[1].

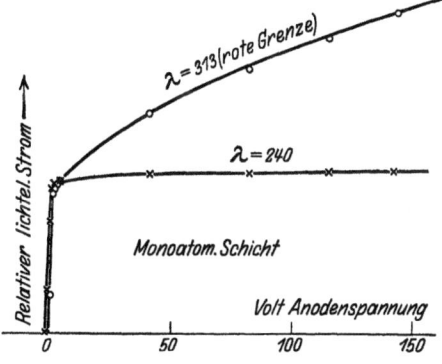

Abb. 11. Strom-Spannungkurve einer Platinmohrkathode, bedeckt mit atomar verteiltem Kalium; Feldeinfluß (nach Suhrmann).

7. Maximal erreichbare Elektronenausbeute.

Nach den Einsteinschen Betrachtungen über den Umsatz von Lichtquanten $h \cdot \nu$ in freie Elektronen müßte eigentlich jedem eingestrahlten Lichtquant, das größer als $h \cdot \nu_0$ ist, ein ausgelöstes Elektron entsprechen. Pro cal eingestrahlter Lichtenergie der

---

[1] Nach neuesten, noch nicht veröffentlichten Versuchen des einen Verfassers (Suhrmann), erhält man auch bei blanken Platinkathoden eine verhältnismäßig späte Sättigung (bei etwa 20 Volt), wenn diese mit einer monoatomaren Alkalihaut (vgl. S. 24ff.) bedeckt sind. In diesem Falle ist der Sättigungspunkt von der Wellenlänge unabhängig. — Vgl. hierzu den Vortrag von R. Suhrmann auf der Physikertagung 1931; Physik. Z. im Druck.

Wellenlänge λ mμ würde man dann als „Quantenäquivalent"

$$\frac{4{,}19\cdot 10^7 \cdot \lambda \cdot 10^{-7}}{6{,}55\cdot 10^{-27}\cdot 3\cdot 10^{10}} = 2{,}14\cdot 10^{16}\cdot \lambda\, \frac{\text{Elektronen}}{\text{cal}}$$

erhalten, da 1 cal gleich $4{,}19\cdot 10^7$ erg ist; oder

$$2{,}14\cdot 10^{16}\cdot 1{,}59\cdot 10^{-19}\cdot \lambda = 3{,}40\cdot 10^{-3}\, \lambda\, \frac{\text{Coul}}{\text{cal}}.$$

Die Ausbeute sollte also mit abnehmender Wellenlänge fallen. Da sie tatsächlich mit abnehmender Wellenlänge zunimmt und wesentlich kleiner als der berechnete Wert ist, muß ein noch unbekannter Mechanismus die Elektronenauslösung ausschlaggebend beeinflussen und bewirken, daß nur ein geringer Bruchteil der absorbierten Lichtquanten in freie Elektronen umgesetzt wird[1].

An der „normal" empfindlichen Platinoberfläche, deren wahre Empfindlichkeitskurve in Abb. 5 gezeigt wurde, sollten z. B. bei der Wellenlänge 250 mμ $0{,}848\,\frac{\text{Coul}}{\text{cal}}$ ausgelöst werden. Tatsächlich ist $\frac{n}{a} = 1{,}5\cdot 10^{-4}\,\frac{\text{Coul}}{\text{cal}}$. In einem anderen Fall (monoatomare Kaliumschicht auf Platinmohr[2]) betrug die Ausbeute $\frac{n}{a} = 2{,}4\cdot 10^{-4}\,\frac{\text{Coul}}{\text{cal}}$. Die größte bisher erzielte Ausbeute, bezogen auf absorbierte Energie, von 2,3% des Quantenäquivalents erhielt man bei selektivem Kalium; dort war $\frac{n}{a} = 3{,}45\cdot 10^{-2}\,\frac{\text{Coul}}{\text{cal}}$ bei $\lambda = 436$ mμ*, während die Ausbeute $1{,}48\,\frac{\text{Coul}}{\text{cal}}$ betragen sollte[3].

In einigen Fällen, in denen allerdings nur die Ausbeute für auffallendes Licht ermittelt werden konnte, hat man größere Elektronenmengen pro cal gemessen: für „normal" empfindliches Kaliumamalgam bei 250 mμ $7\cdot 10^{-4}\,\frac{\text{Coul}}{\text{cal}}$** und für eine un-

---

[1] Möglicherweise ist die Erklärung darin zu suchen, daß die in tiefer liegenden Gebieten der Oberfläche ausgelösten Elektronen nur dann nach außen gelangen, wenn sie durch Aufnahme eines größeren $h\cdot \nu$ eine genügend große Energie besitzen.

[2] Suhrmann, R., u. H. Theissing: Z. Physik 52, 453 (1928).

* Pohl u. Pringsheim: Verh. dtsch. phys. Ges. 15, 173 (1913).

[3] An einer dünnen, selektiv empfindlichen Kaliumschicht erzielte R. Fleischer [Physik. Z. 32, 217 (1931)] neuerdings eine Ausbeute von 26% des Quantenäquivalents bezogen auf absorbierte Energie.

** Pohl u. Pringsheim: Verh. dtsch. phys. Ges. 15, 431 (1913).

sichtbare „selektive" Kaliumschicht auf einem Platinspiegel[1] bei 340 mµ 5,4 · 10⁻² $\frac{\text{Coul}}{\text{cal}}$ *. Die letztere Ausbeute beträgt bereits 5% des Quantenäquivalentes, das bei 340 mµ 1,15 $\frac{\text{Coul}}{\text{cal}}$ ausmacht. Da der Spiegel durch den Kaliumhauch optisch unverändert schien, dürfte sein Reflexionsvermögen gegenüber dem des unbedeckten Spiegels nur um wenige Prozente geändert sein. Diese Änderung würde in erster Annäherung dem durch den Kaliumhauch selbst absorbierten Lichte entsprechen, das also in diesem Falle nahezu vollständig in Elektronenenergie übergeführt wurde. Hieraus läßt sich ein für die Herstellung hochempfindlicher Photozellen wichtiger Gesichtspunkt herleiten, auf den wir bei Behandlung der dünnen Schichten in Ziffer 11 noch etwas ausführlicher eingehen werden.

8. Lichtelektrische Gesamtemission.

Bisher haben wir die lichtelektrische Auslösung von Elektronen bei Bestrahlung mit einfarbigem Licht einer bestimmten Wellenlänge betrachtet. Jetzt wollen wir die gesamte, von einem schwarzen Körper (z. B. einem elektrischen Ofen) der Temperatur T ausgesandte Strahlung auf die in der Photozelle befindliche Metalloberfläche auffallen lassen und den in der Zelle ausgelösten Elektronenstrom i ermitteln, wenn wir die Lichtquelle (den schwarzen Strahler) auf verschiedene Temperaturen T bringen.

Wie auf thermodynamischem Wege abgeleitet wurde[2], hängt i in gleicher Weise von T ab wie der Glühelektronenstrom von der Temperatur des emittierenden Drahtes, d. h. es ist

$$i = M \cdot T^r \cdot e^{-\frac{b}{T}}, \quad (9) \quad \text{wobei} \quad b = \frac{\Psi \cdot e_0}{k} \quad (10)$$

und M eine von der Oberflächenbeschaffenheit abhängige Konstante bedeutet (Boltzmannsche Konstante $k = 1{,}372 \cdot 10^{-16} \frac{\text{Erg}}{\text{Grad}}$); r ist nicht, wie bei der Glühelektronenemission angenommen

---

[1] Im selektiven Gebiet; vgl. S. 31.
* Suhrmann, R., u. H. Theissing: Z. Physik 55, 701 (1929).
[2] Richardson, O. W.: Phil. Mag. 23, 594 (1912); 27, 476 (1914); ferner S. C. Roy: Ebenda 50, 250 (1925).

wird, gleich 2, sondern lag bei Platin und Gold[1] zwischen 3 und 4; jedoch fällt der Fehler, den man begeht, wenn man $r = 2$ setzt, nur wenig ins Gewicht.

Die experimentelle Bestätigung dieser Gleichung für Metalle mit normalen Empfindlichkeitskurven wurde in der Weise vorgenommen[2], daß man mittels der mit spektral zerlegtem Licht gemessenen Empfindlichkeitskurve (vgl. Abb. 5, S. 5) und der bekannten Strahlungsverteilungsgleichung[3] des schwarzen Körpers der Temperatur T den durch das unzerlegte Licht des schwarzen Strahlers an der Metalloberfläche ausgelösten Elektronenstrom i berechnete. Variierte man nun T in der Strahlungsgleichung des schwarzen Körpers und berechnete das jeweils zugehörige i, so erhielt man i als Funktion von T. Man kann nun, wie bei der Glühelektronengleichung, logarithmieren:

$$\log i = \log M + r \cdot \log T - \frac{b}{T} \cdot \log e \qquad (11)$$

und zunächst r aus je drei Wertepaaren i und T ausrechnen[4]. Der Mittelwert von r wird jetzt in die Gleichung eingesetzt und diese (wie bei der Glühelektronenemission üblich) in folgender Form geschrieben:

$$\log i - r \cdot \log T = \log M - \frac{b}{T} \cdot \log e . \qquad (12)$$

Trägt man nun $\frac{1}{T}$ als Abszisse, $\log i - r \cdot \log T$ als Ordinate auf, so liegen die erhaltenen Punkte sehr exakt auf einer Geraden, der „lichtelektrischen Geraden", deren Neigung $b \cdot \log e$ und

---

[1] Suhrmann, R.: Z. Physik **54**, 99 (1929).
[2] Suhrmann, R.: Z. Physik **33**, 63 (1925). Experimentelle Bestätigungen auf anderem Wege ohne Ermittlung der Konstanten Ψ vgl. Wilson, W.: Proc. roy. Soc. (A) **93**, 359 (1917); Bergwitz, R.: Verh. dtsch. phys. Ges. (3) **3**, 25 (1922); ferner unter Ermittlung der Konstanten Ψ vgl. Becker, A.: Ann. Physik **78**, 83 (1925); Roy, S. C.: Proc. roy. Soc. (A) **112**, 599 (1926).
[3] Plancksche Strahlungsgleichung $E(\lambda, T) \cdot d\lambda = \frac{c_1}{\lambda^5} \cdot \frac{1}{e^{\frac{c_2}{\lambda T}} - 1} d\lambda$ bzw.
Wiensche Strahlungsgleichung $E(\lambda, T) \cdot d\lambda = \frac{c_1 \cdot e^{-\frac{c_2}{\lambda T}}}{\lambda^5} d\lambda$, in denen $c_1 = 5{,}89 \cdot 10^{-6}$ erg $\cdot$ cm$^2 \cdot$ sec^{-1}; $c_2 = 1{,}430$ cm $\cdot$ Grad.
[4] Die r-Werte streuen nur wenig, da der Fehler der Temperaturmessung wegen der Benutzung der Planckschen Strahlungsgleichung wegfällt.

damit b selbst ergibt. Nach Gl. (10) berechnet man aus b die Austrittsarbeit Ψ, die praktisch mit der direkt aus der Empfindlichkeitskurve erhaltenen zusammenfällt[1].

Nachdem auf diese Weise gezeigt wurde, daß die Beziehung (9) gilt, daß man nach ihr insbesondere Ψ zu ermitteln vermag, kann man nun die Methode der „lichtelektrischen Gesamtemission" auch dazu verwenden, die Elektronenaustrittsarbeit an einer Metalloberfläche direkt unter Benutzung eines schwarzen oder grauen Strahlers[2] zu bestimmen, ohne spektral zerlegtes Licht anwenden zu müssen.

Ferner gestattet Gl. (9), eine Photozelle mit **normaler Empfindlichkeitskurve** als Pyrometer zu benutzen, mit dem man, nachdem einmal die Konstanten r, M und b festgelegt sind, bis zu relativ hohen Temperaturen extrapolieren darf, vorausgesetzt, daß der Körper, dessen Temperatur zu bestimmen ist, schwarz strahlt, und die Zelle mit einem Quarzfenster für die ultraviolette Strahlung versehen ist.

B. Qualitative Gesetzmäßigkeiten.

9. Abhängigkeit der lichtelektrischen Empfindlichkeit von der physikalisch-chemischen Beschaffenheit der Oberfläche; adsorbierte Schichten, Gasbeladung, Ermüdungserscheinungen.

Bringt man eine durch Abwischen mit Natronlauge und gründliches Abspülen mit destilliertem Wasser gut gereinigte Platinfolie in eine mit einem Quarzfenster versehene Zelle, so erhält man nach dem Evakuieren bei Bestrahlung mit dem unzerlegten Licht einer Quarz-Quecksilberlampe zunächst eine relativ geringe Elektronenemission. Durch ganz kurzes (ca. 20 sec dauerndes) elektrisches Glühen der Folie auf ca. 1300° C kann man ihre Empfindlichkeit jedoch auf das Vielfache des Anfangswertes erhöhen

---

[1] Bezüglich der Deutung sehr geringer, anscheinend systematischer Abweichungen vgl. R. Suhrmann: l. c.

[2] Der graue Strahler besitzt die gleiche relative spektrale Strahlungsverteilungskurve wie der schwarze, es sind also bei Verwendung eines solchen alle i-Werte mit einem von der Temperatur des Strahlers unabhängigen Faktor zu multiplizieren, d. h. die Neigung der „lichtelektrischen Geraden" und damit Ψ bleiben ungeändert.

(Abb. 12). Bei weiterem kurz dauerndem Erhitzen, mit dazwischenliegenden Messungen der Emission bei Zimmertemperatur, überschreitet die Empfindlichkeit ein Maximum und sinkt schließlich auf sehr kleine Werte herab[1].

Nimmt man, während man die Platinfolie in dieser Weise behandelt, mit spektral zerlegtem Licht[2] ihre Empfindlichkeitskurve in $\frac{\text{Coul}}{\text{cal}}$ (vgl. Abb. 5) auf, so stellt man fest, daß sich die langwellige Grenze λ_0 zunächst bei kurzen Wellen (ca. 270 mμ) befindet; beim ersten Glühen rückt sie vor und nimmt einen Maximalwert bei ca. $\lambda_1 = 320$ mμ ein, um darauf immer mehr und mehr bis ca. $\lambda_n = 194$ mμ* zurückzuweichen. Gleichzeitig senkt sich auch die gesamte Empfindlichkeitskurve stark herab.

Diese für das Verständnis des lichtelektrischen Verhaltens von Metalloberflächen wichtigen Erscheinungen sind dadurch zu erklären, daß sich auf dem ungeglühten Metall

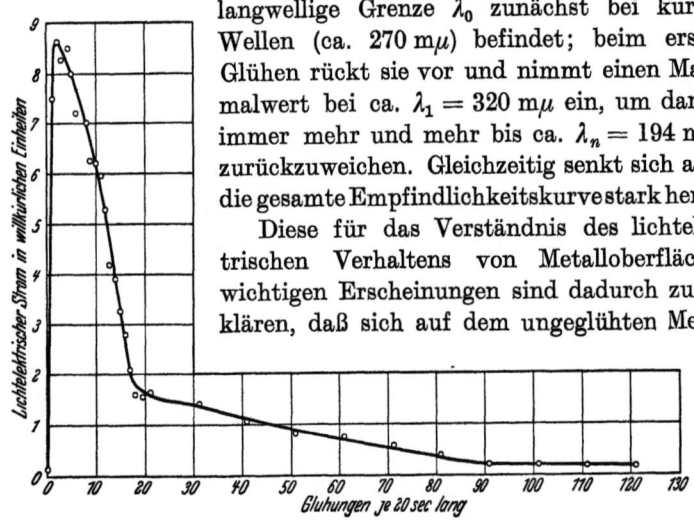

Abb. 12. Lichtelektrische Emission einer mit der Quarz-Quecksilberlampe bestrahlten Platinfolie in Abhängigkeit von der Zahl der Glühungen im Hochvakuum (nach Simon).

adsorbierte, hauptsächlich elektronegative Gasatome oder -moleküle befinden, die eine den Elektronenaustritt erschwerende Doppelschicht mit der negativen Belegung nach außen bilden. Die Elektronenaustrittsarbeit ist daher zunächst verhältnismäßig groß, in unserem Fall ist $\Psi_0 = 4{,}57$ Volt. Bei dem anfänglichen Glühen verdampfen die elektronegativen Teilchen als solche oder werden durch den im Metall vorhandenen Wasserstoff reduziert und dampfen nun ab. Jedenfalls werden die adsorbierten Teilchen bis auf eine „monoatomare" Wasserstoffschicht entfernt. Da Wasser-

---

[1] Sende, M., u. H. Simon: Ann. Physik 65, 697 (1921).

[2] Suhrmann, R.: Ann. Physik 67, 43 (1922).

* Du Bridge, L. A.: Phys. Rev. 29, 451 (1927).

Physikal.-chem. Beschaffenheit der lichtempfindlichen Oberfläche. 19

stoff eine sehr geringe Elektronenaffinität besitzt, wird das Valenzelektron der adsorbierten Wasserstoffatome von der Metalloberfläche angezogen; der Wasserstoff bildet somit einen Belag mit der positiven Ladung nach außen, welcher die Elektronenaustrittsarbeit herabsetzt. Nach dem ersten Glühen ist daher $\Psi_1 = 3{,}86$ Volt. Durch weiteres Glühen wird die innere Wasserstoffbeladung der Platinfolie nach und nach vermindert, so daß sich nur noch wenige Wasserstoffatome an der Oberfläche befinden. Der Elektronenaustritt wird also immer mehr erschwert, und

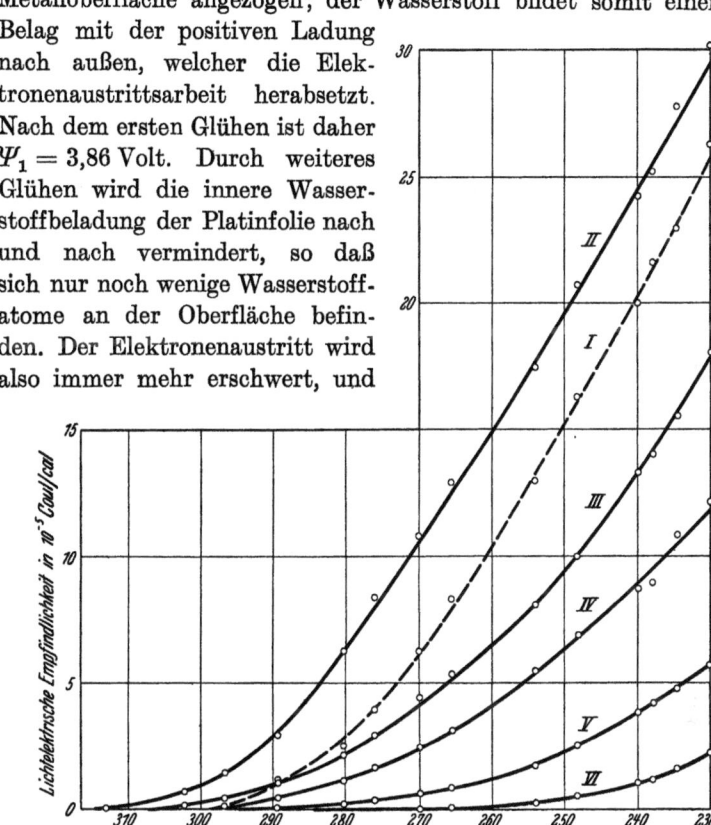

Abb. 13. Spektrale lichtelektrische Empfindlichkeit einer mit H-Atomen besetzten Platinoberfläche nach Bombardement mit Elektronen von 20 Volt Geschwindigkeit (nach Suhrmann).

schließlich beträgt die Elektronenaustrittsarbeit $\Psi_n = 6{,}35$ Volt.

Daß diese Deutung sehr wahrscheinlich in den Hauptpunkten zutrifft, folgt aus Untersuchungen[1], bei denen die Oberfläche einer Platinfolie zunächst kurz geglüht und dann mit Elektronen

---

[1] Suhrmann, R.: Physik. Z. 30, 939 (1929).

bombardiert wurde. Die durch das Glühen schon hohe Empfindlichkeit der Folie (Abb. 13: *I*) wuchs durch das Bombardement zunächst noch etwas an (*II*), weil ein Überschuß an Wasserstoff[1] beseitigt wurde, und sank dann steil ab bis zu sehr kleinen Werten (*III* bis *VI*), da ein weiteres Bombardement die monoatomare Wasserstoffschicht abbaute; gleichzeitig rückte die langwellige Grenze von ca. 320 mμ bis 270 mμ zurück. Wurde die Folie jetzt wieder wenige sec (im Hochvakuum) geglüht, so wiederholte sich das Spiel von neuem. Jedesmal konnte der durch Glühen an die Oberfläche gebrachte Wasserstoff durch Elektronenbombardement wieder beseitigt und damit die Empfindlichkeit in der geschilderten Weise geändert werden.

Auch bei Metallen, die von vornherein keinen oder nur wenig Wasserstoff enthalten, kann man eine Empfindlichkeitserhöhung dadurch erzielen, daß man sie durch Glimmentladung in Wasserstoff mit H$^+$-Ionen beschießt[2]. Dieses Ergebnis bekräftigt zugleich die Annahme, daß beim Glühen der Platinfolien Wasserstoff aus dem Innern und nicht irgendwelche anderen elektropositiven Substanzen an die Metalloberfläche gelangten.

Wir sehen also, daß für die Größe der Elektronenaustrittsarbeit und damit für die Empfindlichkeit einer Metalloberfläche die an ihr adsorbierten Teilchen ausschlaggebend sind. Teilchen ohne oder mit geringer Elektronenaffinität, deren äußere Elektronen durch das elektronenaffine Metall angezogen und die dadurch so polarisiert werden, daß die positive Ladung sich außen befindet, setzen die Austrittsarbeit herab. Elektronenaffine Substanzen, durch welche eine Verschiebung von Elektronen auf die von dem Metall abgewandte Seite erfolgt, erhöhen die Austrittsarbeit[3].

Von diesen Gesichtspunkten aus sind alle bisher beobachteten Erscheinungen der Gasbeladung und der ,,Ermüdung'' (einer allmählich von selbst· erfolgenden Verminderung der Empfindlichkeit) beim normalen lichtelektrischen Effekt zu verstehen[4]. Auch die bei den Untersuchungen des Kontakt-

---

[1] Vgl. die Diskussionsbemerkung von Schottky, H. Simon u. Suhrmann am Schluß der voranstehend zitierten Arbeit.
[2] Suhrmann, R.: Z. Elektrochem. 1929, 681.
[3] Vgl. Handbuch d. Experimentalphysik 13, Teil 2, S. 160ff.
[4] Vgl. z. B. Klumb, H.: Z. Physik 47, 652 (1928).

potentials auftretenden Besonderheiten[1] finden hierdurch eine eindeutige Erklärung, denn das Kontaktpotential stellt ja nichts weiter als die Differenz der Austrittsarbeiten dar (vgl. S. 12).

10. Lichtelektrische Empfindlichkeit reiner Metalle und Metallverbindungen.

Da die lichtelektrische Elektronenemission in so hohem Maße von adsorbierten Teilchen beeinflußt wird, ist es kaum möglich, die Austrittsarbeit und damit die lichtelektrische Empfindlichkeit wirklich reiner Metalloberflächen anzugeben. Denn auch, wenn eine Metalloberfläche z. B. durch Verdampfen im Hochvakuum (vgl. S. 82) hergestellt wird, besteht noch die Möglichkeit, daß elektropositive oder elektronegative Teilchen adsorbiert werden. Auch lang andauerndes Glühen bietet keine Gewähr für vollkommene Freiheit der Oberfläche von Substanzen, welche die Austrittsarbeit beeinflussen. Man wird sich deshalb dem idealen Grenzwert der vollkommen reinen Metalloberfläche nur annähern können. Von diesem Gesichtspunkt aus sind die in der folgenden Tabelle 1 zusammengestellten Werte[2] der langwelligen Grenze und der Elektronenaustrittsarbeit zu betrachten.

Die rechtsstehenden höheren Werte der Austrittsarbeit in der zweiten Kolonne der Tabelle dürften im allgemeinen mehr den reinen Metallen entsprechen als die linksstehenden, weil die Austrittsarbeit in der Mehrzahl der Fälle durch adsorbierte Schichten herabgesetzt wird. Die höheren Werte zeigen durchschnittlich einen regelmäßigeren Gang in den einzelnen Gruppen des periodischen Systems als die niedrigeren.

Besonders auffällig ist die geringe Austrittsarbeit der Alkali- und Erdalkalimetalle. Die größten Werte weisen die Metalle auf, welche in der elektrochemischen Spannungsreihe die edelsten sind, wie aus der Tabelle 2 zu erkennen ist.

Leider befinden sich in Tabelle 1 kaum Metalle, deren Oberflächen durch Verdampfen im Hochvakuum gewonnen wurden.

---

[1] Zum Beispiel R. Vieweg: Ann. Physik (4) **74**, 146 (1924). Mönch, G.: Z. Physik **47**, 522 (1928); **65**, 233 (1930).

[2] Die Werte wurden der Tab. 2 auf S. 40 des Buches von Gudden: „Lichtelektrische Erscheinungen" entnommen und aus den inzwischen erschienenen Arbeiten ergänzt.

Tabelle 1. **Elektronenaustrittsarbeiten und langwellige Grenzen von Metallen.**

Metall	Bereich der beobachteten Austrittsarbeit in Volt	Bereich der langwelligen Grenze in mμ	Metall	Bereich der beobachteten Austrittsarbeit in Volt	Bereich der langwelligen Grenze in mμ
Li	2,34 bis 2,38	528 bis 518			
Na	1,80 „ 2,12	686 „ 582	Ce	2,06	599
K	0,46 „ 2,02	2680 „ 611	Th	2,69 bis 3,57	458 bis 345
Rb	1,2 „ 1,45	1030 „ 852			
Cs	0,7 „ 1,36	1760 „ 908	Ge	4,92 „ 4,85	288 „ 255
			Sn	3,41 „ 4,51	362 „ 274
Cu	3,85 „ 4,82	321 „ 256	Pb	3,48 „ 4,14	355 „ 298
Ag	3,09 „ 4,71	399 „ 262			
Au	4,33 „ 4,75	285 „ 260	Ta	4,12 „ 4,92	300 „ 251
Mg	1,77 „ 3,74	698 „ 331	As	5,23	236
Ca	1,7 „ 3,34	727 „ 370	Sb	4,02	307
Sr	1,79 „ 2,15	689 „ 574	Bi	3,74 „ 4,83	330 „ 256
Ba	1,59 „ 2,29	777 „ 538			
			Mo	3,22 „ 4,33	383 „ 285
Zn	3,02 „ 4,10	408 „ 301	W	4,31 „ 5,36	286 „ 230
Cd	2,60 „ 4,05	475 „ 305			
Hg	4,05 „ 4,75	305 „ 260	Se	4,62 „ 5,61	267 „ 220
Al	1,77 „ 3,95	697 „ 313	Fe	3,92 „ 4,79	315 „ 258
			Co	3,92 „ 4,28	315 „ 288
Tl	3,43	360	Ni	3,68 „ 4,57	336 „ 270
C	4,3 „ 4,81	287 „ 257	Pd	4,31 „ 5,35	287 „ 231
Si	4,80	257	Pt	3,63 „ 6,5	340 „ 190

Tabelle 2. **Elektrochemische Spannungsreihe, gemessen gegen die Normalwasserstoffelektrode in wäßriger Lösung.**

Kationenbildung	Volt	Größte gemessene Elektronenaustrittsarbeit in Volt	Kationenbildung	Volt	Größte gemessene Elektronenaustrittsarbeit in Volt
Li/Li$^+$	− 3,02	2,38	Sn/Sn^{++}	− 0,10	4,51
K/K$^+$	− 2,92	2,02	Fe/Fe^{+++}	− 0,04	4,79
Na/Na$^+$	− 2,71	2,12	H$_2$/2 H$^+$	± 0,00	—
Mg/Mg^{++}	− 1,55	3,74	Sb/Sb^{+++}	+ 0,2	4,02
Mn/Mn^{++}	− 1,1	—	Bi/Bi^{+++}	+ 0,226	4,83
Zn/Zn^{++}	− 0,76	4,10	As/As^{+++}	+ 0,3	5,23
Cr/Cr^{++}	− 0,56	—	Cu/Cu^{++}	+ 0,34	4,63
Fe/Fe^{++}	− 0,44	—	Cu/Cu$^+$	+ 0,51	—
Cd/Cd^{++}	− 0,40	4,05	Ag/Ag$^+$	+ 0,80	4,71
Tl/Tl$^+$	− 0,33	3,43	Hg/Hg^{++}	+ 0,86	4,75
Co/Co^{++}	− 0,29	4,28	Au/Au^{+++}	+ 1,3	4,75
Ni/Ni^{++}	− 0,22	4,57	Au/Au$^+$	+ 1,5	—
Pb/Pb^{++}	− 0,12	4,14			

Bei den Alkalimetallen ist noch zu bedenken, daß sie mit den am häufigsten als Verunreinigung vorkommenden Gasen Wasserstoff und Sauerstoff äußerst leicht chemische Verbindungen eingehen. Aus diesem Grunde zeigen die Alkalimetalle, wie später ausführlicher auseinandergesetzt wird, zumeist ein „selektives" spektrales Maximum. Nur in relativ wenigen Fällen[1] ist es bisher gelungen, sie so weit von den genannten Verunreinigungen zu befreien, daß sie eine normale Empfindlichkeitskurve aufwiesen. In diesen Fällen dürften jedoch tatsächlich „reine" Metalloberflächen (für kurze Zeit) vorgelegen haben, da chemische Verbindungen wegen des fehlenden selektiven Maximums vermutlich nicht mehr vorhanden waren und molekularer Wasserstoff keinen merklichen Einfluß auf die Empfindlichkeit der Alkalimetalle ausübt[2].

Einen Überblick über die Austrittsarbeit und die langwellige Grenze von Verbindungen und metallischen Halbleitern gibt die folgende Tabelle[3]:

Tabelle 3. Elektronenaustrittsarbeit und langwellige Grenze von Verbindungen.

Verbindung	Elektronenaustrittsarbeit in Volt	Langwellige Grenze in mμ	Verbindung	Elektronenaustrittsarbeit in Volt	Langwellige Grenze in mμ
AgCl	4,0 bis 5,28	312 bis 234	Ag$_2$S	3,0 bis 4,68	407 bis 264
AgBr	3,7 „ 5,14	332 „ 240	CuO	5,34	231
AgJ	3,0 „ 4,92	407 „ 251	Cu$_2$O	5,17	239
NaCl	$\cong$ 4,2	zwischen 302 u. 313	(Cu)	(4,82)	(256)
			Fuchsin	5,26	235
Glimmer	$\cong$ 4,8	zwischen 254 u. 265	Cyanin	5,22	237

[1] Wiedmann, G.: Verh. dtsch. phys. Ges. 17, 343 (1915). Schanz, F.: Arch. Ophthalm. 103, 169 (1920). Fleischer, R., u. H. Dember: Z. techn. Physik 7, 133 (1926). Auch W. Hallwachs [Ann. Phys. 30, 593 (1909)] erhielt eine normal empfindliche Kaliumoberfläche; es ist jedoch möglich, daß der normale Verlauf der Empfindlichkeitskurve in diesem Fall auf das Vorhandensein von Spuren einer organischen Verunreinigung zurückzuführen ist, wie bei dem auf S. 29 geschilderten Versuch.

[2] Richardson, O.W.: Proc. roy. Soc. (A) 107, 387 (1925). Suhrmann, R., u. H. Theissing: Z. Physik 52, 453 (1928). Die gegenteiligen Befunde von R. Fleischer und H. Teichmann [Z. Physik 61, 227 (1930)] erklären sich durch mangelnde Reinheit des von ihnen verwendeten Wasserstoffs.

[3] Nach Messungen von Krüger, F., u. A. Ball: Z. Physik 55, 28 (1929), Fleischmann, R.: Ann. Physik 5, 73 (1930), Tartakowsky, P.: Z. Physik 58, 394 (1929).

Sie enthält nur wenige Angaben, und es ist sehr zu wünschen, daß sie durch Messungen an einwandfrei hergestellten Oberflächen[1] ergänzt wird. Bei Kathoden, welche mit den Oxyden der Erdalkalimetalle bedeckt sind, wächst die lichtelektrische Emission durch Erhitzen auf Rotglut stark an[2]. Die Empfindlichkeitskurve zeigt ein Maximum bei ca. 340 mμ, ein Minimum, das sich von 290 bis 260 mμ erstreckt, und einen sehr steilen Anstieg bei 250 mμ *. Das Maximum rührt vermutlich von einer geringen Menge reduzierten Metalls her, der steile Anstieg von dem eigentlichen Oxyd.

11. Beeinflussung der Empfindlichkeit durch adsorbierte dünne Schichten.

In ähnlicher Weise wie adsorbierte und polarisierte Wasserstoffatome können auch andere elektropositive Substanzen, wenn sie in atomarer Form die Oberfläche eines Metalles bedecken, deren lichtelektrische Empfindlichkeit weitgehend heraufsetzen. Diese von Elster und Geitel zuerst beobachtete[3], aber in ihrer Bedeutung von ihnen noch nicht voll erkannte Erscheinung ist in den letzten Jahren vielseitig untersucht worden[4] und hat zu wertvollen Aufschlüssen geführt.

Überzieht man z. B. eine Silberplatte elektrolytisch mit Platinmohr und schlägt darauf im Hochvakuum durch Verdampfen von

---

[1] Die Herstellung der Oberflächen könnte durch Verdampfen des Metalls im Hochvakuum und darauffolgende vorsichtige Einwirkung reaktionsfähiger Gase erfolgen.

[2] Case, T. W.: Phys. Rev. 18, 413 (1921).

* Newbury, K.: Phys. Rev. 34, 1418 (1929). Crew, W. H.: Phys. Rev. 28, 1265 (1926).

[3] Geitel: Ann. Physik 67, 420 (1922).

[4] Zum Beispiel Ives, H. E.: Astrophys. J. 60, 209, 231 (1924); 64, 128 (1926). Diese an sich sehr schönen Untersuchungen sind leider nur im Sichtbaren durchgeführt und daher nicht so schlüssig wie die folgenden, bei denen im Ultraviolett bis 240 mμ gemessen wurde. Suhrmann, R.: D.R.P.-Anmeldung, Jan. 1927. Suhrmann, R., u. H. Theissing: Z. Physik 52, 453 (1928); 55, 701 (1929). Weitere Arbeiten über dünne Schichten: Ives, H. E., A. R. Olpin u. A. L. Johnsrud: Phys. Rev. 31, 1127 (1928); 32, 57 (1928). Campbell, N. R.: Phil. Mag. (7) 6, 633 (1928). Ives, H. E., u. A. L. Johnsrud: J. Opt. Soc. Amer. 15, 374 (1927). Ives, H. E., u. A. R. Olpin: Phys. Rev. 34, 117 (1929). Ives, H. E., u. H. B. Briggs: Phys. Rev. 35, 669 (1930). Olpin, A. R.: Phys. Rev. 35, 670 (1930).

Kalium einen unsichtbaren Kaliumhauch nieder, dessen Dicke in der Größenordnung eines Atomes liegt[1], so erhält man bei der Messung der spektralen Empfindlichkeit in $\frac{\text{Coul}}{\text{cal}}$ eine normale Kurve wie beim Platinmohr selbst, aber die Werte liegen wesent-

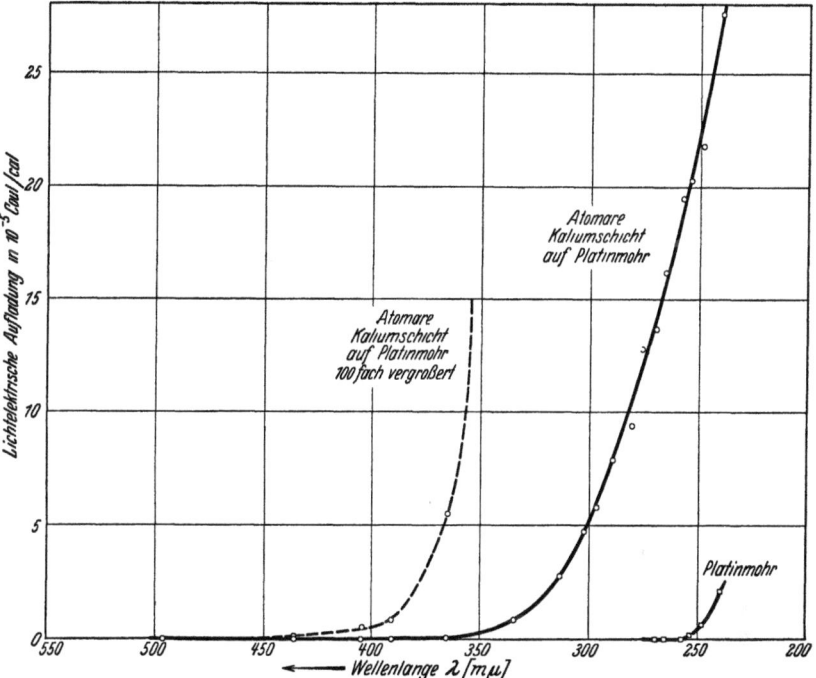

Abb. 14. Spektrale Empfindlichkeitskurve einer Platinmohroberfläche und einer mit Kalium in atomarer Verteilung besetzten Platinmohroberfläche (nach Suhrmann und Theissing).

lich höher als vorher, und die langwellige Grenze, die zu Anfang bei etwa 270 mμ lag, ist jetzt bis etwa 490 mμ vorgeschoben (Abb. 14), d. h. die Austrittsarbeit hat sich durch das Aufbringen der Kaliumatome von 4,6 auf 2,5 Volt verringert. Selbst die Untersuchung der Kurve bis 240 mμ ergab keine Andeutung eines selektiven Maximums, obgleich das Kalium nicht mit der Sorgfalt destilliert worden war, die zur Beseitigung des Maximums bei kompaktem Kalium erforderlich ist.

---

[1] Woraus man entnimmt, daß die Schicht nicht wesentlich dicker ist, wird weiter unten ausgeführt.

Es ist daher anzunehmen, daß die auf der Platinmohr- oder irgendeiner anderen Metalloberfläche[1] sitzenden Kaliumatome die gleiche Funktion zu erfüllen haben wie die auf der Platinfolie adsorbierten Wasserstoffatome (vgl. Ziffer 9); sie besitzen **keine Elektronenaffinität und ein relativ kleines Ionisierungspotential**, werden deshalb an der stark elektronenaffinen Metalloberfläche beträchtlich polarisiert und bilden **Dipole** mit dem positiven Pol nach außen. Infolgedessen setzen sie in gleicher Weise wie die adsorbierten Wasserstoffatome die Elektronenaustrittsarbeit der Unterlage herab.

Ebenso wie Kaliumatome wirken die übrigen Alkalimetalle, also Natrium-, Rubidium- und Cäsiumatome, wenn sie auf einer Metalloberfläche adsorbiert sind. Auch adsorbierte Erdalkaliatome (z. B. Barium) vermögen die Austrittsarbeit herabzusetzen. Variiert man die Besetzungsdichte des elektronegativen Metalles mit elektropositiven Atomen, so schiebt sich die langwellige Grenze mit zunehmender Besetzungsdichte vor, um bei gleichmäßig monoatomarer Bedeckung einen Maximalwert anzunehmen[2], Dieser Wert soll, unabhängig von dem Metall der Unterlage, bei der Resonanzlinie des betreffenden Alkalimetallatoms liegen[3], also

für	Na	K	Rb	Cs
bei	589 mμ	770 mμ	795 mμ	894 mμ
	2,09 Volt	1,60 Volt	1,55 Volt	1,38 Volt

Es ist aber noch nicht einwandfrei bei vollkommen reinen Metalloberflächen festgestellt worden, ob die Emission bei gleicher Besetzungsdichte von dem Metall der Unterlage **unabhängig** ist. Die Wahrscheinlichkeit hierfür ist nicht sehr groß.

Beim Vergleich der langwelligen Grenzen für **monoatomare** Schichten mit den an **kompakten Alkalimetallen** gewonnenen Werten erkennt man, daß die Austrittsarbeit des kompakten Metalls größer ist als die der monoatomaren Schicht. Erhöht man also die Besetzungsdichte einer **wirklich reinen elektronegativen** Metalloberfläche mit Alkalimetallatomen über die monoatomare Schichtdicke hinaus, so muß die Austrittsarbeit wieder

---

[1] Auch die übrigen untersuchten Trägermetalle ergaben eine normale Empfindlichkeitskurve, wenn sie mit wenigen Kaliumatomen bedeckt waren.
[2] Ives, H. E., u. A. R. Olpin: Phys. Rev. **34**, 117 (1929).
[3] Ives, H. E., u. O. R. Olpin: Phys. Rev. **33**, 281 (1929).

zunehmen, die Empfindlichkeit abnehmen, und das kompakte Alkalimetall eine normale Empfindlichkeitskurve aufweisen, falls keine Alkaliverbindungen zugegen sind.

Die Elektronenaustrittsarbeit einer mit elektronegativen Substanzen, z. B. Sauerstoffatomen, besetzten Metalloberfläche ist gegenüber der des reinen Metalls wesentlich vergrößert. Eine solche Oberfläche besitzt also eine größere Elektronenaffinität als das reine Metall und vermag daher auch aufgebrachte Alkaliatome stärker zu polarisieren. Man wird deshalb eine weitere Herabsetzung der Austrittsarbeit erzielen, wenn man eine Metalloberfläche vor der Besetzung mit Alkaliatomen mit elektronegativen Substanzen belädt. Eine besonders große Verschiebung der langwelligen Grenze der meisten Unterlagemetalle nach kürzeren Wellen erreicht man z. B. durch eine Glimmentladung in Sauerstoff, wodurch sich eine äußerst dünne Oxydschicht von sehr großer Elektronenaustrittsarbeit ausbildet. Gibt man jetzt wieder Alkalimetallatome darauf, so werden diese wesentlich stärker polarisiert als auf dem reinen Metall und setzen die Austrittsarbeit dementsprechend herab. Auf diese Weise kann man die langwellige Grenze von lichtelektrisch empfindlichen Oberflächen bis ins kurzwellige Ultrarot vorschieben.

12. Selektiver lichtelektrischer Effekt[1].

Während bei reinen Metallunterlagen eine Vergrößerung der Schichtdicke des aufgebrachten Alkalimetalls über die monoatomare Besetzung hinaus eine Verminderung der Empfindlichkeit hervorruft, bewirkt sie gerade das Gegenteil, wenn sich auf der Metallunterlage eine Substanz befindet, die mit dem Alkalimetall eine Verbindung einzugehen vermag. In diesem Fall wächst die lichtelektrische Empfindlichkeit durch weiteres Aufbringen von Alkaliatomen in einem bestimmten Spektralbereich außerordentlich stark an, d. h. es bildet sich ein „selektives" Maximum aus.

Abb. 15 zeigt als Beispiel die Empfindlichkeitskurve einer Photozelle, deren Elektronen emittierende Schicht in folgender Weise hergestellt wurde. Man versilberte die mit einer Platineinschmelzung versehene Glaswandung der Zelle auf chemischem Wege (vgl. S. 75), so daß die Versilberung als Kathode benutzt

---

[1] Vgl. hierzu Suhrmann, R.: Z. wiss. Photogr. 30, 161 (1931).

werden konnte. Dann setzte man die Zelle an die Hochvakuumapparatur an, evakuierte, heizte aus (vgl. S. 79) und brachte eine geringe Menge Sauerstoff, von ca. 0,3 mm Druck, hinein. Nun oxydierte man die Silberoberfläche durch eine schwache Glimmentladung, pumpte wieder auf Hochvakuum und destillierte eine so geringe Spur Kalium in die Zelle, daß man das Alkalimetall als solches noch nicht bemerken konnte, daß jedoch die monoatomare Besetzung überschritten war. Die spektrale Unter-

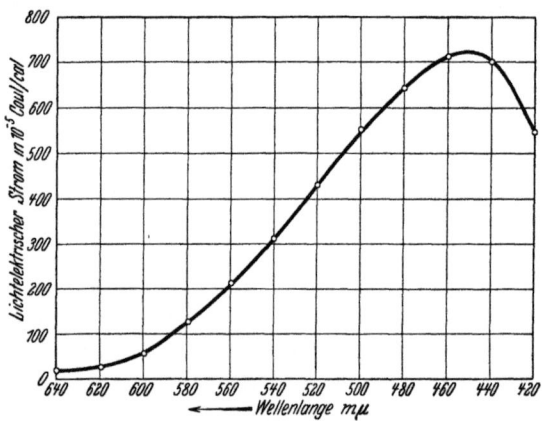

Abb. 15. Spektrale Empfindlichkeitskurve einer mit Kalium in atomarer Verteilung bedeckten oxydierten Silberkathode; Kalium-Schichtdicke > monoatomar (nach Suhrmann).

suchung der Oberfläche ergab nun die in Abb. 15 wiedergegebene Kurve, deren deutlich ausgeprägtes selektives Maximum also dadurch zustande kam, daß die zunächst auf das Silberoxyd[1] auftreffenden Kaliumatome chemisch gebunden wurden und auf diese Verbindung noch weitere Kaliumatome gelangten.

Noch deutlicher geht die Wirkung einer Alkaliverbindung als Zwischenschicht aus dem folgenden Versuch hervor[2]. In eine an der Hochvakuumapparatur befindliche Zelle wurde zunächst Kalium in kompakter Schicht eindestilliert und die spektrale Empfindlichkeitskurve durchgemessen. Sie wies ein schwaches selektives Maximum auf (Abb. 16a, Kurve *I*), weil das Kalium nicht durch mehrfaches Destillieren von allen Spuren von Alkali-

---

[1] Dessen Sauerstoff nur relativ locker gebunden ist.
[2] Suhrmann, R.: Physik. Z. **32**, 216 (1931).

verbindungen befreit war (vgl. S. 32). Nach der oben entwickelten Anschauung mußten also Kaliumatome auf einer äußerst dünnen Haut einer Kaliumverbindung sitzen. Brachte man nun eine geringe Menge einer Substanz ein, die mit dem Alkalimetall schwach reagierte, so sollten sich vor allem diese außen sitzenden Atome

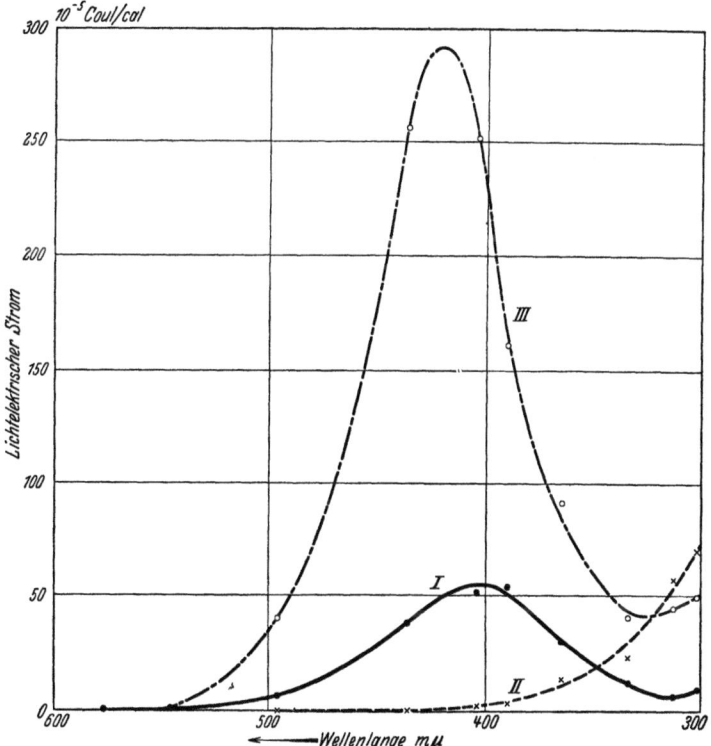

Abb. 16a. Spektrale Empfindlichkeitsverteilung einer frisch durch Destillation im Hochvakuum hergestellten Kaliumoberfläche (Kurve I); nach dem Aufbringen einer Spur Naphtalin (Kurve II); nach dem Aufdampfen von atomar verteiltem Kalium auf die Kalium-Naphtalinverbindung (Kurve III) (nach Suhrmann).

mit der Substanz verbinden und die Empfindlichkeitskurve „normal" werden. Wie Abb. 16a, Kurve II zeigt, trat dies in der Tat beim Einbringen einer Spur sorgfältig gereinigten Naphtalindampfes ein; das Maximum verschwand und die Empfindlichkeitskurve stieg jetzt kontinuierlich nach kurzen Wellen zu an. Weiteres Aufbringen von Naphtalinspuren ließ die normale Kurve dauernd absinken, denn mit zunehmender Dicke der Naphtalin-Kaliumverbindung wurde der Elektronendurchtritt mehr und mehr erschwert. Destillierte man jetzt eine geringe Spur Kalium auf die Verbindung auf, so bildete sich ein kräftiges selektives Maximum aus (Kurve *III* in Abb. 16a). Auch hier waren also die auf der Alkaliverbindung sitzenden Kaliumatome für das Auftreten des spektralen selektiven Maximums maßgebend.

Während Naphtalin mit den einzelnen außen sitzenden Kaliumatomen eine Verbindung einging und damit das selektive Maximum zunächst beseitigte, mußte eine gegen Kalium inerte Substanz die Empfindlichkeit nur allgemein herunter-

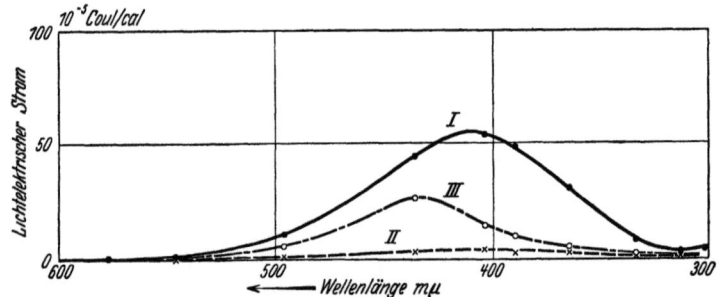

Abb. 16b. Spektrale Empfindlichkeitsverteilung einer frisch durch Destillation im Hochvakuum hergestellten Kaliumoberfläche (Kurve *I*); nach dem Aufdampfen einer Spur Paraffin (Kurve *II*); nach dem Aufdampfen einer Spur Kalium auf die Paraffinschicht (Kurve *III*) (nach Suhrmann).

drücken. Dies war in der Tat der Fall, wenn man auf die anfängliche, schwach selektive Kaliumoberfläche (Abb. 16b, Kurve *I*) eine Spur Paraffin, das vorher sorgfältig von ungesättigten Verbindungen und Fettsäuren befreit war, aufdampfte (Abb. 16b, Kurve *II*). Wurde nun auf die Paraffinhaut Kalium in geringer Menge aufgebracht, so wuchs die Elektronenemission zwar ein wenig an, übertraf aber die anfängliche nicht (Abb. 16b, Kurve *III*); ein ausgeprägtes selektives Maximum trat jetzt nicht auf.

Besonders schön erkennt man den allmählichen Aufbau des spektralen selektiven Maximums beim Aufbringen überschüssiger Kaliumatome an den in Abb. 17 wiedergegebenen Kurven[1]. Sie wurden an einem Platinspiegel erhalten, der im Hochvakuum durch rückwärtiges Elektronenbombardement auf Rotglut aus-

---

[1] Suhrmann, R., u. H. Theissing: Z. Physik 55, 701 (1929).

geheizt und daher wohl von den gröbsten Verunreinigungen befreit war, aber keinesfalls seinen Wasserstoff vollständig abgegeben hatte. Es ist im Gegenteil anzunehmen[1], daß er infolge des schwachen Glühens an der Oberfläche mit einer Schicht von

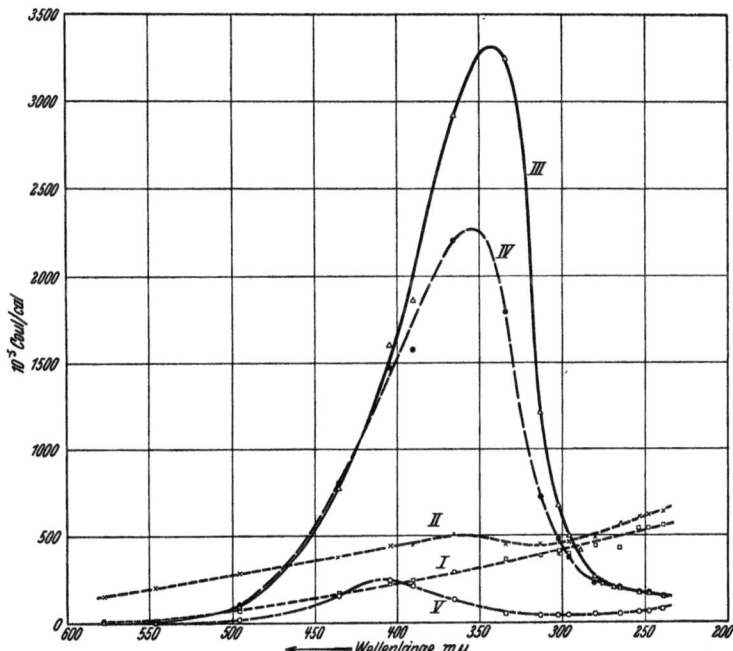

Abb. 17. Spektrale Empfindlichkeitsverteilung dünner, unsichtbarer Kaliumschichten auf einem Platinspiegel; Kurve *I* Schichtdicke noch nicht monoatomar; Kurve *II* Schichtdicke ungefähr monoatomar; Kurve *III*, *IV* und *V* Schichtdicke größer als monoatomar, bei Kurve *IV* Schichtdicke größer als bei Kurve *III*, bei Kurve *V* ist Kaliumschicht soeben als schwacher Hauch zu erkennen (nach Suhrmann und Theissing).

atomarem[2] Wasserstoff versehen war. Wurde der Spiegel nun mit wenigen Kaliumatomen beschickt, so bewirkte dies zunächst eine beträchtliche Verschiebung der langwelligen Grenze bis ins Rot (Kurve *I*). Bei weiterem Aufdestillieren von Kaliumatomen schiebt sich die Grenze zunächst noch weiter vor, und gleichzeitig macht sich im Ultraviolett eine schwache Erhebung be-

---

[1] Auf Grund der oben S. 18 u. 19 geschilderten Versuche, aus denen hervorging, daß nur vielstündiges Erhitzen auf Weißglut eine Herabsetzung der Wasserstoffbeladung bewirkt.

[2] Vgl. auch J. Langmuir: Trans. Faraday Soc. 17, 621 (1922).

merkbar (Kurve *II*), die bei weiterem Aufdampfen bis zu sehr hohen Werten anwächst (Kurve *III*), um sich bei noch größerer Schichtdicke des Alkalimetalls wieder zu vermindern (Kurve *IV*). Das Maximum verschiebt sich gleichzeitig von 340 mμ bis 355 mμ; das aufgedampfte Kalium ist noch vollkommen unsichtbar. Mit dem Erscheinen des Maximums hat sich die langwellige Grenze wieder nach kürzeren Wellen zurückgezogen. Wird jetzt so viel Kalium aufgebracht, daß man es soeben als matten Hauch erkennt, so verringert sich die Empfindlichkeit beträchtlich und das Maximum rückt bis 400 mμ vor (Kurve *V*).

Auf Grund der geschilderten Versuche kann man somit als günstige Bedingung für das Zustandekommen eines spektralen selektiven Maximums das Aufbringen geringer Mengen von Alkalimetall auf eine Alkalimetallverbindung ansehen[1], wobei die Schichtdicke der Verbindung so gering sein muß, daß sie den elektrischen Strom ungehindert hindurchläßt, d. h. sie darf nur aus wenigen Molekülschichten bestehen. Es ist jedoch nicht notwendig, daß die Verbindung wieder auf einem Alkalimetall sitzt. Die Unterlage kann vielmehr aus irgendeinem anderen, z. B. auch einem elektronegativeren Metall bestehen, so daß sich für den Aufbau der selektiv emittierenden Oberfläche das in Abb. 18 wiedergegebene Schema ergibt, in dem die Schichten des Alkalimetalls und der Verbindung die Dicke von nur wenigen Molekülen besitzen[2]. Besonders günstig ist es anscheinend für das Auftreten eines selektiven Maximums, wenn die chemische Substanz, welche sich mit dem Alkalimetall verbindet, auch mit der Metallunterlage eine mehr oder weniger lockere Verbindung einzugehen vermag.

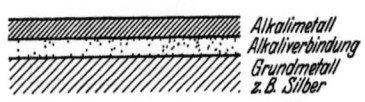

Abb. 18. Schematischer Aufbau einer selektiv emittierenden Oberfläche.

Von diesen Gesichtspunkten aus ist auch die schon seit Elster und Geitel bekannte „Sensibilisierung" von Kaliumoberflächen durch eine Glimmentladung in Wasserstoff bei einigen Zehntel mm Druck zu verstehen. Bei dem Hindurchsenden der Glimmentladung bilden sich Wasserstoffionen und -atome,

---

[1] Vgl. hierzu auch B. Gudden u. R. Pohl: Z. Physik **34**, 245 (1925), W. Kluge u. E. Rupp: Physik. Z. **32**, 163 (1931). — Atomarer Wasserstoff vermag mit Kalium zu reagieren.

[2] Vgl. auch Fowler, R. H.: Proc. roy. Soc. London (A) **128**, 123 (1930).

die im Gegensatz zu molekularem Wasserstoff bei Zimmertemperatur mit der Kaliumoberfläche reagieren[1]. Teils durch die hierbei freiwerdende Wärme, teils durch das Ionenbombardement verdampfen einige Kaliumatome[2] und kondensieren sich unmittelbar auf der über der Kaliumoberfläche gebildeten Hydridschicht. Die Metalloberfläche bekommt hierdurch je nach der Dicke der Hydridschicht und der Menge sowie dem Verteilungsgrad der darauf befindlichen Kaliumteilchen einen rosafarbenen bis bläulichen Schimmer. Abb. 19 gibt die Empfindlichkeit einer Kaliumzelle vor und nach dem Bombardement mit Wasserstoffionen wieder.

Auch andere reaktionsfähige Gase und Dämpfe vermögen Alkalioberflächen in ähnlicher Weise zu sensibilisieren wie die durch die Glimmentladung erzeugten Wasserstoffionen und -atome. So ergibt z. B. das Einbringen einer Spur Sauerstoff[3] oder Wasserdampf[4] in eine Alkalizelle eine beträchtliche Empfindlichkeitssteigerung, verbunden mit dem Auftreten eines selektiven Maximums.

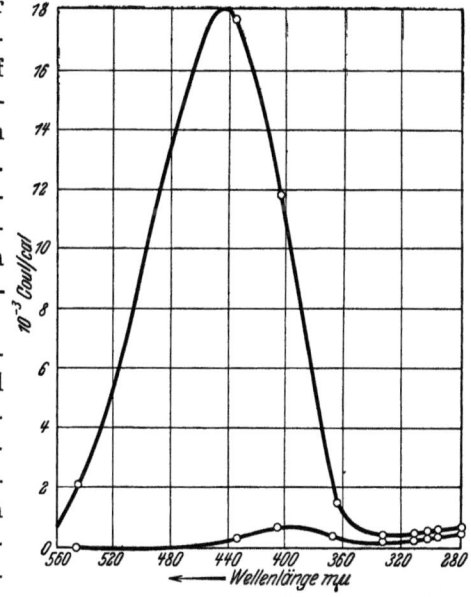

Abb. 19. Spektrale Empfindlichkeit einer Kaliumoberfläche vor und nach dem Bombardement mit Wasserstoffionen (nach Suhrmann).

Da die Hydride der Alkalimetalle erst bei höheren Temperaturen (KH z. B. höher als 200° C) dissoziieren und die Oxyde noch

---

[1] Suhrmann, R.: Z. Elektrochem. (1929) Bunsenvortrag.
[2] Vgl. R. Fleischer: Physik. Z. **30**, 320 (1929).
[3] Pohl, R., u. P. Pringsheim: Verh. dtsch. phys. Ges. **15**, 637 (1913) für Kalium; Koller, L. R.: Phys. Rev. **36**, 1639 (1930) für Cäsium.
[4] Olpin, A. R.: Phys. Rev. **36**, 251 (1930) Natrium, Kalium, Rubidium und Cäsium mit verschiedenen chemisch wirksamen Dämpfen.

wesentlich stabiler sind, ist es sehr schwierig, diese sehr reaktionsfähigen Metalle vollkommen frei von Spuren ihrer Verbindungen zu erhalten. Zumeist erhält man daher, wenn man eine im Hochvakuum durch Destillieren hergestellte Alkalimetalloberfläche auf ihre spektrale Empfindlichkeit hin untersucht, nicht die dem ganz reinen Metall zukommende normale Kurve, sondern ein schwaches selektives Maximum. Nur bei sehr sorgfältigem Ausheizen der Apparatur und äußerst langsamem und vorsichtigem Destillieren gelingt es, die letzten Spuren von Alkaliverbindungen von der Metalloberfläche fernzuhalten.

Die Lage des spektralen Maximums hängt von dem Alkalimetall[1], der die Zwischenschicht bildenden Verbindung und dem Trägermetall ab; außerdem kann das Maximum durch die Schichtdicke der Verbindung und des aufgebrachten Alkalimetalles in Lage und Höhe wesentlich beeinflußt werden. Es scheint, daß auch die Wertigkeitsstufe, in welcher sich das Alkalimetall befindet, einen Einfluß auf die Lage des Maximums ausübt. Nach einer bereits 1911 abgeleiteten Formel[2] ist die Wellenlänge λ_m des selektiven Maximums gegeben durch

$$\lambda_m = \frac{2\pi v_0}{\sqrt{(n e_0^2/m_0 r^3)}} \quad (e_0 \text{ Ladung, } m_0 \text{ Masse des Elektrons}).$$

r bedeutet den Radius der Elektronenbahn, bzw. die größte Halbachse, wenn sich das Elektron auf einer elliptischen Bahn um die positive Ladung $n \cdot e_0$ bewegt. Setzt man $n = 1$, so erhält man für die verschiedenen Alkalimetalle λ_m-Werte, die verhältnismäßig gut mit den früher gefundenen selektiven Maximis übereinstimmen, die wahrscheinlich größtenteils auf Wasserstoffverbindungen zurückzuführen und bei 280 mμ (Li), 340 mμ (Na), 440 mμ (K), 480 mμ (Rb) und 510 mμ (Cs) gelegen sind. Die neuerdings bei Einwirkung geringer Spuren verschiedener chemischer Substanzen[3] auf Alkalimetalle erhaltenen Maxima lassen sich aus der

---

[1] Es ist sehr wohl möglich, daß auch andere Metalle selektive Maxima ergeben, wenn sie in analoger Weise zum Aufbau von Oberflächen verwendet werden, z. B. hat man auch bei Barium (Pohl, R., u. P. Pringsheim: Elster und Geitel-Festschrift, Braunschweig 1915) und Strontium [Döpel, R.: Z. Physik **33**, 237 (1925)] selektive Maxima gefunden.

[2] Lindemann, F. A.: Verh. dtsch. phys. Ges. **13**, 482 (1911); **13**, 1107 (1911).

[3] Olpin, A. R.: Phys. Rev. **36**, 251 (1930).

Selektiver lichtelektrischer Effekt.

obigen Formel berechnen, wenn man für n verschiedene Wertigkeitsstufen entsprechend den einzelnen angenommenen Oxyden der Alkalimetalle einsetzt[1]. Die Lage des Maximums wäre danach von der Wertigkeitsstufe abhängig, in der sich das Alkalimetall befindet. Es ist jedoch denkbar, daß die Übereinstimmung nur durch Zufälle bedingt ist, und andere uns z. T. noch unbekannte Ursachen für die Lage der Maxima maßgebend sind.

Unter gewissen Bedingungen kann an selektiven Oberflächen noch ein anderer bemerkenswerter Effekt auftreten, den man unter Benutzung der obigen Anschauungen verhältnismäßig einfach zu deuten vermag.

Wir wollen annehmen, daß wir auf einen nicht vollkommen entgasten Platinspiegel im Hochvakuum gerade eine so geringe Menge Kalium aufgedampft hätten, daß die Aufnahme der spektralen Empfindlichkeitskurve das steile selektive Maximum im langwelligen Ultraviolett erkennen läßt (vgl. Abb. 17, Kurve *III*). Beleuchten wir jetzt den Spiegel nicht wie bisher mit gewöhnlichem Licht, sondern lassen paralleles, linear polarisiertes Licht von einer dem spektralen Maximum entsprechenden Wellenlänge unter einem Einfallswinkel von ca. 70° auf den Spiegel auftreffen, so beobachten wir, daß linear polarisiertes Licht, dessen elektrischer Vektor $\mathfrak{E}$ in der Einfallsebene, also mit einer Komponente senkrecht zur Metallplatte schwingt, eine wesentlich größere Elektronenausbeute liefert als senkrecht zur Einfallsebene, also parallel zum Spiegel schwingendes linear polarisiertes Licht[2]. Zur Veranschaulichung der optischen Verhältnisse ist in Abb. 20a der Spiegel Sp eingezeichnet,

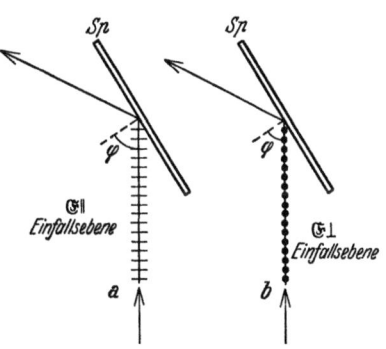

Abb. 20. Schematische Darstellung des Strahlenganges zur Demonstration des Vektoreinflusses bei einer selektiv empfindlichen Kaliumschicht auf einem Platinspiegel.
a) $\mathfrak{E} \parallel$ Einfallsebene, selektive Empfindlichkeit;
b) $\mathfrak{E} \perp$ Einfallsebene, normale Empfindlichkeit.

---

[1] Olpin, A. R.: l. c. S. 288; vgl. auch F. Groß: Z. Physik 7, 316 (1921).
[2] Ives, H. E.: Astrophys. J. 60, 209 (1924).

auf den linear polarisiertes Licht mit $\mathfrak{E} \parallel$ Einfallsebene unter dem Winkel φ auffällt; in diesem Fall ist $\frac{n}{a}$, die Elektronenausbeute pro cal, relativ groß. Schwingt dagegen der elektrische Vektor $\mathfrak{E} \perp$ Einfallsebene, wie in Abb. 20b, so ist $\frac{n}{a}$ klein.

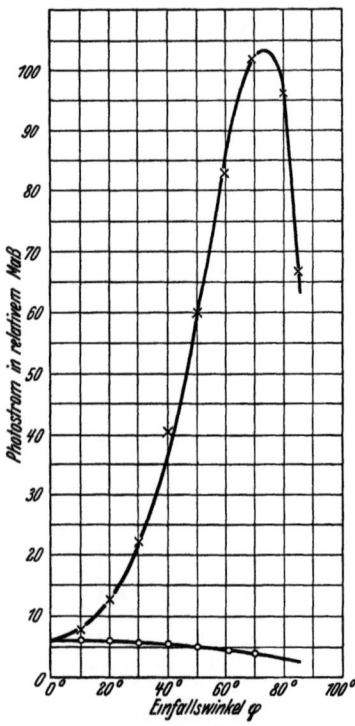

Abb. 21. Vektoreinfluß in Abhängigkeit vom Einfallswinkel φ.
Obere Kurve: $\mathfrak{E} \parallel$ Einfallsebene; untere Kurve: $\mathfrak{E} \perp$ Einfallsebene (nach Ives).

Beim Einfallswinkel $\varphi = 0$, d.h. wenn der Lichtstrahl senkrecht auf den Spiegel fällt, schwingt der elektrische Vektor auf jeden Fall parallel zum Spiegel. Es ist also gleichgültig, ob $\mathfrak{E} \parallel$ oder $\mathfrak{E} \perp$ zur Einfallsebene schwingt, die Elektronenausbeute ist dieselbe (Abb. 21)[1]. Bei Vergrößerung des Winkels φ von Null an wird der Unterschied der $\frac{n}{a}$-Werte für $\mathfrak{E} \parallel$ und $\mathfrak{E} \perp$ immer größer und erreicht schließlich ein bei $\varphi = 73^0$ liegendes Maximum. Von da fällt die Ausbeute steil ab bis zum streifenden Einfall des Lichtstrahls. Das Verhältnis der Ausbeuten für $\mathfrak{E} \parallel$ und $\mathfrak{E} \perp$ kann außerordentlich hohe Werte annehmen, in Abb. 21 z. B. ist es im Maximum ca. 29:1.

Wir variieren nun die Wellenlänge λ des auf den Spiegel fallenden polarisierten Lichtstrahls und messen jedesmal die Elektronenausbeute $\frac{n}{a}$ für $\mathfrak{E} \parallel$ und $\mathfrak{E} \perp$. Die beiden Empfindlichkeitskurven (Abb. 22) weisen dann einen durchaus charakteristischen Gang auf: Während die Kurve mit $\mathfrak{E} \parallel$ ein hohes spektrales Maximum besitzt, das mit dem bei unpolarisiertem Licht erhaltenen zusammenfällt, verläuft die Empfindlichkeitskurve mit $\mathfrak{E} \perp$ „normal", d. h. sie

---

[1] Ives, H. E.: l. c.

liegt viel niedriger und steigt nach kurzen Wellen zu kontinuierlich an[1]. Das Verhältnis der Werte $\dfrac{\dfrac{n}{a} \text{ für } \mathfrak{E}\,\|}{\dfrac{n}{a} \text{ für } \mathfrak{E}\perp}$ besitzt ebenfalls ein spektrales Maximum, das mit dem Maximum für $\mathfrak{E}\,\|$ zusammenfällt[2].

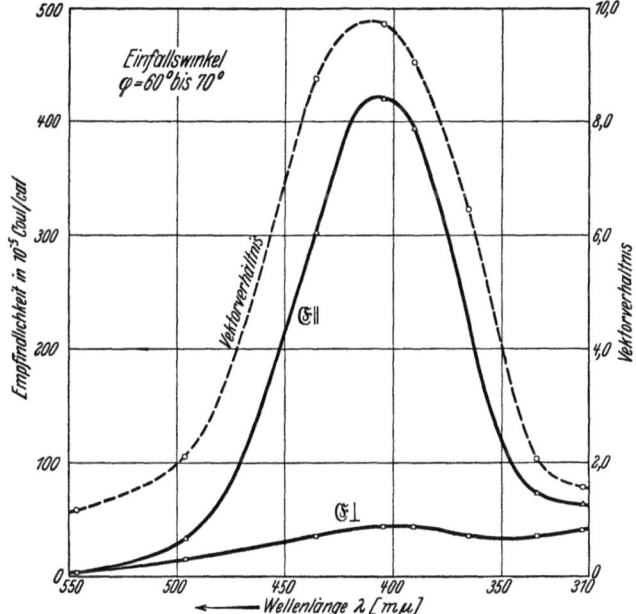

Abb. 22. Spektrale Empfindlichkeitsverteilung einer selektiven Kaliumhaut auf einem Platinspiegel.
Bei $\mathfrak{E}\perp$ normaler Verlauf; bei $\mathfrak{E}\,\|$ selektives Maximum; gleichliegendes spektrales Maximum des Vektorverhältnisses (nach Suhrmann und Theissing).

Die starke lichtelektrische Wirkung von $\mathfrak{E}\,\|$ im selektiven Gebiet ist nur durch eine ausgeprägte Richtung der Teilchen zu erklären, welche das wirksame Licht absorbieren und in Elektronenenergie überführen. Befinden sich die absorbierenden Teilchen auf einem ebenen Metallspiegel, so haben sie nicht nur die gleiche Richtung zur Oberfläche, sondern auch zum einfallenden

---

[1] Die schwache Selektivität bei $\mathfrak{E}\perp$ ist durch Nebenlicht der anderen Komponente verursacht.

[2] Suhrmann, R., u. H. Theissing: Z. Physik 55, 701 (1929).

parallelen Lichtbündel und sprechen daher gleichmäßig auf $\mathfrak{E}_\parallel$ an. Bei ungleichmäßig gestalteter Unterlage indessen ist die Richtung der einzelnen Teilchen zum auffallenden Lichtbündel verschieden, weshalb ein gleichmäßiges Ansprechen nicht mehr erfolgen kann. Dagegen besteht wegen des besonderen Aufbaues der emittierenden Oberfläche (vgl. Abb. 18) noch eine erhöhte Elektronenausbeute im selektiven Gebiet. Die Wirkung der gerichteten Teilchen kommt wohl dadurch zustande, daß die auf der Alkaliverbindung sitzenden Atome dem Einfluß der Metallunterlage nicht in dem Maße unterworfen sind wie unmittelbar auf der Metalloberfläche adsorbierte.

Während die Koppelung von Vektoreinfluß und spektralem Maximum bei dünnen Kaliumschichten z. B. auf Platinspiegeln feststeht und bei Natrium sehr wahrscheinlich ist, hat man bisher bei Rubidium und Cäsium keine direkten Anhaltspunkte hierfür gefunden. Die Empfindlichkeitskurven weisen bei dünnen Schichten aus diesen beiden Metallen keine deutlichen Maxima auf[1]. Da aber auch dünne Rubidium- und Cäsiumhäute auf Platinspiegeln viel stärker auf $\mathfrak{E}_\parallel$ als auf $\mathfrak{E}_\perp$ ansprechen, schien es zunächst, als ob hier der Vektoreinfluß ohne das Maximum zu beobachten wäre. Bei genauerer Betrachtung der betreffenden Empfindlichkeitskurven erkennt man jedoch, daß diese zwar für $\mathfrak{E}_\perp$ vollkommen „normal" verlaufen, für $\mathfrak{E}_\parallel$ aber Andeutungen überlagerter Maxima besitzen. Bei Rubidium und Cäsium scheint also der Einfluß der Unterlage stärker zur Geltung zu kommen als bei Natrium und Kalium, deren selektive Maxima um so ausgeprägter sind, je größer der Vektoreinfluß ist.

Lange bevor der Vektoreinfluß bei dünnen Alkalimetallhäuten auf Metallspiegeln gefunden wurde, hatte man ihn an flüssigen Kalium- und Natriumlegierungen entdeckt[2] und späterhin auch an Spiegeln von Kalium, Barium und Strontium festgestellt[3]. Auch in diesen Fällen dürften gerichtete molekelartige Teilchen das bessere Ansprechen auf $\mathfrak{E}_\parallel$ bewirken[4].

---

[1] Ives, H. E.: l. c.
[2] Elster u. Geitel 1891. Pohl: Verh. dtsch. phys. Ges. 11, 715 (1909); Pohl, R., u. P. Pringsheim: Verh. dtsch. phys. Ges. 12, 682 (1910).
[3] Vgl. die Darstellung in Gudden: „Lichtelektrische Erscheinungen".
[4] Auf die historische Darstellung wurde deshalb verzichtet, weil das Zustandekommen des Vektoreinflusses an den dünnen Schichten ver-

III. Gesetzmäßigkeiten des inneren lichtelektrischen Effektes[1].

13. Grundlegender Unterschied zwischen äußerem und innerem lichtelektrischen Effekt; Primärstrom; Sekundärstrom.

Um den grundlegenden Unterschied zwischen dem äußeren und dem inneren lichtelektrischen Effekt klarzulegen, führen wir folgenden Versuch durch. Wir schließen eine auf dem äußeren lichtelektrischen Effekt beruhende Photozelle, deren Elektroden A und B gleiche Größe haben und beide belichtet werden können, unmittelbar an ein empfindliches Galvanometer an (Abb. 23). Ist die Austrittsarbeit Ψ_A der Elektrode A kleiner als Ψ_B der Elektrode B, so besteht zwischen den Elektroden eine Kontaktpotentialdifferenz $\Psi_B - \Psi_A$, die sich aus den langwelligen Grenzfrequenzen ν_A und ν_B nach Gl. (7) und (5) S. 12 und 11 berechnen läßt zu

$$K_{A,B} = \Psi_B - \Psi_A = (\nu_B - \nu_A) \cdot \frac{h}{e_0}$$

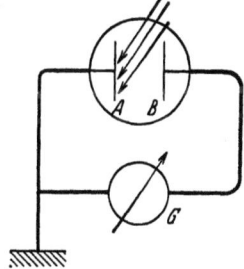

Abb. 23. Versuchsanordnung zur Demonstration der beim äußeren lichtelektrischen Effekt auftretenden Photo-EMK.

B lädt sich negativ gegen A auf. Belichtet man jetzt A mit einer

ständlicher erscheint als bei der K-Na-Legierung. Es wurde also in folgender Weise geschlossen: Ausgeprägte spektrale Selektivität läßt sich durch Aufdampfen dünner Alkalischichten auf Alkaliverbindungen erzeugen, die sich auf einer Unterlage aus dem gleichen oder einem anderen (elektronegativeren) Metall befinden; im Vakuum schwach geglühte Platinspiegel als Unterlage ergeben neben dem kräftigen spektralen Maximum (das in der gleichen Weise wie im erstgenannten Fall durch auf Verbindungen sitzende Alkaliatome entstanden sein dürfte) einen ausgeprägten Vektoreinfluß; also ist auch der schon früher bekannte Vektoreinfluß, der stets mit einem spektralen Maximum gekoppelt auftrat, durch auf der Oberfläche sitzende gerichtete Teilchen zu erklären, die in ähnlicher Weise angeordnet sind wie bei den selektiven dünnen Schichten.

[1] Da unser Wissen über den inneren lichtelektrischen Effekt seit der Veröffentlichung des Buches von Gudden: „Lichtelektrische Erscheinungen" nicht grundlegend erweitert wurde, bringen wir hier im Anschluß an die Arbeiten von Gudden und Pohl nur das für das Verständnis von Selenzellen und Sperrschichtphotozellen unbedingt Erforderliche und verweisen im übrigen auf die ausführliche Darstellung von Gudden.

Frequenz ν, die gleich oder nur wenig größer als $\nu_A = \frac{e_0}{h} \cdot \Psi_A$, aber kleiner als $\nu_B = \frac{e_0}{h} \cdot \Psi_B$ ist, so fließt kein Strom. Ist aber ν größer als $\frac{e_0}{h}(\Psi_A + \Psi_B - \Psi_A)$, also größer als $\frac{e_0}{h}\Psi_B = \nu_B$, so fließt ein Strom, denn nun können die Elektronen nicht nur die Austrittsarbeit Ψ_A leisten, sondern auch gegen die Kontaktpotentialdifferenz $\Psi_B - \Psi_A$ anlaufen.

Beim Belichten der Elektrode B fließt dann ein Strom, wenn die Elektronen die Austrittsarbeit leisten können, d. h. wenn $\nu > \nu_B$ ist, denn sobald sie B verlassen haben, wandern sie im elektrischen Feld der Kontaktpotentialdifferenz von B nach A. Werden beide Elektroden gleichzeitig mit $\nu > \nu_B$ belichtet, so fließt also infolge der Eigengeschwindigkeit der Elektronen ein Strom, dessen Richtung von der Menge der von A bzw. B abgegebenen Elektronen abhängt.

Auch bei gleich beschaffenen Elektroden A und B, d. h. wenn $\Psi_A = \Psi_B$ ist, geht beim Belichten einer der beiden Elektroden ein Strom über, sobald $\nu > \nu_B$ ist. Seine Richtung hängt davon ab, welche der beiden Elektroden die meiste Lichtenergie empfängt.

Beim inneren lichtelektrischen Effekt liegen die Verhältnisse anders. Belichtet man z. B. einen zwischen zwei Elektrodenplatten gleicher Oberflächenbeschaffenheit befindlichen isolierenden Kristall, etwa einen Diamantkristall, so werden in ihm, falls er das einfallende Licht zu absorbieren vermag, Elektronen frei, er wird lichtelektrisch erregt; ein unmittelbar an die Platten angeschlossenes hochempfindliches Galvanometer zeigt aber keinen Ausschlag an, es fließt kein Strom (Abb. 24). Die Erregung äußert sich vielmehr nur darin, daß die Lichtabsorptionskurve des Kristalls nach längeren Wellen verschoben ist. Schaltet man dagegen in den Stromkreis eine Batterie ein, so geht bei Belichtung ein Strom über, der verschwindet, wenn die Belichtung aufgehoben wird. Während also

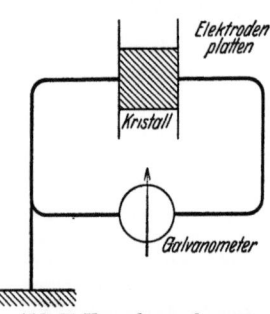

Abb. 24. Versuchsanordnung zur Demonstration des Fehlens einer Photo-EMK bei innerer lichtelektrischer Erregung.

Unterschied zwischen äußerem und inneren lichtelektrischen Effekt. 41

eine auf dem äußeren lichtelektrischen Effekt beruhende Photozelle bei Belichtung eine EMK liefert, wird der isolierende Kristall bei lichtelektrischer Erregung zwar zum Leiter, ergibt aber keine EMK.

Um einen klaren Überblick über die beim inneren lichtelektrischen Effekt auftretenden Erscheinungen zu erhalten, ist es zweckmäßig, die Behandlung der isolierenden Kristalle und der Halbleiter voneinander zu trennen.

In einem idealen isolierenden Kristall setzt der „lichtelektrische Primärstrom" trägheitslos mit dem Beginn der Belichtung ein und verschwindet ebenso beim Auf-

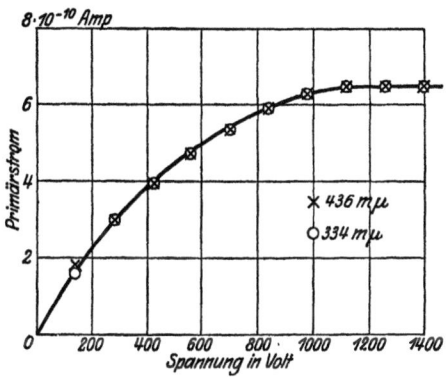

Abb. 25. Sättigungskurve des lichtelektrischen Primarstromes in einem Zinkblendekristall (nach Gudden u. Pohl).

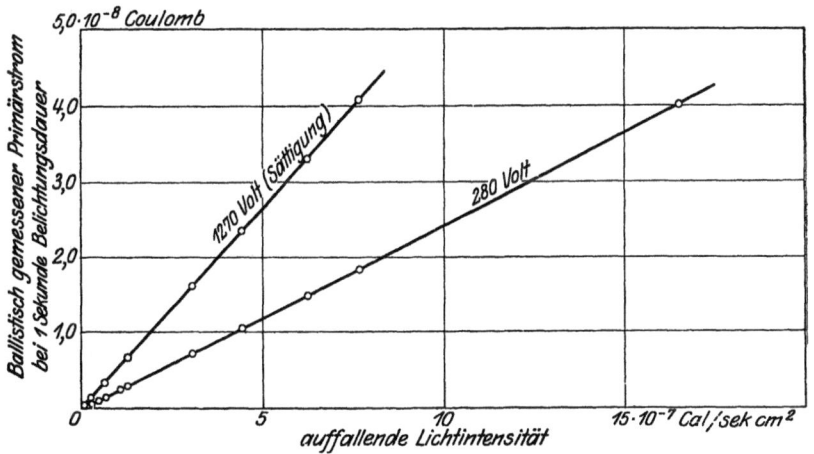

Abb. 26. Proportionalität des lichtelektrischen Primärstromes mit der Lichtintensität bei verschiedenen Spannungen für einen Zinkblendekristall. Belichtete Fläche 25 mm²; Kristalldicke 1,3 mm, monochromatische Belichtung mit $\lambda = 436$ mμ in Richtung des elektrischen Feldes (nach Gudden u. Pohl).

hören der Belichtung. Mit zunehmender Feldstärke steigt er zunächst an und nähert sich dann einem Sättigungswert (Abb. 25).

42 Gesetzmäßigkeiten des inneren lichtelektrischen Effektes.

Schon unterhalb der Sättigung ist er bei gleichbleibender Feldstärke der Lichtintensität exakt proportional (Abb. 26). Jedem absorbierten $h \cdot \nu$ entspricht ein freigemachtes Elektron.

Tatsächlich ist dieser Idealzustand jedoch nur in Annäherung zu erreichen. Soll nämlich der den belichteten Kristall bei einer bestimmten Spannung durchfließende Strom zeitlich konstant sein, so müssen alle ausgelösten Elektronen auch abwandern und die abgewanderten sofort ersetzt werden. Dies ist bei den tatsächlich vorliegenden Kristallen nur in beschränktem Maße der Fall, am ehesten dann, wenn man mit geringen Lichtintensitäten und kurzer Belichtungszeit arbeitet. Die „Einsatzwerte" des Stromes

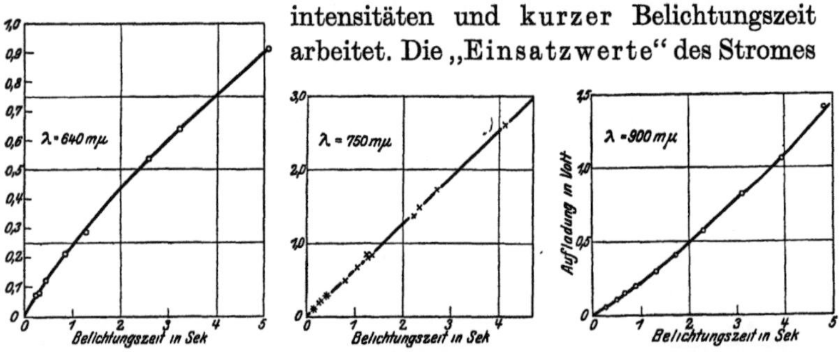

Abb. 27. Aufladung als Funktion der Zeit zur Ermittlung des der Lichtintensität proportionalen Strom-„Einsatzwertes" an einem Kristall von rotem, isolierendem Selen. Bei stark absorbierten Wellen ($\lambda = 640$) nimmt der Strom mit der Zeit ab, weil sich Raumladungen ausbilden (Erregung); bei schwach absorbierten langen Wellen ($\lambda = 900$) wächst er wegen des Abbaues der Erregung an (nach Gudden u. Pohl).

sind proportional der Lichtintensität und als deren Maß anzusehen. Man erhält sie, wenn man den bei Belichtung einsetzenden Strom als Funktion der Zeit ermittelt und an die so erhaltenen Kurven Tangenten anlegt (Abb. 27). Vor jeder neuen Beobachtung muß der Ausgangszustand wieder hergestellt, also die „Erregung" beseitigt werden. Dies geschieht durch Abwarten, Erwärmen oder „Ausleuchten", d. h. Belichten mit langwelligerem Licht, also in gleicher Weise wie bei erregten Phosphoren.

Während in sehr reinen isolierenden Kristallen ein Elektron pro absorbiertes $h \cdot \nu$ frei wird, erhält man an weniger reinen Kristallen, selbst wenn sie nur geringe Mengen von Verunreinigungen enthalten, eine wesentlich geringere Ausbeute. So zeigt wasserhelle Zinkblende eine viel größere lichtelektrische Leitfähigkeit als schwach gelblich gefärbte, da die Weiterleitung der Elektronen durch die Gitterstörungen beeinträchtigt wird. Sättigung wird in solchen Kristallen erst bei viel höheren Feldstärken erreicht. Ist die Menge der wandernden Elektronen sehr groß, so bewirkt die durch sie hervorgerufene Lockerung des Kristallgitters eine Widerstandsabnahme; es tritt daher infolge der an den Elektrodenplatten liegenden Spannung ein zusätzlicher „Sekundärstrom" auf, der nur indirekt durch Belichtung, direkt durch die Wirkung des Primärstromes zustande kommt; in ähnlicher Weise, wie sich in einem bei Zimmertemperatur schlecht leitenden Kristall, an dem Spannung anliegt, durch Temperaturerhöhung ein Strom erzeugen läßt. Die Erregung ruft gewissermaßen indirekt den Sekundärstrom hervor.

Während der Primärstrom momentan einsetzt, bildet sich der Sekundärstrom allmählich aus (vgl. Abb. 27 bei $\lambda = 640\,m\mu$) und ist für einen bestimmten Kristall in seinem Endwert von Temperatur, Spannung, Lichtintensität, Wellenlänge und Beleuchtungsrichtung (ob in Richtung des angelegten Feldes oder senkrecht dazu) abhängig. Während Gitterstörungen und Grenzflächen den Primärstrom hindern, begünstigen sie die Ausbildung von Sekundärströmen.

14. Abhängigkeit der lichtelektrischen Leitfähigkeit vom Material; isolierende Kristalle; Halbleiter.

Man unterscheidet zweierlei Arten von isolierenden Kristallen mit lichtelektrischer Leitfähigkeit:

1. Kristalle, die infolge ihrer chemischen Beschaffenheit ein im kurzwelligen Sichtbaren oder im Ultraviolett gelegenes Absorptionsgebiet besitzen und außerhalb dieses Gebietes einen hohen Brechungsquotienten aufweisen ($n > 2$). Solche Substanzen sind z. B. rotes isolierendes Selen ($n = 3,5$), Diamant ($n = 2,3$), Zinkblende ($n = 2,3$), Wurtzit ($n = 2,3$), Realgar ($n > 2,6$).

2. Kristalle, deren Absorptionsbanden durch Fremdbeimengungen hervorgerufen werden, z. B. gelbes und blaues Steinsalz, bunter Flußspat.

Bei beiden Arten ist die spektrale Verteilung der lichtelektrischen Leitfähigkeit durchaus verschieden. Bei den Kristallen mit Eigenfärbung nimmt sie von langen nach kurzen Wellen zunächst allmählich zu, weist dort, wo das Absorptionsvermögen steil anzusteigen beginnt, ein steiles Maximum auf und wird schließlich verschwindend klein (Abb. 28). Bei **fremdgefärbten Kristallen** mit Beimengungen in **molekularer** Verteilung hat die spektrale Kurve der lichtelektrischen Leitfähigkeit bezogen auf auffallende Energie denselben Verlauf wie die Absorptionskurve. Sind die Beimengungen **kolloidal** verteilt, so ist ein deutlicher Zusammenhang mit der Absorptionskurve nicht zu erkennen.

Besonders unübersichtlich wird die innere lichtelektrische Leitfähigkeit bei den Substanzen, welche bereits im Dunkeln eine geringe Leitfähigkeit besitzen, also zu den **Halbleitern** gehören. Hierzu sind zu rechnen: das metallische Selen, Jod und eine Anzahl von Verbindungen, die auch als Mineralien vorkommen, wie Antimonit (Sb_2S_3), Argentit (Ag_2S), Bleiglanz (PbS), Molybdenit (MoS_2), Bismutin (Bi_2S_3), Proustit (Ag_3AsS_3), Pyrargyrit (Ag_3SbS_3), ferner die anorganischen Verbindungen CuJ, HgJ_2, AgJ, Cu_2O (Kupfer-

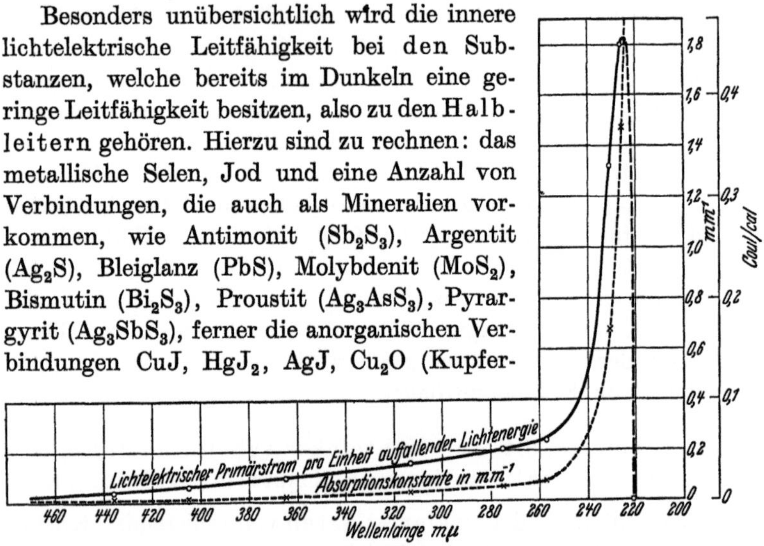

Abb. 28. Absorptionskurve und spektrale Verteilung der lichtelektrischen Leitung, bezogen auf auffallende Lichtenergie, an einem Diamantkristall (nach Gudden u. Pohl).

oxydul), „Thalofid", eine Schmelze aus Thalliumsulfid und -oxyd, und Selen-Tellurmischungen sowie eine Anzahl organischer Verbindungen wie Diamantgrün, Kristallviolett, Anthrazen.

Selen kommt in mehreren Modifikationen vor. Das aus der Schwefelkohlenstoff-Lösung auskristallisierende Selen (*I*) ist tiefrot gefärbt und besitzt keine elektrische Leitfähigkeit. Wird geschmolzenes Selen (Schmelzpunkt 218° C) auf 200° C abgekühlt und bleibt einige Zeit auf dieser Temperatur, so entsteht eine hellgraue Modifikation (*II*), die geringe metallische Leitfähigkeit aufweist. Eine dritte schwarzgraue Form (*III*), die einen noch höheren, mit der Temperatur abnehmenden spezifischen Widerstand hat, erhält man, wenn man glasiges Selen auf 100 bis 150° C erwärmt. Rotes Selen (*I*) besitzt lichtelektrische Leitfähigkeit. Glasiges Selen isoliert mit und ohne Belichtung. Schwarzgraues Selen (*III*) vermindert bei Belichtung seinen Widerstand. Die obengenannten Halbleiter besitzen durchweg ein **hohes Lichtbrechungsvermögen** und eine die Durchlässigkeit nach kurzen Wellen zu begrenzende **Absorptionskante**. In der Nähe dieser Kante, d. h. dort, wo die Absorptionskurve steil anzusteigen beginnt, liegt das Maximum der lichtelektrischen Leitfähigkeit. Da die Absorptionskante häufig im langwelligen sichtbaren oder kurzwelligen ultraroten Gebiet gelegen ist, besitzen also einige Stoffe ein steiles Empfindlichkeitsmaximum gerade in dem Spektralgebiet, in welchem die Intensitäten der üblichen Lichtwellen besonders hoch sind. Man sollte deshalb meinen, daß man mit den genannten Stoffen vorzügliche, auf dem inneren lichtelektrischen Effekt beruhende Photozellen herstellen könnte. Solche Zellen müssen jedoch alle die Nachteile aufweisen, welche mit dem lichtelektrischen **Sekundärstrom** verbunden sind, und zwar in noch höherem Maße als bei Verwendung von isolierenden Kristallen, denn es überlagern sich hier **Dunkelstrom, Primärstrom** und **Sekundärströme**. Es ist also nicht verwunderlich, daß diese Zellen von Spannung, Belichtungsdichte, Temperatur usw. stark abhängen und eine zumeist beträchtliche Trägheit besitzen (vgl. S. 167). Aus diesem Grunde sind auch die an Halbleitern gemessenen **spektralen Verteilungskurven** der lichtelektrischen Leitfähigkeit mit Vorbehalt zu betrachten.

Allerdings darf man nicht außer acht lassen, daß die Sekundärströme häufig um mehrere Zehnerpotenzen **größer** sind als die sie auslösenden Primärströme, so daß man in einer Halbleiterphotozelle sehr häufig viel größere Ströme erhält als in einer auf dem äußeren lichtelektrischen Effekt beruhenden Zelle. Dafür ist die letztere vollkommen trägheitslos und arbeitet proportional der Lichtintensität, während die erstere diese Vorteile nicht besitzt. Auf dem inneren lichtelektrischen Effekt beruhende Photozellen werden deshalb als Relais bei langsamen Änderungen der Lichtintensität Vorteile bieten.

Praktisch angewendet wurde der innere lichtelektrische Effekt bisher nur bei **Selen-** und **Thalofidzellen**, die als **Halbleiterzellen** neben einem Dunkelstrom und dem der Lichtintensität proportionalen Primärstrom noch Sekundärströme aufweisen.

Tatsächlich beobachtet werden die letzteren, weil sie den Primärstrom bei weitem übertreffen. Da Halbleiterzellen nie vollkommen trägheitsfrei sind, dauert es bei plötzlich einsetzender Belichtung einige Zeit, bis der Strom seinen Endwert erreicht hat. Auf Grund der Annahme eines Sekundärstromes läßt sich der zeitliche Stromanstieg sowie die Frequenzabhängigkeit der Scheitelwerte bei intermittierender Belichtung berechnen[1]. Für den Anstieg des Stromes i mit der Zeit t erhält man

$$i = i_0 + i_b(1 - e^{-kt}),$$

worin i_0 den Dunkelstrom, i_b die der Belichtung entsprechende Stromzunahme und k eine Zellenkonstante bedeutet.

Bezeichnet man den Dunkelwiderstand einer Halbleiterzelle mit R_0, den bei Belichtung mit R_b, so ist die Zunahme des Leitwertes

$$\frac{1}{R_b} - \frac{1}{R_0} = A \cdot \Phi^x,$$

wenn Φ die Lichtintensität bedeutet, und A und x Konstanten sind, die von Zelle zu Zelle variieren; x ist unabhängig von der Farbe[2]. Bei guten Thalofidzellen ist x nahe gleich 1. Multipliziert man die Zunahme des Leitwertes mit der an der Zelle liegenden Spannung, so erhält man den infolge der Belichtung fließenden Strom, der also proportional Φ^x ist.

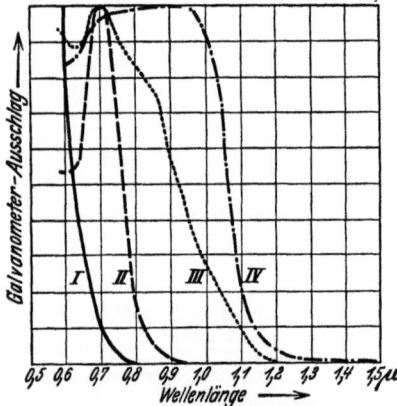

Abb. 29. Spektrale Empfindlichkeitsverteilung verschiedener Halbleiterzellen (nach Michelssen).

Um die Trägheitserscheinungen herabzudrücken, werden die lichtempfindlichen Substanzen neuerdings in möglichst geringer Schichtdicke verwandt und dafür die Elektrodenabstände klein, die Elektrodenflächen groß gewählt, damit der Dunkelwiderstand

---

[1] Runge, I., u. R. Sewig: Z. Physik 62, 726 (1930).
[2] Barnard, G. P.: Proc. phys. Soc. 40, 240 (1928).

nicht zu groß ausfällt. Der Dunkelwiderstand solcher Zellen liegt zwischen 10^6 und $10^{10}\,\Omega$ und nimmt mit zunehmender Temperatur stark ab. Bei einer Belichtung von 100 Lux und einer belichteten Fläche von 12×18 mm^2 war die Änderung des Leitwertes $\frac{1}{R_b} - \frac{1}{R_0} = 4 \cdot 10^{-7}\,\Omega^{-1}$ für eine Thalofidzelle dieser Art.

Die Kurve der spektralen Empfindlichkeitsverteilung weist bei Zellen geringer Schichtdicke ein nach kurzen Wellen verschobenes Maximum auf (Kurve *I* in Abb. 29)[1], während das Empfindlichkeitsmaximum bei etwas dickeren Selenschichten z. B. bei 700 mμ gelegen ist (Kurve *II* in Abb. 29). Man kann nun eine Verlagerung des Maximums nach langen Wellen bei Selenzellen durch Beimengung von einigen Atomprozenten Tellur erzielen, wie Kurve *III* erkennen läßt. Kurve *IV* gibt die Empfindlichkeitsverteilung einer Thalofidzelle wieder, deren lichtempfindliche Substanz aus einem Gemisch von Thallosulfid und -oxyd besteht[2].

IV. Gesetzmäßigkeiten des Sperrschichtphotoeffektes.

15. Der Sperrschichtphotoeffekt, Hinterwandzelle und Vorderwandzelle.

Der Sperrschichtphotoeffekt wurde zuerst an einer Zelle folgender Beschaffenheit beobachtet[3]. Die Oberfläche einer Kupferplatte war mit einem Überzug von aufgewachsenem Kupferoxydul (Cu_2O) versehen (vgl. S. 117), gegen welchen ein Draht in Spiralform mittels einer Glasplatte angedrückt wurde (Abb. 30a). Der Draht bildete die eine, die Kupferplatte die andere Elektrode. Beim Belichten einer solchen Zelle, die unmittelbar an ein Galvanometer angeschlossen ist, entsteht ein Photostrom von der Größenordnung der in den empfindlichsten lichtelektrischen Zellen erhaltenen Ströme.

---

[1] Michelssen, F.: Z. techn. Physik **11**, 511 (1930).
[2] Case, T. W.: Phys. Rev. **15**, 289 (1920). Majorana, Q., u. G. Todesco: Lincei Rend. (6) **8**, 9 (1928).
[3] Patentanmeldung der Westinghouse Brake Co. von P. H. Geiger (Brit. Pat. 277610, U. S. A.-Priorität vom 14. 9. 1926).

Gesetzmäßigkeiten des Sperrschichtphotoeffektes.

Da der Strom ohne Hilfsspannung im Stromkreis zustande kommt, handelt es sich hierbei also wie beim äußeren lichtelektrischen Effekt um eine durch Belichtung entstehende EMK. Sie tritt an der Grenze zwischen Halbleiter (Cu_2O) und Leiter (Kupferplatte) auf, wenn diese Grenze eine „Sperrschicht" darstellt, d. h. wenn die vom Halbleiter zum Leiter übergehenden Elektronen einen Widerstand überwinden müssen. Solche Sperrschichten sind seit langem bekannt. Während sie den Elektronenstrom in der einen Richtung sperren ($Cu_2O \to Cu$), lassen sie ihn in der entgegengesetzten hindurch ($Cu \to Cu_2O$), sie werden daher in den Trockengleichrichtern zum Gleichrichten von Wechselstrom verwendet. Die Gleichrichterwirkung und damit auch die Photo-EMK ist am größten, wenn das Kupferoxydul auf dem Kupfer aufgewachsen ist.

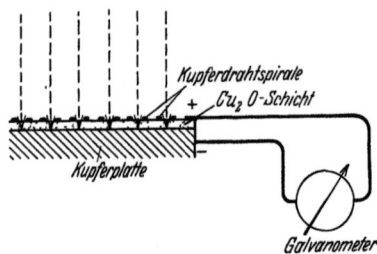

Abb. 30a. Schema einer Kupferoxydul-Kupferzelle (Hinterwandzelle).

Bei der in Abb. 30a wiedergegebenen Zelle entsteht die EMK an der Grenze zwischen aufgewachsenem Kupferoxydul und Kupfer. Eine solche Zelle nennt man „Hinterwandzelle". Ihre Kupferoxydulschicht muß möglichst dünn sein, damit sie möglichst wenig Licht absorbiert. Die vordere Elektrode kann auch durch Aufdampfen einer dünnen durchsichtigen Metallschicht hergestellt sein.

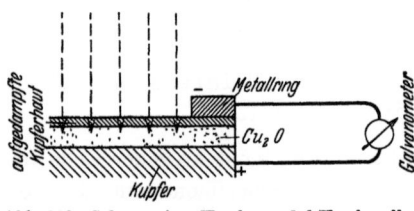

Abb. 30b. Schema einer Kupferoxydul-Kupferzelle (Vorderwandzelle).

Man kann nun eine Kupferoxydul-Kupferzelle, wie in Abb. 30b angegeben, auch in der Weise anfertigen, daß man eine frische Cu_2O-Oberfläche durch Anätzen einer dicken Cu_2O-Schicht herstellt und darauf eine durchsichtige Kupferhaut von genügend geringem Widerstand aufdampft. Der Kontakt mit der als obere Elektrode dienenden Kupferhaut wird z. B. durch einen angedrückten Metallring vermittelt. Bei einer solchen Zelle gelangt das auffallende Licht gar nicht mehr bis zur unteren Sperrschicht, sondern dringt nur bis zu einer gewissen Tiefe in das Kupferoxydul ein. Die in dem Halbleiter in der Nähe der vorderen Sperrschicht durch Bestrahlung freigemachten Elektronen genügend hoher Energie überspringen die Sperre und rufen einen Strom hervor, der die entgegengesetzte Richtung hat wie der an der hinteren Sperrschicht ausgelöste. Man nennt eine Zelle mit vorderer Sperrschicht „Vorderwandzelle"; auf die Dicke der Cu_2O-Schicht kommt es bei dieser Zelle nicht an. Sie stellt lediglich einen in Serie geschalteten Widerstand dar.

Beim Sperrschichtphotoeffekt handelt es sich also um innere lichtelektrische Erregung in einem Halbleiter, die den in unmittelbarer Nähe der Sperrschicht erregten (energiereicheren) Elektronen gestattet, die Sperre zu überspringen und somit aus dem Halbleiter in den Leiter überzutreten. Die Sperre wirkt demnach ähnlich wie das Kontaktpotential beim äußeren lichtelektrischen Effekt.

16. Einzelheiten über das Zustandekommen des Sperrschichtphotoeffektes.

Über den Entstehungsort der Photoelektronen beim Sperrschichteffekt gab der folgende Versuch Aufschluß[1]. Auf einer Kupferoxydul-Kupferzelle von 40 mm Breite und 60 mm Länge und einer Oxydulschichtdicke von 0,08 mm befand sich ein 28 mm langer, 0,5 mm breiter kathodisch aufgestäubter Goldstrich als Gegenelektrode, welche ebenso wie die hintere Kupferplatte mit einem Galvanometer von $10^{-6} \frac{Amp}{Skt}$ Empfindlichkeit verbunden war (Abb. 31).

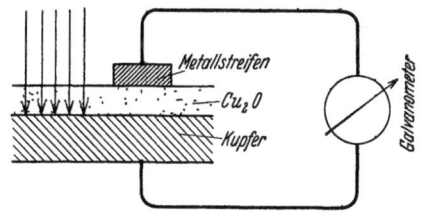

Abb. 31. Querschnitt durch die Hinterwand-Kupfer-Kupferoxydulzelle (nach Schottky).

Man tastete nun die Vorderseite der Zelle mit einem ebenfalls strichförmigen Lichtfleck ab, welcher die gleichen Ausmaße wie die Goldelektrode besaß und maß die erhaltenen Photoströme. Das Ergebnis ist in Abb. 32 eingetragen, als Abszisse die Entfernung von der Mitte der Gold-

---

[1] Schottky, W.: Physik. Z. **31**, 913 (1930). v. Auwers, O., u. H. Kerschbaum: Ann. Physik (5) **7**, 129 (1930).

elektrode, als Ordinate der Photostrom. Dort, wo sich Lichtfleck und Goldelektrode decken, ist der Photostrom naturgemäß fast Null; dann fällt er zu beiden Seiten von einem Höchstwert nach einem einheitlichen Gesetz allmählich ab.

Die Form der Abfallkurve konnte quantitativ durch die folgende Annahme gedeutet werden. In der Umgebung der Stelle, wo das Lichtbündel durch das Oxydul hindurch auf die Grenze zwischen Oxydul und Kupfer auffällt (vgl. Abb. 31), wird

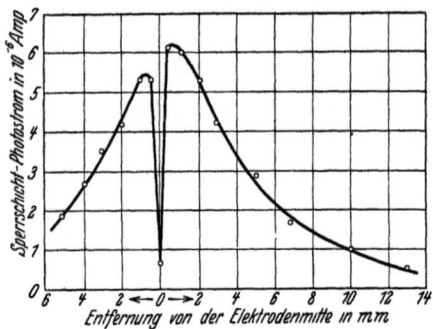

Abb. 32. Stromverteilung in einer Hinterwandzelle mit strichförmiger Vorderelektrode beim Abtasten mit einem gleichfalls strichförmigen Lichtfleck (nach Schottky).

primär ein Elektronenstrom erzeugt, der die Sperrschicht in dem Sinne durchsetzt, daß überwiegend im Oxydul Elektronen ausgelöst werden, die zum Kupfer wandern, während ein evtl. im Kupfer ausgelöster Gegenstrom auf jeden Fall gegenüber dem im Oxydul entstandenen zu vernachlässigen ist. Der Elektronenstrom fließt nun teils über das Mutterkupfer, das Meßinstrument, die Goldelektrode in das Oxydul zurück, teils steht ihm ein Kurzschlußweg vom Mutterkupfer durch die Sperrschicht und das Oxydul zur Oberseite der Auftreffstelle offen, bei dem sich der Elektronenstrom zu beiden Seiten der Auftreffstelle durch die Sperrschicht schließt. Je größer die Entfernung des Lichtfleckes von der Goldelektrode ist, desto mehr überwiegt der Kurzschlußstrom, so daß der im Galvanometer gemessene Strom in der Tat mit zunehmender Entfernung des Lichtfleckes abnehmen muß. Führt man diese Überlegung rechnerisch durch,

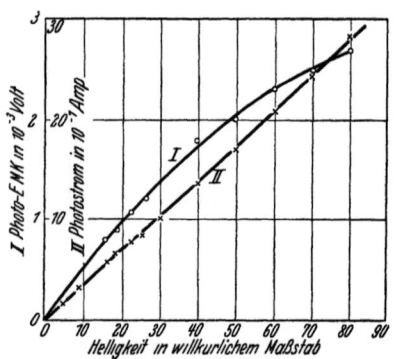

Abb. 33. Abhängigkeit des Photostromes und der Photo-EMK von der Lichtintensität (nach v. Auwers u. Kerschbaum).

Einzelheiten über das Zustandekommen des Sperrschichtphotoeffektes. 51

so erhält man eine Exponentialfunktion für die Stromabfallkurve, deren Verlauf sich quantitativ aus dem spezifischen Widerstand der Oxydulschicht und dem spezifischen Sperrschichtwiderstand bei der Vorspannung Null berechnen läßt.

Das wichtige Ergebnis dieser Untersuchung besteht darin, daß wir als Primärerscheinung beim Sperrschichtphotoeffekt den **durch die Sperrschicht tretenden Photostrom** betrachten müssen. Dies drückt sich auch darin aus, daß der Photostrom proportional der Lichtintensität verläuft (Abb. 33, Kurve *II*), während die durch Kompensation zu messende Photo-EMK durch eine nicht lineare Funktion dargestellt wird (Abb. 33, Kurve *I*)[1], deren Verlauf durch die Abhängigkeit des **Sperrschichtwiderstandes von der Stromstärke** bedingt ist.

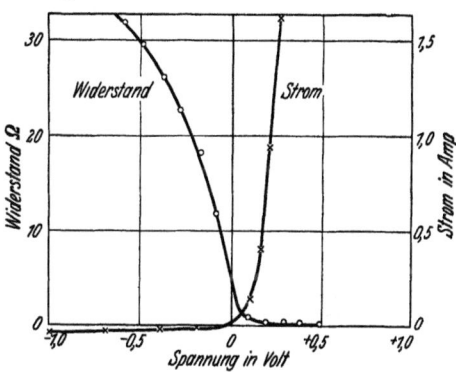

Abb. 34. Widerstand- und Stromspannungscharakteristik eines Kupfer-Kupferoxydulgleichrichters (nach v. Auwers u. Kerschbaum).

Da der Photostrom nur einer sehr geringen Tiefe der Oxydulschicht entstammen kann, ist der Effekt weitgehend **trägheitsfrei**, solange man mit der Vorspannung Null arbeitet. Dies läßt sich dadurch zeigen, daß man die Sperrschichtzelle mit Wechsellicht unter Anwendung einer rotierenden Lochscheibe bestrahlt (vgl. S. 188) und die Abhängigkeit der entstehenden Photowechselspannung von der Frequenz mißt; sie erweist sich ohne Vorspannung weitgehend frequenzunabhängig, sofern man die Zellenkapazität kompensiert hat.

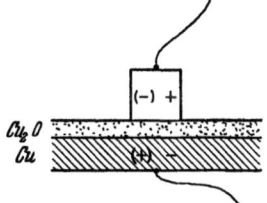

Abb. 35. Schaltung der Kupfer-Kupferoxydulzelle bei der Durchlaßrichtung: + und —; und bei der Sperrichtung: (—) und (+).

Der Sperrschichtwiderstand nimmt mit zunehmender (positiver werdender) Vorspannung (vordere Elektrode positiv, hin-

---

[1] v. Auwers, O., u. H. Kerschbaum: l. c.

tere Kupferplatte negativ) ab und ist bei 0,1 bis 0,2 Volt verschwunden (Abb. 34)[1], d. h. bei 0,15 Volt Vorspannung am Oxydul (Abb. 35) ist die Zelle durchlässig. Mißt man nun den durch die Zelle fließenden Elektronenstrom bei angelegter Vorspannung ohne (i_d) und mit (i_h) Belichtung, so erhält man zunächst bei negativer Vorspannung (—) am Oxydul ohne Belichtung einen schwachen negativen Strom (Abb. 36)[1], der sein Vorzeichen mit positiv werdender Vorspannung umkehrt und von 0,15 Volt ab steil ansteigt. Bei Belichtung hat der zusätzliche Photoelektronenstrom bei negativer Vorspannung die gleiche Richtung, er besteht teils aus einem trägheitslosen Elektronenstrom, der unmittelbar an der Sperrschicht ausgelöst wird, teils aus den mit Trägheit behafteten Sekundärströmen (vgl. S. 43). Die letzteren treten in der Nähe von Null Volt Vorspannung gegenüber den ersteren zurück. Bei einer gewissen positiven Vorspannung V' ist der zusätzliche Photoelektronenstrom gleich und entgegengesetzt gerichtet dem Dunkelstrom. Er wird immer kleiner und kleiner und kehrt sein Vorzeichen bei 0,15 Volt um, denn nun überwiegt der vom Kupfer zum Kupferoxydul gerichtete Elektronenstrom, der nicht mehr dem Sperrschichteffekt, sondern ausschließlich dem inneren lichtelektrischen Effekt im Kupferoxydul entstammt. Da er Sekundärströme enthält, ist er mit Trägheit

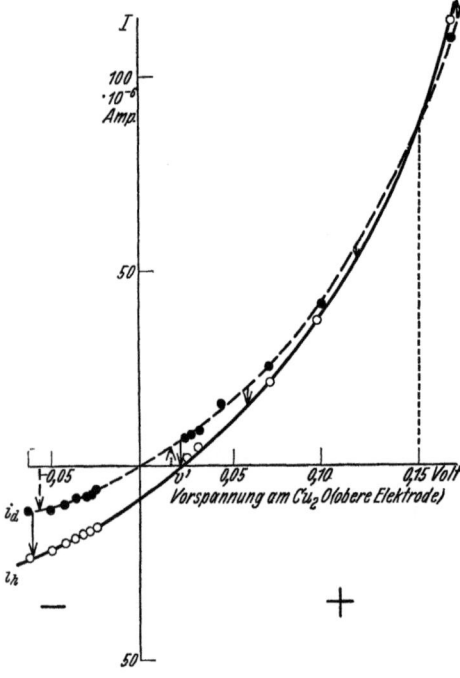

Abb. 36. Gleichrichtercharakteristik mit und ohne Belichtung (nach v. Auwers u. Kerschbaum).

---

[1] v. Auwers, O., u. H. Kerschbaum: l. c.

Einzelheiten über das Zustandekommen des Sperrschichtphotoeffektes. 53

behaftet. In der Tat haben Untersuchungen der Frequenzabhängigkeit der Photowechselspannung bei Vorspannungen positiver als +0,16 Volt zunehmenden Einfluß der Frequenz, also zunehmende Trägheit ergeben, während bei Vorspannungen in der Nähe von Null Volt die Frequenzabhängigkeit zu vernachlässigen war[1].

Über die Wellenlängenabhängigkeit des Sperrschichtphotoeffektes existieren in der Literatur noch kaum genügend ausführliche und exakte Angaben. Die spektrale Empfindlichkeitskurve müßte natürlich für eine Vorderwandzelle vollkommen anders aussehen als für eine Hinterwandzelle, da bei dieser die Absorption des Lichtes in der zwischen Auftreffstelle und Sperrschicht liegenden Oxydulschicht eine maßgebende Rolle spielen würde.

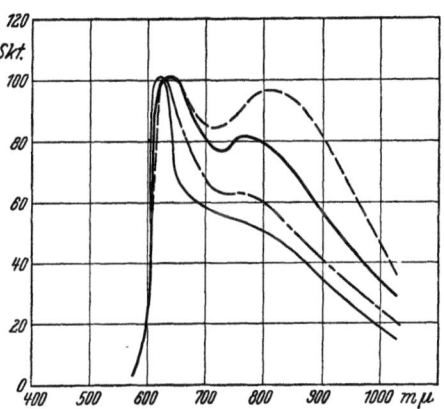

Abb. 37. Relative spektrale Empfindlichkeit verschiedener Kupfer-Kupferoxydul-Hinterwandphotozellen, bezogen auf ein Energie gleiches Spektrum; Grenzwellenlänge 1,4 μ (nach B. Lange).

Die Empfindlichkeitskurve der Vorderwandzelle wird wiederum durch die Lichtabsorption in der oberen dünnen Metallschicht maßgebend beeinflußt. Um einen ungefähren Anhalt für die spektrale Verteilung zu geben, sind in Abb. 37[2] die Empfindlichkeitskurven verschiedener Hinterwandsperrschichtzellen in willkürlichem Maße abgebildet.

Die Wellenlängenabhängigkeit der Lichtabsorption in der Kupferoxydulschicht kann bei einer Hinterwandzelle mit aufgedampfter teilweise durchsichtiger Vorderelektrode bewirken, daß die Elektronenstromrichtung in der Zelle durch die Lichtwellenlänge beeinflußt wird. Belichtet man eine solche Zelle mit langwelligem Licht, welches die Oxydulschicht zu durchsetzen

---

[1] Kerschbaum, H.: Naturwiss. 18, 832 (1930).
[2] Lange, B.: Physik. Z. 31, 139 u. 964 (1930); Naturwiss. 19, 527 (1931); dort auch Empfindlichkeitskurven der neuerdings hergestellten Selen-Sperrschichtzellen [vgl. L. Bergmann: Physik. Z. 32, 286 (1931)].

vermag, so kann der Hinterwandeffekt überwiegen und der Strom vom Kupferoxydul zur hinteren Kupferelektrode fließen. Fällt dagegen kurzwelliges Licht auf, das die Oxydulschicht nicht durchdringt, so kommt nur der Vorderwandeffekt zur Geltung und der Elektronenstrom fließt vom Oxydul zur vorderen Elektrode, also im entgegengesetzten Sinne wie bei langwelligem Licht.

17. Der Becquereleffekt.

Zu den Erscheinungen auf dem Gebiete des Sperrschichtphotoeffektes dürfte in gewissen Fällen auch der Becquereleffekt zu rechnen sein, wenigstens insoweit er zur Konstruktion einer besonderen Art von Photozellen, der sogenannten ,,Photolytic Cells" angewendet worden ist.

Der bereits 1839 von Becquerel[1] entdeckte Effekt besteht darin, daß bei Belichtung einer von zwei in einen Elektrolyten tauchenden Elektroden eine Potentialdifferenz zwischen den Elektroden auftritt. In manchen bisherigen Untersuchungen mag diese Erscheinung einen rein lichtelektrischen Ursprung gehabt haben, der aber durch Nebenerscheinungen verschleiert wurde, welche leicht als die wesentliche Ursache angesehen werden konnten.

Tauchen zwei gleich beschaffene Elektroden, von denen die eine belichtet wird, in einen Elektrolyten ein und entsteht unter der Wirkung der Belichtung auf rein lichtelektrischem Wege eine Potentialdifferenz zwischen beiden, so wird diese eine Ionenwanderung und -abscheidung und damit eine Polarisation bedingen, welche die Wirkung der Belichtung rückgängig zu machen bestrebt ist. Ferner ist es denkbar, daß die Abscheidungsprodukte selbst photochemisch beeinflußt werden; man wird dann photochemische Änderungen bei Belichtung feststellen und leicht geneigt sein, diese als die Ursache des auftretenden elektrischen Effektes anzusehen[2]. Man sollte deshalb bei der Untersuchung des Becquereleffektes genau wie beim inneren lichtelektrischen Effekt nur mit sehr geringen Lichtintensitäten arbeiten und die Einsatzwerte der Änderungsgeschwindigkeit des Potentials messen. Ferner müßte man durch große belichtete Elektrodenoberflächen,

---

[1] C. R. **9**, 561 (1839).
[2] Betr. weiterer Nebenerscheinungen vgl. Winter, Chr.: Z. phys. Chem. (A) **131**, 205 (1928).

Der Becquereleffekt.

also durch geringe Beleuchtungsstärke dafür sorgen, daß die Polarisation möglichst klein bleibt.

Eine weitere Komplikation kann dadurch entstehen, daß an der Elektrodenoberfläche von vornherein eine Sperrschicht vorhanden ist wie bei den zahlreichen elektrolytischen Ventilen[1]. Eine solche Sperre bewirkt in ähnlicher Weise wie die Kombination Leiter—Halbleiter beim Sperrschichtphotoeffekt, daß nur durch Belichtung erzeugte energiereichere Elektronen die Elektrode verlassen und in den Elektrolyten übertreten können. Bei dem verschiedentlich untersuchten[2] Becquereleffekt an „oxydiertem" Kupfer, d. h. mit einem Gemisch von Kupferoxyd und Kupferoxydul überzogenem Kupfer, der auch bei der „Photolytic

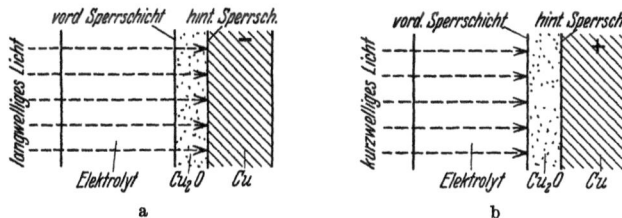

Abb. 38. Einwirkung von langwelligem (a) und kurzwelligem (b) Licht beim Becquereleffekt am oxydierten Kupfer.

Cell" angewendet wird, sind sehr wahrscheinlich zwei Sperrschichten vorhanden. Er zeigt nämlich die bei der Kupfer-Kupferoxydulsperrschichtzelle beobachtete Erscheinung, daß kurzwelliges Licht die Elektrode positiv, langwelliges dagegen negativ werden läßt. Bei Bestrahlung mit langwelligem Licht tritt der Hinterwandeffekt auf, d. h. eine Verschiebung von Elektronen aus dem Oxydul ins Mutterkupfer; sie werden ersetzt durch negative Ladungen aus dem Elektrolyten (Abb. 38). Bestrahlt man indessen mit kurzwelligem Licht, das nur an der vorderen Sperrschicht Kupferoxydul-Elektrolyt wirkt, weil es nicht durch das Oxydul bis zur hinteren Sperrschicht vordringen kann, so wandern negative Ladungen aus dem Oxydul in den Elektrolyten und die Elektrode lädt sich positiv auf.

---

[1] Güntherschulze, A.: Elektrische Gleichrichter und Ventile. München 1924.
[2] Zum Beispiel A. Goldmann u. J. Brodsky: Ann. Physik **44**, 849 (1914). Garrison, A.: J. phys. Chem. **27**, 601 (1923).

V. Herstellung von Photozellen.

18. Pumpanordnung, Zwischenvakuum, Kältemittel, Holzkohle, Quecksilberreinigung[1].

Die auf dem äußeren lichtelektrischen Effekt beruhenden Zellen sind meistens hochevakuierte Glasgefäße mit zwei und mehr Elektroden. Zu ihrer Herstellung sind eine Reihe von vakuumtechnischen Maßnahmen und Hilfsmitteln notwendig, die

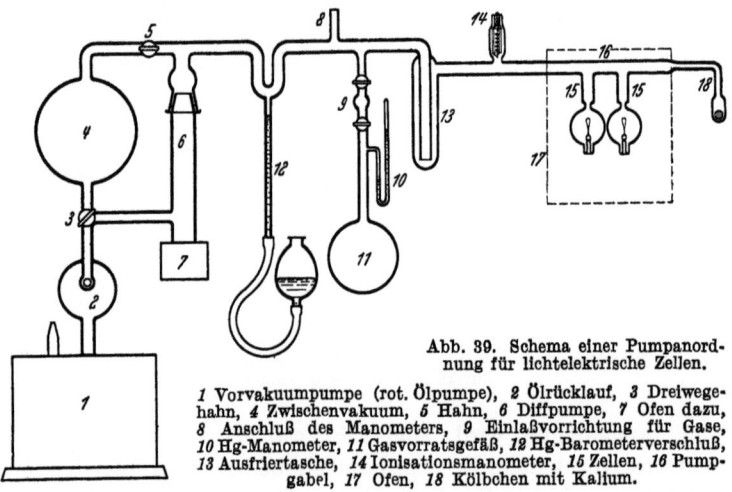

Abb. 39. Schema einer Pumpanordnung für lichtelektrische Zellen.

1 Vorvakuumpumpe (rot. Ölpumpe), *2* Ölrücklauf, *3* Dreiwegehahn, *4* Zwischenvakuum, *5* Hahn, *6* Diffpumpe, *7* Ofen dazu, *8* Anschluß des Manometers, *9* Einlaßvorrichtung für Gase, *10* Hg-Manometer, *11* Gasvorratsgefäß, *12* Hg-Barometerverschluß, *13* Ausfriertasche, *14* Ionisationsmanometer, *15* Zellen, *16* Pumpgabel, *17* Ofen, *18* Kölbchen mit Kalium.

an Hand der in Abb. 39 dargestellten schematischen Pumpanordnung erläutert werden sollen.

Es ist selbstverständlich, daß zur Erzeugung des hohen Vakuums nur **Diffusionspumpen**[2] in Frage kommen. Z. B. können die in Abb. 40 wiedergegebenen Metallpumpen nach Gaede angewendet werden, die als Einstufen-, Zweistufen- und Dreistufenpumpen gebaut werden. Am meisten verbreitet sind die **Zweistufenpumpen.** Diese haben den Vorteil, daß sie ein nicht zu hohes Vorvakuum benötigen, das (vgl. Abb. 39) von einer rotierenden

---

[1] Siehe auch: Goetz, A.: Physik u. Technik des Hochvakuums. Braunschweig: Verl. Vieweg 1926. v. Angerer, E.: Handbuch der Exp.-Phys. 1, 384.

[2] Gaede, W.: Handbuch der Exp.-Phys. 4, Teil 3, 413.

Pumpanordnung Zwischenvakuum, Kältemittel, Holzkohle. 57

Ölpumpe *1* erzeugt werden kann. Für Laboratoriumszwecke eignet sich auch sehr gut die zweistufige Diffusionspumpe von Hanff & Buest, die ganz aus Quarz oder einem widerstandsfähigen Glas hergestellt ist und daher eine sehr leichte Reinigung gestattet. Es ist oft von Vorteil, während des Pumpvorganges das Pumpeninnere beobachten zu können, damit man sich von dem Reinheitsgrad des Quecksilbers überzeugen kann. Eine Pumpe, welche

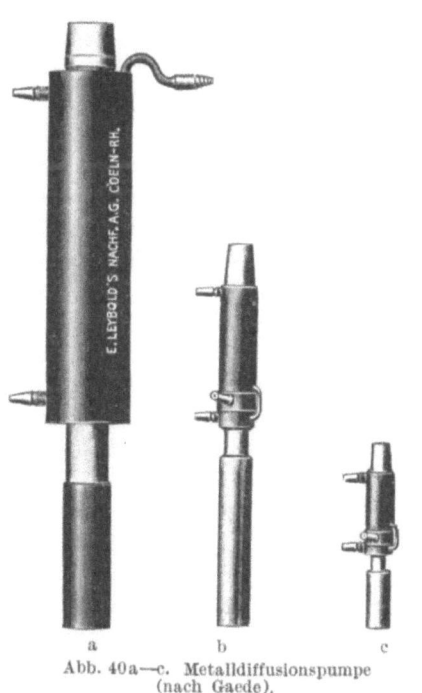
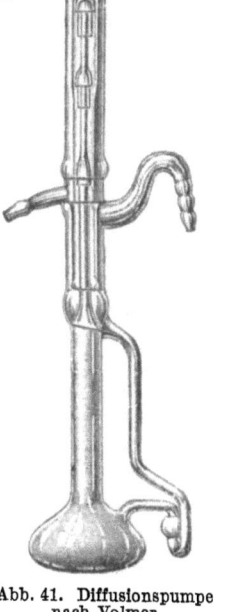

Abb. 40 a—c. Metalldiffusionspumpe (nach Gaede).

Abb. 41. Diffusionspumpe nach Volmer (Hanff u. Buest).

dies zuläßt, zeigt Abb. 41. Zwischen Vorvakuumpumpe *1* (Ölpumpe) und Hochvakuumpumpe *6* (Diffusionspumpe) schaltet man einen Dreiwegehahn *3* ein, der entweder die beiden Pumpen miteinander oder die Diffusionspumpe mit dem Zwischenvakuum *4* bzw. die Ölpumpe mit dem Zwischenvakuum verbindet. Das Zwischenvakuum hat den Zweck, daß man, sobald die Gasabgabe in der Pumpanordnung gering geworden ist, die Vorvakuumpumpe abschalten kann. Die Diffusionspumpe arbeitet dann auf das Zwischenvakuum, das vorher durch den Hahn 5 bei geschlossenem Hahn 3 mittels der Hochvakuumpumpe möglichst weitgehend luftleer gemacht worden ist. Die Hochvakuumzweistufenpumpe arbeitet noch einwandfrei, wenn der Druck auf der Vorvakuumseite einige zehntel mm Hg beträgt. Daher kann man bei geringer Gasabgabe lange Zeit ohne Vorpumpe arbeiten, was manche Vorteile mit sich bringt.

Die bisher beschriebenen Diffusionspumpen sind durch einen Schliff mit der übrigen Pumpapparatur verbunden. Unter besonderen Umständen ist es zweckmäßig, Diffusionspumpen aus Glas zu verwenden, da dann eine direkte Verschmelzung mit der übrigen Glasapparatur leicht möglich ist und somit sämtliche Schliffe vermieden werden, die zu Fehlerquellen Anlaß geben können.

Um die **Fettdämpfe** und **Hg-Dämpfe** fernzuhalten, schaltet man zwischen Zelle und Pumpe eine Falle oder **Ausfriertasche 13** ein, die z. B. in **flüssige Luft** getaucht wird. Eine besondere Ausführung der Ausfriertasche ist in Abb. 39 angegeben, eine andere Form zeigt Abb. 42. Alle Hähne und Hg-Manometer legt man vor die Ausfriertasche. In Abb. 39 sind z. B. das Mc-Leodsche Manometer 8 und die Einlaßvorrichtung für die Füllgase 9 in dieser Weise angeordnet. Auf der Zellenseite kann man nur solche Meßeinrichtungen benutzen, die keine Dämpfe abgeben, z. B. das **Ionisationsmanometer 14**. Natürlich muß sich in der Nähe der Zellen auch das lichtempfindliche Material befinden, wenn es nicht in den Zellen selbst enthalten ist. Die Zellen 15 ordnet man vorteilhaft so an, daß sie mit einem Ofen 17 umgeben werden können, ohne daß die Zelle von der Apparatur oder die Apparatur in sich getrennt werden muß, da zur Erzielung eines einwandfreien Hochvakuums die Glasgefäße hoch ausgeheizt werden müssen. In Abb. 39 befindet sich das Gefäß mit dem aktiven Material außerhalb des Ofens 16 und soll gegen ungewollte Erwärmung durch einen Strahlungsschirm möglichst geschützt werden.

Abb. 42. Ausfriertasche (nach Hanff u. Buest).

Zum Ausfrieren der schädlichen Dämpfe benutzt man am besten flüssige Luft (-190^0 C). Unter Umständen genügt auch eine Aceton-Kohlensäureschnee-Mischung (-80^0 C). Bei -80^0 C beträgt der

Hg-Dampfdruck 10^{-9} mm, der Wasserdampfdruck 10^{-4} mm; bei -190^0 C: Hg unmeßbar, H_2O 10^{-16} mm und CO_2 10^{-2} mm. Man ersieht schon aus diesen Zahlen den Vorteil der flüssigen Luft. Hat man keine Kühlmittel zur Verfügung, so kann man die Hg- und H_2O-Dämpfe auch durch Kalium oder Natrium absorbieren lassen[1]. Soll eine Pumpapparatur ohne flüssige Luft an der Ausfriertasche längere Zeit stehenbleiben, so empfiehlt es sich, ein inertes Gas einzufüllen, damit die Diffusionsgeschwindigkeit des Quecksilberdampfes herabgesetzt und Amalgambildung in der Zelle verhindert wird. Beim Einschalten von Ausfriertaschen ist darauf zu achten, daß der Pumpwiderstand nicht erhöht wird. Dementsprechend ist die Konstruktion und Größe der Ausfriertasche zu wählen.

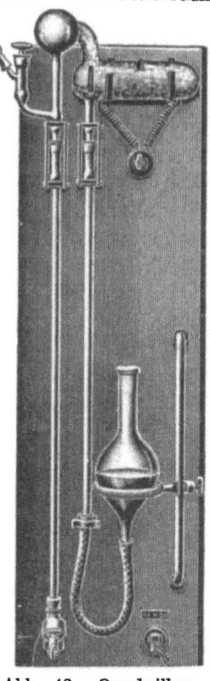

Abb. 43. Quecksilberdestillationseinrichtung.

Um das Eindringen von Fett- und Öldämpfen zu verhindern, wenn die Pumpen nicht in Betrieb sind, bringt man zweckmäßig zwischen Zelle und Pumpapparatur einen Quecksilberbarometerverschluß *12* an (vgl. Abb. 39).

Will man das Vakuum bei abgeschalteter Diffusionspumpe oder in einer abgeschmolzenen Zelle noch weiter verbessern, so setzt man ein Glasgefäß mit granulierter aktiver Kohle[2] an die Zelle an und taucht dieses in flüssige Luft ein. Die Kohle soll vorher bei möglichst hoher Temperatur (400 bis 600^0 C je nach der Erweichungstemperatur der Glassorte des Gefäßes) mittels der Hochvakuumpumpe weitgehend gasfrei gemacht werden. Der-

---

[1] Hughes, A. L., u. F. E. Poindexter: Nature **115**, 979 (1925). Es läßt sich auf diese Weise ein Vakuum von $5 \cdot 10^{-9}$ mm Hg erzielen und längere Zeit aufrechterhalten.

[2] Die im Handel erhältliche aktive Kohle enthält große Mengen Wasser und andere Verunreinigungen, von denen sie vor der Benutzung durch Erhitzen in einem Quarzrohr unter gleichzeitigem Abpumpen befreit werden muß. Bei der Vorreinigung ist die Benutzung einer Diffusionspumpe nicht unbedingt nötig.

artige gasfreie Kohle nimmt, auf die Temperatur der flüssigen Luft gebracht, große Mengen von freiwerdenden Gasen auf, so daß man ein besonders hohes Vakuum erzielen kann.

Wie aus dem Vorangehenden ersichtlich, wird in der Hochvakuumpumpe, in Manometern usw. Quecksilber gebraucht, das möglichst rein sein muß. Es soll daher eine der Reinigungsmethoden kurz beschrieben werden. Verunreinigtes Hg filtriert man zunächst durch trockenes Filtrierpapier, um den oberflächlich anhaftenden Schmutz zu entfernen. Man sticht zu diesem Zweck mit einer Nadel mehrere feine Löcher in das Papier. Dann destilliert man das so vorgereinigte Quecksilber unter ständigem Evakuieren, um es von Amalgamen zu befreien. Eine derartige Destillationseinrichtung ist in Abb. 43 dargestellt. Metalle, die bei der Destillation übergehen, oxydiert man vorher, indem man 24 Stunden lang Luft durch das Quecksilber hindurchsaugt. Für Manometer- und Pumpenquecksilber ist diese Reinigungsmethode ausreichend. Zur Vermeidung des Siedeverzugs, der ein starkes Stoßen und Klopfen in der Pumpe zur Folge hat, kann man dem Quecksilber eine kleine Menge Blei zusetzen.

19. **Eigenschaften der Gläser; Gasabgabe, Leitfähigkeit, Glassorten; chemische Angreifbarkeit durch Alkalimetalle; Quarz und Hartgläser.**

Eine der hauptsächlichsten Fehlerquellen bei der Herstellung evakuierter Zellen, die auf dem äußeren lichtelektrischen Effekt beruhen, ist die Abgabe von Gasen und Dämpfen der Glasgefäße und -röhren[1]. Auf diese Eigenschaft, die von den Fabrikationsserien, der Lagerzeit usw. abhängt, müssen die Glassorten genau geprüft werden. Darüber hinaus spielt die Glasart eine Rolle, wenn mit größeren Alkalimengen gearbeitet wird, da manche Gläser von den Alkalimetallen, besonders bei höheren Temperaturen, angegriffen und evtl. zerstört werden. Bei dem gewöhnlichen bleihaltigen Einschmelzglas für Platin tritt dies sehr stark in Erscheinung.

Die Gasabgabe der Gläser hat verschiedene Ursachen. Zunächst besitzen alle Gläser sog. Wasserhäute, adsorbierte Gasschichten, die Wasserdampf, in welchem Bestandteile des Glases

---

[1] Dushman, S.: Production and Measurement of High Vacuum. Schenectady N. Y. 1922.

Eigenschaften der Gläser; Gasabgabe, Leitfähigkeit, Glassorten.

gelöst sind (z. B. wasserlösliche Karbonate der Alkalien), ferner CO_2, H_2, O_2, N_2 und Kohlenwasserstoffe enthalten. Diese Häute sind sehr stark von dem Alter des Glases, den Reinigungsverfahren und dem Aufbewahrungsort (atmosphärische Einflüsse, Behandlungsweise) abhängig. Sie enthalten immer so große Gasmengen, daß ihre Entfernung unbedingt erforderlich ist. Dies geschieht durch Evakuieren und Erhitzen. Man sollte jahrelang gelagerte Gläser bei exakten Messungen oder für die Serienfabrikation nicht verwenden, da sonst die Reproduzierbarkeit der Zellen außerordentlich schwierig wird. Der Wechsel der Glassorte oder Glaslieferung hat bei Serienfabrikation schon oft zu Fehlresultaten Veranlassung gegeben.

Beim Evakuierungsprozeß geht zunächst eine erste Wasserhaut, nach dem Vorschlag von Warburg und Ihmori[1] temporäre Wasserhaut genannt, bei Zimmertemperatur weg. Die noch restlich verbleibende Gasschicht nennen Warburg und Ihmori permanente Wasserhaut. Diese läßt sich bei älteren Glasgefäßen dadurch stark vermindern, daß man die Glasgefäße vor der Verwendung mehrere Stunden in Wasser kocht. Beim Evakuieren und Erhitzen werden die verschiedenen noch verbleibenden Gase nach und nach frei. Von den Glassorten und ihrem Alter hängt die Art und Menge der Gase ab, deren Freiwerden bei verschiedenen Temperaturen erfolgt. Oberflächlich adsorbierter Wasserdampf verschwindet schon bei 120^0 C, CO_2 bei 300^0 C. (Die Gasabgabe von Glühlampengläsern wurde sehr umfassend von J. Langmuir untersucht[2].)

Vor dem Einbringen der lichtempfindlichen Substanz (z. B. des Kaliums) soll man immer die Wasserhaut beseitigen, indem man zunächst einmal vorevakuiert, dann trockene Luft, Stickstoff oder Edelgas von einigen cm Druck einläßt und erst darauf den eigentlichen Evakuierungs- und Ausheizprozeß vornimmt. Die außer-

---
[1] Warburg, E., u. T. Ihmori: Wied. Ann. **27**, 481 (1886).
[2] Langmuir, J.: Trans. amer. Inst. Eng. **32**, 1921 (1913); J. amer. chem. Soc. **38**, 2283 (1916). Aus diesen umfassenden Untersuchungen seien folgende Zahlen genannt. Ein 40-Watt-Glühlampenkolben von 200 cm² innerer Oberfläche evakuiert und von Zimmertemperatur auf 200^0 C gebracht, gibt 200 mm³ H_2O-Dampf, 5 mm³ CO_2 und 2 mm³ N_2 (Atmosphärendruck und Zimmertemperatur) ab. Dann auf 350^0 C erhitzt, werden 300 mm³ H_2O, 20 mm³ CO_2 und 4 mm³ N_2 frei, schließlich weiter auf 500^0 C erhitzt, nochmals 450 mm³ H_2O, 30 mm³ CO_2 und 5 mm³ N_2.

halb des Ofens befindlichen Apparateteile aus Glas werden mit Hilfe eines Bunsenbrenners soweit als möglich erhitzt, wobei man die Flamme natürlich von den Schliffen fernhält. Ist ein gutes Vakuum erreicht und die Apparatur vakuumdicht, so wird das lichtempfindliche Material eingebracht. Zu diesem Zweck läßt man nochmals ganz trockenen Stickstoff oder Argon bis auf Atmosphärendruck ein, setzt das Kölbchen oder die Zelle mit der Substanz möglichst rasch an und pumpt sofort wieder ab.

Aus den oben erwähnten Gründen soll man die Glasgefäße so hoch als möglich erhitzen, da erst in der Nähe des **Erweichungspunktes** die größten Gasmengen[1] abgegeben werden.

Zu der Gasabgabe von der Glasoberfläche kommt bei hocherhitzten Gläsern außerdem eine Gasabgabe aus dem Glasinnern hinzu. Erhitzt man zu hoch oder zu lange, so können die Gläser Zersetzungserscheinungen zeigen. Insbesondere treten an den Einschmelzungen, sobald elektrische Spannungen daran liegen, durch Elektrolyse Abscheidungen auf, die mit der Zeit meist Undichtigkeiten hervorrufen. Gleichzeitig wird bei hoher Temperatur die an und für sich vernachlässigbar kleine Diffusion der Gase durch das Glas hindurch erhöht.

Die Diffusion von Wasserstoff durch Quarzglas ist sehr groß und schon bei 300° C merklich. Aus diesem Grunde ist es zweckmäßig, Zellen aus Quarzglas mit dem elektrischen Ofen und nicht mit dem Gasbrenner zu erhitzen. Bei anderen Gasen tritt erst bei sehr hohen Temperaturen eine merkliche Diffusion auf.

Die „Wasserhaut" hat den weiteren Nachteil, daß mit ihrem Vorhandensein die oberflächliche elektrische Leitfähigkeit der Gläser[2] zunimmt. Im allgemeinen ist Glas ein guter Isolator. Bei den kleinen Photozellenströmen spielt jedoch die relativ geringe **Leitfähigkeit des Glases** eine außerordentlich große Rolle. Sieht man zunächst von der Wasserhaut ab, so haben die Alkalien, insbesondere Natrium, den Haupteinfluß auf die **Eigenleitfähigkeit der Gläser**[3]. Diese nimmt mit der Temperatur sehr stark zu. Die Gesamtleitfähigkeit wird durch die Leitfähigkeit der

---

[1] Si he Fußnote 2 S. 61.
[2] **Fulda**, M.: Diss. Greifswald 1927; Sprechsaal **60**, 769, 789, 810, 831, 853 (1927).
[3] **Gehlhoff**, G., u. M. **Thomas**: Z. techn. Physik **6**, 544 (1925); **7**, 105 u. 260 (1926).

Eigenschaften der Gläser, Gasabgabe, Leitfähigkeit, Glassorten. 63

Wasserhaut so weit erhöht, daß sie bei schlechten Gläsern beträchtlich stört. Aus diesem Grunde ist es vorteilhaft, die Glaswand der Photozellen nach dem letzten Erhitzen außen mit einer isolierenden Schicht, z. B. einer Schellackschicht (vgl. S. 154), wenigstens an einer Elektrodeneinschmelzung zu überziehen, damit nicht nachträgliche atmosphärische Einflüsse die Güte der Isolation beeinträchtigen können.

Im allgemeinen geht das Leitvermögen mit der Dicke der Wasserhaut parallel, auf deren Bildung die Alkalien einen starken, die anderen Glasbildner einen geringen Einfluß ausüben.

Gut isolierende Gläser zeigen meist eine geringe Oberflächenleitung, die bei etwa 100° C fast vollkommen verschwindet. In Abb. 44 ist die Temperatur-Widerstandskurve eines „Thüringer Glases" angegeben.

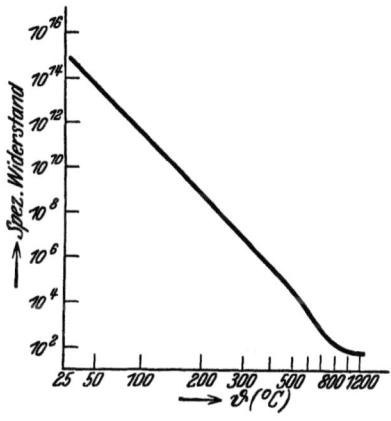

Abb. 44. Temperaturabhängigkeit des Widerstandes eines Thüringer Glases (nach Fulda).

Man sieht, daß derartige Gläser, wenn sie frei von Wasserhäuten sind, eine sehr hohe Isolation zeigen. Bei Zimmertemperatur beträgt der spezifische Widerstand nach Abb. 44 10^{15} Ω. (Vgl. S. 154.)

Unter den Glassorten sind vor allem die mit besonderer spektraler Lichtdurch-

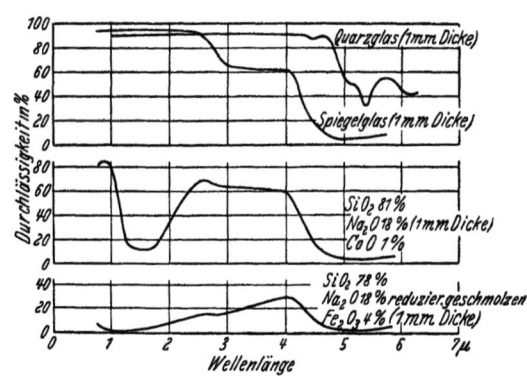

Abb. 45. Durchlässigkeit verschiedener Gläser im Ultrarot (nach Gehlhoff).

lässigkeit hervorzuheben. G. Gehlhoff[1] gibt an, daß für die Ultrarotdurchlässigkeit eine erst bei 4,8 μ gelegene Kiesel-

---

[1] Gehlhoff, G.: Die Physik des Glases 1930. Fritz-Schmidt, M., G. Gehlhoff u. M. Thomas: Z. techn. Physik 11, 289 (1930).

säurebande maßgebend ist, so daß für ultrarot empfindliche Zellen keine Glasschwierigkeiten bestehen. Abb. 45 gibt für einige Gläser die Durchlässigkeit im Ultraroten im Vergleich zu Quarz an. Ultrarotempfindliche Zellen erhalten neuerdings in der Lichttelephonie und im Fernsehen größere Bedeutung.

Die Ultraviolettdurchlässigkeit reicht bei normalen Gläsern bis etwa 270 mμ. Kieselsäure und Borsäure sind ultraviolettdurchlässig. Dagegen wird durch Eisenoxyd, Titanoxyd und Ceroxyd das Absorptionsvermögen der Gläser im Ultraviolett stark erhöht, wie Abb. 46 zeigt. Die vollständige Fernhaltung von Eisenoxyd in der Schmelze bereitet außerordentliche Schwierigkeiten. Boratgläser und Kalk-Natrongläser sind für Ultraviolettzellen am besten geeignet.

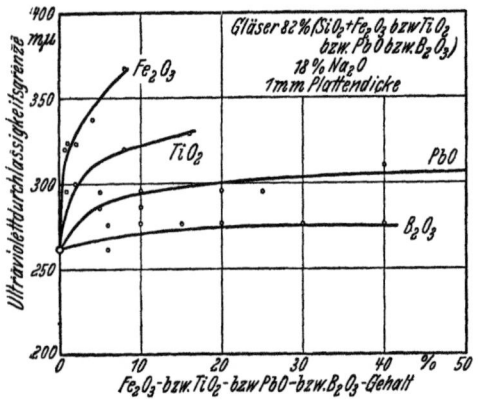

Abb. 46. Durchlässigkeitsgrenze verschiedener Gläser im Ultraviolett bei Veränderung des Gehaltes an Fe₂O₃, TiO₂, PbO und B₂O₃ (nach Gehlhoff).

Für die meisten Zwecke genügt das sog. Thüringer Glas, also z. B. zum Aufbau der ganzen Pumpapparatur. Bei der Herstellung von lichtelektrischen Zellen mit Alkalimetallen muß man Bleieinschmelzgläser und ähnliche Gläser vermeiden, da diese angegriffen und nach kurzer Zeit so zerstört werden, daß Sprünge entstehen und die Zellen undicht werden. Besonders geeignet sind Borosilikatgläser, z. B. das Jenaer Glas 59 III von Schott & Gen., Jena oder auch das Pyrexglas und schließlich die von den Osram-Glaswerken Weißwasser i. d. L. hergestellten Wolframgläser, da diese einen sehr hohen Erweichungspunkt besitzen und infolgedessen eine sehr hohe Erhitzung der Zellen im Ofen zulassen. Heiße Alkalimetalle[1] greifen bei längerer Einwirkung gewöhnliches Glas, Hartgläser und auch Quarz an,

---

[1] Bei der Destillation von Kalium sollte man Kaligläser und von Natrium Natrongläser verwenden, damit keine unerwünschten Legierungen entstehen, da immer eine Spur des Alkalimetalles aus dem Glase frei wird.

wobei meist eine bräunliche Verfärbung eintritt. Es sei insbesondere auf die Arbeiten von Eckert[1] verwiesen.

Die Verwendung von Quarzglas zur Herstellung von Zellen bringt, abgesehen von der höheren Erweichungstemperatur, mehrere Schwierigkeiten mit sich. Insbesondere sind die Elektrodendurchführungen und die Verbindung mit der übrigen Pumpapparatur, für die man aus Preisgründen nicht Quarz verwenden wird, nur mittels Schliffen oder Zwischengläsern herzustellen. Lediglich dünne Wolframdrähte lassen sich in Quarz einigermaßen gut einschmelzen. Dagegen sollte man Platindrähte nicht als Durchführung benutzen, da die Ausdehnungskoeffizienten schon zu weit auseinander liegen. Um Quarz- und Hartgläser (Wolframglas, Pyrexglas) mit der Pumpapparatur verschmelzen zu können, müssen Zwischengläser[2] verwendet werden, die in mehreren Stufen vom Ausdehnungskoeffizienten des Quarzes oder der Hartgläser zum Ausdehnungskoeffizienten des normalen Glases überführen.

Die UV-Durchlässigkeit von reinem Quarzglas ist nahezu ebensogroß wie die von kristallinischem Quarz. Zur Herstellung von UV-Zellen benutzt man auch heute noch vielfach Zellen aus gewöhnlichem Glas, die ein Fenster aus Quarzglas besitzen, wie dies in Abb. 210 (vgl. S. 277) schematisch dargestellt ist. Auf die Kittstelle muß dann besonders geachtet werden, wie später noch genauer ausgeführt ist.

20. Darstellung reiner Metalle; Schmelzpunkte; Dampfdrucke; Destillationsverfahren; Azidverfahren; Chloridverfahren; Thermitverfahren; Trägermetalle; Metallspiegel.

Zur Herstellung lichtelektrischer Zellen mit äußerem Effekt werden am meisten die Alkali- und Erdalkalimetalle, zur Herstellung der Halbleiterzellen Selen und Tellur und der Sperrschichtzellen Selen und Kupferoxydul verwendet. Für UV-Messungen

---

[1] Eckert, E.: Jb. Radiolog. 20, 93 (1923).
[2] Derartige Zwischengläser liefern Schott & Gen., Jena und die Osram-Glaswerke.

findet außerdem noch Kadmium Anwendung. In der folgenden Tabelle 4 sind die für diese Metalle wichtigsten Daten zusammengestellt:

Tabelle 4.

Metall	Atom-gewicht	Atom-vol.	Schmelz-punkt °C	Dampfdruck		Aus-trittsarbeit in V.
				bei 100° C mm Hg	bei 200° C mm Hg	
Lithium	6,94	13,0	186	$< 10^{-5}$	—	2,3
Natrium	23,0	23,7	97,5	,,	$1,4 \cdot 10^{-4}$	2,1
Kalium.	39,1	45,5	62,5	,,	$5 \cdot 10^{-4}$	1,9
Rubidium	85,5	56,2	38,7	$1,2 \cdot 10^{-4}$	—	1,5
Cäsium.	132,8	70,6	29,7	$1,8 \cdot 10^{-3}$	—	1,3
Magnesium . . .	24,3	13,4	644	$< 10^{-5}$	$< 10^{-5}$	3,7
Kalzium	40,1	25,9	800	,,	,,	3,0
Strontium	87,6	34,5	825	,,	,,	2,2
Barium.	137,4	36,2	850	,,	,,	1,7
Kadmium	112,4	13,6	321	,,	$5 \cdot 10^{-5}$	4,0
Selen.	79,2	17,7	220,2	,,	—	5,6
Kupferoxydul. . .	—	—	—	,,	—	5,3

a) Destillationsmethode. Zur Erzielung einwandfrei reproduzierbarer Zellen ist es notwendig, daß die lichtempfindlichen Metalle äußerst rein, insbesondere gasfrei und frei von Oxyden oder anderen Verbindungen sind. Die stärkste Beeinflussung des lichtelektrischen Effekts erfolgt durch die im Metall okkludierten und oberflächlich adsorbierten Gase. Chemisch gebundener Wasserstoff ruft eine außerordentliche Erhöhung des lichtelektrischen Effekts hervor, doch haben dünne Oxydhäute eine ebenso starke entgegengesetzte Wirkung.

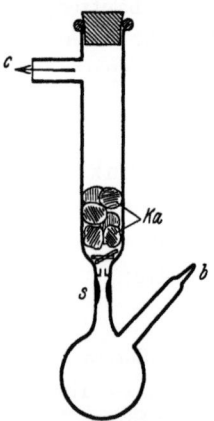

Abb. 47. Einfache Umschmelzeinrichtung für Alkalimetalle.

Zur Darstellung reiner Metalle wurde früher ausschließlich das Destillationsverfahren angewandt, das jedoch heute durch eine Reihe besserer Verfahren ersetzt worden ist. Wenn man unter dauerndem Evakuieren das käuflich reine Alkalimetall in der Weise umschmilzt, z. B. in einem Glasgefäß gemäß Abb. 47, daß es aus dem oberen Teil als silberhelles Metall in den unteren Teil fließt, so enthält es neben beträchtlichen Mengen Wasserstoff

Darstellung reiner Metalle; Trägermetalle; Metallspiegel.

(Natrium ca. das 200 fache und Kalium ca. das 120 fache seines Volumens) noch die von der Aufbewahrung herrührenden Kohlenwasserstoffe. G. Wiedmann und W. Hallwachs[1], die erstmalig den starken Einfluß des H_2 feststellten, benutzten die in Abb. 48 dargestellte Apparatur, die eine fünfmalige Destillation des Alkalimetalls gestattet. Dieses wurde aus einem Vorratsgefäß in die Kugel 1 eingebracht und sehr langsam von einer Kugel zur anderen destilliert. Die Kugel mit dem Rückstand wurde jeweils

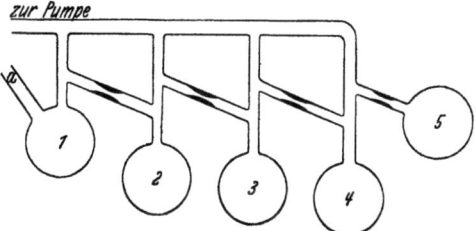

Abb. 48. Einrichtung zur mehrfachen Destillation (nach Wiedmann u. Hallwachs).

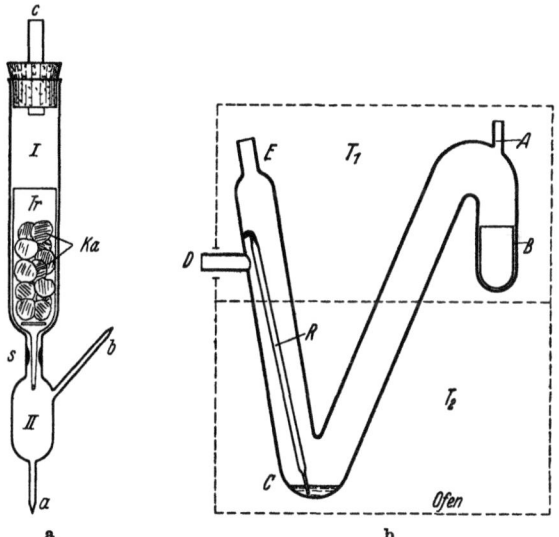

a   b
Abb. 49. Technische Umschmelz- und Destillationseinrichtung (nach Schröter u. Simon).

an den Abschmelzstellen abgetrennt bzw. das Verbindungsrohr zugeschmolzen, wodurch man die Rückdestillation verhinderte. In der Kugel 5 wurde dann ein sehr gasfreies Alkalimetall erhalten.

---
[1] Wiedmann, G., u. W. Hallwachs: Verh. dtsch. phys. Ges. **16**, 107 (1914).

Jede Kugel war meist als Photozelle ausgebildet, so daß man den Reinigungsvorgang auch lichtelektrisch verfolgen konnte.

Eine andere[1] mehr technische Methode soll an Hand der Abb. 49 beschrieben werden. Abb. 49a stellt das erste Umschmelzgefäß dar. In den oberen Raum I werden die meist mit dicken Oxydhäuten überzogenen Alkalimetalle im Trichter Tr eingebracht, nachdem sie möglichst weitgehend durch Abtupfen mit Filtrierpapier vom Petroleum befreit worden sind. Das Gefäß wird jetzt mit der Pumpapparatur verbunden und evakuiert. Wenn ein Druck von 10^{-3} mm Hg erreicht ist, erhitzt man anfangs schwach, später stärker, bis das Alkalimetall unter Zurücklassung der Oxydkrusten in den Teil II fließt. Nach dem Erstarren wird der Teil II bei s abgeschmolzen. Das eigentliche Destillationsgefäß (Abb. 49b) ist ein V-förmig gebogenes Glasrohr von mindestens 40 mm lichter Weite. An dem einen Schenkel des V ist das Rohr nochmals umgebogen. In diesem Teil ist ein Glasbecher B eingebracht, der das Destillationsgut aufnimmt und das Springen des Destillationsgefäßes verhindert. Der Ansatzstutzen A dient zum Einfüllen des Alkalimetalls. In dem anderen Schenkel befinden sich mehrere Glasröhren R, die einseitig offen und gerade oder perlschnurähnlich (Abb. 50) gestaltet sind. Diese werden mit dem offenen Ende nach unten durch den Ansatzstutzen E in das Destillationsgefäß eingeführt. Ihr lichtes Volumen muß ca. 10% kleiner sein als das des zu destillierenden Alkalimetalls. Das Destillationsgefäß bringt man in einen Ofen, dessen oberer Teil auf der Destillationstemperatur T_1 gehalten wird. Diese soll nicht zu hoch sein, damit der Prozeß sich über mehrere Stunden erstreckt. Bei zu schneller Destillation würde beim Kondensieren wieder der größte Teil der Gase gebunden. Der untere Teil des Gefäßes wird gerade so hoch erhitzt (Temperatur T_2), daß das bei C sich sammelnde Metall flüssig bleibt.

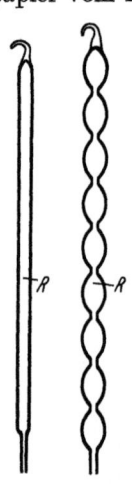

Abb. 50. Ampullen für Alkalimetall.

Nach gründlichem Ausheizen und Evakuieren des Destillationsgefäßes, Erkalten und Einlassen von trockenem, reinem Stickstoff,

---

[1] Dem einen Verfasser 1930 von F. Schroeter mündlich mitgeteilt.

Wasserstoff oder Edelgas wird bei A geöffnet und das Ausflußrohr a des Teiles II der ersten Apparatur in den Ansatzstutzen A eingeführt, nachdem das Röhrchen a an der Spitze geöffnet wurde. Das zweite Röhrchen b wird unter Stickstoff geöffnet und das Gefäß II erhitzt. Wenn das Alkalimetall sich im Becher B befindet, wird A zugeschmolzen und das Destillationsgefäß evakuiert. Sobald Hochvakuum erreicht ist, beginnt das Anheizen, bis die Destillation in Gang ist. Infolge des großen Rohrdurchmessers werden die freiwerdenden Gase schnell abgesaugt. Das im unteren Teil des Gefäßes kondensierte Alkalimetall sammelt sich bei C und ist nahezu gasfrei. Nachdem alles Metall überdestilliert ist, wird es mittels sehr reinen Argons in die Röhrchen gedrückt. Nach dem Erkalten läßt man trockenen Stickstoff ein, nimmt die einzelnen Röhrchen unter strömendem Stickstoff heraus und schließt jedes in ein evakuiertes Glasrohr ein. Will man in eine Zelle eine kleine Menge reinen Metalles einführen, so schneidet man von der mit Alkalimetall gefüllten Röhre soviel als benötigt wird ab. Bei einiger Übung findet nur eine sehr geringe Oxydation des Alkalimetalls statt.

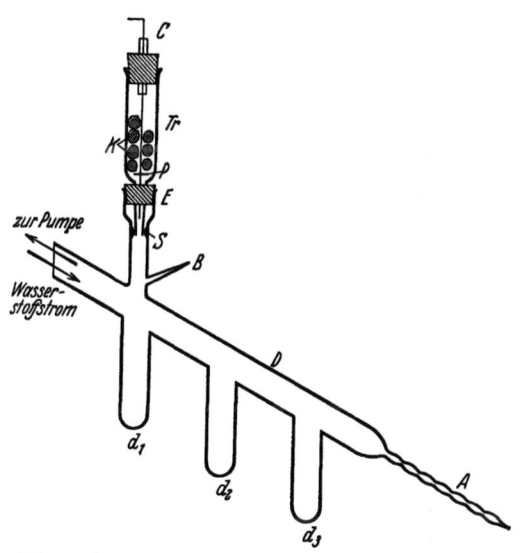

Abb. 51. Laboratoriumsmethode zur Darstellung sehr reinen Kaliums (nach Suhrmann).

Für Laboratoriumszwecke kann man das vorangehende Verfahren vereinfachen, indem man die in Abb. 51 schematisch dargestellte Apparatur verwendet. Sie besteht aus dem eigentlichen Destillationsgefäß D, an welches die später abzuschmelzenden Ampullen A angesetzt sind. Das Rohr E ist zunächst oben geschlossen, so daß die Apparatur evakuiert und ausgeheizt werden kann. Dann läßt man trockenen Wasserstoff durch die Pumpen hindurch ein und öffnet, nachdem Atmosphärendruck sich eingestellt hat, bei E und B. In E wird der Trichter Tr unter strömendem Wasserstoff mittels eines Stopfens eingesetzt und die Kaliumkugeln K eingefüllt. In dem Trichter befindet sich ein Kupferdraht C, der mit einer Platte P versehen ist. Tr wird nun mittels eines elektrischen Ofens erhitzt, bis das Kalium schmilzt und nach d_1 fließt. Durch Erschüttern der Kugeln mittels des Drahtes C erleichtert man das Aufbrechen der Oxydhäute. Dann wird bei B und E zugeschmolzen, evakuiert und von d_1 nach d_2, von d_2 nach d_3 und schließlich in die Ampullen A destilliert. Nachdem diese mit dem gewünschten Quantum gefüllt sind, werden sie abgeschmolzen.

b) Zerfallmethode oder Azidverfahren[1]. Die eben geschilderten Destillationsverfahren liefern noch keine gasfreien Alkalimetalle. Z. B. ist der Wasserstoff äußerst fest gebunden. Will man **vollständig wasserstofffreie** Metalle erhalten, so muß man Methoden anwenden, die von vornherein das Vorhandensein von Wasserstoff ausschließen. Die Alkaliazide (NaN_3, KN_3, RbN_3, CsN_3) eignen sich hierfür am besten. Sie sind in großer Reinheit ohne Kristallwasser erhältlich und zerfallen beim Erhitzen in reinen Stickstoff, reines Alkalimetall[2] und einen Rest Nitrid[3]. Man läßt den Zerfall im Hochvakuum vor sich gehen, und zwar hält man die Temperatur etwas unter dem Zersetzungspunkt. Erhitzt man sehr hoch, so tritt die Zersetzung zu plötzlich ein. Es ist dann möglich, daß das Azid im Gefäß herumgeschleudert wird und teilweise unzersetzt bleibt. Bei größeren Azidmengen ist ein Puffervolumen unbedingt erforderlich.

Diese Methode eignet sich ebenso zur Darstellung reiner **Erdalkalimetalle**[4], deren Azide allerdings nicht im Handel erhältlich sind, sich jedoch mit Hilfe der Alkaliazide herstellen lassen. Die Erdalkaliazide müssen im feuchten Zustand aufbewahrt werden. Insbesondere ist genau darauf zu

---

[1] Der erste Vorschlag, Azide zur Herstellung von Kathoden zu verwenden, stammt von F. Skaupy: D.R.P. 323494 vom 3. 11. 1917; D.R.P. 414517 vom 3. 5. 1922. Suhrmann, R., u. K. Clusius: Z. anorg. u. allg. Chem. 152, 52 (1926).

[2] Curtius, Th., u. J. Rissom: J. prakt. Chem. (2) 58, 285 (1898).

[3] Fischer, F., u. F. Schroeter: Ber. 43, 1465 (1910).

[4] Tiede, B.: Ber. dtsch. chem. Ges. 49, 1742 (1916).

achten, daß sie mit keinen Schwermetall- (Cu, Pb) Verbindungen in Berührung kommen, da sofort hochexplosive Azide entstehen. In der folgenden Tabelle sind die wichtigsten Eigenschaften der Alkali- und Erdalkaliazide angegeben.

Tabelle 5. Azide.

Substanz	Schmelz- punkt ^{0}C	Beginn. Zer- setzung ^{0}C	Gleichm. Zer- setzung ^{0}C	Aus- beute in %	Farbe des Rückstandes
NaN_3	*		275	100	
KN_3	343	320	355	80	hellbraun
RbN_3	321	260	395	60	blaugrün
CsN_3	326	290	390	90	gelblichgrau
CaN_6	*	110	100		grau
SrN_6	*	140	110		
BaN_6	*	160	120	80	grauschwarz

Mit abnehmendem Reinheitsgrad geht die Zersetzungstemperatur weiter herunter. Die in Tabelle 5 angegebenen Temperaturen gelten für reine Substanzen. In den Laboratorien von Philips[1] wurde neuerdings durch mehrfache Destillation sehr reines Barium hergestellt und der Zersetzungspunkt des Bariumazids für gleichmäßige Zersetzung bei 110° C gefunden. Das Cäsiumazid hat die Eigenschaft, daß es sich nicht vollständig zersetzen läßt, da es bei der Zersetzungstemperatur schon flüssig ist und stark verdampft. Ferner sei darauf aufmerksam gemacht, daß Lithiumazid und Magnesiumazid ebenso wie die Azide der Schwermetalle außerordentlich explosiv sind.

Man verwendet zur Erwärmung des Gefäßes mit dem Azid einen elektrischen Ofen, um eine möglichst langsame und gleichmäßige Zersetzung zu erreichen. Der Druck des freiwerdenden Stickstoffs soll nicht zu sehr ansteigen. Das Ende der Zersetzung erkennt man daran, daß trotz Temperatursteigerung keine weitere N_2-Entwicklung stattfindet. Das freigewordene Metall destilliert man in die Zelle oder in das Vorratsgefäß.

c) **Chloridverfahren.** Rubidium und Cäsium kann man aus den Chloriden im Hochvakuum herstellen, indem man

---

* Zersetzt sich unterhalb des Schmelzpunktes.

[1] de Boer, H., P. Clausing, G. Zecher: Z. anorg. u. allg. Chem. **160**, 128 (1927).

sie mittels eines Erdalkalimetalls, am einfachsten mit Kalziumspänen, reduziert[1]. In Abb. 52 ist eine Anordnung zur Darstellung der Alkalimetalle nach diesem Verfahren angegeben. Ein kleiner Nickel- oder Eisenzylinder z aus möglichst dünnem Blech wird mit dem Gemisch gefüllt, in ein Glasrohr g_1 eingehängt, das sich in einem weiteren Glasrohr g_2 befindet, und letzteres an die Apparatur angeschmolzen. Durch Hochfrequenz-Wirbelstromerhitzung (vgl. S. 81) bringt man z, sobald hohes Vakuum erreicht ist, auf Rotglut, bis die Reduktion beginnt. Dies erkennt man daran, daß das Alkalimetall aus dem Metallzylinder herausdestilliert und sich an der Wand niederschlägt. Das Erdalkalimetall muß im Überschuß vorhanden und frei von Oxyden sein, damit kein Chlor entsteht, das unter Umständen auf die Lichtempfindlichkeit schädlich einwirken kann. Die Mengenverhältnisse sind auf 1 g Kalzium bezogen: KCl 3,7 g, RbCl 6 g, CsCl 9 g.

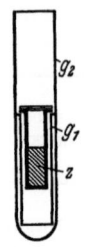

Abb. 52. Anordnung zur Darstellung reiner und gasfreier Alkalimetalle nach dem Chloridverfahren (nach Simon).

d) **Thermitverfahren.** Zur Reindarstellung der Erdalkalimetalle eignet sich besonders das sogenannte Thermitverfahren, das in der letzten Zeit durch die Herstellung der Oxydkathoden für Radioröhren wesentlich gefördert worden ist. Man mischt hierbei fein gepulvertes Aluminium mit fein gepulvertem Erdalkalioxyd — es können auch die Hydroxyde verwendet werden — und fügt nach innigem Vermischen der beiden Substanzen ein Bindemittel, z. B. Kollodium, hinzu, das sich schon bei niedrigen Temperaturen verflüchtigt oder ohne Rückstand verbrennt. Dann preßt man aus der Mischung kleine Pillen, die in der Photozelle selbst oder in einem kleinen Ansatz an dieser auf einem Metallblech oder in einer Metallröhre so angebracht werden, daß man durch Hochfrequenz den Pillenträger und damit die Pille selbst auf helle Rotglut bzw. (wenn nötig) auf Gelbglut erhitzen kann (1000° bis 1200°). Bei dieser Temperatur setzt die Thermitreaktion ein, z. B.

$$2\,Al + 3\,BaO \to Al_2O_3 + 3\,Ba\,.$$

Es bildet sich hierbei also reines metallisches Barium. Um dieses

---

[1] McLennan, J. C., u. D. S. Ainslie: Proc. roy. Soc. London **103**, 304 (1923).

sicher rein zu erhalten, wendet man das Aluminium im Überschuß an, damit es sämtlichen Sauerstoff bindet. Ist dies nicht der Fall, so kann sich H_2O bilden, da bei der Reaktion auch der im Aluminium gelöste Wasserstoff frei wird. Wenn die Pille einmal gezündet ist, geht der Vorgang ohne zusätzliche Erhitzung von selbst weiter. Das Barium verdampft und kann auf einer in der Nähe befindlichen Metallfläche oder auf der Glaswand kondensiert werden, die dann zur Kathode der Photozelle gemacht wird. Dieses Verfahren hat den Vorteil, daß man alle Metallteile in der Zelle gut entgasen kann, bevor die Reaktion einsetzt. Gegenüber dem Azidverfahren hat es den Vorteil, daß es weniger gefährlich ist und die Ausgangssubstanzen handelsüblich sind. Es ist zu beachten, daß man die Erhitzung bis zum Beginn der Reaktion nicht zu schnell vornimmt, damit sämtliche schädlichen Gase bei deren Einsetzen entfernt sind, die unter Umständen die Kontrolle über den Herstellungsprozeß unmöglich machen.

e) **Elektrolytisches Verfahren.** Dieses Verfahren wurde erstmalig von E. Warburg[1] angegeben, um in Gasentladungsröhren die letzten Spuren von Sauerstoff durch Natrium zu binden. Er tauchte seine etwas verunreinigten Gasentladungsröhren in Natriumamalgam, das er auf 300° C erhitzte, und legte zwischen das außen befindliche Amalgam und die Elektroden in der Röhre etwa 1000 Volt. Dann schied sich schon nach kurzer Zeit im Innern der Entladungsröhre metallisches Natrium ab. Das Verfahren wurde von Pirani und Lax[2] verbessert, indem sie eine Glühlampe benutzten und diese in flüssiges Natriumnitrat von ca. 450° tauchten. Der Glühdraht in der Lampe wurde nun so hoch erhitzt, daß beim Anlegen einer Spannung von 200 V zwischen dem als Kathode dienenden Glühdraht und dem Natriumnitratbad ein Strom von 10 bis 30 mA überging. Das Natrium wurde also durch Elektrolyse aus dem Glas ausgeschieden und durch Natrium aus dem Nitrat wieder ersetzt.

Die Glaselektrolyse ist nur dann durchzuführen, wenn Gläser benutzt werden, welche die Alkalimetalle als Glasbildner enthalten. Glasbildner, die das Alkalimetall reduziert und bei der

---

[1] Warburg, E., u. F. Tegetmeier: Wied. Ann. **35**, 455 (1888).
[2] Pirani, M., u. E. Lax: Z. techn. Physik **3**, 232 (1922).

Elektrolyse ausscheidet, wie z. B. Blei, müssen vermieden werden. Ferner ist dafür zu sorgen — entweder durch Gasfüllung (Edelgase) oder durch eine Glühkathode — daß der Stromkreis geschlossen ist. In Abb. 53 ist eine Anordnung zur Glaselektrolyse[1] angegeben.

Die Gläser werden durch die Elektrolyse mehr oder weniger angegriffen und neigen zum Sprödewerden und Springen. Benutzt man bei einem Thüringer Glas (Natronglas) KNO_3 oder $LiNO_3$ als Schmelze, so werden zunächst die Na-Ionen durch K- oder Li-Ionen ersetzt und schließlich gelangt auch K bzw. Li in die Zelle. Allerdings tritt meist vorher ein Zerspringen der Zellen ein. Da die Kieselsäure von den Alkalien bei höherer Temperatur angegriffen wird, ist es vorteilhaft, in der Hauptsache Borsäure in Verbindung mit den übrigen Glasbildnern, also Borosilikatgläser, zu benutzen.

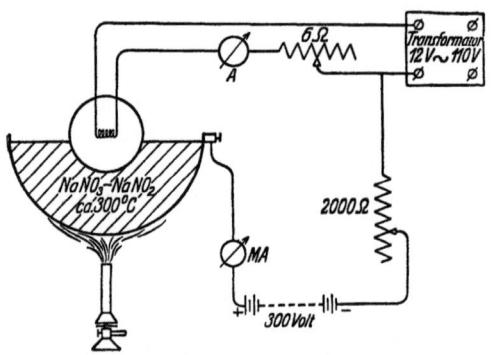

Abb. 53. Schematische Darstellung der Glaselektrolyse (nach Marton u. Rosáts).

f) Kathodenträgermetalle. Die lichtempfindlichen Metalle werden meist auf eine metallische Unterlage aufgebracht, da die aktiven Schichten oft außerordentlich dünn sind und demzufolge ihr Widerstand zu hoch sein würde. Auf die Herstellung der Trägerschichten muß besondere Sorgfalt verwendet werden. Desgleichen sollen die Metalle zur Herstellung der Anoden und Steuerelektroden nachträglich möglichst wenig Gas abgeben[2]. Aus diesem Grunde eignen sich die hochschmelzenden Metalle (Wolfram, Tantal, Molybdän, Nickel, Platin) am besten. Wählt man die Konstruktion derart, daß eine direkte elektrische Erhitzung,

---

[1] Marton, L., u. E. Rosáts: Z. techn. Physik 10, 52 (1929). Nach diesem Verfahren hergestellte Photozellen werden von der Vereinigten Glühlampen-Ges. in Ujpest geliefert.

[2] Vakuumgeschmolzene Metalle sind von W. C. Heraeus, Hanau, zu beziehen.

Darstellung reiner Metalle; Trägermetalle; Metallspiegel. 75

eine Erhitzung durch Elektronenbombardement oder durch Hochfrequenzwirbelströme möglich ist, so sind keine Schwierigkeiten zu erwarten.

g) **Metallspiegel als Elektroden.** Es ist außerordentlich günstig, die Zellenwand als Träger für eine der Elektroden zu benutzen. Zu diesem Zweck erhält die Zellenwandung an einer Stelle eine Einschmelzung meist aus Platindraht, dessen eines Ende eng an die Innenwand angelegt und an einer Stelle nochmals mit der Glaswand verschmolzen wird, damit bei Temperaturänderungen der Kontakt mit der Elektrode erhalten bleibt. Ferner wird die zweite Elektrode in Form eines Drahtringes, eines Drahtnetzes oder eines Bleches auf einem Quetschfuß befestigt, der frei innerhalb der Zelle angeordnet ist und infolgedessen eine gute Isolierung von der ersten Elektrode ermöglicht. Soll die Glaswand Träger für die Kathode werden, so kann man nach dem ältesten Vorschlag von Elster und Geitel[1] das Alkalimetall in so großer Menge eindestillieren, daß die auf der Wand kondensierte Schicht dick genug ist und keinen hohen Widerstand darstellt. Dann ist eine besondere Trägerschicht auf der Glaswand nicht nötig.

Da man jedoch neuerdings nur außerordentlich dünne Schichten der lichtempfindlichen Substanz wünscht, muß als Träger einer solchen Schicht ein besonderer Metallspiegel auf der Glaswand niedergeschlagen werden. Man stellt diesen Spiegel meist aus Silber her, z. B. durch chemische Abscheidung aus wässeriger Lösung nach folgendem Verfahren: Man löst 5 g Silbernitrat in destilliertem Wasser, versetzt mit Ammoniak bis der Niederschlag fast vollständig verschwindet, filtriert und verdünnt auf 500 cm³. Als zweite Lösung nimmt man 1 g Silbernitrat in etwas Wasser gelöst und mit 500 cm³ Wasser von 100° C verdünnt. Hierzu setzt man 0,83 g Seignettesalz, läßt die Lösung kurze Zeit sieden, wobei ein grauer Niederschlag entsteht, und filtriert heiß. Die beiden Lösungen müssen im Dunkeln aufbewahrt werden. Sie werden kurz vor dem Gebrauch zu gleichen Teilen gemischt und hierauf in die gut gereinigte Zelle eingefüllt. Auf der Glaswand scheidet sich, soweit sie von der Lösung bedeckt ist, ein spiegelnder Silberniederschlag ab. Die Trägerschicht enthält große Mengen

---
[1] Goos u. Koch: Z. Instrumentenk. 41, 313 (1921).

von Wasserstoff und Wasser, so daß vor dem Ansetzen an die Pumpgabel ein Evakuieren und Ausheizen auf 150° C die Pumpzeit verkürzt.

Besser ist es jedoch, die Trägerschicht auf der Glaswand durch Verdampfen im Vakuum herzustellen. Die Kathodenzerstäubung ist weniger geeignet, da hierbei Gasreste in die Schicht eingeschlossen werden. Neben Silber wird häufig Magnesium als Trägermetall benutzt[1]. Es hat den Vorteil, daß es nach der Fertigstellung der Zelle durch Erhitzen von unerwünschten Stellen der Glaswand leicht weggedampft werden kann. Die Trägermetalle sollen so rein wie möglich sein. Insbesondere dürfen sie keine Sauerstoffverbindungen enthalten.

21. **Darstellung reiner Gase[2]; Wasserstoff; Sauerstoff; Stickstoff; Edelgase; Einlaßvorrichtung für Gase.**

In den lichtelektrischen Zellen kommen in der Hauptsache folgende Gase und Dämpfe zur Anwendung: Wasserstoff, Sauerstoff, Schwefelwasserstoff, Schwefeldampf, Selendampf als Sensibilisatoren, ferner Edelgase und evtl. auch Wasserstoff und Stickstoff als Füllgase.

Wasserstoff diffundiert bekanntlich sehr gut durch Palladium hindurch. Für Versuche eignet sich daher am besten ein an der Apparatur angebrachtes Palladiumröhrchen[3]. Es ist an der einen Seite geschlossen und an der anderen mit einem Glasrohr verschmolzen, das sich bequem an die Pumpgabel oder auch an die Zelle selbst anschmelzen läßt. Man erhitzt das Röhrchen in einer Spiritusflamme, damit der in der Flamme freie Wasserstoff ins Innere diffundieren kann. Diese Methode liefert chemisch reinen Wasserstoff in geringer, jedoch meist ausreichender Menge. Werden größere Mengen Wasserstoff benötigt, dann stellt man ihn durch Elektrolyse aus einer 30proz. Natronlauge her (Nickelelektroden), befreit ihn durch Überleiten über erhitztes Kupfer oder Platinasbest von Sauerstoffspuren und friert den Wasserdampf mittels flüssiger Luft aus.

Sauerstoff wird am einfachsten aus Kaliumpermanganat gewonnen. Man verwendet dabei zweckmäßig nicht zu kleine Kri-

---

[1] Zum Beispiel die Zellen der Raytheon Co., National Carbon Co, New York.
[2] Moser, L.: Reindarstellung von Gasen. Stuttgart: F. Enke 1920.
[3] Zu beziehen z. B. von W. C. Heraeus, Hanau.

stalle, die man in ein Glasröhrchen bringt und mit einem Pfropfen aus Glaswolle überdeckt. Dann schmilzt man das Röhrchen an die Vakuumapparatur an. Den beim ersten Erhitzen freiwerdenden Sauerstoff soll man abpumpen, da dieser durch CO_2 verunreinigt ist. Sonst enthält der so gewonnene Sauerstoff keine anderen Verunreinigungen. CO_2 kann durch Ätzkali beseitigt werden. Man läuft jedoch dabei Gefahr, daß das Ätzkali während des Vorbereitens und Anschmelzens Wasser aufnimmt und der Sauerstoff durch eine Spur Feuchtigkeit verunreinigt wird. Eine zweite sehr elegante Methode zur Darstellung reinen Sauerstoffs

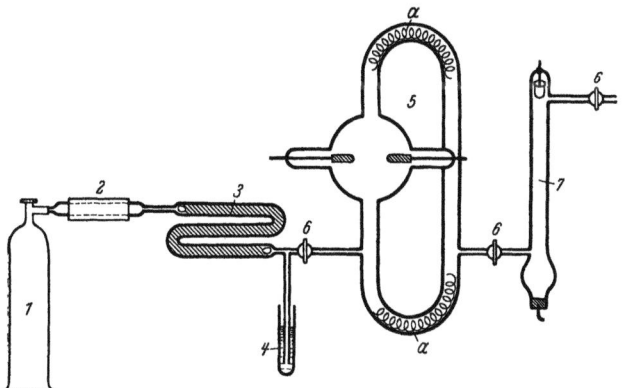

Abb. 54. Gasreinigungsanlage für Edelgase.

ist von P. Selenyi[1] angegeben worden. Er erzeugt den Sauerstoff durch Glaselektrolyse in der Zelle. Hierbei werden allerdings nur ganz geringe Mengen frei, die indessen zur Formierung der Kathode ausreichen. Der Sauerstoff wird anodisch ausgeschieden, d. h. also, man muß die Pole der Spannungsquelle gegenüber der oben beschriebenen elektrolytischen Natriumdarstellung umtauschen.

Die Edelgase sind alle in sehr gut gereinigtem Zustand[2] erhältlich. Dennoch sollte man eine endgültige Reinigung in einer Gehlhoffzelle[3] vornehmen. Technisch reine, Wasserstoff, Sauerstoff und Stickstoff enthaltende Edelgase reinigt man

---

[1] Selenyi, P.: Physik. Z. **30**, 933 (1929).
[2] z. B. von Griesheim-Elektron.
[3] Gehlhoff, G.: Ber. dtsch. phys. Ges. **13**, 271 (1911).

am besten mittels der in Abb. 54 schematisch dargestellten Anordnung. Aus der Gasflasche *1* wird das Edelgas mittels eines Reduzierventils durch ein mit Kupferspänen gefülltes Rohr geleitet, das innerhalb des elektrischen Ofens *2* auf Rotglut gebracht werden kann. Der hierbei entstehende Wasser-

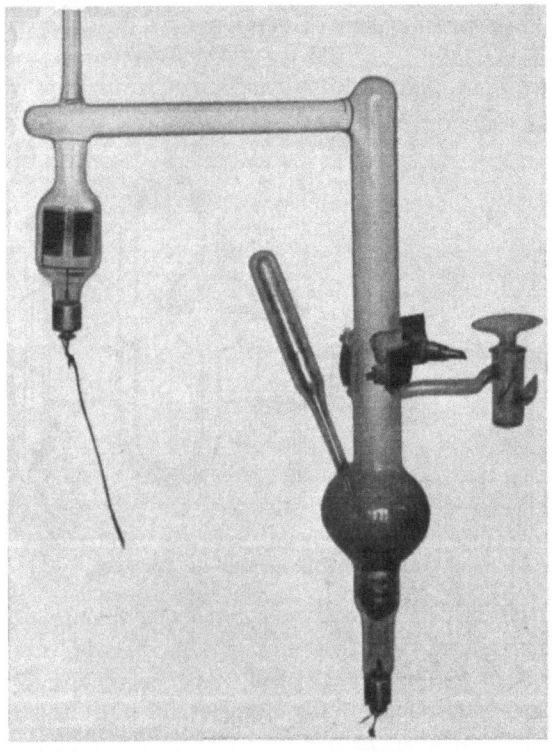

Abb. 55. Gehlhoff-Zelle zur Beseitigung der letzten Restverunreinigung in Edelgasen.

dampf wird in dem Trockengefäß *3* zurückgehalten, das mit Phosphorpentoxyd oder Chlorkalzium gefüllt ist. Ein Quecksilberüberdruckventil *4* verhütet, daß die Apparatur durch zu hohen Druck gefährdet wird oder Unterdruck entsteht und dadurch Luft eindringt. Das auf diese Weise roh gereinigte Edelgas tritt nun durch einen Hahn *6* in die eigentliche Reinigungsapparatur, die bis auf einen Hahn an allen Stellen vakuumdicht verblasen ist und aus einem Kalziumlichtbogen *5* und einer

Gehlhoffzelle 7 besteht. Diese hat eine Kaliumkathode und eine Tantalanode. Zwischen beiden läßt man einen Glimmbogen in dem zu reinigenden Edelgase brennen. Auf diese Weise erhält man ein sehr reines Gas, wenn man die Apparatur vor dem Einfüllen auf das beste evakuiert und ausgeheizt hat. Abb. 55 zeigt die Photographie einer Gehlhoffzelle, die nach dem Vorschlag von F. Schröter einen horizontalen Rohrteil besitzt, um die Reinheit des Gases mit einem Spektroskop prüfen zu können.

Kleine Mengen reinen Stickstoffs entwickelt man am einfachsten aus einem Azid, z. B. aus Natriumazid.

Eine wichtige Rolle beim Füllen der Zellen mit Gasen spielt die Bemessung des Drucks. Die einfachste Einlaßvorrichtung besteht aus zwei Glashähnen, zwischen denen ein bestimmtes Volumen eingeschlossen ist (vgl. Abb. 39). Zur Verkleinerung dieses Volumens kann man ein beiderseitig zugeschmolzenes Glasrohr einschieben. Will man mit strömenden Gasen arbeiten, so eignet sich das von E. Brüche[1] angegebene Druckreduzierventil besonders gut, da es eine stetige Druckverminderung bis auf 1 : 10000 und darunter gestattet. Ferner eignet sich zum Einlassen eine feine Kapillare, das Bauerventil[2], oder auch das Prytzsche Ventil[2]. Man muß nur dafür sorgen, daß durch die Ventile keine Verunreinigungen (Fettdämpfe, Hg-Dampf) in die Zelle gelangen können.

22. Entgasungsverfahren: Gasdruckmessung, Ionisationsmanometer; Glühsender; Getter; elektr. Gasbindung; Ofen; Thermostat.

Bei der Herstellung lichtelektrischer Zellen spielen, wie oben erwähnt, Gasreste, Dämpfe und sonstige Verunreinigungen eine ausschlaggebende Rolle. Da für die Größe der Austrittsarbeit eine atomare Oberflächenschicht maßgebend ist, genügen schon die geringsten Spuren unbekannter Verunreinigungen, um ein falsches Resultat vorzutäuschen. Durch Einwirkung der geringsten Mengen Sauerstoff kann sich eine atomare Alkalioxydhaut bilden. Durch Ionenbombardement oder Destillation kann sich wiederum auf dieser eine dünne Schicht von Alkalimetallatomen nieder-

---

[1] Brüche, E.: Z. techn. Physik 8, 12 (1927).
[2] Vgl. Angerer: Handbuch der Exp. Physik 1, 387.

schlagen, die eine Selektivität erzeugen kann, wie auf S. 27 ausgeführt ist.

Aus diesem Grunde muß den Entgasungsverfahren äußerste Aufmerksamkeit zugewendet werden. Gemäß Ziffer 19 verwendet man bei besonders genauen Untersuchungen und bei der Serienfabrikation Zellen aus hochisolierenden Gläsern, die nur schwache „Wasserhaut"-Bildung zeigen (vgl. S. 61) und sich im Ofen relativ hoch erhitzen lassen. Während des Erhitzens und Evakuierens ist es zweckmäßig, die Entladungen eines Induktoriums durch die Zelle zu schicken und die Zellenwand durch Abtasten der Glasoberfläche mit der einen Elektrode, während die andere geerdet ist, von den letzten adhärierten Gasschichten zu befreien. Alle Metallteile müssen entweder direkt mit elektrischem Strom oder indirekt mit Hochfrequenz oder Elektronenbombardement ausgeglüht werden, da sie sonst ein Restgasreservoir darstellen, welches dauernd Gase nachliefern würde. Das Glühen soll anfangs kurzzeitig in Abständen von mehreren Minuten erfolgen, damit einerseits der Druckanstieg nicht zu hoch, andererseits die Glasteile in der Nähe nicht zu heiß werden. Man erreicht hierdurch eine schnellere Entgasung und kann die Metallteile höher erwärmen als es bei ununterbrochenem Glühen möglich wäre. Während des Pumpprozesses ist das Vakuum öfter zu kontrollieren; am Ende soll es kleiner als 10^{-7} mm sein (Klopfvakuum).

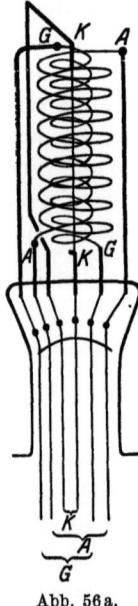

Abb. 56a. Ionisationsmanometer (nach Simon).

Zur Druckmessung verwendet man das McLeodsche Manometer[1], das Gasdrucke bis 10^{-7} mm Hg zu messen gestattet, jedoch Hg-Dampf und andere kompressible Dämpfe nicht mißt. Da es selbst Quecksilber enthält, muß es so angebracht sein, daß zwischen Manometer und Zelle eine Ausfriertasche liegt. Außerordentlich geeignet ist das von H. Rukop u. J. Haußer-Ganswind und gleichzeitig von O. E. Buckley angegebene Ionisationsmanometer[2], das in Abb. 56a dargestellt ist.

---

[1] Zum Beispiel A. Goetz: Phys. u. Techn. d. Hochvakuums, S. 140ff. Braunschweig 1926.

[2] Simon, H.: Z. techn. Physik 5, 221 (1924).

Entgasungsverfahren: Gasdruckmessung; Ionisationsmanometer. 81

Es hat drei Elektroden wie eine normale Verstärkerröhre. Die nebenstehend angegebene Konstruktion besitzt einen gestreckten Glühdraht K, der von zwei Wendeln G und A konzentrisch umgeben ist. Jede Wendel hat zwei Zuführungen, damit vor jeder Meßreihe ein leichtes Ausglühen erfolgen kann. Das Material für alle Elektroden ist Wolframdraht. Die Haltestreben bestehen aus Nickel. Es sind zwei Schaltungen der Elektroden möglich, die Abb. 56b zeigt. Für die einzelnen Gase muß man die Konstanten des Ionisationsmanometers bestimmen. Die Art des Gases kann

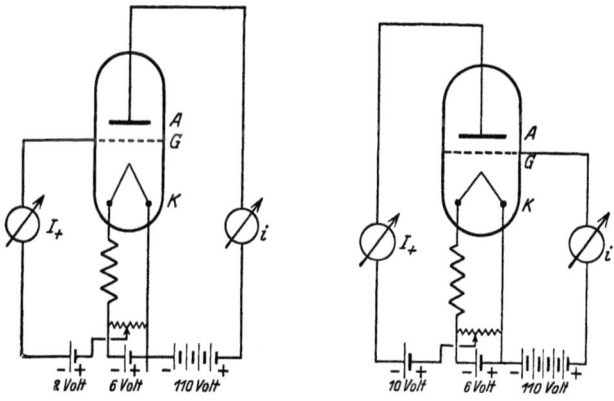

Abb. 56b. Die beiden Schaltschemen für das Ionisationsmanometer I_+ Ionenstrom, i Elektronenstrom, $I_+ : i \sim$ Vakuumfaktor.

man annähernd durch Veränderung des positiven Potentials ermitteln.

Zum Entgasen der Metallteile, zur Erhitzung der Zersetzungsstoffe, die zur Erzeugung der aktiven Substanzen dienen, oder zum Abdampfen aktiver Schichten von Metallteilen usw. wird am besten ein Glühsender[1] benutzt. Man kommt bei der Photozellenherstellung mit Hochfrequenzleistungen von 200 bis 500 Watt aus, entsprechend der Leistung von ein bis zwei Telefunkenröhren RS 18. Die erzeugte Hochfrequenzschwingungsenergie läßt man auf einen abgestimmten Arbeitskreis wirken, dessen Spule so gestaltet ist, daß man sie bequem über die Zelle, deren Metallteile entgast werden sollen, zu führen vermag. Die Wellenlänge wählt man zwischen 1000 und 500 m. Der Sender

---

[1] Simon, H.: Handb. Exp.-Physik 13/2, 339.

kann immer so gebaut werden, daß in benachbarten Radioempfängern keine Störungen eintreten. Beim Glühen muß man darauf achten, daß die Gasabgabe nicht zu stark wird und die Gase im Hochfrequenzfelde zum Aufleuchten kommen. Hierdurch ist die Ausheizgeschwindigkeit bestimmt, da man den Sender ausschalten oder die Glühspule entfernen muß, sobald die leuchtende Entladung einsetzt. Man glüht nur kurzzeitig, damit das Metall „atmen" kann, also immer abwechselnd Glühen, Erkalten, Glühen usw.

Mittels Hochfrequenz wird man auch die Verdampfung der Getter, die zur Bindung der letzten Gasreste dienen, und die Bildung der Metallspiegel, die als Elektroden dienen sollen, vornehmen. Die Anwendung von Gettermetallen muß mit großer Vorsicht geschehen, da man leicht durch Gasabgabe oder Überdeckung die lichtempfindliche Schicht unwirksam machen kann. Die am meisten benutzten Getter sind Magnesium und Barium. Ebenso geeignet und für die Herstellung von Photozellen besonders günstig ist Aluminium. Wird das Gettermetall gleichzeitig als Träger für die lichtempfindliche Schicht benutzt, so ergeben sich keinerlei Schwierigkeiten. Die wichtigste Eigenschaft der Getter beruht im Bedecken des größten Teils der Glaswand mit einem Metallüberzug, wodurch der Austritt von Wasserdampf usw. aus der Glaswand in die Zelle vermieden wird. Die Getterwirkung hat jedes im Hochvakuum verdampfte Metall, wenn es selbst weitgehend von Gasen befreit ist. Bringt man die Getter nicht in der Zelle Z selbst, sondern gemäß Abb. 57, in einem gesonderten Raum G an, der nur durch eine enge Öffnung mit der Zelle Z verbunden ist, so ist es notwendig, in diesem Raum eine Glühkathode K_1 anzuordnen, da eine wirksame Gasbindung nur eintritt, wenn die Gase ionisiert werden. Man läßt also zwischen Glühkathode K_1 und Glaswand einen Elektronenstrom übergehen. Die Glühkathode benutzt man gleichzeitig zur Verdampfung des Getters. Als elektrische Zuführung des entstehenden Metallspiegels dient die Durchschmelzung A_1. Zwischen K_1 und A_1 wird eine Spannung von 100 bis 200 Volt

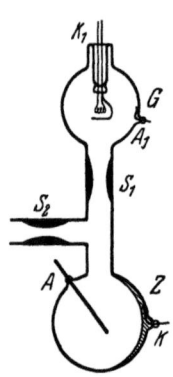

Abb. 57. Getteranbringung in einem von der Photozelle abschmelzbaren Raum.

angelegt. Man kann auf diese Weise eine sehr sichere Gasbindung auch nach dem Trennen von der Pumpapparatur erzielen. Bei s_1 und s_2 sind Abschmelzstellen vorgesehen.

Verdampft man die Getter durch Wirbelstromerhitzung, so läßt sich die elektrische Gasbindung nur mit verhältnismäßig hohen Spannungen erreichen. Man läuft dann Gefahr, daß an nicht erwünschten Stellen der Glaswand die Wasserhaut zerstört und Wasserdampf und andere schädliche Gase freigemacht werden.

Zum Erhitzen der Zellen benutzt man einen Ofen. Der elektrische Ofen hat gegenüber dem Gasofen den Vorteil, daß an allen Stellen eine gleichmäßigere Temperatur herrscht, dagegen den Nachteil, daß die Anheizzeit wesentlich länger dauert, wenn man die Heizelemente nicht einer zu starken Verbrennungsgefahr aussetzen will. Es ist bei allen Öfen darauf zu achten, daß die Temperatur in der Nähe der Zelle gemessen wird und möglichst gleichmäßig ist, damit man alle Glasteile bis nahe an den Erweichungspunkt erhitzen kann. Ferner muß man eine direkte Anstrahlung der Zelle durch die Heizelemente vermeiden, damit keine lokalen Überhitzungen eintreten. Die Zersetzung der Azide soll in einem Ofen mit automatischem Temperaturregler (Thermostaten) erfolgen, damit keine Verpuffung des Azids eintritt.

Das beste Vakuum erreicht man, wenn man nach dem Evakuieren die ganze Zelle in flüssige Luft taucht.

23. Konstruktion und Herstellung verschiedener Zellentypen.

Die in dieser Ziffer beschriebenen Photozellen bestehen sämtlich aus einem hochevakuierten Glasgefäß, in dessen Innerem zwei oder mehr Elektroden angeordnet sind, wobei als Träger für die eine Elektrode mit Vorteil die Innenwand des Glasgefäßes benutzt wird. Der Teil der Glaswand, durch den das Licht eintritt, soll eine nicht zu starke Krümmung besitzen, schlierenfrei und möglichst durchsichtig sein.

Man unterscheidet vier Arten von Photozellen:
a) Zellen mit zentraler Anode.
b) Zellen mit zentraler Kathode.
c) Zellen mit planparalleler Anordnung.
d) Zellen mit zwei gleichwertigen Elektroden.

Bei der Konstruktion aller Zellen ist darauf zu achten, daß die Isolation zwischen den Elektroden außerordentlich gut ist.

a) Zellen mit zentraler Anode. Bei dieser Art bildet meistens die ganze Innenwand der Zelle, bis auf ein Fenster o für den Lichteintritt, die Kathode k, wie dies Abb. 58 zeigt. Die Anode besteht aus einem geraden bzw. ringförmig gebogenen Draht oder aus einem Drahtnetz a. Die notwendige Isolation wird dadurch erreicht, daß man die Anodenzuführung durch einen langen Ansatzstutzen a_1 einführt, der sich leicht von Metallniederschlägen frei halten läßt. Die Zelle gleicht nahezu einem **schwarzen Körper**, und alles einfallende Licht wird der Kathode zugeführt. Zur Verhinderung von Kriechströmen legt man um den Anodenstutzen einen festanhaftenden ringförmigen Metallbelag, der an Erde gelegt werden kann, und überzieht zur Verhinderung der die Isolation beeinträchtigenden Wasserhautbildung an der Außenfläche des Glases einen Teil des Anodenstutzens mit Schellack. Die Zellen haben entweder Kugelform oder Zylinderform. Abb. 59 gibt verschieden ausgeführte Formen technischer Zellen wieder. Abb. 59a stellt die Einzelteile einer Cäsiumzelle der General Electric Co., Schenectady, dar[1]. Rechts neben der Zelle ist ein Anodenfuß abgebildet. Dieser trägt in der Nähe der Quetschung einen Metallbecher, in welchem das Cäsium aus Cäsiumchlorid entwickelt wird (vgl. S. 71). Abb. 59f zeigt eine ebenfalls in Amerika[2] hergestellte Form. Die Anode ist ein Nickelring, der ein Magnesiumband trägt. Durch Hochfrequenzwirbelstromerhitzung wird das

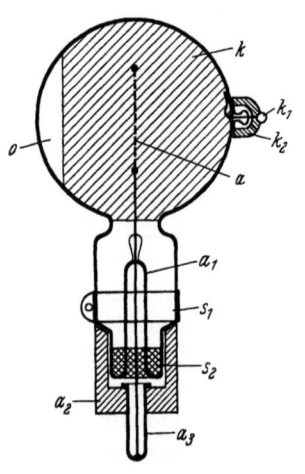

Abb. 58. Schematische Darstellung einer Zelle mit zentraler Anode. a Anode, a_1 Anodenfuß, k Kathode, k_1 Kathodendurchführung, k_2 Kathodensockel, a_2 Anodensockel, a_3 Anodenanschlußstecker, o Fenster für Lichteintritt, s_1 Schutz- und Erdungsring und s_2 Schellackschicht.

---

[1] Diese Abbildungen wurden uns freundlicherweise von der General Electric Co. zur Verfügung gestellt.
[2] Zworykin u. Wilson: I. O. S. A. u. R. S. J. **19**, 81 (1929), Westinghouse und Raytheon stellen derartige Zellen her.

Abb. 59 a bis c. Photozellen der General Electric Co. mit zentraler Anode.

Mg verdampft, das sich dann auf der Glaswand niederschlägt. Abb. 59d und e sind nach dem elektrolytischen Verfahren an-

Abb. 59 d bis f. Technische Formen von Photozellen mit zentraler Anode.

gefertigte Zellen der Tungsram-Gesellschaft Ujpest (vgl. S. 74). Abb. 60 zeigt die typische Form der Stromspannungcharakteristik dieser Zellen, und zwar a für den Hochvakuumtyp, b für den gasgefüllten Typ.

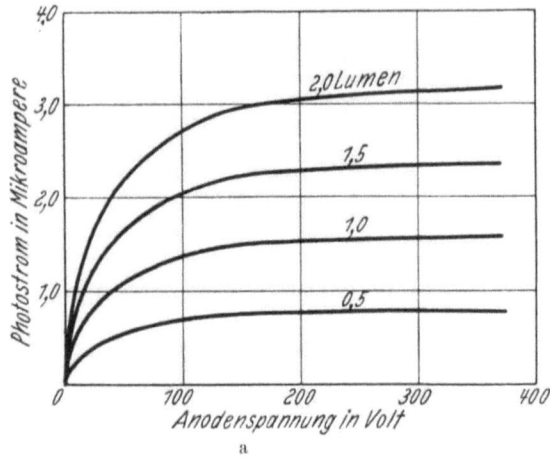

Eine zweite Form der Art a) mit zylindrischem Glaskolben ist in Abb. 61 wiedergegeben[1]. Die Silberschicht ist durch Verdampfen eines Silbertröpfchens hergestellt, das mittels einer Wolframwendel erhitzt wird. Wenn man die Verdampfung im besten Hochvakuum vornimmt, so kann man durch die Schattenwirkung eines kleinen

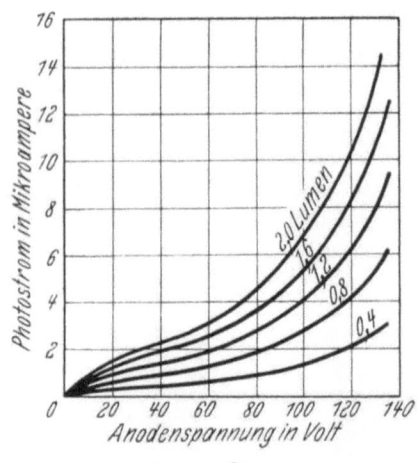

von Zellen mit zentraler Anode.
a Hochvakuumtyp, b Gastyp.

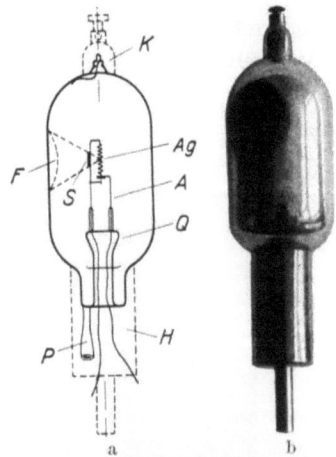

Zylinderzelle der AEG Typ PZ 3.
A Anode, Ag Silberperle, Q Quetschfuß, F Fenster, K Kathode mit Kappe, H Anodensockel.

Schirmes auf der Glaswand ein Fenster erhalten, durch das später die Lichtstrahlen eintreten. Wir haben auch bei dieser Form zentrale

---

[1] Simon, H., u. W. Kluge: AEG-Mitteilungen **1931**, 190.

Konstruktion und Herstellung verschiedener Zellentypen.

Anodenanordnung. In Abb. 62 ist die Stromspannungskennlinie für den gasgefüllten und den Hochvakuumtyp[1] angegeben.

Je nach Anordnung und Konstruktion der Anode ist die Sättigungsspannung in den Hochvakuumzellen dieser Art verschieden hoch. Um sie niedrig zu halten, gibt man der Anode eine ähnliche Gestalt wie der Kathode, also Kugelform bei Kugelzelle, Zylinderform bei Zylinderzelle. Man kommt dann allerdings schon der Zellenart c) (vgl. S. 83) sehr nahe.

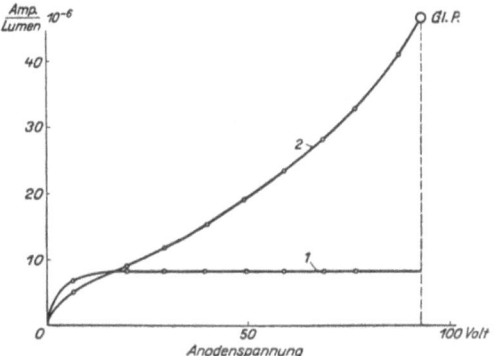

Abb. 62. Kennlinien der AEG-Zelle PZ 3, *1* Hochvakuumzelle und *2* Gaszelle.

Die Fernseh-Zelle der Western Electric hat außerordentlich große Dimensionen; sie ist 50 cm lang und mißt 10 cm im Durchmesser. Die Anode ist als Drahtwendel auf ein zur rohrförmigen Zellenwand zentrales Glasrohr aufgewickelt. Hierdurch werden Bewegungen der Anode gegen die Kathode und damit mikrophonische Geräusche verhindert. Ähnliche Zellen sind in Abb. 63 wiedergegeben.

Abb. 63. Fernsehzellen der AEG. Durchmesser 6 cm, Länge 18 cm.

---
[1] Simon, H., u. W. Kluge: AEG-Mitteilungen **1931**, 190.

88   Herstellung von Photozellen.

Eine besondere Form der Zellen mit zentraler Anode ist die ringförmige Photozelle[1], die in Abb. 64 schematisch dargestellt ist. Diese Zelle wird bei der Reflexionsabtastung benutzt, vgl. Ziffer 50. Ihre Herstellung erfordert geschickte Glasbläser. Zunächst wird ein linsenförmiger Glaskörper angefertigt und die Drahtringanode eingeschmolzen. Dann erfolgt eine Erwärmung der mittleren Zellenteile von beiden Seiten mit sehr spitzen Flammen bis die

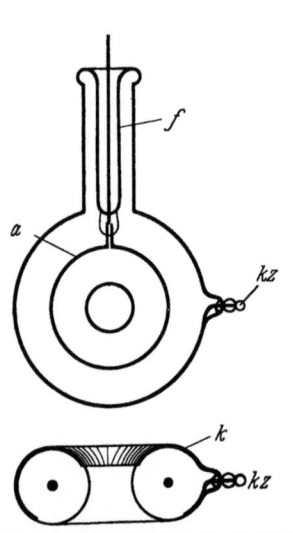

Abb. 64. Telefunkenringzelle für Bildabtastung nach der Reflexionsmethode (nach O. Schriever).
a Anode, f Anodenfuß, k Kathode, kz Kathodenzuführung.

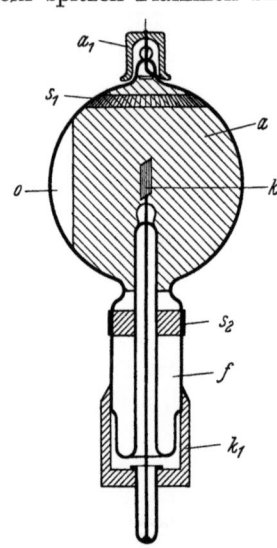

Abb. 65. Zelle mit zentraler Kathode.
a Anode, a_1 Anodenfuß mit Kappe, k Kathode, k_1 Kathodensockel, f Fuß, o Fenster, s_1 und s_2 Schutzringe gegen Kriechströme bzw. schlechte Isolation.

Mitten zusammenschmelzen. Schließlich wird der innere Glasteil abgezogen, wodurch die mittlere Öffnung entsteht.

b) Zellen mit zentraler Kathode. Die Art b) findet in der Technik wenig Anwendung, obwohl sie den Vorteil haben, daß die Sättigung schon bei sehr niedrigen Spannungen erreicht wird. Abb. 65 läßt die prinzipielle Konstruktion erkennen. Als Anode dient der Metallspiegel a auf der Glaswand, als Kathode ein Metallblech k, auf dem sich die lichtempfindliche Substanz befindet. Abb. 66 zeigt eine spezielle Form für Tonfilmabtastung. Die Kathode ist ein dünner Draht, auf welchen der Tonstreifen des

---

[1] Schriever, O.: Telefunken-Zeitung **1926**, H. 44, S. 35.

Konstruktion und Herstellung verschiedener Zellentypen. 89

Tonfilmes abgebildet wird. Die Dicke des Drahtes und Abbildung des Filmes wird so gewählt, daß der Draht gleichzeitig den sonst

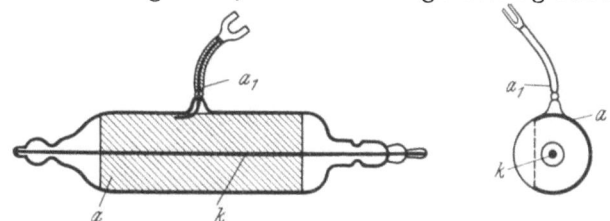

Abb. 66. Tonfilmabtastzelle. *a* Anode, *k* Kathode.

notwendigen Spalt ersetzt. Auch bei dieser Form erhält die Kathode, wenn man der Anode eine gut spiegelnde Oberfläche gibt,

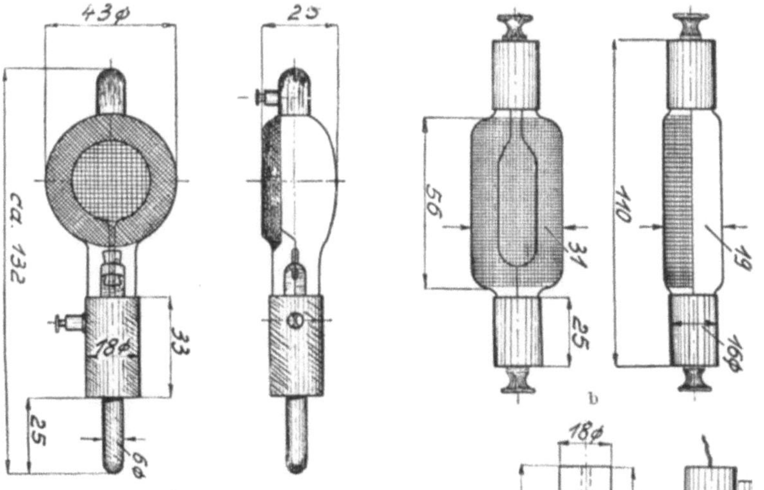

Abb. 67. Zellen mit paralleler Elektrodenanordnung (nach Preßler).
a Typ Form M 122, b Typ Form T 125, c Typ Form D 150.

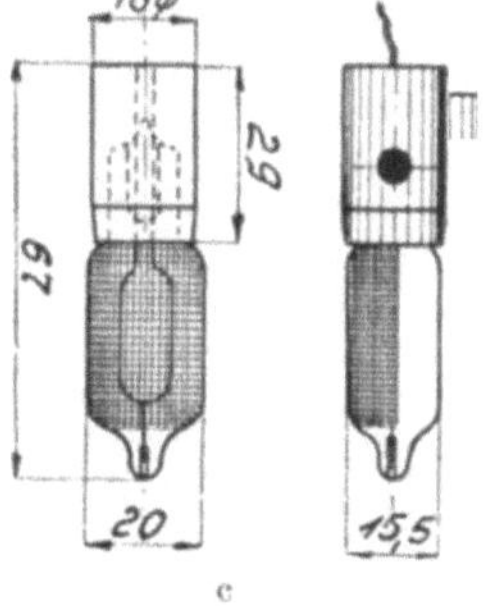

relativ viel Licht. Dennoch ist die Ausnutzung des Lichtes nicht so gut wie bei den Zellen des a-Typs. Die Enden der Zelle sind unverspiegelt. Um eine gute Isolation zu erhalten, ist es notwendig, die in diesen Teilen niedergeschlagenen Dämpfe durch Erhitzen zu entfernen. Die Herstellung derartiger Zellen macht ziemlich große

90　Herstellung von Photozellen.

Schwierigkeiten, da es sich kaum vermeiden läßt, daß die Anode durch den Herstellungsprozeß an ihrem Reflexionsvermögen einbüßt.

c) **Zellen mit planparalleler Elektrodenanordnung.** Die planparallele Anordnung der Elektroden hat zur Folge, daß die Zelle eine linsenförmige oder flachrunde Gestalt annimmt[1].

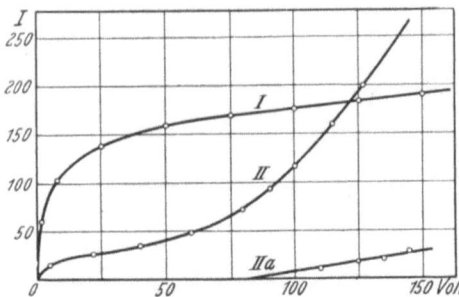

Abb. 68. Stromspannungskennlinie einer „Cäsopress"-Vakuumzelle *I* und einer „Cäsopress"-Gaszelle *II*. *IIa* stellt den Dunkel-(Glimm-)Strom der Gaszelle dar.

Die Anode ist meistens ein Platin- oder Nickeldrahtnetz, das auf einen stärkeren Drahtring aufgeschweißt ist. Abb. 67 zeigt einige technisch ausgeführte Formen[2]. Ein einfacher Drahtring als Anode hat den Nachteil,

Abb. 69. AEG-Photozellen Typ PZ 5 und PZ 6 (½ nat. Größe).

---

[1] Preßler-Photozelle Typ: Form M 122, AEG-Photozelle, Typ PZ 1.
[2] Abb. 67 und 68 wurden uns freundlicherweise von der Firma Otto Preßler zur Verfügung gestellt.

daß die Wandladungen durch die Anode zu stark hindurchgreifen. Hierdurch können beim Messen des Photostroms Fehlresultate auftreten, wenn die Anodenspannung nicht sehr hoch gewählt wird. Bei netzförmiger Anode und Gasfüllung macht sich die Wandladung nicht so stark bemerkbar. Hochvakuumzellen sollte man nicht mit einfacher Drahtanode ausführen. Die Kurven in Abb. 68 sind die Kennlinien einer „Cäsopress"-Zelle vom Typ T 125. Der Strom ist in 10^{-10} Amp pro Lux angegeben. Abb. 69 zeigt zwei Zellen, die 35 bzw. 60 cm² Oberfläche[1] besitzen. Diese Zellen eignen sich wegen der Größe ihrer Kathodenfläche besonders zur Messung von diffusem Licht, da man dann auf jede Optik verzichten kann. Bei einer Belichtung mit einer 500-Wattlampe in 30 cm Entfernung liefern sie Photoströme von einigen Milliampere, ohne daß die Photozelle durch die Wärmestrahlen zerstört wird.

An Stelle des als Kathode dienenden Metallspiegels auf der Glaswand wird bei Untersuchung

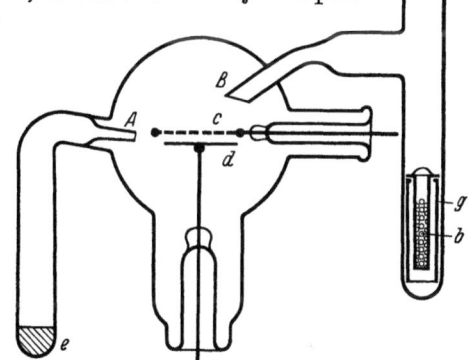

Abb. 70. Versuchszelle für Laboratoriumszwecke.

der lichtelektrischen Eigenschaften verschieden behandelter Oberflächen vorteilhaft ein festes Metallblech d benutzt, wie Abb. 70 zeigt. Dieses läßt sich durch Hochfrequenz sehr leicht entgasen und von Oberflächenschichten befreien. Durch das Rohr A können Sensibilisatoren (z. B. Schwefel oder Salze)[2] auf dem Kathodenträger niedergeschlagen werden, während durch B das Eindestillieren des aktiven Materials erfolgt. Metalle mit hohem Dampfdruck bilden schon bei Zimmertemperatur genügend dicke Schichten auf dem Trägermetall.

d) Zellen mit zwei gleichwertigen Elektroden. Im Wechselstromkreis benutzt man vorteilhaft Zellen, bei denen beide Elek-

---

[1] Simon, H., u. W. Kluge: AEG-Mitteilungen **1931**, 190.
[2] de Boer, J. H., u. M. C. Teves: Z. Physik **65**, 489 (1930).

troden gleich groß und in gleicher Weise mit der lichtempfindlichen Substanz bedeckt sind und gleich intensiv belichtet werden. Eine derartige Photozelle hat die Eigenschaft eines mit der Belichtung veränderlichen Wechselstromwiderstandes, während die bis jetzt geschilderten Zellen einen Gleichrichtereffekt beim Anlegen einer Wechselspannung zeigen. Abb. 71 stellt im Schema die einfachste Anordnung dieser Zellentype dar[1]. Zwei Metallplatten E_1 und E_2 als Träger für die lichtempfindliche Substanz stehen sich unter einem Winkel gegenüber. Das Licht fällt gleichmäßig auf beide Platten. Mit zunehmender Belichtung wird der Widerstand der Zelle kleiner.

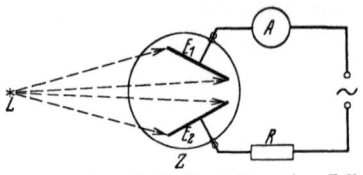

Abb. 71. Schematische Darstellung einer Zelle mit zwei gleichwertigen Elektroden (nach Hull).

Zusammenfassend sei der Herstellungsgang einer durch Wasserstoffglimmentladung sensibilisierten Kaliumzelle mit zentraler Anode beschrieben. Man verwendet hierzu eine Glaskugel gemäß Abb. 58. Das Glasgefäß wird, nachdem der Silberspiegel chemisch niedergeschlagen ist, mit destilliertem Wasser ausgespült und getrocknet. Hierauf wird die Zelle an die Hochvakuumapparatur gemäß Abb. 39 angesetzt. Es ist darauf zu achten, daß das Gefäß mit dem gereinigten Kalium sich außerhalb des Ofens befindet. Die Zelle wird ausgeheizt und evakuiert. Wenn der Druck kleiner als 10^{-7} mm Hg ist, wird das Kalium langsam erwärmt und eine bestimmte Menge in die Zelle eindestilliert. Hierauf läßt man 1 bis 2 mm Wasserstoff ein und schickt zur Hydrierung einige Sekunden eine Glimmentladung durch die Zelle. Man beobachtet dann eine Verfärbung der Kaliumschicht vom Blaßblau zu Violett. Während der Verfärbung verändert sich gleichzeitig die Empfindlichkeit. Deshalb kontrolliert man laufend. Hat man die gewünschte Schichtempfindlichkeit erreicht, so evakuiert man wiederum und schmilzt schließlich die Zelle an der Abschmelzstelle (Verdickung und Einschnürung) des Pumpröhrchens ab.

24. Verstärkung durch Gasfüllung.

Während in der Hochvakuumzelle der Strom im Sättigungsgebiet unabhängig von der angelegten Spannung ist (vgl. z. B.

---

[1] Hull, A. W.: Gen. El. Rev. **32**, 213 u. 390 (1929).

Abb. 62, Kurve *1*), nimmt er in gasgefüllten Zellen mit der Anodenspannung zu. Die Gasfüllung bewirkt, daß bei richtiger Wahl des Gasdruckes und der Anodenspannung eine Verstärkung des Photostroms um eine Zehnerpotenz erreicht werden kann. Die Verstärkung durch Gasfüllung soll im folgenden genauer betrachtet werden.

Die von der Kathode primär durch das einfallende Licht abgelösten Elektronen treffen auf die Gasteilchen und ionisieren diese, sobald die Energie des stoßenden Elektrons groß genug ist. Zur Ionisation ist nun eine bestimmte kinetische Energie notwendig, die in Volt (Voltgeschwindigkeit) ausgedrückt und als **Ionisationspotential** φ bezeichnet wird. Dieses hat für jedes Gas einen bestimmten Wert. Wir wollen den durch das Licht ausgelösten Elektronenstrom als **Primärstrom** i und den an der Anode gemessenen, infolge Ionisation verstärkten Strom als **Sekundärstrom** oder **Gesamtstrom** I bezeichnen. Dann stellt $\frac{I}{i}$ den **Verstärkungsfaktor** dar.

a) Füllgase. Es ist notwendig, daß das Füllgas keine chemische Bindung mit dem Kathodenmaterial eingeht. Infolgedessen kommen nur die Edelgase: Helium (Ionisationspotential 25,6 Volt), Neon (21,5), Argon (15,1), Krypton (13,3) und Xenon (11,5) in Frage. Unter bestimmten Bedingungen kann man jedoch auch Wasserstoff (13,3) verwenden. Man muß dann aber damit rechnen, daß die Zellen bei längerer Benutzung hart werden, da der Wasserstoff Verbindungen eingeht bzw. stark absorbiert wird. Für Stickstoff (16,9) trifft dies in noch stärkerem Maße zu, so daß er nicht als Füllgas geeignet ist. Sauerstoff (15,5) wird nur als Sensibilisator zur Erzeugung dünner Zwischenschichten benutzt.

Ein Elektron kann nur dann ionisieren, wenn seine kinetische Energie gleich oder größer ist als das Ionisierungspotential des verwendeten Gases. Das bedeutet, daß die Spannungsdifferenz E zwischen Kathode und Anode gleich oder größer als φ sein muß. Ist $E = n \cdot \varphi$, so hat ein primär ausgelöstes Elektron n mal die Möglichkeit zu ionisieren. Ob dieses nun tatsächlich eintritt, hängt von der Wahl des Gasdrucks ab. Nehmen wir zunächst an, es sei der Fall. Dann wird ein primär ausgelöster Elektronenstrom i_0, sobald jedes der Elektronen infolge der angelegten Spannung eine Geschwindigkeit von φ Volt erreicht hat, also seine kinetische

Energie zur Ionisation eines Gasatoms oder Gasmoleküls ausreicht, i_0 weitere Elektronen erzeugen, so daß der Strom auf $2\,i_0$ anwächst. Dieser Vorgang wiederholt sich jetzt für $2\cdot i_0$, so daß nach dem zweiten Ionisierungsvorgang $4\,i_0$ Elektronen vorhanden sind, usw.; d. h. also, daß nach n-maligem Ionisieren der Strom i auf $i_0\cdot 2^n$ angewachsen ist. Da jedoch gleichzeitig eine Wiedervereinigung von Elektronen und Ionen stattfindet, so wächst die Verstärkung nicht mit 2^n, sondern entsprechend langsamer. Der Stromanteil der positiven Ionen kann vernachlässigt werden, da er sich zum Elektronenstrom verhält wie die Beweglichkeit des Gasions zum Elektron, also umgekehrt wie das Wurzelverhältnis der Massen, z. B. bei Argonfüllung $\frac{1}{271}$ oder bei Helium $\frac{1}{86}$.

b) Wahl des optimalen Gasdrucks. Für die Wahl des günstigsten Gasdrucks in der Zelle sind Zellenform, Elektrodenabstand und Gasart maßgebend. Wir wollen für die folgenden Betrachtungen eine planparallele Elektrodenanordnung zugrunde legen und annehmen, daß nur Elektronen am Ionisierungsvorgang teilnehmen. Ebenso sollen die auf die Kathode auftreffenden positiven Ionen keine Elektronen auslösen. Es finden also nur zwischen Gasatomen und Elektronen Zusammenstöße statt. Diese werden um so häufiger sein und um so schneller aufeinander folgen, je höher der Gasdruck p ist. Gegenüber den Elektronen können wir die Gasatome als ruhend ansehen. Zwischen zwei Zusammenstößen wird jedes Elektron eine bestimmte Strecke zurücklegen. Der Mittelwert aller dieser Strecken wird **mittlere freie Weglänge** λ genannt. λ ist vom Gasdruck oder, da wir die Gasteilchen als ruhend ansehen können, von der Anzahl a der Gasatome im cm³ abhängig. Da ein Zusammenstoß um so eher erfolgen wird, je größer der Atomquerschnitt ist, so folgt:

$$\lambda = \frac{1}{r^2\,\pi\cdot a} \qquad (r = \text{Atomradius}).$$

Bei paralleler, ebener Elektrodenanordnung mit dem Abstand d ist die Anzahl n der freien Weglängen:

$$n = \frac{d}{\lambda}.$$

Jedes Elektron muß jedoch eine bestimmte kinetische Energie erlangen, ehe es ionisieren kann, d. h. also, es muß unter dem

Einfluß des Feldes E/d eine bestimmte Weglänge λ_0 durchfallen, so daß:

$$\lambda_0 \cdot \frac{E}{d} = \varphi$$

wird. Daher kommen nur die Weglängen

$$\lambda' \geqq \lambda_0$$

in Betracht. Dann wird die Anzahl der zur Ionisation führenden Stöße

$$n' = \frac{d}{\lambda} \cdot e^{-\frac{\lambda_0}{\lambda}} = \frac{d}{\lambda} \cdot e^{-\frac{\varphi \cdot d}{E \cdot \lambda}}.$$

Führt man noch $\frac{1}{\lambda} = N \cdot p$ ein, so erhält man die von Townsend[1] für den lichtelektrischen Strom I aufgestellte Beziehung. Wenn durch das Licht primär i_0 Elektronen ausgelöst werden, so ist:

$$I = i_0 \cdot e^{N \cdot p \cdot d \cdot e^{-\frac{N p d \varphi}{E}}}.$$

Stoletow[2] fand, daß $\frac{E}{d \cdot p_m} = \text{const} = N \cdot \varphi$ ist, wobei p_m den günstigsten Gasdruck bedeutet. Für diesen Druck ist also: $\frac{N \cdot \varphi \cdot d \cdot p_m}{E} = 1$. Der Höchstwert des Stromes wird daher:

$$I_m = i_0 \cdot e^{\frac{E}{\varphi \cdot e}}.$$

Nach Partzsch[3] muß jedoch noch eine Korrektur angebracht werden, da bei dem optimalen Druck p_m der letzte Stoß auf die Anode unmittelbar auftrifft und somit nicht das ganze Potential E, sondern nur $E - \varphi$ in Betracht kommt, folglich:

$$I_m = i_0 \cdot e^{\frac{E-\varphi}{\varphi \cdot e}} \quad \text{und} \quad p_m = \frac{E-\varphi}{N \cdot d \cdot \varphi}.$$

Wäre λ eine Konstante, so müßte die Ionisation genau bei $E = \frac{d \cdot \varphi}{\lambda}$ einsetzen. Da jedoch die freien Weglängen der einzelnen Gasmoleküle verschieden groß sind, setzt die Stoßionisation all-

---

[1] Townsend, I. S.: The Theory of Ionization of Gases by Collision. London 1910.
[2] Stoletow, A.: J. Physique 9, 468 (1890).
[3] Partzsch, A.: Diss. Rostock 1912; Verh. dtsch. phys. Ges. 14, 60 (1912).

mählich ein. Im gleichen Sinne wirkt die verschieden große Austrittsgeschwindigkeit der primär ausgelösten Elektronen.

Bei nicht planparalleler Anordnung ist das Feld nicht homogen.

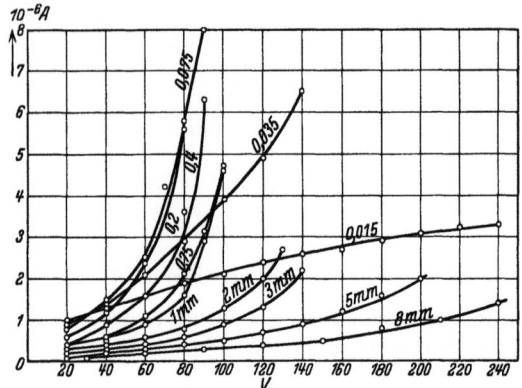

Abb. 72. Stromspannungskennlinien des Gastyps bei verschiedenen Gasdrucken[1].

Z. B. wird es bei zentraler Kathode in deren Nähe bedeutend stärker sein als das mittlere Feld, und die Ionisation wird entsprechend früher einsetzen. Den günstigsten Gasdruck bestimmt man dann am besten auf experimentellem Wege.

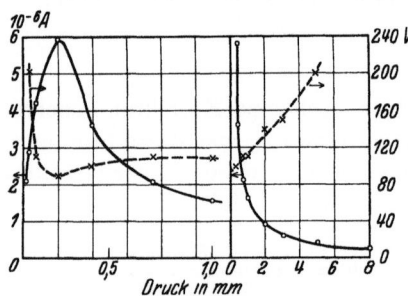

Abb. 73. Abhängigkeit des durch Ionisation verstärkten Photostroms (ausgezogene Kurve) und des Glimmpotentials (punktierte Kurve) vom Druck[1].

Abb. 72 zeigt für verschiedene Gasdrucke die Stromspannungskennlinien[1]. Bei ganz niedrigen Spannungen (unterhalb des Ionisationspotentials) liegt die Vakuumkurve am höchsten. Mit steigendem Druck werden die Kurven immer flacher. Vergleicht man dagegen die maximalen Stromwerte, so ergibt sich ein Optimum bei 0,075 mm Hg. Gleichzeitig hat diese Charakteristik die größte Steilheit. Die Endpunkte der Kurven geben die Glimmspannung an, die bei etwa 0,25 mm ein Minimum hat.

---

[1] Koller, L. R., u. H. A. Breeding: Gen. El. Rev. **31**, 376 (1928).

Für den praktischen Betrieb ist die Charakteristik mit der größten Steilheit nicht immer die günstigste, da man den Arbeitspunkt

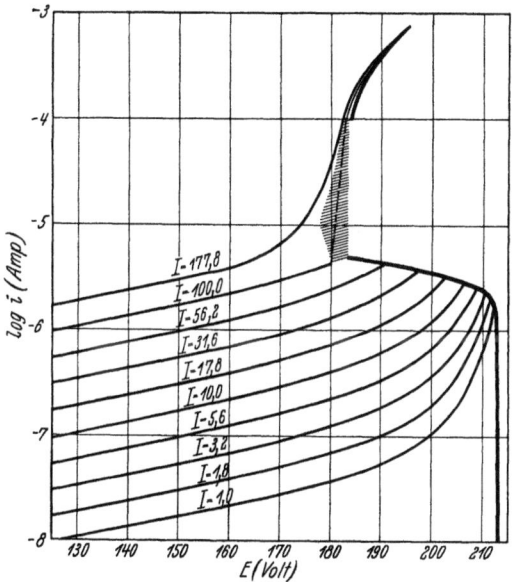

Abb. 74. Stromspannungskennlinien bei verschiedener Belichtung (nach Campbell).

nicht in die Nähe des Glimmpunktes legen soll. In Abb. 72 würde die 0,035 mm Hg entsprechende Charakteristik eine brauchbare Arbeitskurve darstellen. Den Arbeitspunkt würde man auf 90 Volt legen.

In Abb. 73[1] ist die Empfindlichkeit bei 80 Volt Anodenspannung und das Glimmpotential in Abhängigkeit vom Druck wiedergegeben. Man muß

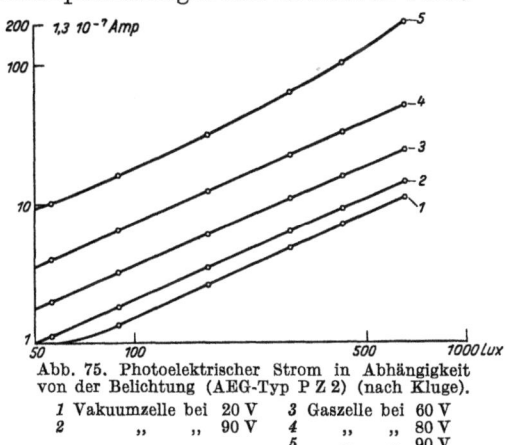

Abb. 75. Photoelektrischer Strom in Abhängigkeit von der Belichtung (AEG-Typ P Z 2) (nach Kluge).
1 Vakuumzelle bei 20 V 3 Gaszelle bei 60 V
2   „   „   90 V   4   „   „   80 V
                         5   „   „   90 V

---

[1] Koller, L. R., u. H. A. Breeding: Gen. El. Rev. **31**, 376 (1928).

zwischen der Glimmspannung bei dunkler und bei belichteter Zelle unterscheiden, 'da mit zunehmender Belichtung (I in lumen) die Glimmspannung fällt, wie aus Abb. 74 zu ersehen ist. Bei sehr hohen Belichtungen wird unter Umständen die Glimmspannung instabil.

Abb. 75[1] stellt schließlich den Photostrom einer Gaszelle bei verschiedenen Anodenspannungen in Abhängigkeit von der Belichtung dar. In der Nähe der Glimmspannung (Kurve 5) ist der Photostrom der Belichtung nicht mehr proportional, während bei den übrigen Kurven die Proportionalität, ebenso wie bei Hochvakuumzellen, vorhanden ist.

25. Besondere Formen von lichtelektrischen Zellen; Quarzzellen; Zellen mit planparallelem Fenster; Zellen mit mehr als 2 Elektroden; Zellen mit eingebauten Heizelementen; Zellen mit eingebauter Verstärkerröhre.

a) **U-V-Zellen, Quarzzellen.** Für Meßzwecke, insbesondere in der Meteorologie, wo es sich um die Erfassung eines möglichst weit über das sichtbare Gebiet hinausreichenden Spektralbereiches handelt, sind Quarzzellen besonders geeignet. Ihr Vorteil liegt in der außerordentlich geringen Lichtabsorption des Quarzes, in der Konstanz der Ausbeute und in der hohen Isolation zwischen den Elektroden (vgl. Abschnitt 5, Ziffer 19). Abgesehen von glastechnischen Schwierigkeiten bei der Herstellung solcher Zellen sind noch eine Reihe anderer Schwierigkeiten zu überwinden. Z. B. lassen sich auf Quarz kaum haltbare Verspiegelungen erzeugen. Deshalb trägt man lieber die lichtelektrisch empfindliche Substanz auf einem besonderen Metallblech auf. Als Durchführungen durch die Quarzzelle werden dünne platinierte Wolframdrähte oder dünne Wolfram- oder Tantalbänder benutzt, die zur Sicherheit meistens noch mit einer Bleidichtung versehen sind. Eine derartige Durchführung ist schematisch in Abb. 76 angegeben.

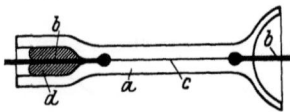

Abb. 76. Quarzeinschmelzung.
a Quarzstab, *b* Wolframdrähte, Durchm. zirka 1 mm, *c* dünner Wolfram- oder Tantaldraht bzw. -band, *d* Bleidichtung.

---

[1] Simon, H., u. W. Kluge: AEG-Mitteilungen **1931**, 190.

Will man die Schwierigkeit der Einschmelzung bei Quarzzellen vermeiden, so verwendet man normale Wolframeinschmelzungen in Wolframglas und verbindet dieses über eine Reihe von Zwischengläsern mit dem Quarzkolben, wie dies Abb. 77[1] und Abb. 181 auf Seite 231 zeigen. In manchen Fällen genügt es UV-Zellen aus normalem Glas herzustellen und für den Lichteintritt ein Quarzfenster aufzukitten oder einen Quarzschliff mit planem Abschluß anzusetzen. Dieser muß sehr gut passen, damit man mit möglichst wenig Fett bzw. Kittmaterial (Wachs-Kolophonium) auskommt. Die gekitteten Zellen haben alle den Nachteil, daß sehr oft während der Benutzungsdauer durch Undichtigkeiten oder Dämpfe aus dem Kitt Änderungen in der Empfindlichkeit der Zellen eintreten.

Zur Erhöhung der Isolation der Elektroden kann man ein Quarzrohr mit 2 Schliffen als Zwischenstück in den Ansatzstutzen der einen Elektrode einfügen. Auch hier tauscht man die erhöhte Isolation gegen die Gefahr der Empfindlichkeitsänderung im Laufe der Benutzungszeit ein.

b) Zellen mit mehr als zwei Elektroden. In Hochvakuumverstärkerröhren vermag man den Elektronenstrom durch ein zwischen Kathode und Anode angeordnetes Gitter zu steuern. Dies ist natürlich in Hochvakuumphotozellen ebensogut möglich. Es ist ja lediglich die Glühkathode der Verstärkerröhre durch eine Photokathode zu ersetzen, welche die Erzeugung des Elektronen-

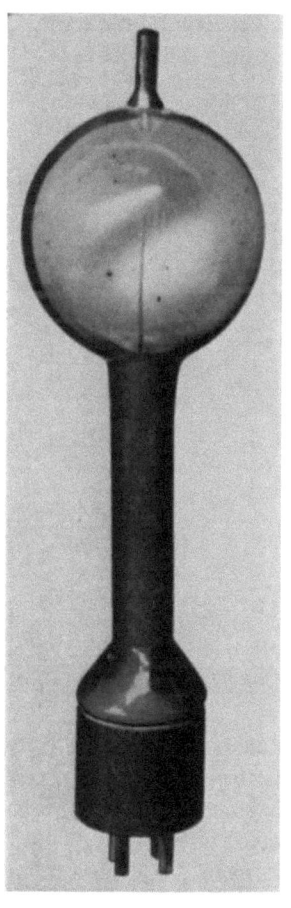

Abb. 77. Quarzphotozelle der General Electric Co., Schenectady.

---
[1] Gen. El. Co. Die Abbildung wurde uns freundlicherweise durch Herrn L. R. Koller zur Verfügung gestellt.

stroms übernimmt. Abb. 78[1] stellt eine derartige **Photokathodenverstärkerröhre** dar. Bis jetzt hat sich noch keine Zellenkonstruktion dieser Art praktisch bewährt. Die entgegenstehenden Schwierigkeiten sind jedoch folgende: Erstens ist eine derartige Zelle als Verstärkerröhre nur in den Anfangsstufen verwendbar, da die Photoströme sehr klein sind. Zweitens macht die konstante Belichtung der Photokathode außerordentliche Schwierigkeiten, wenn man den ganzen Verstärker samt Beleuchtungslampe vom Netz betreiben will. Es erscheint zwar zunächst vorteilhaft, mit einer Lichtquelle die Photokathoden aller Röhren zur Emission anregen zu können. Sehr nachteilig ist es jedoch, daß die Lichtquelle nicht mit Wechselstrom betrieben werden kann, da die Temperaturschwankungen des Glühfadens Helligkeitsschwankungen und diese starke Nebengeräusche (Brummen) hervorrufen. Drittens ist die Heizenergie der Kathoden bei Verwendung von Glühkathodenröhren nicht größer als die Heizleistung der Lichtquelle, so daß sich auch hierin kein Vorteil ergibt. Die vierte und hauptsächlichste Schwierigkeit liegt jedoch in der Abschirmung des Gitters gegen die Strahlung der Lichtquelle bzw. darin, daß das Gitter sich mit dem lichtelektrisch empfindlichen Kathodenmaterial beschlägt. Ist dies nicht durchführbar, so entstehen je nach der Konstruktion der Zelle Gitterströme in der Größenordnung des Anodenstroms und darüber, die vom Gitter zur Anode fließen und die Röhre praktisch unbrauchbar machen. Das Gitter erlangt eine größere Bedeutung, wenn es dazu dient, den durch das Licht ausgelösten Elektronenstrom einer Trägerfrequenz zu

Abb. 78. Verstärkerröhre mit Photokathode nach Sewig (Osram).

---

[1] Die Abbildung wurde uns freundlicherweise von der Osramgesellschaft zur Verfügung gestellt.

überlagern, damit die verzerrungsfreie Verstärkung breiter Frequenzbänder leichter erreicht wird.

Als dritte Elektrode wird öfter ein **Heizelement** eingebaut. Daß dies Vorteile haben kann, zeigen eine Reihe praktisch ausgeführter Zellen. Ein solches Heizelement, meist ein Glühdraht, kann z. B. zur Erwärmung der Anode[1] dienen (wenn diese nicht selbst heizbar ausgebildet ist), damit das Kathodenmaterial sich nicht auf der Anode niederschlägt bzw. derartige Niederschläge wieder von der Anode abgedampft werden können. Dieses ist von Wichtigkeit, wenn die Zelle in Wechselstromkreisen eine Gleichrichterwirkung besitzen soll, d. h. also, daß die Anode, wenn sie negativer als die Kathode ist, (also in der Sperrphase), keine Elektronen bei Belichtung abgibt.

Heizelemente haben ferner den Zweck, die Glaswand der Zelle an bestimmten Stellen vom Kathodenmaterial (Alkali) frei zu halten oder nachträglich derartige Metallniederschläge wieder abzudampfen[2]. Ebenso kann man die Glaswand durch ein Heizelement in der Nähe einer der Elektrodendurchführungen von Alkalibeschlag befreien und so eine hohe Isolation erreichen bzw. die Bildung von Kriechwegen verhindern. Es ist jedoch meist einfacher, die Zellen so zu konstruieren, daß die Erwärmung dieser Teile von außen erfolgen kann.

Eine andere Bestimmung hat die dritte Elektrode, wenn sie als Zwischenanode zur Erzeugung von **Sekundärelektronen** dient[3]. Es ist denkbar, daß man damit zu einer einfachen Verstärkung des Photostroms um eine Zehnerpotenz kommen könnte. Derartige Photozellen hätten gegenüber den gasgefüllten den Vorteil der Trägheitslosigkeit. Eine Zelle dieser Art ist schematisch in Abb. 79 dargestellt und ähnelt im Prinzip der von Hull angegebenen Sekundärstrahlverstärkerröhre, nur daß Hull zur Erzeugung der primären Elektronen eine Glühkathode verwendet. Hull gibt an[4], daß man eine 10- bis 20-fache Verstärkung des

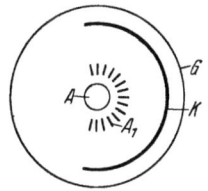

Abb. 79. Sekundärstrahlrohre mit Photokathode (schematische Darstellung).

---

[1] D.R.P. 201771, 24. 9. 1907, Polyphos-Elektr.-Ges., München.
[2] D.R.P. 365900, 4. 3. 1919, Triergon, Berlin.
[3] Suhrmann, R.: D.R.P. a. 84767 (1929).
[4] Hull, A. W.: J. amer. Inst. El. Eng. **42**, 1013 (1923).

Primärstromes erreichen kann. K ist die Photokathode, A_1 die Sekundärkathode und A die Arbeitsanode.

Bei der Verstärkung von Photowechselströmen, insbesondere, wenn die Frequenzen 5000 Hertz und mehr betragen, ist es notwendig, den Verstärker direkt mit der Photozelle zusammenzubauen, da die Kapazität langer Zuleitungen Schwierig-

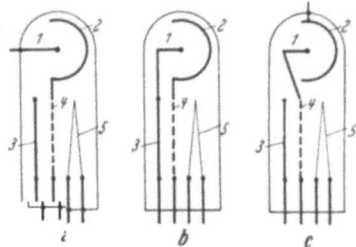

Abb. 80 Verschiedene Anordnungen für den Zusammenbau von Photozelle und Verstärkerröhre.
1 Photoanode, *2* Photokathode, *3* Anode der Verstärkerrohre, *4* Gitter und *5* Glühfaden.

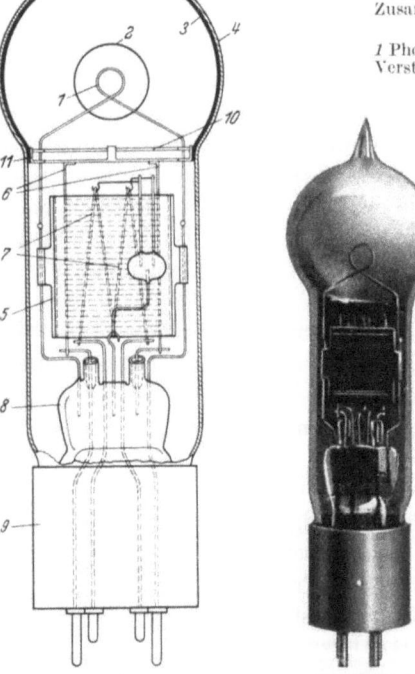

Abb. 81 a u. b. Westinghouse-Zelle, die im unteren Teil die Elektroden der Verstärkerrohre und im oberen Teil des Glaskolbens die Photozelle enthält (nach Zworykin).

keiten macht und transformatorische Ankopplung unter Umständen Nachteile mit sich bringt (vgl. S. 181). Aus Platzmangel läßt sich oft die gesamte Verstärkeranordnung nicht in der Nähe der Photozelle anbringen, so daß man im allgemeinen nur die Eingangsröhre mit der Photozelle direkt koppelt. Man hat nun versucht, die Verstärkerröhre mit der Photozelle im selben Glaskolben unterzubringen[1]. Es sind eine Reihe von Schaltungen zwischen Röhre und Zelle möglich, von denen die drei wichtigsten in Abb. 80 schematisch

---

[1] Nakken, Th. H.: D.R.P. 371764 vom 21.1.1921, Holl. Prior. 21.7.1920.

Besondere Formen von lichtelektrischen Zellen.

angegeben sind. Eine technisch ausgeführte Form zeigt Abb. 81[1]. Allerdings haben auch diese Kombinationen Nachteile. Erstens kann man den Photostrom durch Gasfüllung nicht verstärken, da hierdurch gleichzeitig die Qualität der Verstärkerröhre herabgesetzt wird. Zweitens müssen besondere Lichtschirme vorgesehen werden, welche die Licht- und Wärmestrahlung der Glühkathode von der Photozelle fernhalten. Drittens wird die allmähliche Gasabgabe der Elektroden der Verstärkerröhre die Elektronenausbeute der Photo-

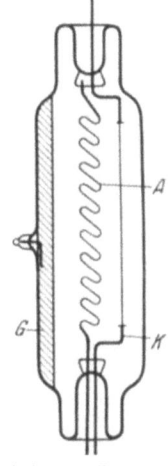
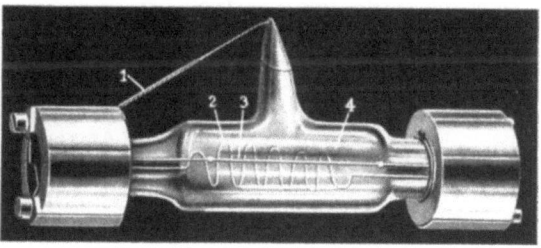

Abb. 82a. Luminotron (nach Nakken).

Abb. 82b. Luminotron (nach Ries).

kathode während der Betriebszeit verändern. Viertens ist die Herstellung schwieriger als die einer normalen Verstärkerröhre, da auch in diesem Fall das Beschlagen des Gitters Nachteile (Sekundärelektronen, thermische Emission) mit sich bringt, die unbedingt verhindert werden müssen.

Photozellen mit photoaktivem Gitter sind zuerst von Nakken[2] angegeben worden und unter dem Namen Luminotron in den Handel gekommen. Abb. 82a zeigt eine solche Röhre schematisch und Abb. 82b die Photographie. Von einer Glühkathode K gehen Elektronen zur Anode A. Der Elektronenstrom wird von dem auf der Glaswand befindlichen Gitter G beeinflußt. Durch Belichtung dieses Gitters läßt sich das Gitterpotential verändern und somit der von der Glühkathode zur Anode fließende Elektronenstrom beeinflussen. Eine besondere Form dieser Photozellen (Wandladungsphoto-

---

[1] Zworykin, V. K. (Westinghouse): Phys. Rev. **25**, 247 (1925).
[2] D.R.P. 371764 vom 21. 1. 1921. Holl. Prior. vom 21. 7. 1920. Brit. Pat. 296411 vom 31. 8. 1927. Amerik. Pat. 1628822 vom 17. 5. 1927. D.R.G.M. 1098325 vom 28. 11. 1927 (?).

zelle nach Jobst, Richter, Wehnert) hat sich bei der Entwicklung der Telefunkenstabröhre ergeben[1]. Eine derartige Röhre ist in Abb. 83 dargestellt. Im Innern befindet sich eine Oxydkathode K und eine Anode A. Das Gitter wird bei dieser Röhrentype außen auf der Glaswand angebracht und steuert elektrostatisch den Elektronenstrom. Bringt man nun statt dessen auf die Innenwand einen lichtelektrisch empfindlichen Belag (Barium) an, so erhält man bei Belichtung eine Beeinflussung der Raumladung zwischen Kathode und Anode, die eine Änderung des Anodenstroms hervorruft. Der Beschlag auf der Glaswand ist also mit einem lichtelektrischen, elektrostatisch wirkenden Gitter identisch. Schließlich ist noch

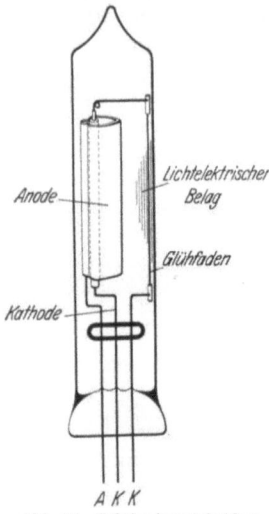

Abb. 83. Telefunkenstabröhre als Photozelle.

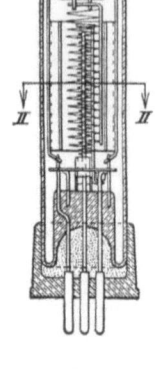

Abb. 84. Schirmgitterphotozelle (nach Zworykin).

vorgeschlagen worden, die Kapazität der Photozelle durch ein Schirmgitter herabzusetzen (Abb. 84)[2]. Dies hat natürlich nur einen Sinn, wenn man die Photozelle direkt mit dem Verstärker zusammenbaut und dadurch die Leitungskapazitäten klein hält.

26. Konstruktion und Herstellung von Photozellen, die auf dem inneren lichtelektrischen Effekt beruhen[3]. Selenzellen, Thalofidzellen, Tellur-Selen-Zellen.

a) **Konstruktion verschiedener Zellen.** Bei allen normalen Selenzellen finden wir auf einem Isolierkörper zwei Elektroden

---

[1] Schröter, F.: Z. techn. Physik 12, 193 (1931).
[2] Zworykin, V. K., u. E. D. Wilson: Photocells and their Application. New York 1930.
[3] Ries, Chr.: Das Selen. Dießen vor München: J. C. Hubers Verlag 1918. Barnard, G. R.: The Selenium Cell, its Properties and Applications. London: Constable & Co. Ltd. 1930.

Herstellung von Photozellen mit innerem lichtelektrischen Effekt. 105

angebracht, zwischen denen sich das Selen befindet. Als Isoliermaterial kommen Glas, Porzellan, Steatit, Speckstein, oberflächlich oxydiertes Aluminium, Ton und Glimmer in Frage. Die hauptsächlichsten Eigenschaften des Isolierkörpers oder Trägers müssen **Wärmebeständigkeit** und **geringe Gasabgabe** sein, bzw. muß er durch entsprechende Wärmebehandlung diese Eigen-

a

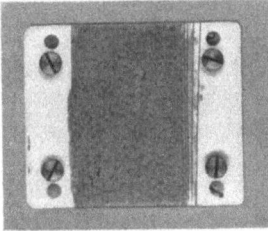

b

Abb. 85. Selenzelle (Drahtzelle) der AEG.
a: Trägerkörper mit den beiden Drahtelektroden.
b: a mit Selen versehen.
c: b in die Fassung eingebaut.

schaften erlangen können. Ferner soll er gut **isolieren** ($> 10^{12} \Omega$), bei 500° C beständig, unangreifbar durch den Halbleiter, also z. B. keine Selenide bilden, nicht **hygroskopisch** und technisch leicht bearbeitbar sein.

Bei der einfachsten Zellenform, der **Drahtzelle**, vgl. Abb. 85, oder Siemenszelle[1], hat der Isolierträger meist eine rechteckige flache, eine flachrunde oder zylindrische Form. Auf ihm sind ge-

---

[1] Siemens, W.: Dingl. polyt. J. **217**, 61 (1875).

mäß Abb. 85 zwei dünne Drähte so aufgewickelt, daß sie einen möglichst kleinen und möglichst gleichmäßigen Abstand voneinander haben, sich jedoch an keiner Stelle berühren. Durch Rillen,

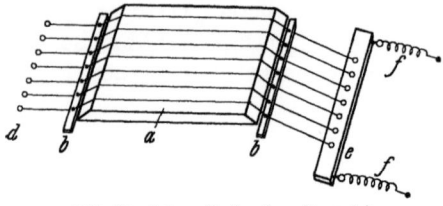

Abb. 86. Selenzelle (nach v. Bronck).

Einschnitte oder andere Mittel ist dafür gesorgt, daß die Drähte ihre Lage auch während des Formierens nicht ändern können; denn besonders bei sprödem Drahtmaterial tritt sehr leicht ein Abheben von der Unterlage bei der Erwärmung ein. Es sind deshalb eine Reihe von Spannvorrichtungen angegeben worden, um die Drähte fest anliegend auf dem Trägerkörper zu halten. Z. B. hat man Spannvorrichtungen gemäß Abb. 86 vorgeschlagen[1], oder es

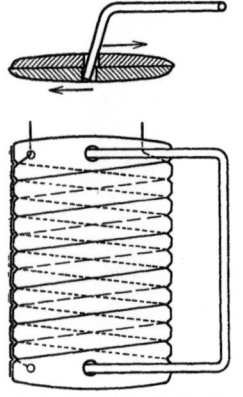

Abb. 87. Selenzelle (nach Ruhmer).

wird der Träger aus zwei Hälften angefertigt, Abb. 87, die sich gegeneinander etwas verschieben lassen[2]. Ein gleichmäßiger Abstand läßt sich noch besser erzielen, wenn man Drähte als Elektroden verwendet, die mit einer isolierenden Schicht, z. B. einer Oxydschicht oder Emailschicht, umgeben sind. Man wickelt dann die Drähte dicht nebeneinander auf und entfernt nach dem Aufwickeln mit einer Feile oder mit Sandpapier den oberen Teil der Isolation, bevor das Selen aufgebracht wird. Aus der schematischen Zeichnung, Abb. 88, ist der Aufbau einer solchen Zelle deutlich erkennbar[3]. Es genügt, nur einen der beiden Drähte mit Isoliermaterial zu überziehen. Die Isolierschicht bestimmt dann den Abstand der Elektroden. Bei nicht isolierten Drähten kann man vier Drähte dicht nebeneinander auf den Isolierkörper aufwickeln und den zweiten und vierten Draht wieder abwickeln, um zwischen den Elektroden möglichst gleiche Abstände zu erhalten[4].

---

[1] v. Bronck, O.: D.R.P. 137800, 1901.
[2] Ruhmer, G. W.: D.R.P. 146262, 1902.
[3] Prior, W., u. C. E. Riley: D.R.P. 403547, vom 4. 1. 1924.
[4] Bidwell, S.: Phys. Soc. Proc. 5, 167 (1882); Phil. Mag. (5), 15, 31 (1883).

Konstruktion von Selenzellen.

Eine zweite Ausführungsart, die Kondensatorzelle, die infolge ihrer hohen Kapazität sich nur zur Messung niederfrequenter Lichtintensitätsschwankungen eignet, ist im Aufbau einem Kondensator sehr ähnlich. Man kann einen kleinen Glimmerkondensator an einer Hochkantfläche senkrecht zu den Elektrodenblättchen abschleifen, so daß zwei Scharen kammartig ineinandergreifender Elektrodensysteme sichtbar werden.

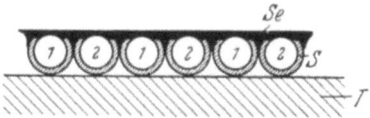

Abb. 88. Selenzelle (nach Riley).
1 und *2* Drahtelektroden, *S* isolierende Schicht, *Se* Selenschicht.

Von zwei aufeinanderfolgenden Metallfolien gehört dann die eine immer zu der einen Elektrode und die nächste zur anderen Elektrode. Sämtliche

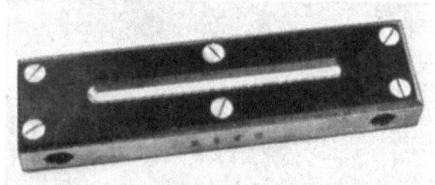

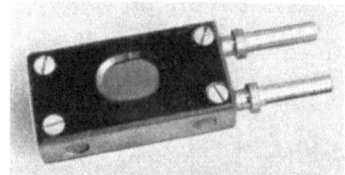 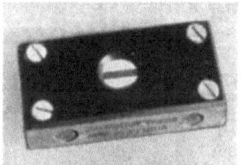

Abb. 89. Hochkantselenzellen, Kondensatorzellen (nach Thirring).

Folien werden fest zusammengepreßt[1] und auf die abgeschliffene Fläche das Selen aufgetragen. Die Herstellung ist wesentlich einfacher, wenn man an Stelle der einzelnen Folien zwei Metallbänder, die durch ein isolierendes Band getrennt sind, aufwickelt, wie es beim Kondensatorwickel üblich ist, zusammengepreßt und die eine Endfläche nach dem Abschleifen und Polieren mit Selen überzieht. Man muß bei diesen Zellen dafür

---

[1] Bell, A. G.: Electr. **5**, 305 (1880). Rillbe, P.: D.R.P. 204535 1. 3. 1907. Thirring, H.: D.R.P. 339364, 29. 6. 1918 u. Optik **1928**, Heft 10, 1.

sorgen, daß das Isoliermaterial nicht übersteht, damit das Selen mit den beiden Elektroden einen sicheren Kontakt hat. An Stelle des zwischen die Elektroden gelegten Isolierstreifens kann auch eine Oxydschicht treten, die z. B. auf chemischem Wege auf den einzelnen Elektroden erzeugt wird. Die Zellen dieser Art lassen sich viel gleichmäßiger herstellen als die oben beschriebenen Drahtzellen. Einige technische Zellen zeigt Abb. 89.

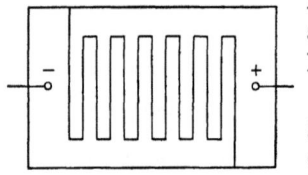

Abb. 90. Ältere gravierte Selenzelle (schematisch) (nach Fournier D'Albe).

Die dritte Form ist die sogenannte gravierte Zelle[1]. Diese hat eine bedeutend kleinere Kapazität als die bisher erwähnten Zellen und eignet sich infolgedessen wesentlich besser zur Registrierung kurzzeitiger und schnell aufeinanderfolgender Lichtimpulse. Aus diesem Grunde sind die in neuerer Zeit hergestellten Zellen fast ausschließlich gravierte Zellen. Bei dem älteren Verfahren wird auf den Isolierkörper eine dünne Metallfolie oder ein Kohleniederschlag aufgebracht. Mit einem Griffel ritzt man eine Trennungslinie, etwa ähnlich wie in Abb. 90 angegeben, ein, die den Metallbelag in zwei Teile — die beiden Elektroden — zerlegt. Der Raum zwischen den Elektroden wird mit einer dünnen Schicht Selen ausgefüllt und darauf die Zelle formiert. Je länger die Trennungslinie, um so empfindlicher ist die Zelle. Das Ritzen der Metallfolie ergibt sehr selten einen gleichmäßigen Abstand der Elektroden, und damit scheidet dieses Verfahren für die technische Herstellung aus.

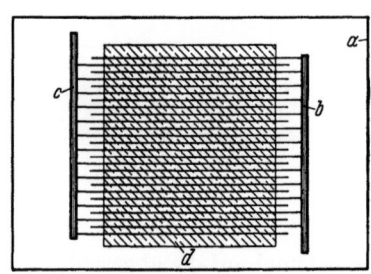

Abb. 91. Neuere gravierte Selenzelle.
a Glasplatte, b, c Elektroden, d Halbleiter (Selen).

Demgegenüber stellt die zweite, neuere Methode eine Lösung dar, die sich für die technische Herstellung gut eignet. Eine isolierende Trägerplatte, die z. B. aus Glas sei, wird mit einer Wachsschicht überzogen und in diese mittels einer Teilmaschine ein

---

[1] D.R.P. 211344, 18. 6. 1907.

Kondensatorzelle; gravierte Zelle.

feiner Raster eingeschnitten, wie dies Abb. 91 schematisch zeigt. Es entstehen dann durch Ätzen in der Glasoberfläche zwei ineinandergreifende kammartige Raster. Bei der Telefunkenzelle[1] beträgt der Rasterabstand z. B. 0,1 mm und die Rasterlänge 10 mm. Die entstandenen Rillen werden mit einem Leiter, z. B. Gold, Platin, Graphit, ausgefüllt und die Selenschicht durch Verdampfen oder Kathodenzerstäubung aufgebracht. Abb. 92 zeigt nach diesem Verfahren hergestellte Zellen. Der Widerstand einer derartigen Zelle ist um so kleiner, je kleiner der Rasterabstand und je größer die Zellenfläche.

Bei anderen Zellen ist der Raster aufgedruckt und in manchen Fällen in den Trägerkörper eingebrannt, z. B. kann man einen **Goldraster** verhältnismäßig leicht in eine Glasoberfläche einbrennen[2].

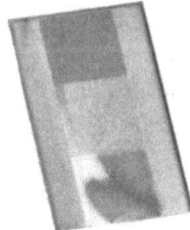

Nach der Formierung und Fertigstellung ist es zweckmäßig, die Zellen in ein **evakuiertes**[3] oder mit einem inerten, trockenen Gase ge-

Abb. 92. Technische gravierte Selen-Tellurzellen von Telefunken.

fülltes **Glasgefäß** einzuschließen, um die Luftfeuchtigkeit und andere schädliche Dämpfe oder Gase fernzuhalten. Die Luftfeuchtigkeit hat auf den Dunkelwiderstand der Zelle einen direkten Einfluß und bewirkt außerdem durch Oxydation des Selens eine dauernde Veränderung der Empfindlichkeit. In Abb. 93 a bis d (S. 110) sind vier technische, in Glasgefäße eingeschlossene Zellen dargestellt.

Zur besseren Ausnutzung des Lichtes, besonders bei zerstreutem, diffusem Licht, verwendet man Reflektoren, um der gesamten lichtempfindlichen Oberfläche möglichst viel Licht zuzuführen.

b) Lichtempfindliche Substanzen und ihre Formierung. In Photozellen, die auf dem inneren lichtelektrischen Effekt beruhen, hat das Selen die verbreitetste Anwendung gefunden.

---

[1] Schröter, F., u. F. Michelsen: The physical and optical Soc. June 4 u. 5, 208 (1930). Michelssen, F.: Z. techn. Physik **12**, 511 (1930).
[2] Radiovisor Parent Ltd.: El. Rev. **103**, 910 (1928).
[3] Giltay, J. W.: ETZ **26**, 313 (1905).

110 Herstellung von Photozellen.

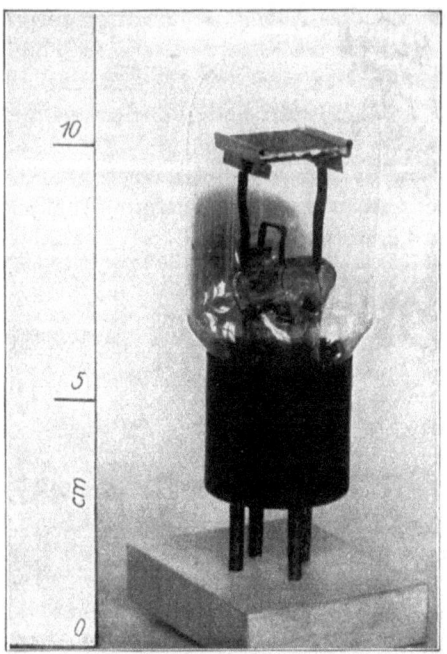

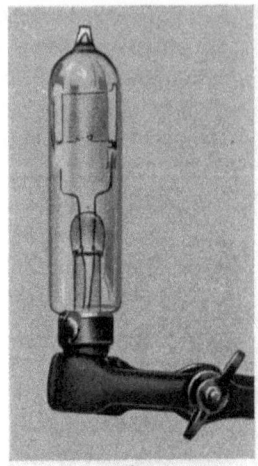

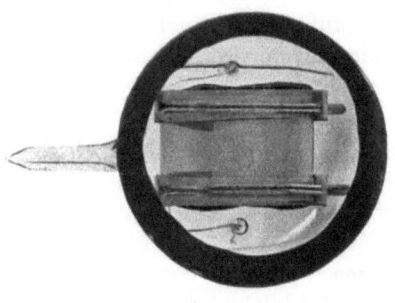

Abb. 93. Technische Selenzellen u. Selen-Tellurzellen.
  a Osramzelle,
  b Siemenszelle,
  c Telefunkenzelle,
  d General-Electric-Zelle.

Neben diesem sind bis jetzt nur die Thalliumsulfid- (Thalofid-) Zellen[1] und Selen-Tellurzellen[2] zur technischen Anwendung gekommen.

Das amorphe Selen hat in pulverisiertem Zustande eine rote bis schwarze Färbung. Beim Schmelzen (Schmelzpunkt 220,2 $\pm$ 0,5° C)[3] geht es in eine schwarze glasige Masse über, die beim Erstarren ihre schwarze Färbung beibehält. Der Schmelzpunkt läßt sich viel genauer aus dem Sprung der elektrischen Leitfähigkeit bestimmen als aus dem Übergang vom festen in den viskosen Zustand[3]. Die lichtempfindliche, grau aussehende, kristalline Form erhält man, indem man die Zelle langsam auf 190° bis 210° C erhitzt und längere Zeit (bis zu mehreren Stunden) auf dieser Temperatur läßt. Je nach der Temperatur und Temperungs- oder Formierungszeit erhält man Zellen mit verschiedenem Widerstand. Je höher die Temperatur und je länger die Zeit, um so niedriger ist im allgemeinen der Widerstand der Zellen, wie die folgende Tabelle zeigt.

Tabelle 6[4].

Zelle Nr.	Temperatur °C	Zeit in Stunden	Dunkelwiderstand in Ω
23	210—190	6	233 000
22	210	5	358 000
28	210	4	490 000
16	180	3,5	1 400 000
15	190	2	3 690 000
18	210	0,5	976 000
	180	9	
19	180	9	40 000 000
20	210	0,5	250 000
	180	14	
21	180	14	9 500 000

Der Temperatureinfluß ist in seiner Wirkungsweise noch nicht genau bekannt. Es besteht jedoch die Hoffnung, daß die Untersuchungen an den Sperrschichtzellen auch hier einige Klarheit schaffen werden.

Durch geringe Metallzusätze, z. B. Silber, kann man die Empfindlichkeit erhöhen. Das gleiche gilt, wenn man das Selen

---

[1] Case, T. W.: Phys. Rev. 15, 289 (1920).
[2] Michelssen, F.: Z. techn. Physik 11, 511, (1930).
[3] Berger, E.: Z. anorg. Chem. 85, 75 (1914).
[4] Dieterich, E. O.: Phys. Rev. (2), 4, 467 (1914).

vor der Formierung in eine 5- bis 8proz. Chinolinlösung[1] bringt. Auch diese Sensibilisierungsmöglichkeit deutet darauf hin, daß die Grenzschicht Selen-Metallelektrode außerordentliche Bedeutung hat. Die Zusätze dürften auf die Bildung von Seleniden gewissen Einfluß haben[2].

Beim Erhitzen des Selens auf 220⁰ C und bei seinem Übergang in die graue metallische Form findet eine **starke Volumenänderung** statt, die kleine Haarrisse hervorruft und unter Umständen das Selen von den Elektroden ablöst, so daß der Kontakt nicht mehr einwandfrei ist. Störungen an den Zellen sind meistens Folgen eines schlechten Kontakts zwischen Selen und Elektrode.

Eine Abhängigkeit vom **Elektrodenmaterial** ist aus verschiedenen Versuchen schwach zu erkennen, jedoch überwiegt der Temperatureinfluß so sehr, daß man eine genaue Entscheidung noch nicht treffen kann.

Der **Dunkelwiderstand** der Zellen liegt je nach Behandlung und Zellenkonstruktion zwischen 10^4 und $10^7 \Omega$. Er fällt mit wachsender angelegter Spannung[3]. Aus diesem Grunde sollte man die Betriebsspannung möglichst niedrig wählen.

Das geschmolzene Selen wird mittels eines Spachtels aus Eisen, Glas, Glimmer oder Porzellan aufgetragen und auf der Oberfläche möglichst gleichmäßig verteilt. Eine sehr gute Temperaturregulierung des Ofens ist notwendig, da bei zu niedriger Temperatur Klumpenbildung eintritt und bei zu hoher Temperatur das Selen eine zu große Kapillarität zeigt, so daß es dem Quecksilber sehr ähnlich wird und in die feinen Spalten zwischen den Elektroden nicht eindringt. Nach dem Verteilen läßt man die Zelle etwas abkühlen und formiert sie im Ofen. Die Formierungstemperatur richtet sich nach dem gewünschten Zellenwiderstand und muß auf experimentellem Wege festgestellt werden.

Die Herstellung der **Thalliumsulfidzellen** ist von der eben beschriebenen Selenzellenherstellung verschieden, da die Anwesenheit von Sauerstoff eine große Rolle spielt. Die Verdampfung des Thalliumsulfids zur Erzeugung des Beschlages auf dem Träger wird deshalb in Sauerstoff von etwa 0,8 mm Hg **Druck**

---

[1] D.R.P. 304261, 14. 10. 1916.
[2] Sabine, R.: Phil. Mag. (5), **5**, 401 (1878).
[3] Luterbacher: Ann. Physik **33**, 1392 (1910).

vorgenommen[1]. Es bilden sich dann bei richtig bemessener Verdampfungsgeschwindigkeit lichtempfindliche Sauerstoffverbindungen. Die Dunkelwiderstände der technischen Thalofidzellen liegen zwischen 10^4 und 10^6 Ω.

Telefunken hat durch Hinzufügen von 7 bis 15 Atomprozent Tellur zum Selen ultrarot-empfindliche Zellen sehr hoher Lichtempfindlichkeit hergestellt[1]. Eine derartige Zelle ist in Abb. 93c wiedergegeben. Für die Anfertigung hat sich infolge der verschiedenen Schmelzpunkte (Se 220°, Te 452° C) und Dampfdrucke nur die Kathodenzerstäubung als brauchbar erwiesen. Diese wird zweckmäßig in einem Edelgas vorgenommen. Eine Temperaturformierung ist ebenso wie bei der Selenzelle erforderlich, um die richtige kristalline Beschaffenheit zu erhalten.

Die Ausbeute der auf dem inneren lichtelektrischen Effekt beruhenden Zellen wird meistens als das Verhältnis von Dunkelwiderstand R_0 zu Hellwiderstand R_b angegeben, bezogen auf 1 Lumen oder 1 Lux (vgl. S. 46).

Diese Vergleichswerte sind nicht so eindeutig wie beim äußeren lichtelektrischen Effekt, sondern außerordentlich von den Versuchsbedingungen, insbesondere von der angelegten Spannung, abhängig, da z. B. mit steigender Spannung die Leitfähigkeit des Selens, auch in dem Bereich, in welchem von einer meßbaren Erwärmung noch nicht die Rede sein kann, beträchtlich zunimmt.

c) **Halbleiterzellen, die eine EMK bei Belichtung geben (Übergang zur Sperrschichtphotozelle).** Von den eben beschriebenen Halbleiterzellen völlig verschieden in der Wirkungsweise und Konstruktion ist eine vierte Art. Der Unterschied ergibt sich am einfachsten an Hand der Abb. 94, aus welcher man erkennt, daß bei den Zellen der ersten bis dritten Art Lichteinfallsrichtung und elektrischer Strom sich senkrecht kreuzen, während bei der

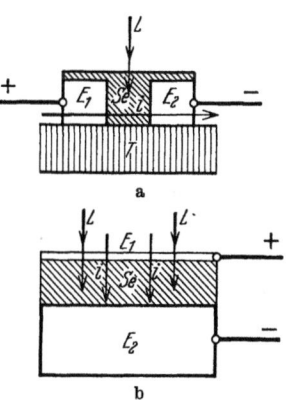

Abb. 94. Halbleiterzellen mit prinzipiell verschiedener Konstruktion. a Lichteinfall ⊥ zur Stromrichtung, b Lichteinfall ∥ zur Stromrichtung.

---

[1] Michelssen, F.: Z. techn. Physik 11, 514 (1930).

vierten Art beide **parallel** gehen[1]. E_1, E_2 stellen die Elektroden, T den Träger und Se die Selenschicht dar. In Abb. 94b muß eine der Elektroden lichtdurchlässig sein, da das Licht durch eine derselben hindurch in das Selen eintritt. Der Aufbau ist mit demjenigen der weiter unten behandelten Sperrschichtzellen identisch.

Da das Licht nur $\frac{1}{100}$ mm tief in das Selen eindringt, ist es zweckmäßig, die Selenschicht möglichst dünn zu machen. Selen selbst ist in dicken Schichten praktisch lichtundurchlässig[2]. Es zeigte sich, daß man bei dünnen Schichten die besten Resultate erhielt[3]. Abb. 95[4] zeigt eine solche Zelle, die aus zwei Glasplatten *3* besteht, auf deren einander zugewandten Seiten je ein durchsichtiger Metallbelag *2* bzw. ein Metallgitter[5] angebracht ist. Zwischen den als Elektroden dienenden Metallbelägen befindet sich eine sehr dünne Selenschicht *1*, deren Belichtung durch eine der Glasplatten und den daran befindlichen Metallspiegel erfolgt. Man fand schon sehr bald, daß auch **ohne äußere EMK** bei Belichtung ein Strom durch eine derartige Zelle floß[6]. Die elektromotorische Kraft wurde zu 0,1 bis 0,15 Volt gemessen. Bei diesen Zellen war das Selen auf eine Kupferplatte aufgeschmolzen. Die Gegenelektrode bildete eine durchsichtige Goldfolie, durch welche die Belichtung erfolgte. Die ersten Sperrschichtzellen oder Zellen der vierten Art stellte Sabine[7] her, indem er einen Platindraht mit Selen überzog und darauf einen so dünnen Platinniederschlag aufbrachte, daß Lichtstrahlen hindurchdringen und die Selen-

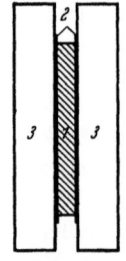

Abb. 95. Halbleiterzelle (nach Uljanin).

---

[1] Eine theoretische Abhandlung über die beiden Wirkungsweisen gibt M. A. W. Sperling in: Beiträge zur Kenntnis der Selenzellen. S. 83. Gießen: O. Kindt 1908.

[2] Brown, F. C.: Phys. Rev. **34**, 201 (1912). Gripenberg, W. S.: Phys. Z. **15**, 462 (1914).

[3] White, C. W.: Phil. Mag. (6), **27**, 370 (1914).

[4] Uljanin, W. v.: Wied. Ann. **34**, 241 (1888) (Über die bei Belichtung entstehende motorische Kraft im Selen).

[5] Riglie, A.: Wied. Ann. **36**, 464 (1889).

[6] Fritts, C. E.: Am. Ass. Advancement of Sci. Proc. **33**, 97 (1883). Siemens, W.: Sitzgsber. preuß. Akad. Wiss. **1883**.

[7] Sabine, R.: Phil. Mag. (5), **5**, 401 (1878).

schicht treffen konnten. Er fand eine elektromotorische Kraft von 0,1 Volt.

Der Dunkelwiderstand dieser Zellen kann sehr viel kleiner gemacht werden als derjenige der drei ersten Konstruktionen. Es sind Zellen hergestellt worden, deren Widerstand nur 25 Ω betrug[1].

27. Konstruktion und Herstellung von Sperrschichtphotozellen.

Gegenüber den Konstruktionen der in den letzten Ziffern beschriebenen lichtelektrischen Zellen, die auf dem äußeren und inneren Photoeffekt beruhen, scheinen die Sperrschichtphotozellen im Aufbau am einfachsten zu sein. Gemäß der schematischen Abb. 30a, S. 48 befindet sich auf der etwa 1 mm starken Kupferplatte aus möglichst reinem Kupfer eine etwa 0,1 mm dicke Kupferoxydulschicht (Cu_2O). Auf letztere ist ein Metalldrahtnetz aufgepreßt, das als Gegenelektrode dient und den Anschluß mit der Halbleiterschicht vermittelt. Damit sind aber auch schon sämtliche Bauelemente beisammen. Zur Erzielung einer größeren mechanischen Sicherheit schließt man die ganze Zelle in ein Metallgehäuse (vgl. Abb. 96) oder Isoliergehäuse ein. Man wird das Metallnetz so wählen, daß es einen möglichst geringen Bruchteil des auffallenden Lichtstromes absorbiert, daß also die Drahtstärke zur Maschenweite sich möglichst günstig verhält. Andererseits kann man die Maschenweite nicht beliebig groß machen, da sonst der Widerstand der Halbleiterschicht zu groß wird. Ein derartiges Metallnetz wird zweckmäßig mittels einer Glasplatte fest gegen die Cu_2O-Schicht gepreßt. Da die wirksame Sperrschicht bei den Hinterwandzellen sich dort befindet, wo der Halbleiter auf dem Muttermetall aufgewachsen ist, muß das Licht die als Rotfilter wirkende Cu_2O-Schicht durchdringen. Daher kommen im wesentlichen die roten und ultraroten Strahlen zur Wirkung. Die Lichtabsorption der Glasplatte fällt nicht ins Gewicht. Diese dient gleichzeitig dazu, die Oberfläche gegen schädliche äußere Einflüsse zu schützen.

Einen guten Kontakt der einzelnen Teilchen der Cu_2O-Schicht erhält man auch, wenn man mittels eines Metallspritzverfahrens[2]

---

[1] Lasinski, E.: D.R.P. 317882, 1919.
[2] Zum Beispiel mit einer Schopschen Spritzpistole.

durch eine Schablone hindurch ein Raster aus einem gut leitenden Metall aufträgt. Dieses gewährleistet einen guten Kontakt mit der Halbleiterschicht, so daß ein Andrücken mittels einer lichtdurchlässigen Platte (Glas-, Quarz-, Zellonplatte) sich erübrigt.

Im Gegensatz hierzu bestehen die Vorderwandzellen aus einer massiven Schicht Cu_2O, auf die eine dünne lichtdurchlässige Metallschicht durch Kathodenzerstäubung aufgebracht ist. Es ist zweckmäßig, die Oberfläche vor dem Aufbringen der durchsich-

Abb. 96 a. Sperrschichtphotozelle von Siemens & Halske (nach Schottky[1]).

Abb. 96 b. Sperrschichtphotozelle der Tungsram (nach Lange[1]).

tigen Metallschicht anzuätzen. Die Sperrschicht liegt jetzt, wie Abb. 30 b, S. 48 schematisch zeigt, zwischen der oberflächlichen dünnen Metallhaut und der dicken Cu_2O-Schicht. Um mit letzterer einen sicheren Kontakt herzustellen, preßt man am besten ein Kupferdrahtnetz in die Schicht ein. Abb. 96 a bis c zeigen einige technische Vorderwandzellen.

Abb. 96 c. Sperrschichtphotozelle (nach Lange).

Eine besondere Form derartiger Zellen wurde noch von Lange angegeben. Eine Kupferplatte ist beiderseitig mit einer Cu_2O-Schicht überzogen und ebenso auf beiden Schichten mit einer Gegenelektrode versehen. Eine derartige Doppelzelle oder Differentialphotozelle eignet sich als einfaches Vergleichsphotometer,

---

[1] Die Photographie einer modernen Vorderwandzelle von S. & H. wurde freundlicherweise von Herrn Prof. W. Schottky und die Photographie der Tungsramzelle von Herrn Dr. Selenyi zur Verfügung gestellt.

wenn man die Empfindlichkeit der beiden Seiten bestimmt und damit die Zelle entsprechend geeicht hat.

Die Methoden zur Herstellung der Halbleiterschicht (Cu_2O) für die Kupferoxydulphotozelle sind dieselben wie zur Anfertigung des Kupferoxydulgleichrichters. Man geht von einer sehr reinen Kupferplatte aus, reinigt ihre Oberfläche nach einem der bekannten Verfahren, z. B. mittels eines Sandstrahlgebläses oder durch Eintauchen in Kalilauge und wäscht hierauf die Platte sorgfältig nach. Dann wird sie am besten in einem elektrischen Ofen auf 1000° bis 1020° C unter Hinzutritt von Sauerstoff erhitzt. Je nach der Menge des Sauerstoffs nimmt die Oberfläche des Kupferkörpers ein mehr oder minder glasiges Aussehen an, das der Bildung des Cu_2O zuzuschreiben ist. CuO ist dagegen undurchsichtig und von blauschwarzer Farbe. Um nun ein möglichst festes Anhaften der Cu_2O-Schicht auf dem Mutterkupfer zu erhalten, läßt man die Platte sich langsam auf 600° C abkühlen, wobei man jetzt zweckmäßig den Sauerstoff fernhält. Hierauf kann man sie schnell abkühlen. Eine evtl. auf der Oberfläche sitzende Kupferoxydschicht (CuO), die sich oft bildet, muß nachträglich auf chemischem oder mechanischem Wege entfernt werden, da CuO einen hohen spez. Widerstand besitzt, wodurch die Zelle für viele Zwecke unbrauchbar wird. Eine richtig hergestellte Zelle besitzt einen Widerstand von 10^3 bis $10^4\,\Omega$ pro cm^2.

Die Cu_2O-Sperrschichtzellen zeigen eine sehr große Temperaturabhängigkeit[1]. Hierdurch wird ihre Verwendung für photometrische Messungen etwas eingeschränkt.

Außer Cu_2O wird Selen für die Herstellung besonders empfindlicher Sperrschichtzellen benutzt (vgl. S. 53 u. 114).

28. Serienherstellung, Prüfung und Lebensdauer der Photozellen.

Bei der Serienherstellung der Photozellen ist es erforderlich, möglichst viele Teilprozesse mit einer größeren Anzahl einzelner Zellen gleichzeitig vorzunehmen oder automatisch ablaufen zu lassen. Z. B. werden Pumpgabel und Ofen (vgl. Abb. 39, S. 56) so bemessen, daß etwa 6 bis 10 Zellen gleichzeitig ausgepumpt und ausgeheizt werden können. Das Eindestillieren der

---

[1] Teichmann, H.: Z. Physik **65**, 709 (1930) und **67**, 192 (1931). Lange, B.: Physik. Z. **32**, 850 (1931).

118 Herstellung von Photozellen.

aktiven Substanzen und die Füllung mit Edelgasen wird man dagegen getrennt vornehmen, da es oft zweckmäßig ist, durch Stichproben den Zustand der Photozelle zu überprüfen. Hierzu genügen relative Messungen, die z. B. auf eine Vergleichs-

Abb. 97. Pumpstände für Photozellen (AEG).

oder Normalzelle bezogen werden. Eine derartige Pumpanlage ist in Abb. 97 dargestellt. Sind die Zellen an der Pumpe für gut befunden, so werden sie von der Pumpapparatur abgeschmolzen und einem gemeinsamen Formierungsprozeß unterworfen. Bei der Herstellung von Selenzellen wird man die Bewicklung der Drahtzelle automatisch durchführen und eine größere Anzahl nach dem Aufbringen des Selens im Ofen tempern.

Zur Erzielung möglichst enger Toleranzen in der Empfindlichkeit ist eine **Alterung** der Zellen notwendig. Man bringt sie in einen **Brennrahmen** und belastet sie zunächst längere Zeit unter normalen Betriebsverhältnissen. Dann steigert man die Belastung, gibt kurzzeitig Überspannungen an die Zellen und prüft sie unter verschiedenen Außentemperaturen und Feuchtigkeitsverhältnissen. Eine gute Zelle soll nach dieser Vorbelastung konstant sein und während einer Zeit von 600 bis 1000 Betriebsstunden sich nicht mehr verändern.

Die Kontrolle dieser Änderungen erfolgt durch die **Lebensdauerprüfung**. Aus jeder Fabrikationsserie werden einige Zellen der Dauerprüfung unter den verschiedensten Bedingungen unterzogen. Es liegen bisher nur wenig Veröffentlichungen über Lebensdauerprüfungen vor. Die von der Allgemeinen Elektrizitäts-Gesellschaft veröffentlichten Kurven zeigen eine Konstanz der Empfindlichkeit über mehr als 7500 Stunden[1] (vgl. Abb. 275). Die Lebensdauer der Zellen wird bestimmt durch die Ermüdungserscheinungen, durch Nachlassen der Isolation (Wasserhautbildung), auch durch lang andauernde Glimmentladung (bei Gaszellen) durch chemische Veränderung der aktiven Schicht (z. B. Selenzellen an Luft), durch Undichtwerden (Sprünge an den Einschmelzungen), durch sehr starke Überlastungen (z. B. direktes Sonnenlicht) und anderes mehr.

Die **Prüfung** der Zellen erfolgt unter möglichst gleichbleibenden Bedingungen nach einer der in den folgenden Abschnitten beschriebenen Methoden. Verwendet man zur Prüfung **Vergleichszellen**, so muß man darauf achten, daß diese gut gealtert sind und keine Veränderungen mehr aufweisen. Die **charakteristischen Eigenschaften** einer Photozelle sind bestimmt durch die Empfindlichkeit in Mikroampere pro Lumen, wobei anzugeben ist, für welches Licht die Messung gilt, durch die Steilheit der Kennlinie (Arbeitskurve) im normalen Arbeitspunkt, durch die Grenzbedingungen, wie z. B. maximale Anodenspannung oder Betriebsspannung, durch die Temperaturabhängigkeit und Lebensdauer.

---

[1] Kluge, W.: Physiker- u. Mathematiker-Tagung in Bad Elster 1931.

VI. Meßmethoden und Apparate bei lichtelektrischen Untersuchungen.
A. Elektrostatische Meßmethoden.

29. Potential- und Zeitmeßmethode (Aufladem ethode) innerhalb des Sättigungsgebietes.

Bei der einfachsten Anordnung zur elektrostatischen Messung lichtelektrischer Ströme verbindet man entweder die Anode A (Abb. 98a) oder die Kathode K (Abb. 98b) der Photozelle mit der Zuführung des Elektrometers E und legt im Falle a den negativen Pol der Hilfsbatterie E_0 an die Kathode, im Falle b

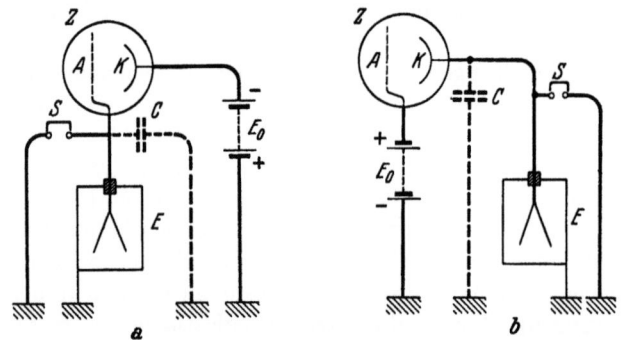

Abb. 98. Schaltung zur Messung lichtelektrischer Ströme nach der Auflademethode.
a Anode hoch isoliert, b Kathode hoch isoliert.

den positiven Pol von E_0 an die Anode. Der freie Pol der Batterie, das Elektrometergehäuse sowie der freie Pol des hochisolierten Stromschlüssels S sind mit Erde verbunden.

Welche der beiden in Abb. 98 wiedergegebenen Schaltungen vorzuziehen ist, bestimmt man in folgender Weise. Man erdet zuerst K, verbindet A mit dem Elektrometer, hebt dessen Erdung bei verdunkelter Zelle mittels S auf, lädt es mit einem geriebenen Hartgummistab auf und mißt den Elektrometerrückgang mit der Stoppuhr. Dann erdet man A, verbindet K mit dem Elektrometer und ermittelt wiederum den Elektrometerrückgang, nachdem man das Instrument aufgeladen hat. Die am besten isolierte Elektrode verbindet man schließlich mit dem Elektrometer. Je nachdem, ob dies die Anode oder die Kathode ist, mißt man den auftreffenden (negative Aufladung) oder den weggehenden (positive Aufladung) Elektronenstrom.

Potential- und Zeitmeßmethode innerhalb des Sättigungsgebietes. 121

Wie auf S. 8, 9 und 97 ausgeführt wurde, hängt die Höhe der Hilfsspannung E_0 sowohl von der geometrischen Gestalt und Anordnung der Elektroden als auch davon ab, ob die Zelle hoch evakuiert oder gasgefüllt ist. Bei **hochevakuierten** Zellen verläuft die **Stromspannungskurve** oder **Kennlinie** bei genügend hohem E_0 horizontal, für sie ist in diesem Gebiete

$$\frac{di}{dE} = 0.$$

Ist die Zelle hingegen **gasgefüllt**, so ist

$$\frac{di}{dE} > 0.$$

Der ausgelöste Elektronenstrom i ist in evakuierten Zellen der Lichtintensität proportional, solange das Hilfspotential so hoch ist, daß die Charakteristik horizontal verläuft. In gasgefüllten Zellen ist der durch die Lichtbestrahlung hervorgerufene Strom bei nicht zu hohen Hilfspotentialen und nicht zu großer Lichtintensität Φ ebenfalls der letzteren proportional. Für die Stromspannungskurve einer solchen Zelle gilt

$$\frac{di}{dE} \sim \Phi,$$

falls die genannten Bedingungen erfüllt sind (vgl. Ziffer 24).

Bei der folgenden Behandlung der elektrostatischen Meßmethoden wollen wir zunächst eine **evakuierte** vorzüglich isolierende Photozelle voraussetzen, deren Hilfspotential E_0 sich innerhalb des **Sättigungsgebietes** der Stromspannungskurve befindet. Wir können uns die Kapazität von Zelle und Elektrometer

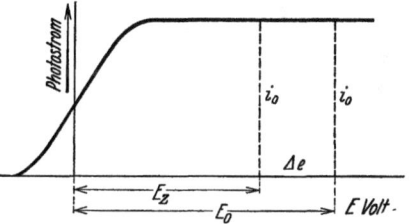

Abb. 99. Stromspannungskurve einer evakuierten Photozelle bei Anwendung der Aufladungsmethode. Die Aufladung erfolgt innerhalb des Sättigungsgebietes.

durch den Kondensator C in Abb. 98 veranschaulicht denken und haben also den Fall vor uns, daß ein Kondensator durch einen zeitlich konstanten Strom i_0 (Abb. 99) aufgeladen wird. Die Potentialzunahme de pro Zeiteinheit dt ist dann gegeben durch

$$\frac{de}{dt} = \frac{i_0}{C}; \quad i_0 = C \frac{de}{dt}. \tag{1}$$

Wir können daher den lichtelektrischen Strom i_0 durch die Aufladegeschwindigkeit $\frac{de}{dt}$ oder auch durch den Quotienten $\frac{\Delta e}{\Delta t}$ bestimmen, wenn sich das Elektrometer in Δt sec um Δe Volt aufgeladen hat:

$$i_0 = C \cdot \frac{\Delta e}{\Delta t}. \qquad (2)$$

Dabei muß die Änderung Δe des an der Zelle liegenden Potentials noch innerhalb des Sättigungsgebietes liegen (Abb. 99), d. h. das nunmehr an der Zelle befindliche Potential E_z muß diese Bedingung erfüllen.

Aus Gl. (2) lassen sich zwei Meßmethoden für i_0 ableiten:

1. Man ermittelt das Potential Δe, auf welches sich das System in einer bestimmten Zeit Δt auflädt: **Potentialmeßmethode**.

2. Man ermittelt die Zeit Δt, in welcher sich das System auf ein bestimmtes Potential Δe auflädt: **Zeitmeßmethode**.

Bei beiden Methoden muß man in einer getrennten Messung eine Bestimmung der Kapazität vornehmen. Dies geschieht am einfachsten in der Weise, daß man bei gleichbleibender Zellenbelichtung, also konstantem Photostrom i_0 die Größe $\frac{\Delta e}{\Delta t}$ einmal mit der unbekannten Kapazität C mißt und ein zweites Mal, nachdem man eine bekannte Kapazität C' parallel geschaltet hat. (In Abb. 98 kann C diese Kapazität sein.) Je nachdem, ob man dabei Δt oder Δe unverändert läßt, erhält man entweder Δe_1 und Δe_2 (bei demselben Δt) oder Δt_1 und Δt_2 (bei demselben Δe). Dann ergibt sich:

$$i_0 = C \cdot \frac{\Delta e_1}{\Delta t} = (C + C') \cdot \frac{\Delta e_2}{\Delta t} \quad \text{bzw.} \quad i_0 = C \cdot \frac{\Delta e}{\Delta t_1} = (C + C') \cdot \frac{\Delta e}{\Delta t_2}$$

also

$$C = C' \frac{\Delta e_2}{\Delta e_1 - \Delta e_2} \quad \text{bzw.} \quad C = C' \cdot \frac{\Delta t_1}{\Delta t_2 - \Delta t_1}. \qquad (3)$$

Jede der beiden Meßmethoden besitzt Vorteile und Nachteile. Bei der erstgenannten **Potentialmeßmethode** genügt es, das Licht während einer bestimmten Anzahl von Metronomschlägen in die Zelle einfallen zu lassen und die Aufladung des Elektrometers in dieser Zeit, also nach dem Schließen des vor der Zelle befindlichen Lichtverschlusses, festzustellen. Die Messung geht in

Potential- und Zeitmeßmethode innerhalb des Sättigungsgebietes. 123

folgender Weise vor sich: Man enterdet das Elektrometer bei verdunkelter Zelle mittels des Schlüssels S und prüft die Isolation (s. unten). Dann setzt man das Metronom in Gang, liest den Nullpunkt der Elektrometerskala ab und öffnet den Lichtverschluß bei einem bestimmten Metronomschlag Null. Man zählt die Metronomschläge, beobachtet das Elektrometer und schließt den Lichtverschluß mit einem bestimmten Metronomschlag, wenn die Elektrometeraufladung eine genügende Anzahl von Skalenteilen erreicht hat. Darauf liest man den Endausschlag des Elektrometers ab. Die ganze Elektrometerskala muß vorher auf Volt durchgeeicht werden. Die Methode wird mit besonderem Vorteil bei automatischen Registrierungen angewendet (vgl. S. 284). Sie kann auch bei trägen Meßinstrumenten mit größerer Schwingungsdauer benutzt werden.

Bei Anwendung der Zeitmeßmethode ist dies nicht möglich. Bei dieser Methode stoppt man mit der Stoppuhr die Zeit Δt ab, während welcher sich das Elektrometer auf ein bestimmtes Potential Δe auflädt; man beobachtet also den Durchgang des Fadenkreuzes oder des Elektrometerfadens (vgl. Ziffer 34) durch eine bestimmte Stelle der Skala, die nur dann mit der Aufladung des Instrumentes (in Volt) übereinstimmt, wenn das bewegte System im Elektrometer genügend trägheitsfrei ist. Bei dem Quadrantelektrometer ist dies nicht der Fall, weshalb dieses Instrument nicht ohne weiteres zu Absolutmessungen des Elektronenstromes mittels der Zeitmeßmethode geeignet ist. Die Messung selbst erfolgt bei der Zeitmeßmethode in folgender Weise. Man enterdet wieder zunächst das Elektrometer und prüft die Isolation (s. unten). Dann öffnet man den Lichtverschluß, so daß sich das Instrument aufzuladen beginnt, und setzt die Stoppuhr in Gang, sobald ein gut abzulesender Anfangsskalenteil passiert wird. Man läßt die Uhr so lange laufen, bis sich das bewegliche System des Elektrometers um eine bestimmte, gut ablesbare Anzahl von Skalenteilen vorwärts bewegt hat, und stoppt sie wieder beim Passieren eines bestimmten Skalenteils ab. Nun erst schließt man den Lichtverschluß. Die Differenz der Skalenteile, übertragen in Volt, ergibt wiederum Δe; die Stoppuhrablesung die Zeit Δt.

In manchen Fällen ist die Isolation der Zelle nicht so vorzüglich, wie bisher angenommen wurde. Die Isolationsfehler machen sich aber zumeist nicht dadurch geltend, daß sie ein

Abfließen der Ladung des Elektrometers zur Erde bedingen, denn das Elektrometer selbst ist in der Regel mit den besten Isolationsmaterialien versehen (vgl. Ziffer 36). Sie ermöglichen vielmehr ein Überkriechen von Ladung zwischen Anode und Kathode und rufen somit eine zusätzliche Aufladung der mit dem Elektrometer verbundenen Elektrode hervor, die dem absoluten Betrage nach stets ein niedrigeres Potential als die andere Elektrode besitzt. Die „Dunkelaufladung" bewirkt also bei aufgehobener Erdung (S) bereits ohne Belichtung der Zelle eine mehr oder weniger starke Aufladung des Elektrometers.

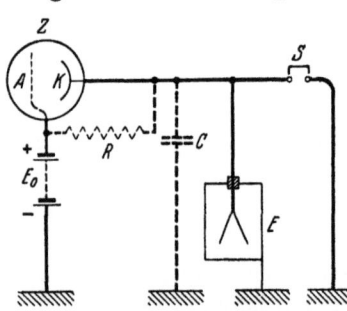

Abb. 100. Ersatzschaltung einer Zelle mit schlechter Isolation bei Anwendung der Auflademethode.

Der Zelle Z (Abb. 100) ist bei schlechter Isolation zwischen den Elektroden gewissermaßen ein Widerstand R parallel geschaltet, über den ein gleichzeitig mit dem Photostrom i_0 fließender Strom i' den Kondensator C auflädt, wobei i' von der Größe der an der Zelle liegenden Spannung E_z (Abb. 99) abhängt, also mit zunehmender Aufladung $\varDelta e$ des Systems abnimmt. Die Größe des durch i' entstehenden Fehlers kann in folgender Weise abgeschätzt werden.

Das Hilfspotential E_0 verteilt sich auf Zelle bzw. Widerstand und Kondensator, so daß nach Abb. 99 und Gl. (2)

$$E_0 = E_z + \varDelta e = i' \cdot R + \frac{1}{C} \int (i' + i_0) \, dt. \tag{4}$$

Die Differentiation dieser Gleichung ergibt

$$0 = R \cdot \frac{di'}{dt} + \frac{i'}{C} + \frac{i_0}{C}; \qquad \frac{di'}{dt} + \frac{1}{RC} \cdot i' + \frac{1}{RC} \cdot i_0 = 0;$$

$$\frac{d(i' + i_0)}{i' + i_0} = -\frac{dt}{RC}.$$

Diese Gleichung integriert:

$$\ln(i' + i_0) = -\frac{t}{RC} + \text{const}; \qquad (i' + i_0) = \text{const} \cdot e^{-\frac{t}{RC}}.$$

Potential- und Zeitmeßmethode innerhalb des Sättigungsgebietes. 125

Da für $t = 0$; $i' = \frac{E_0}{R} \equiv i^*$, folgt

$$\frac{E_0}{R} + i_0 = \text{const}; \quad \text{also ist} \quad i' + i_0 = \left(\frac{E_0}{R} + i_0\right) \cdot e^{-\frac{t}{RC}}. \quad (5)$$

Für die Elektrometeraufladung Δe erhält man somit bei **schlechter Isolation**:

$$\left.\begin{aligned}\Delta e &= \frac{1}{C}\int_0^{\Delta t}(i' + i_0)\,dt = \frac{1}{C}\left(\frac{E_0}{R} + i_0\right)\int_0^{\Delta t} e^{-\frac{t}{RC}}\,dt, \\ \Delta e &= (E_0 + R \cdot i_0)\left(1 - e^{-\frac{\Delta t}{RC}}\right).\end{aligned}\right\} \quad (6)$$

Ist $R = \infty$, also kein Isolationsfehler vorhanden, so wird

$$\Delta e = \lim_{R = \infty} \frac{1 - e^{-\frac{\Delta t}{RC}}}{\frac{1}{R \cdot i_0}} = \lim_{R = \infty} \frac{-e^{-\frac{\Delta t}{RC}} \cdot \frac{\Delta t}{R^2 C}}{-\frac{1}{R^2 \cdot i_0}} = \frac{i_0 \cdot \Delta t}{C}.$$

In diesem Falle gilt also wieder Gl. (2).

Mittels Gl. (6) läßt sich abschätzen, wie groß der **Isolationswiderstand** R mindestens sein muß, damit man ihn in einfacher Weise experimentell bestimmen und in Rechnung stellen kann. Wir entwickeln hierzu die Exponentialfunktion in Gl. (6) in eine Reihe und erhalten

$$\Delta e = (E_0 + R \cdot i_0)\left[\frac{\Delta t}{RC} - \frac{1}{2}\left(\frac{\Delta t}{RC}\right)^2\right]$$

$$= (E_0 + R \cdot i_0)\frac{\Delta t}{RC}\left(1 - \frac{1}{2}\frac{\Delta t}{RC}\right). \quad (7)$$

Soll die Meßgenauigkeit z. B. 1% betragen, so muß $\frac{1}{2}\frac{\Delta t}{RC} \leq 0{,}01$ sein, damit man es gegen 1 vernachlässigen und an Stelle von Gl. (7) schreiben kann:

$$\Delta e = \frac{E_0}{R} \cdot \frac{\Delta t}{C} + i_0 \cdot \frac{\Delta t}{C} = i^* \cdot \frac{\Delta t}{C} + i_0 \cdot \frac{\Delta t}{C}, \quad (8)$$

wobei i^* wieder den Anfangswert $\frac{E_0}{R}$ des über R fließenden Dunkelstromes bedeutet. Ist also $C = 100$ cm $\approx 10^{-10}$ Farad (1 cm $= \frac{1}{9} \cdot 10^{-11}$ Farad), und beträgt die Aufladezeit $\Delta t = 10$ sec, so sollte somit $\frac{10}{R \cdot 10^{-10}} < 0{,}02$ und $R > \frac{1}{2} 10^{13}\,\Omega$ sein. Unter dieser Bedingung kann man nach Gl. (8) die Elektrometeraufladung Δe additiv aus der Dunkelaufladung $i^* \cdot \frac{\Delta t}{C}$ und der Aufladung $i_0 \cdot \frac{\Delta t}{C}$ durch den Photostrom zusammensetzen und den vorhandenen Isolationsfehler in der Weise korrigieren, daß man die Dunkelaufladung $i^* \cdot \frac{\Delta t}{C}$ nach der Potential- oder Zeitmeßmethode bestimmt und von der bei Belichtung erhaltenen Gesamtaufladung Δe abzieht.

Man ersieht hieraus zugleich, daß es im Falle großer Dunkelaufladung zweckmäßig ist, dem Elektrometer noch eine größere Zusatzkapazität parallel zu schalten, um den Wert von $\frac{\Delta t}{RC}$ herunterzudrücken. Man muß dann natürlich mit größeren Lichtintensitäten, also größeren i_0-Werten arbeiten, damit nach Gl. (2) Δe nicht zu klein wird. Läßt sich die Lichtintensität nicht heraufsetzen, so ist das kleinere Δe mit höherer Elektrometerempfindlichkeit zu messen.

Die gleiche Überlegung gilt unter sinngemäßer Änderung einiger Vorzeichen, wenn das aufgeladene Elektrometer bei geschlossenem Lichtverschluß einen Rückgang zeigt.

30. Potential- und Zeitmeßmethode (Aufladmethode) bei ansteigender Stromspannungskurve.

Die voranstehenden Betrachtungen bezogen sich auf evakuierte Photozellen mit horizontaler Stromspannungskurve (Abb. 99). Auf evakuierte Zellen außerhalb des Sättigungsgebietes, sowie auf gasgefüllte Zellen, bei denen der Photostrom mit der Spannung ansteigt (Abb. 101), sind sie nicht ohne weiteres zu übertragen. Bei diesen Zellen ist der dem Werte E_0 der Hilfsspannung entsprechende Photostrom i_0 nur im ersten Moment vorhanden. Mit zunehmender Elektrometeraufladung Δe vermindert sich mit der an der Zelle liegenden Spannung E_z auch der Photostrom i, so daß i_0 in Gl. (1) eine Funktion der Elektrometeraufladung wird.

Wendet man zur Bestimmung der Lichtintensität Φ die Zeitmeßmethode an, d. h. läßt man das Elektrometer sich bei jeder Messung auf einen konstanten Spannungswert Δe aufladen, so ist die hierzu benötigte Zeit Δt umgekehrt proportional der Lichtintensität. Man kann nämlich die Gesamtaufladung Δe in lauter kleine Schritte de zerlegen (Abb. 102, in der die Stromspannungskurven für zwei verschiedene Lichtintensitäten eingetragen sind), während deren man den Photostrom konstant gleich dem Mittelwert aus den Beträgen zu Anfang und zu Ende des Schrittes setzen kann. Da die Ströme innerhalb der Intervalle de umgekehrt proportional den Aufladezeiten dt und proportional der Lichtintensität Φ sind, müssen die Aufladezeiten dt umgekehrt proportional Φ sein.

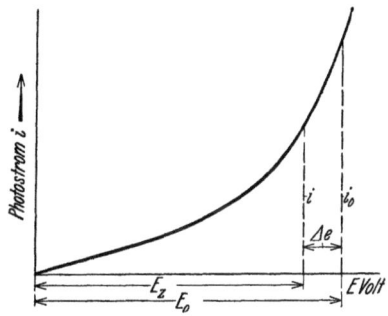

Abb. 101. Stromspannungskurve einer gasgefüllten Photozelle bei Anwendung der Auflademethode. Durch die Aufladung ändert sich die Zellenspannung und damit der Photostrom.

Summiert man jetzt über alle Schritte de, so ergibt sich, daß die Summe Δt der Aufladezeiten dt der Lichtintensität umgekehrt proportional ist. Dies gilt natürlich nur innerhalb des Spannungsintervalls, in dem i proportional der Lichtintensität ist.

Bei der Verwendung der Potentialmeßmethode liegen die Verhältnisse nicht so einfach. Da die Photostromstärke durch die Aufladung dE des Elektrometers um di abnimmt (Abb. 104), geht die Aufladung für ein kleines Spannungsintervall Δe, in welchem wir die

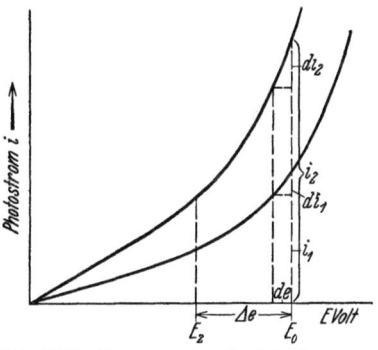

Abb. 102. Stromspannungskurve einer gasgefüllten Photozelle bei verschiedener Lichtintensität und Anwendung der Zeitmeßmethode.

Kennlinie als linear ansehen dürfen, in gleicher Weise vor sich, als wenn eine Kapazität C über einen Ohmschen Widerstand R aufgeladen wird (Abb. 103). Auch in diesem Fall liegt in dem Stromkreis E', R, C, Erde zunächst die gesamte Spannung E' am Widerstand R. Lädt sich der Kondensator um dE auf, so nimmt auch hier die Stromstärke um

$di = \frac{dE}{R}$ ab. Wir können daher die Formel für das Potential Δe des Kondensators nach Δt sec

$$\Delta e = E'\left(1 - e^{-\frac{\Delta t}{RC}}\right) \tag{9}$$

auf die Photozelle anwenden, unter der Voraussetzung, daß die Zellenkennlinie in dem Intervall Δe als linear angesehen werden darf. E' bedeutet dann das Potential, bei dem der Zellenstrom i den Wert Null erreichen würde, wenn man

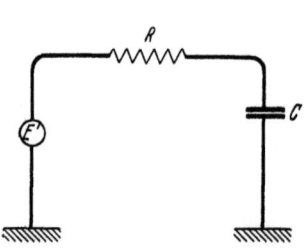
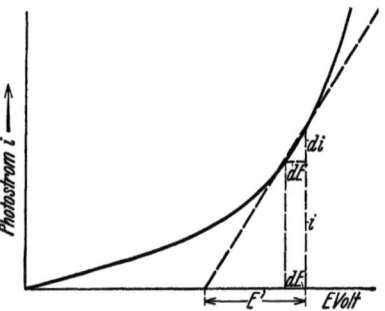

Abb. 103. Schaltung bei Aufladung einer Kapazität über einem Ohmschen Widerstand.

Abb. 104. Stromspannungskurve einer gasgefüllten Zelle bei Anwendung der Potentialmeßmethode.

die Kennlinie linear fortsetzen könnte. Aus Abb. 104 ist zu entnehmen, daß

$$\frac{E'}{i} = \frac{dE}{di}; \qquad E' = i \cdot \frac{dE}{di},$$

wobei $\frac{di}{dE}$ die Neigung der Kennlinie in dem fraglichen Punkte bedeutet. Für R ist in Gl. (9) offenbar $\frac{E'}{i} = \frac{dE}{di}$ einzusetzen, denn zu Anfang, wenn der Photostrom die Größe i hat, würde an dem „Widerstande" R der Spannungsabfall E' vorhanden sein. Gl. (9) nimmt somit für die Aufladung der Photozelle im Intervall Δe die Gestalt an

$$\Delta e = i \cdot \frac{dE}{di}\left(1 - e^{-\frac{\Delta t}{\frac{dE}{di} \cdot C}}\right). \tag{10}$$

Aus Gl. (10) können wir die Bedingung dafür ableiten, daß wir bei der Potentialmeßmethode Δe proportional der Licht-

Potential- und Zeitmeßmethode bei ansteigender Kennlinie. 129

intensität setzen dürfen (wobei wieder vorausgesetzt ist, daß wir in dem Spannungsbereich arbeiten, in welchem i proportional der Lichtintensität ist). Zu diesem Zwecke entwickeln wir die Exponentialfunktion in Gl. (10) in eine Reihe und erhalten

$$\Delta e = i\frac{dE}{di}\left[\frac{\Delta t}{C \cdot \frac{dE}{di}} - \frac{1}{2}\left(\frac{\Delta t}{C \cdot \frac{dE}{di}}\right)^2\right] = i \cdot \frac{\Delta t}{C}\left(1 - \frac{1}{2}\frac{\Delta t}{C \cdot \frac{dE}{di}}\right).$$

Kann der in der Klammer enthaltene Ausdruck

$$\frac{1}{2}\frac{\Delta t}{C \cdot \frac{dE}{di}} = \frac{1}{2}\frac{\Delta t}{C} \cdot \frac{di}{dE} \tag{11}$$

gegen 1 vernachlässigt werden, so ist Gl. (2) offenbar erfüllt; von seiner Größe hängt es also (außer von den oben genannten Bedingungen für die Proportionalität zwischen i und der Lichtintensität) ab, wie weit die Elektrometeraufladung Δe dem Photostrom i und damit der Lichtintensität proportional ist. Soll die Genauigkeit, bis zu der Δe ein Maß für die Lichtintensität darstellt, z. B. 1% ausmachen, so muß $\frac{1}{2}\frac{\Delta t}{C} \cdot \frac{di}{dE} \leqq 0{,}01$ sein. Beträgt z. B. die Kapazität des Systems 100 cm $\approx 10^{-10}$ Farad und die Aufladezeit 10 sec, so darf die Neigung $\frac{di}{dE}$ bei der größten zu messenden Lichtintensität $\frac{C}{\Delta t} \cdot 0{,}02 = 2 \cdot 10^{-13}\frac{\text{Amp}}{\text{Volt}}$ nicht übersteigen. Ist also $\frac{di}{dE}$ größer, so muß man durch passende Wahl von Δt (möglichst klein) und C (möglichst groß) den Wert von $\frac{\Delta t}{C} \cdot \frac{di}{dE}$ herunterdrücken. Da hierdurch die zu beobachtende Elektrometeraufladung sehr klein wird, erfordert die Anwendung der Potentialmeßmethode auf gasgefüllte Zellen neben der Parallelschaltung einer großen Kapazität auch die Benutzung eines hochempfindlichen Elektrometers.

Ist $\frac{di}{dE}$ (in $\frac{\text{Amp}}{\text{Volt}}$) nicht bekannt, sondern nur die relative Zunahme des Photostromes pro Volt Zunahme der Zellenspannung, die „relative" Steilheit

$$\frac{1}{i} \cdot \frac{di}{dE}$$

der Kennlinie, so ergeben sich die Arbeitsbedingungen bei

Verwendung der Potentialmeßmethode auf folgendem Wege. Aus Gl. (10) erhält man

$$-\frac{\Delta t}{C}\cdot\frac{di}{dE} = \ln\left(1-\frac{\Delta e}{i}\cdot\frac{di}{dE}\right) = 2\cdot\frac{-\frac{\Delta e}{i}\cdot\frac{di}{dE}}{2-\frac{\Delta e}{i}\cdot\frac{di}{dE}}\text{ *},$$

$$\frac{\Delta t}{C} = \frac{\Delta e}{i}\cdot\frac{1}{1-\frac{1}{2}\frac{\Delta e}{i}\cdot\frac{di}{dE}}. \tag{12}$$

Gl. (2) ist also wiederum erfüllt, wenn der Wert des Ausdruckes

$$\frac{\Delta e}{2}\cdot\frac{1}{i}\cdot\frac{di}{dE} \tag{13}$$

innerhalb der Meßfehlergrenze liegt. Bei 1% Meßgenauigkeit muß der Ausdruck (13) $\leq 0{,}01$ sein, d. h. es muß

$$\Delta e\cdot\frac{1}{i}\frac{di}{dE}\leq 0{,}02$$

sein. Um die Größe der noch zulässigen Elektrometeraufladung zu finden, braucht man also z. B. nur festzustellen, um wieviel Elektrometerskalenteile pro sec die Aufladegeschwindigkeit bei einer bestimmten Lichtintensität abnimmt, wenn man die Zellenspannung E_0 um 1 Volt erniedrigt. Die Abnahme der Aufladegeschwindigkeit dividiert man durch die Aufladegeschwindigkeit selbst in $\frac{\text{Skt}}{\text{sec}}$ und hat damit $\frac{1}{i}\frac{di}{dE}$. Den noch zulässigen Maximalwert von Δe erhält man nun durch Division der mit 2 multiplizierten Meßgenauigkeit durch die relative Zunahme der Aufladegeschwindigkeit. Wurde also z. B. für i bei 130 Volt Anodenspannung $63{,}5\ \frac{\text{Skt}}{\text{sec}}$, bei 124 Volt $55{,}3\ \frac{\text{Skt}}{\text{sec}}$ gefunden, so ist $\frac{1}{i}\frac{di}{dE} = \frac{8{,}2}{63{,}5\cdot 6} = 2{,}15\cdot 10^{-2}$; Δe muß somit kleiner sein als 0,9 Volt. Ist Δe bei der verwendeten Lichtintensität größer, so muß man entweder die Zeit Δt herabsetzen oder eine Kapazität der Zelle parallel schalten.

31. Methode des stationären Ausschlags.

Zu den elektrostatischen Meßmethoden ist auch die Methode des stationären Ausschlags zu rechnen, bei welcher man das

---

* $\ln u = 2\left\{\dfrac{u-1}{u+1} + \dfrac{1}{3}\left(\dfrac{u-1}{u+1}\right)^3 + \cdots\right\}$

Elektrometer bzw. die mit letzterem verbundene Zellenelektrode an einen Hochohmwiderstand R von 10^8 bis 10^{11} Ω anschließt und dessen anderes Ende mit Erde verbindet. Wie man aus Abb. 105 ersieht, fließt der Photostrom über R ab und das Elektrometer mißt den von der Größe des Stromes abhängigen Spannungsabfall, welcher sich längs R einstellt. Die Hilfsspannung E_0 verteilt sich somit auf Zelle und Widerstand; je größer der Photostrom, desto größer der Spannungsabfall längs R und desto kleiner die Zellenspannung E_z.

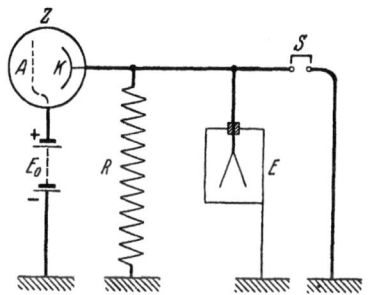

Abb. 105. Schaltung bei der Methode des stationären Ausschlags.

Befinden wir uns im Sättigungsgebiet der Kennlinie, so haben wir die gleichen Verhältnisse vor uns wie in Abb. 99, in der Δe nunmehr den Spannungsabfall längs des Widerstandes darstellt. Der Photostrom i_0 bleibt also konstant und ergibt sich zu

$$i_0 = \frac{\Delta e}{R}. \quad (14)$$

Anders liegen die Verhältnisse, wenn wir im ungesättigten Gebiet messen wollen oder wenn wir eine gasgefüllte Zelle vor uns haben. Wir finden dann den Photostrom bei der Hilfsspannung E_0 und dem Widerstande R an Hand des Diagramms in Abb. 106, in dem φ den Winkel darstellt, dessen cotg gleich R ist. Da

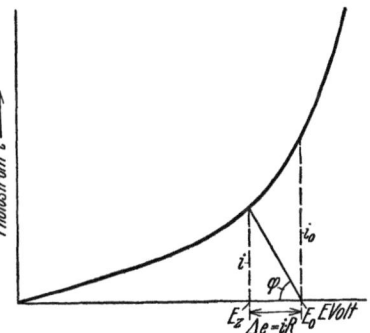

Abb. 106. Stromspannungskurve einer gasgefüllten Zelle bei Anwendung der Methode des stationären Ausschlags; Änderung der Zellenspannung und des Photostromes mit dem Widerstand R.

$$\cotg \varphi = \frac{\Delta e}{i} = \frac{i \cdot R}{i} = R, \quad (15)$$

ist die Strecke $E_0 E_z$ gleich dem Spannungsabfall $\Delta e = i \cdot R$ am Widerstand und i der tatsächlich fließende Photostrom. An der Zelle liegt also nicht mehr die ganze Hilfsspannung E_0, sondern nur noch die Spannung E_z. Je kleiner R ist, desto größer wird der Winkel φ, desto mehr nähert sich E_z dem Werte E_0 und i dem Werte i_0. Da nun i_0 proportional der Lichtintensität ist, gilt das gleiche für den am Widerstande gemessenen Spannungsabfall Δe nur dann, wenn i_0 durch R möglichst wenig beeinflußt wird, also wenn R klein ist gegen den Zellenwiderstand. Welche Bedingungen R erfüllen muß, ergibt sich durch folgende Überlegung.

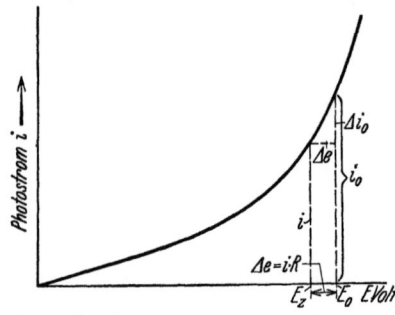

Abb. 107. Stromspannungskurve einer gasgefüllten Zelle bei Anwendung der Methode des stationären Ausschlags. Verhalten bei kleinem Widerstand R.

Wie man aus Abb. 107 entnimmt, ist

$$i = i_0 - \Delta i_0 = i_0 - \Delta e \cdot \frac{di}{dE}$$
$$= i_0 - i \cdot R \cdot \frac{di}{dE},$$

da $\dfrac{\Delta i_0}{\Delta e} = \dfrac{di}{dE}$, solange der zwischen E_0 und E_z liegende Kurventeil als geradlinig angesehen werden kann. Es ist daher

$$i = i_0 \left(1 - i \cdot R \cdot \frac{1}{i_0} \cdot \frac{di}{dE}\right) = i_0 \left(1 - \Delta e \cdot \frac{1}{i_0} \cdot \frac{di}{dE}\right). \quad (16)$$

Der am Widerstande R ermittelte Spannungsabfall

$$\Delta e = i \cdot R$$

ist also dann innerhalb der Fehlergrenzen gleich dem der Lichtintensität proportionalen $i_0 \cdot R$, wenn der Wert des Ausdruckes

$$\Delta e \cdot \frac{1}{i_0} \cdot \frac{di}{dE} \quad (17)$$

innerhalb der Fehlergrenzen liegt. Um den **maximal zulässigen Spannungsabfall** Δe aus (17) zu ermitteln, hat man also nur den zulässigen Fehler durch die relative Steilheit der Charakteristik zu dividieren. Ist, wie im Beispiel auf S. 130, die Fehlergrenze 1%, d. h. 0,01 und $\dfrac{1}{i_0} \cdot \dfrac{di}{dE} = 2{,}15 \cdot 10^{-2}$, so ergibt sich $\Delta e < 0{,}46$ Volt. Bei bekanntem maximalem Photostrom kann man sich nun den maximal zulässigen Widerstand R berechnen. Häufig ist jedoch R gegeben und man muß sich eine passende Stelle der Kennlinie suchen, für welche der Ausdruck (17) kleiner als die zulässige Fehlergrenze ist. Nachdem man den zulässigen Maximalwert von Δe ermittelt hat, stellt man die Empfindlichkeit des Elektrometers am besten so ein, daß die ganze Skala des Instrumentes diesem Werte entspricht. Die Kapazität wird man natürlich möglichst niedrig halten, damit die Einstelldauer nach Gl. (9) möglichst kurz ist.

Die Methode des stationären Ausschlags läßt sich auch dann verwenden, wenn die Zelle zwischen Anode und Kathode verhältnismäßig schlecht isoliert. Befindet man sich im Sättigungsgebiet, so addieren sich der Photostrom i_0 und der Nebenschlußstrom i'

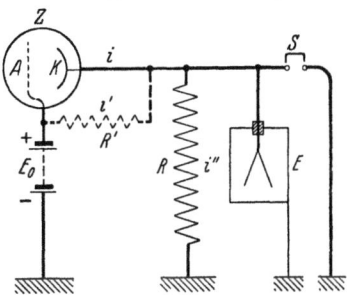

Abb. 108. Ersatzschaltung einer Zelle mit schlechter Isolation zwischen Anode und Kathode bei Anwendung der Methode des stationären Ausschlags.

(Abb. 108); der am Widerstande R gemessene Spannungsabfall ist also

$$\Delta e = (i_0 + i') \cdot R. \qquad (18)$$

Man kann deshalb i_0 ohne weiteres erhalten, wenn man den Elektrometerausschlag Δe ohne Belichtung (bei $i_0 = 0$) ermittelt und von dem bei Belichtung gefundenen Werte abzieht. i' darf nur nicht so groß sein, daß $(i_0 + i') R$ den Arbeitspunkt der Zelle außerhalb des Sättigungsgebietes der Zelle verlegt (vgl. Abb. 99).

Befindet sich der Arbeitspunkt von vornherein außerhalb des Sättigungsgebietes, oder verwendet man eine gasgefüllte Zelle,

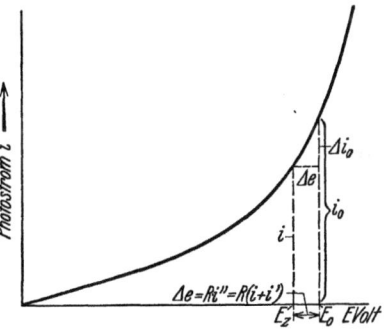

Abb. 109. Stromspannungskurve einer gasgefüllten Photozelle mit schlechter Isolation zwischen Anode und Kathode bei Anwendung der Methode des stationären Ausschlags.

so müssen Gl. (16) und der Ausdruck (17) nur ein wenig verändert werden, um die Arbeitsbedingung für schlechte Isolation zu erhalten. Wie in Abb. 109 angegeben, wird jetzt die Zellenspannung um

$$\Delta e = R \cdot i'' = R(i + i') \qquad (19)$$

vermindert, wobei i'', wie aus Gl. (19) ohne weiteres ersichtlich, den aus Photostrom i und Nebenschlußstrom i' zusammengesetzten Gesamtstrom bedeutet. Es ist also jetzt

$$i = i'' - i' = i_0 - \Delta i_0 = i_0 - \Delta e \cdot \frac{di}{dE},$$

$$i'' - i' = i_0 \left[1 - (i + i') R \frac{1}{i_0} \frac{di}{dE} \right]. \tag{20}$$

Der Ausdruck (17) nimmt demnach die Gestalt an

$$\Delta e \cdot \frac{1}{i_0} \frac{di}{dE} = (i + i') R \cdot \frac{1}{i_0} \frac{di}{dE}, \tag{21}$$

d. h. es muß auch hier das Produkt aus der relativen Steilheit und dem zulässigen maximalen Elektrometerausschlag kleiner als der zulässige Fehler sein. Nur wenn diese Bedingung erfüllt ist, kann man in Gl. (20) $i'' - i'$ gleich i_0 und damit proportional der Lichtintensität setzen; $i'' - i'$ ist dann auf die Weise zu bestimmen, daß man wiederum den Dunkelstrom i' getrennt ermittelt und abzieht.

Die Messung nach der Methode des stationären Ausschlags geht in folgender Weise vor sich. Nachdem man festgestellt hat, daß die genannten Bedingungen erfüllt sind, enterdet man das Elektrometer bei verdunkelter Zelle und erhält einen kleinen Ausschlag, wenn die Isolation nicht vollkommen ist. Diese Einstellung des Elektrometers nimmt man als neuen Nullpunkt; man öffnet jetzt den Lichtverschluß und zieht von dem bei Belichtung erhaltenen Elektrometerausschlag die Dunkeleinstellung des enterdeten Elektrometers ab. Die Methode ist besonders vorteilhaft, wenn variable Photoströme registriert werden sollen. Man benutzt dann ein möglichst trägheitsloses Elektrometer (Fadenelektrometer) und projiziert den Ausschlag Δe mittels einer geeigneten optischen Anordnung (vgl. S. 262 und 282) direkt auf das mit Hilfe eines Uhrwerks bewegte photographische Papier.

Da die genaue Größe des bei der geschilderten Methode benutzten Hochohmwiderstandes häufig nicht bekannt ist, wollen wir noch kurz angeben, wie man R leicht bestimmen kann. Man stellt sich zunächst die Schaltung (Abb. 105) her und reguliert die Lichtintensität so ein, daß Δe über den größten Teil der Elektrometerskala geht, also recht genau abgelesen werden kann. Dann schaltet man R ab und bestimmt bei gleicher Lichtintensität, d. h. gleichem Photostrom i_0, dessen Größe nach der

Potential- oder Zeitmeßmethode unter Benutzung von Gl. (2). Sollte sich das Elektrometer hierbei zu schnell aufladen, so schaltet man einen Kondensator parallel. Die Kapazität des Systems ermittelt man mit Hilfe eines Eichkondensators (vgl. S. 148). Δe kann bei jeder Messung in Elektrometerskalenteilen angegeben werden; eine Eichung des Elektrometers in Volt ist bei linearer Skala nicht erforderlich, weil sich der Proportionalitätsfaktor zwischen Skalenteilen und Volt bei der Kombination der Gln. (2) und (14) heraushebt. Aus Δe und i_0 berechnet man R nach Gl. (14).

32. Nullmethoden.

Die Beschränkungen der verschiedenen elektrostatischen Meßmethoden bei der Verwendung von Zellen mit ansteigender Charakteristik fallen fort, wenn man zur Messung Nullmethoden benutzt, bei denen die an der Zelle liegende Hilfsspannung E_0 unverändert bleibt. Dabei wird die Aufladung Δe des Elektro-

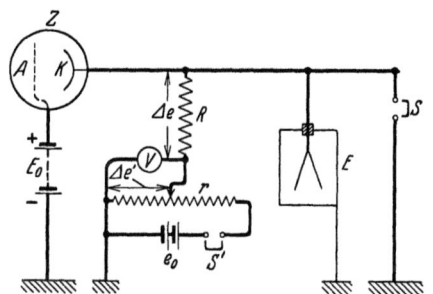

Abb. 110. Schaltung bei der Widerstands-Nullmethode.

meters entweder längs des hochohmigen Widerstandes R* in Abb. 110 oder mittels des Kondensators C in Abb. 111 kompensiert. Die kompensierende Spannung $\Delta e'$ kann mit Hilfe der in den beiden Abbildungen angegebenen Potentiometeranordnung hergestellt werden. In ihr bedeutet r einen Regulierwiderstand von 100 bis 1000 Ω, der klein ist gegen den Hochohmwiderstand R von 10^8 bis 10^{11} Ω. e_0 ist die Spannungsquelle von einigen Volt, deren Größe sich nach den zu kompensierenden Aufladungen Δe richtet. Das Voltmeter V dient zur Messung von $\Delta e'$; es besitzt zweckmäßig mehrere leicht umschaltbare Meßbereiche.

---

* Vgl. v. Halban, H., u. H. Geigel: Z. physik. Chem. **96**, 214 (1920).

Die Messung geht bei der erstgenannten Methode in folgender Weise vor sich. Man enterdet das Elektrometer mit dem Schlüssel S und stellt den Nullpunkt fest, der bei schlechter Isolation zwischen Anode und Kathode ein wenig verschoben sein kann. Dann öffnet man den Lichtverschluß vor der Zelle, schließt den Schalter S' und verschiebt den Gleitkontakt des Widerstandes r, bis der Nullpunkt des Elektrometers wiedererreicht ist. Das Voltmeter V gibt die kompensierende Spannung an, welche gleich dem Spannungsabfall Δe am Hochohmwiderstand R ist.

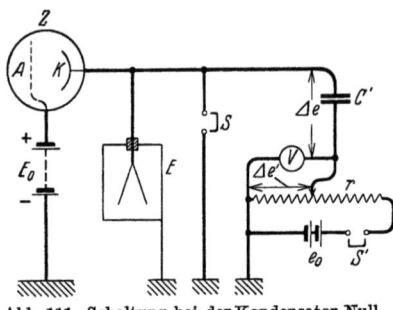

Abb. 111. Schaltung bei der Kondensator-Nullmethode.

Zur Erhöhung der Einstellungsempfindlichkeit ist es zweckmäßig, das Elektrometer so hoch empfindlich zu stellen, daß der durch den Photostrom an R ohne Kompensation hervorgerufene Spannungsabfall Δe weit über die Skala des Instrumentes hinausreichen würde. Um trotzdem bequem einstellen zu können, benutzt man (bei Verwendung eines Fadenelektrometers) den in Abb. 190 S. 243 wiedergegebenen Schalter, mit dem man die Elektrometerempfindlichkeit um ein bis zwei Zehnerpotenzen herabsetzten kann. Man kompensiert zunächst bei unempfindlichem Elektrometer, schaltet dann um und nimmt die Feineinstellung vor.

Die Genauigkeit der Messung von e' läßt sich dadurch erheblich steigern, daß man an Stelle des Regulierwiderstandes r eine Meßbrücke verwendet, die aus einem sorgfältig gearbeiteten Widerstandssatz von mehreren Dekaden besteht. An ihr läßt sich der Widerstand r', längs dessen der Spannungsabfall $\Delta e'$ herrscht, bequem bis auf $0,1\,{}^0/_{00}$ ermitteln. Da die Batteriespannung e_0 auf ein Normalelement bezogen werden kann, berechnet sich $\Delta e'$ aus dem Gesamtwiderstand r der Meßbrücke zu

$$\Delta e' = e_0 \cdot \frac{r'}{r}$$

mit etwa der gleichen Genauigkeit.

Während man bei der Widerstandsnullmethode den über R abfließenden Elektronenstrom kompensiert, beseitigt man bei der Kon-

Anwendbarkeit und Meßgenauigkeit der elektrostatischen Methoden. 137

densatornullmethode die Aufladung des mit dem Elektrometer verbundenen Systems, indem man über den Kondensator C' eine entgegengesetzt gleiche Ladung auf das System bringt. Die Messung erfolgt in der Weise, daß man bei $\Delta e' = 0$ den Erdungsschlüssel S öffnet und zu einem bestimmten Zeitpunkt den Lichtverschluß betätigt. Man hält nun das Elektrometer während Δt sec in der Nähe des Nullpunktes, indem man $\Delta e'$ durch Verschieben des Gleitkontaktes von r entsprechend anwachsen läßt. In dem gleichen Moment, in welchem die Δt sec verstrichen sind, schließt man den Lichtverschluß, reguliert genau auf den Nullpunkt ein und liest $\Delta e'$ ab.

Zur Bestimmung von Δt benutzt man am besten ein Metronom. Die in der Zeit Δt übergegangene Elektronenmenge ist gleich $\Delta e' \cdot C'$, der Strom also

$$i_0 = C' \cdot \frac{\Delta e'}{\Delta t}.$$

Es ist zweckmäßig, C' kleiner als die Kapazität C des Systems zu wählen, damit die Aufladezeit durch das Parallelschalten von C' nicht zu sehr vergrößert und $\Delta e'$ genügend groß erhalten wird.

Ist die Isolation zwischen Anode und Kathode unzureichend, so muß die hierdurch bedingte Dunkelaufladung in der Zeit Δt getrennt ermittelt und in Abzug gebracht werden.

Bei beiden Nullmethoden verwendet man mit Vorteil an Stelle des Elektrometers ein Röhrenvoltmeter, verbunden mit einem Zeigergalvanometer (vgl. S. 156) oder Schleifengalvanometer (vgl. S. 229) als Nullinstrument. Näheres hierüber in Ziffer 39.

33. Anwendbarkeit und Meßgenauigkeit der verschiedenen elektrostatischen Methoden.

Bevor wir die voranstehend geschilderten elektrostatischen Meßmethoden gegeneinander abwägen, wollen wir noch einmal einen kurzen Überblick geben. (Siehe Tabelle 7 auf S. 138.)

Der Meßfehler setzt sich bei der Potential- und bei der Zeitmeßmethode additiv zusammen aus den relativen Fehlern von Δe und Δt, falls man C als gegeben annimmt. Da man bei der Potentialmeßmethode Δt zumeist unter Zuhilfenahme eines Metronoms konstant hält und das Ohr im allgemeinen sehr

Tabelle 7.

Benennung der Methode	Erforderliche Instrumente	Photostrom wird erhalten auf Grund der Beziehung	Bemerkungen
Potentialmeßmethode.	Auf Volt geeichtes Elektrometer, Metronom, Eichkondensator.	$i_0 = C \cdot \dfrac{\Delta e}{\Delta t}$	Ohne Einschränkung nur brauchbar im Sättigungsgebiet. Bei schlechter Isolation mit Einschränkung.
Zeitmeßmethode.	Auf Volt geeichtes Elektrometer, Stoppuhr, Eichkondensator.	$i_0 = C \cdot \dfrac{\Delta e}{\Delta t}$	Ohne Einschränkung im Sättigungsgebiet und außerhalb der Sättigung verwendbar. Bei schlechter Isolation mit Einschränkung.
Methode des stationären Ausschlags.	Auf Volt geeichtes Elektrometer, bekannter Hochohmwiderstand (oder unbekannter Hochohmwiderstand, Stoppuhr und Eichkondensator).	$i_0 = \dfrac{\Delta e}{R}$	Ohne Einschränkung nur im Sättigungsgebiet brauchbar. Bei schlechter Isolation ohne Einschränkung zu verwenden.
Nullmethoden: Kompensation am Hochohmwiderstand.	Nicht geeichtes Elektrometer oder Röhrenvoltmeter, bekannter Hochohmwiderstand, Kompensationsanordnung (Meßbrücke oder Regulierwiderstand mit Voltmeter, Batterie von wenigen Volt).	$i_0 = \dfrac{\Delta e'}{R}$	Ohne Einschränkung sowohl im Sättigungsgebiet als außerhalb. Bei schlechter Isolation ebenfalls ohne Einschränkung.
Nullmethoden: Kompensation am Kondensator kleiner Kapazität.	Nicht geeichtes Elektrometer, Kondensator bekannter niedriger Kapazität, Metronom oder Stoppuhr, Kompensationsanordnung wie oben.	$i_0 = C' \cdot \dfrac{\Delta e'}{\Delta t}$	Ohne Einschränkung sowohl im Sättigungsgebiet als außerhalb. Bei schlechter Isolation ohne Einschränkung.

Anwendbarkeit und Meßgenauigkeit der elektrostatischen Methoden. 139

exakt auf Metronomschläge reagiert, besteht der Meßfehler bei dieser Methode hauptsächlich aus dem Fehler von Δe. Es ist also auf jeden Fall zweckmäßig, Δt so einzurichten, daß der Elektrometerausschlag Δe nicht zu klein wird.

Benutzt man die Zeitmeßmethode, so hält man Δe konstant gleich einer bestimmten Anzahl von Elektrometerskalenteilen und mißt Δt. Man muß dafür sorgen, daß Δt nicht zu klein wird, sondern ca. 5 bis 10 sec beträgt, wenn man mit einer auf 0,01 sec abstoppbaren Uhr arbeitet. Der Hauptmeßfehler liegt dann bei Δe. Da die Elektrometerskalenteile jetzt eine ganz bestimmte Anzahl ausmachen und man den Durchgang des Elektrometerfadens oder des Fadenkreuzes durch einen bestimmten Teilstrich beobachtet, ist die Meßgenauigkeit von Δe bei der Zeitmeßmethode größer als bei der Potentialmeßmethode; insbesondere, wenn man bei den beiden Methoden ein Fadenelektrometer verwendet, dessen Skala nur in 100 Teile geteilt ist und dessen bewegliches System (Elektrometerfaden) ca. ein Drittel eines Skalenteiles bedeckt. Die Zeitmeßmethode ist daher zumeist der Potentialmeßmethode vorzuziehen[1], zumal sie auch einen größeren Anwendungsbereich besitzt. Beide Methoden gestatten Ströme bis zu 10^{-15} Amp. zu messen.

Die Methode des stationären Ausschlags ist weniger genau als die zuerst genannten Methoden. Hat man sehr verschiedene Lichtintensitäten miteinander zu vergleichen, so kann man nicht jedesmal den Hochohmwiderstand oder die Elektrometerempfindlichkeit ändern, um immer einen genügend großen Elektrometerausschlag zu erhalten. Der Fehler von Δe wird also bei kleinen Ausschlägen beträchtlich ins Gewicht fallen.

Am genauesten sind die beiden Nullmethoden. Sie sind ohne Einschränkung im Sättigungsgebiet und außerhalb zu verwenden. Man vermag das benutzte Nullinstrument auch bei großen Photoströmen auf größte Empfindlichkeit zu stellen. Zur Messung der für den Fehler ausschlaggebenden Größe $\Delta e'$ kann man die genauesten Potentiometerschaltungen anwenden. Leider können die angegebenen einfachen Nullmethoden nicht wie die Methode des stationären Ausschlags und die Potentialmeßmethode zu registrierenden Messungen benutzt werden.

---

[1] Außer bei registrierenden Messungen vgl. hierzu S. 284.

B. Instrumente für elektrostatische Messungen.

34. Elektrometer.

Für lichtelektrische Messungen kommen drei Arten von Elektrometern in Betracht: das **Fadenelektrometer**, das **Quadrantelektrometer** und das **Duantenelektrometer**. Das erstere ist wegen seiner geringen Trägheit besonders geeignet. Es ist gleichzeitig mit der Schaltung in Abb. 112 schematisch dargestellt. In einem geerdeten Gehäuse G ist ein Wollastondraht F von ca. 5 μ Dicke zwischen einer Schleife aus einem dünnen Quarzfaden und einem Metallstift St ausgespannt. St wird durch Bernstein hoch isoliert in G eingeführt. Ebenfalls gegen das Gehäuse isoliert sind die beiden Metallstifte M_1 und M_2, welche die Schneiden S_1 und S_2 tragen. Der Abstand der Schneiden voneinander kann zumeist variiert werden. Der Quarzbügel wird von einer Metallklammer gehalten, die durch die Schraube Sch in ihrer Höhe verstellt werden kann. Der Elektrometerfaden F wird mittels eines seitlich ein wenig verschiebbaren Mikroskopes beobachtet.

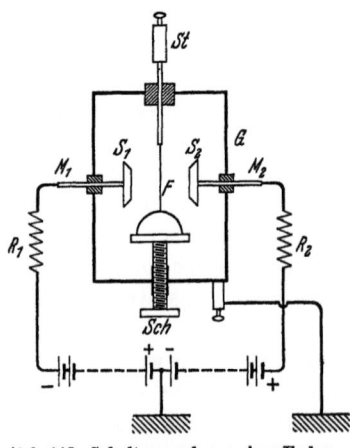

Abb. 112. Schaltungsschema eines Fadenelektrometers.

Damit man die Fadenstellung messend verfolgen kann, enthält das Mikroskop eine Glasplatte mit eingeritzter Skala.

Man stellt das Okular zunächst so ein, daß die Skala scharf erscheint. Darauf sucht man, während St, M_1 und M_2 geerdet sind, den Faden auf, indem man die Entfernung des Mikroskopes vom Faden und gleichzeitig die seitliche Stellung des Mikroskopes variiert. Dann stellt man die Schneiden auf gleiche, möglichst große Entfernung von F ein, was z. B. an je einer an M_1 und M_2 angebrachten Ablesetrommel zu erkennen ist. Nun verbindet man zwei Anodenbatterien von je 90 bis 100 Volt und erdet die Mitte. Die beiden anderen Pole schließt man über die Schutzwiderstände R_1 und R_2 von je ca. 10000 Ω, die das Durchbrennen des Fadens verhindern sollen, an M_1 und M_2 an. Der Faden zeigt hierbei keinen Ausschlag an, wenn die Schneiden S_1 und S_2 symmetrisch zu F stehen und die Anodenbatterien gleiche Spannung besitzen.

Die Empfindlichkeit des Instrumentes kann durch Nähern bzw. Entfernen der Schneiden und durch Lockern oder Verstärken der Fadenspannung bei geerdetem Faden mittels der Schraube Sch weitgehend variiert werden. Man beobachtet dabei den Faden im Mikroskop und steigert die Empfindlichkeit nicht weiter, wenn er bereits auf sehr geringe Abstandsänderungen einer der Schneiden reagiert, weil er sonst leicht labil wird und sich an eine der Schneiden anlegt. Ist dies geschehen, so muß man M_1 und M_2 wieder erden, S_1 und S_2 entfernen und evtl. F straffer spannen. Naturgemäß muß die Empfindlichkeit des Instrumentes stets so hoch sein, daß die Anodenspannung der Zelle groß ist gegen die Spannung, welche dem Ausschlag des Elektrometerfadens über die ganze Skala entspricht. Andernfalls kann nur ein Teil der Skala ausgenutzt werden.

Die Eichkurve eines guten Fadenelektrometers verläuft bei größerer Empfindlichkeit linear. Auf jeden Fall ist es zweckmäßig, sich hiervon zu überzeugen, bzw. eine Eichkurve aufzunehmen. Nur bei der Benutzung des Elektrometers als Nullinstrument ist dies überflüssig. Das Fadenelektrometer hat eine sehr kleine Kapazität von nur wenigen cm.

An Stelle der Fadenschaltung, bei welcher die zu messende Spannung am Elektrometerfaden liegt, kann man auch die Schneidenschaltung anwenden, bei welcher die Hilfsspannung an den Faden, die beiden zu vergleichenden Spannungen an die Elektrometerschneiden gelegt werden. Diese Schaltung ist vor allem dann zweckmäßig, wenn man die Spannungsdifferenz zweier geladener Körper ermitteln will, z. B. die Differenz der Aufladung zweier Kondensatoren (vgl. S. 245). Die Elektrometerempfindlichkeit ist bei der Schneidenschaltung die gleiche wie bei der Fadenschaltung.

Abb. 113 zeigt ein Fadenelektrometer nach Lutz-Edelmann[1], dessen Empfindlichkeit bis $1 \cdot 10^{-3} \frac{\text{Volt}}{\text{Skt}}$ gesteigert werden

---

[1] Physik. Z. 24, 166 (1923). Zu beziehen von der Firma Prof. Dr. M. Th. Edelmann u. Sohn, München. Ähnlich konstruiert ist das Einfadenelektrometer nach Th. Wulf: Physik. Z. 15, 250 (1914), das von E. Leybold's Nachfolger A.-G., Köln, geliefert wird.

kann und dessen Kapazität ca. 2 cm beträgt. St ist die Fadenzuführung; K_2 (und analog K_1 hinter Sp) sind die Zuführungen zu den seitlichen Schneiden, deren Abstand vom Faden durch die Trommel T_2 (und eine analoge T_1 auf der entgegengesetzten Seite des Instrumentes) meßbar variiert werden kann. Die Fadenspannung wird von Sp aus reguliert. Das Mikroskop M stellt man mit Hilfe des Triebes Tr ein und verändert die Stellung der Skala zum Faden mittels der Schraube m. Bei E wird das Gehäuse geerdet. Der Spiegel B dient zur Beleuchtung des Fadens

Abb. 113. Außenansicht des Fadenelektrometers nach Lutz-Edelmann.

und der Skala. An seiner Stelle kann man eine kleine 2-Volt-Lampe in einem geschlossenen Metallgehäuse anbringen.

Den Erdungsschlüssel befestigt man am besten am Elektrometer selbst in der Nähe von St. Bewährt hat sich die in Abb. 114a und b wiedergegebene Konstruktion, die man unter Zuhilfenahme eines photographischen Auslösers betätigen kann. Auf einen Metallring R ist ein um D drehbarer Metallstift M von rechteckigem Querschnitt und eine Mutter T, in welche der Auslöser eingeschraubt wird, aufgesetzt. R ist mit der Druckschraube S am Elektrometer befestigt. Die Feder F drückt M an die Elektrometerzuführung A an, wodurch A geerdet wird. Zur Enterdung von A hebt man M mit dem Druckstift St des Drahtauslösers ab. Den Drahtauslöser kann man ohne Schwierigkeiten fixieren, wenn das Instrument längere Zeit enterdet bleiben soll.

Durch Einfachheit der Konstruktion und entsprechend niedrigen Preis zeichnet sich das **Einfadenelektrometer nach R. Pohl** aus (Abb. 115), dessen Schneiden allerdings nicht verstellt werden können. Die beiden Schutzwiderstände R_1 und R_2 der Abb. 112 sind in das Instrument eingebaut. Der Erdungsschlüssel ist, wie man aus Abb. 115 erkennt, am Instrument selbst angebracht. Die Empfindlichkeit ist eine Zehnerpotenz niedriger als die des voranstehend beschriebenen Elektrometers. Es besitzt eine Kapazität von 2,4 cm.

Während sich die Fadenelektrometer durch eine äußerst kurze Einstelldauer vom Bruchteil einer sec (Größenordnung: Hundertstel sec) auszeichnen, weisen die **Quadrantelektrometer** eine beträchtliche **Trägheit** und eine Einstelldauer von mehreren sec auf. Die wesentlichen Teile des Quadrantelektrometers in einer von Dolezalek herrührenden Konstruktion sind aus Abb. 116 zu ersehen. Eine flache runde Messingschach-

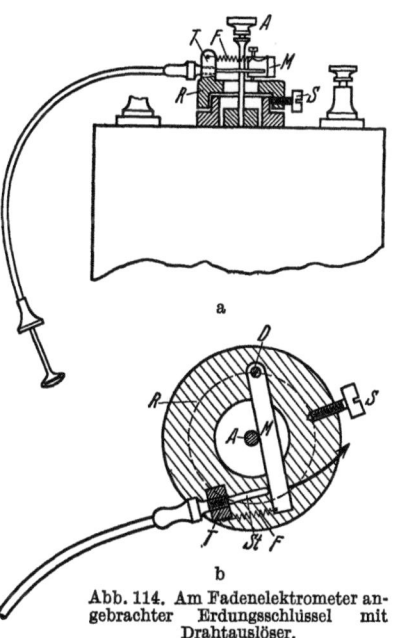

Abb. 114. Am Fadenelektrometer angebrachter Erdungsschlüssel mit Drahtauslöser.
a von der Seite; b von oben.

tel ist in vier Quadranten Q zerschnitten worden, die je auf einen Bernsteinfuß gesetzt sind. Je zwei diagonal gegenüberliegende Quadranten sind leitend miteinander und mit den Zuführungen q_1 und q_2 verbunden. In dem Hohlraum zwischen den Quadranten befindet sich ein doppeltes lemniskatenförmiges Blatt aus dünnster Aluminiumfolie, die „Nadel", die von einem mittels eines feinen Wollastondrahtes von 5 bis 10 μ aufgehängten Aluminiumstäbchen gehalten wird. An dem Stäbchen befindet sich der möglichst leichte Spiegel Sp zur Beobachtung mit Fernrohr und Skala. Der Wollastondraht wird von dem Torsionsknopf K aus gehalten; h wird dazu verwendet, die Nadel in der Höhe symmetrisch zum oberen und unteren Quadrantenboden zu stellen. N dient zum Anlegen einer Hilfsspannung an die Nadel. Die Dämpfung des schwingenden Systems erfolgt durch den Luftwiderstand, den die Doppelnadel erfährt.

Die Justierung des Instrumentes geht in folgender Weise vor sich. Nachdem man die Quadranten unter Verwendung einer Libelle mittels der Fußstellschrauben in horizontale Lage gebracht hat, kontrolliert und korrigiert man zunächst die Höhenlage der Nadel bzgl. der Quadranten. Dann stellt man den Torsionsknopf K so ein, daß die Nadel mit seitlicher Symmetrie zu einem Quadrantenspalt hängt und dreht den Teller T, auf welchem Quadranten und Gehänge aufmontiert sind, bis der Spiegel die richtige Lage zum Fernrohr einnimmt. Darauf stülpt man das in Abb. 116 seitlich dargestellte Gehäuse mit Fenster über die Quadranten und das Gehänge und erdet das Gehäuse sowie q_1, q_2 und N. Man legt jetzt an N eine kommutierbare Hilfsspannung von 10 bis 20 Volt, welche die Nadel zunächst unsymmetrisch nach beiden Seiten vom Nullpunkt aus ausschlagen läßt. Nun ermittelt man diejenige Fußstellschraube, auf deren Verstellung die Nadel am empfindlichsten reagiert, und stellt diese so ein, daß der Ausschlag beim Kommutieren der Nadelspannung symmetrisch wird. Da die Empfindlichkeit des Quadrantelektrometers in Abhängigkeit von der Nadelspannung ein Maximum besitzt,

Abb. 115. Außenansicht des Fadenelektrometers nach Pohl.

Elektrometer. 145

ist es zweckmäßig, zunächst die Funktion Empfindlichkeit-Nadelspannung zu bestimmen. Für große Ausschläge ergeben sich Abweichungen von der Proportionalität zwischen Ausschlag und Quadrantpotential (bei konstantem Nadelpotential). Man muß daher die Skala vor der Messung eichen.

Die Spannungsempfindlichkeit des Dolezalekschen Elektrometers ist sehr groß; sie kann bis $2 \cdot 10^{-4} \frac{\text{Volt}}{\text{mm}}$ bei 1 m Skalen-

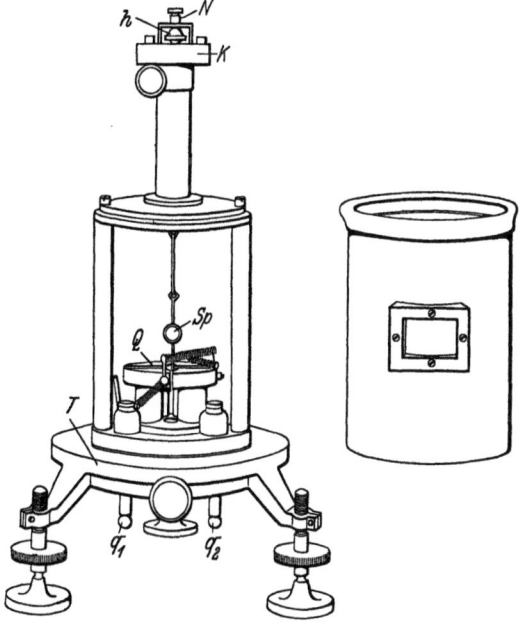

Abb. 116. Quadrantelektrometer nach Dolezalek.

abstand getrieben werden. Entsprechend groß ist allerdings auch die Kapazität, die ca. 80 cm beträgt. Die Ladungsempfindlichkeit ist daher bei 2 m Skalenabstand nur $10^{-4} \cdot 80 = 8 \cdot 10^{-3} \frac{\text{Volt} \cdot \text{cm}}{\text{mm}}$, während die eines empfindlichen Fadenelektrometers $2 \cdot 10^{-3} \frac{\text{Volt} \cdot \text{cm}}{\text{mm}}$ erreicht. Tatsächlich schneidet das Fadenelektrometer allerdings nicht ganz so günstig ab, denn die Photozelle besitzt mit Zuleitungen auch zumeist eine Kapazität von 10 bis 20 cm, so daß die Ladungsempfindlichkeit von

Zelle plus Elektrometer bei beiden Instrumenten $10^{-2} \frac{\text{Volt} \cdot \text{cm}}{\text{mm}}$ beträgt. In manchen Fällen, in denen es sich um die Messung sehr kleiner Photoströme bei großer Kapazität von Zelle plus Zuleitungen handelt, kann die Verwendung des Quadrantelektrometers noch eine Erhöhung der Meßempfindlichkeit ermöglichen.

Eine Vergrößerung der Ladungsempfindlichkeit gegenüber dem einfachen Quadrantelektrometer erzielte G. Hoffmann[1] mit der Konstruktion des „Duantenelektrometers", in dem an Stelle der Quadranten eine kreisförmige Scheibe, in zwei Hälften geteilt, angebracht ist. Diese beiden „Duanten" werden auf entgegengesetztem Hilfspotential gehalten. Die zu messende Spannung legt man an die „Nadel", welche die Form eines Kreissektors hat und symmetrisch über den Duanten hängt. Das Instrument besitzt eine Kapazität von 5 cm. Bei 12 Volt Hilfsspannung ist die Spannungsempfindlichkeit $1{,}2 \cdot 10^{-4} \frac{\text{Volt}}{\text{mm}}$, die Ladungsempfindlichkeit $3 \cdot 10^{-3} \frac{\text{Volt} \cdot \text{cm}}{\text{mm}}$; bei 30 Volt Hilfsspannung ist die Spannungsempfindlichkeit labil, die Ladungsempfindlichkeit $2 \cdot 10^{-4} \frac{\text{Volt} \cdot \text{cm}}{\text{mm}}$ bei 1 m Skalenabstand. Das Elektrometergehäuse muß bei dieser hohen Empfindlichkeit evakuiert werden, um die Isolation der Luft, die immer Ionen enthält, zu verbessern.

Eine vereinfachte, leichter zu handhabende Neukonstruktion des Duantenelektrometers ist kürzlich herausgebracht worden[2]. Die Nadel schwingt bei dem neuen Instrument in einer nach unten geschlossenen Duantendose, deren untere Hälften auf einer Hartgummiplatte aufgeschraubt sind. Die Spannungsempfindlichkeit läßt sich bis $1{,}5 \cdot 10^{-4} \frac{\text{Volt}}{\text{mm}}$, die Ladungsempfindlichkeit bis $5 \cdot 10^{-3} \frac{\text{Volt} \cdot \text{cm}}{\text{mm}}$ bei 1 m Skalenabstand steigern. Das Duantenelektrometer kann im Gegensatz zum Quadrantelektrometer

---

[1] Physik. Z. **13**, 480 u. 1029 (1912); **25**, 6 (1924). Ann. Physik **42**, 1196 (1913); **52**, 665 (1917).

[2] Engel, K., u. W. S. Pforte: Physik. Z. **32**, 81 (1931). Das Instrument wird ebenso wie die ältere Konstruktion von E. Leybold's Nachf., Köln, hergestellt.

nicht zur unmittelbaren Messung der Differenz zweier Aufladungen benutzt werden.

Eine Art Quadrantelektrometer, bei welchem die Trägheit des schwingenden Systems durch geringe Masse der Nadel herabgesetzt wird, ist das Lindemann-Elektrometer[1], dessen Nadel aus zwei einander parallelen Glasfäden von etwa 20 mm Länge besteht. Die Mitte der Nadel ist an einem Torsionsfaden aus Quarz derart angebracht, daß die Nadel in vertikaler Ebene schwingen kann. Nadel und Faden sind mit einem metallischen Überzug versehen. Am oberen Ende trägt die Nadel einen senkrecht zu ihrer Längsrichtung stehenden kleinen Zeiger, dessen Stellung mittels eines Mikroskopes abgelesen wird. Der Ausschlag ist der angelegten Spannung auch bei großer Empfindlichkeit streng proportional. Die Einstellung erfolgt bei nicht allzu großer Empfindlichkeit innerhalb einer Sekunde. Da die Kapazität 1,3 cm, die Spannungsempfindlichkeit ca. $10^{-3} \frac{\text{Volt}}{\text{Skt}}$ beträgt, ist die Ladungsempfindlichkeit etwa die gleiche wie die eines guten Fadenelektrometers. Eine Neigung des Instrumentes ändert die Nullpunktsstellung nur wenig, die Empfindlichkeit gar nicht.

Wir wollen nun noch kurz die Anwendungsmöglichkeiten des Faden- und des Quadrantelektrometers besprechen. Während das Fadenelektrometer bei allen in der Zusammenstellung auf S. 138 genannten Meßmethoden benutzt werden kann, ist das Quadrantelektrometer nur mit Vorbehalt zu verwenden. Wegen seiner großen Einstelldauer verlängert sein Gebrauch die Meßzeit bei der Potentialmeßmethode ganz beträchtlich. Da außerdem die Kapazität eine Funktion des Ausschlags ist, werden die Messungen auch ungenau, wenn man nicht entsprechende Korrektionen anbringt. Wegen seiner großen Trägheit ist das Instrument für absolute Messungen des Photostromes nach der Zeitmeßmethode ungeeignet. Man muß bei relativen Messungen nach dieser Methode nach dem Öffnen des Lichtverschlusses warten, bis sich eine mehr oder weniger konstante Aufladegeschwindigkeit eingestellt hat, und dieser den Photostrom proportional setzen.

Bei der Methode des stationären Ausschlags hingegen

---

[1] Lindemann, F. A. und A. F., und T. C. Keeley: Phil. Mag. 47, 577 (1924). Zu beziehen von Spindler & Hoyer, Göttingen.

ist das Quadrantelektrometer wegen seines größeren Skalenbereiches vorteilhafter als das Fadenelektrometer. Wendet man die beiden Nullmethoden an, so mag man in manchen Fällen, in denen größte Empfindlichkeit erwünscht ist, ebenfalls dem Quadrantelektrometer den Vorzug geben, da man nur festzustellen hat, nach welcher Richtung das Elektrometer beim Aufheben der Erdung einen Impuls erfährt, also keine großen Ausschläge erforderlich sind. Auch dann, wenn die Differenz zweier Potentiale ermittelt werden soll, bietet das Quadrantelektrometer dem Fadenelektrometer gegenüber wegen seiner höheren Voltempfindlichkeit manche Vorteile.

Zusammenfassend kann man sagen, daß das Fadenelektrometer wesentlich einfacher zu bedienen und unempfindlicher gegen mechanische Störungen ist als das Quadrantelektrometer. Seine Anwendung ergibt nur eine relativ geringe Verminderung des Empfindlichkeitsbereiches bei zumeist gleicher oder sogar größerer Meßgenauigkeit und beträchtlicher Zeitersparnis.

35. Kondensatoren, Hochohmwiderstände, Stoppuhren.

Zur Messung der Kapazität C in Gl. (2), S. 122 von Photozelle, Elektrometer usw. ist ein hoch isolierter Kondensator von sehr kleiner Kapazität erforderlich. Sehr geeignet ist z. B. der von Harms[1] angegebene Eichkondensator, der in Abb. 117 schematisch wiedergegeben ist. Auf der gemeinsamen metallenen Grundplatte P und von ihr durch den Bernsteinzylinder J_1 und den Ebonitring J_2 isoliert, sind die beiden Metallzylinder A und

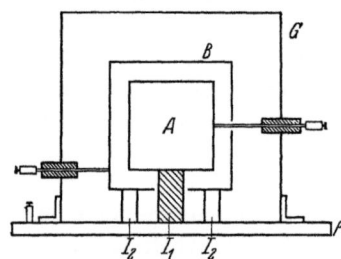

Abb. 117. Eichkondensator (nach Harms).

B aufgestellt. Zum Schutze gegen äußere elektrostatische Einflüsse sind sie von dem Gefäß G umgeben, das bei den Messungen gemeinsam mit der Grundplatte geerdet wird. Die Zuleitungen sind in die Zylinder A und B eingeschraubt. Der Zylinder A ist also durchweg auf Bernstein isoliert und wird mit

---

[1] Physik. Z. 5, 47 (1904). Zu beziehen von Günther & Tegetmeyer, Braunschweig.

dem Elektrometer verbunden. Die Zuleitung von B wird bei der oben (vgl. S. 122) geschilderten Kapazitätsbestimmung an Erde gelegt. Die Kapazität des Kondensators beträgt ca. 45 cm.

Einen variablen Kondensator von 20 bis 50 cm hat Th. Wulf konstruiert[1]. Er besteht aus zwei konzentrischen Röhren, die durch Bernstein isoliert in einem äußeren mit Trockengefäßen versehenen Schutzrohr angebracht sind. Die innere Röhre kann durch eine Spindel mit Handkurbel in Richtung der Achse verschoben werden. Die jeweilige Stellung der inneren Röhre ist an einer Teilung und einer Trommel abzulesen; aus einer beigegebenen Eichkurve entnimmt man die Größe der Kapazität. Dieser Kondensator kann gegebenenfalls für die Kondensator-Kompensationsmethode verwendet werden. Ist seine Kapazität noch zu groß, so läßt sich nach seinem Prinzip (zwei ineinandergesetzte Röhren) ein Kondensator kleinerer Kapazität leicht herstellen.

Für manche lichtelektrische Meßmethoden ist auch der von H. Gerdien angegebene[2] variable Kondensator recht zweckmäßig (vgl. z. B. S. 245). Er besteht aus zwei Systemen konaxialer Zylinder, die ineinander verschoben werden können. Die Verschiebung ist an einer Millimeterskala mit Nonius bis auf 0,1 mm genau abzulesen. Die Kapazität des Instrumentes läßt sich zwischen 25 und 500 cm variieren.

Als Hochohmwiderstand benutzte man früher vielfach den „Bronson-Widerstand", der aus einem Kondensator besteht, zwischen dessen Platten ein radioaktives Präparat (z. B. Ionium) Ionen erzeugt. Dieser Widerstand hat den Nachteil, daß er nur in dem relativ kleinen Spannungsbereich als Ohmscher Widerstand wirkt, in welchem der übergehende Ionenstrom proportional mit der angelegten Spannung zunimmt. Nähert man sich der Sättigung, so treten beträchtliche Abweichungen vom Ohmschen Gesetz auf.

Der gleiche Nachteil macht sich bemerkbar, wenn man eine belichtete Photozelle als Widerstand verwendet[3]. Bei sehr kleinen Spannungen steigt die Stromspannungscharakteristik der Zelle innerhalb einiger Volt linear an (Abb. 68). Sie verhält sich also dort wie ein Ohmscher Widerstand. Bei größeren Span-

---

[1] Physik. Z. **26**, 353 (1925). Zu beziehen von E. Leybolds Nachf. A.-G.
[2] Physik. Z. **5**, 294 (1904); zu beziehen von Spindler & Hoyer, Göttingen.
[3] Koch, P. P.: Ann. Physik **39**, 705 (1912).

nungen biegt sie jedoch zur Sättigung um oder krümmt sich beim Einsetzen der Ionisation konkav nach oben. Die belichtete Photozelle hat den Vorteil, ihren Widerstand mit der Lichtintensität zu ändern, was in gewissen Fällen zum Eliminieren von Lichtschwankungen benutzt werden kann (vgl. Ziffer 44b).

Hochohmwiderstände, welche dem Ohmschen Gesetz innerhalb eines weiten Spannungsbereiches gehorchen, können dadurch erhalten werden, daß man einen sehr guten Isolator, z. B. Bernstein oder Quarz, mit einer äußerst dünnen Schicht eines Leiters, z. B. Kohlenstoff in Form von Ruß, Graphit, Tusche oder Platin[1], überzieht. Der Platinüberzug wird am besten durch Kathodenzerstäubung hergestellt. Vorher müssen die Enden des Isolators (b in Abb. 118) mit einem kräftigeren Belag versehen sein, an den die Stromzuleitungen und die Klemmschrauben dd angeschlossen werden. Man umgibt den Widerstand mit einem Metallrohr c, das eine Klemmschraube für den Erdanschluß besitzt.

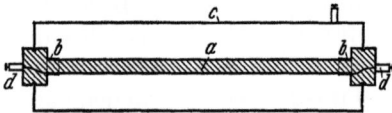

Abb. 118. Hochohmwiderstand; Platinbestäubung auf Preßbernstein (nach Krüger).

Eine dritte Art von Hochohmwiderständen enthält als Leiter einen Elektrolyten sehr geringer Leitfähigkeit. Früher[2] benutzte man Mischungen aus 10% Alkohol und 90% Benzol oder Toluol. Neuerdings[3] sind einwandfrei arbeitende Widerstände aus Gemischen von Benzol, Alkohol und Pikrinsäure erhalten worden. Ein guter Hochohmwiderstand soll sich im Laufe der Zeit nur wenig ändern, das Ohmsche Gesetz erfüllen, keine Polarisationserscheinungen zeigen und nur wenig temperaturabhängig sein. Diese Forderungen werden erfüllt, wenn ein Lösungsmittel geringer Dielektrizitätskonstante (Benzol) und ein solches höherer Dielektrizitätskonstante (Alkohol) vorhanden ist. Ein geeigneter Elektrolyt (Pikrinsäure) ist in dem Gemisch zu einem sehr geringen Bruchteil dissoziiert; der Dissoziationsgrad ist hauptsächlich von der Konzentration der einzelnen Bestandteile abhängig. Der undissoziierte Bestandteil dient als Reserve für die Ionen.

---

[1] Krüger, F.: Z. techn. Physik 10, 495 (1929). Hartmann, C. A., u. B. Dossmann: Z. techn. Physik 9, 434 (1928).
[2] Zum Beispiel Campbell, N. R.: Phil. Mag. 23, 668 (1912).
[3] Gyemant, A.: Wiss. Veröff. a. d. Siemens-Konzern 6, H. 2, 58 (1928).

Die folgende Tabelle 8 gibt die Abhängigkeit des spezifischen Widerstandes ϱ (d. h. Widerstand eines Würfels von 1 cm Kantenlänge) in $\Omega\cdot$cm vom Alkoholgehalt in Volumprozenten bei 20° C und einem Pikrinsäuregehalt von 0,03 normal (0,7proz.).

Tabelle 8.

Volumprozente Alkohol	Spez. Widerstand ϱ in $\Omega\cdot$cm	Volumprozente Alkohol	Spez. Widerstand ϱ in $\Omega\cdot$cm
100	$3,03\cdot 10^3$	10	$1,65\cdot 10^8$
80	$4,77\cdot 10^3$	5	$8,47\cdot 10^9$
60	$1,29\cdot 10^4$	3	$4,43\cdot 10^{10}$
40	$6,96\cdot 10^4$	2	$1,09\cdot 10^{11}$
30	$2,81\cdot 10^5$	1	$4,33\cdot 10^{11}$
20	$1,61\cdot 10^6$	0	$1,21\cdot 10^{12}$

Will man also z. B. einen Widerstand von $3\cdot 10^9\,\Omega$, 0,5 cm² Querschnitt und 10 cm Länge herstellen, so ist

$$R = \varrho\cdot\frac{l}{q} = \varrho\cdot\frac{10}{0,5} = 3\cdot 10^9;\quad \varrho = 1,5\cdot 10^8\,\Omega\cdot\text{cm}.$$

Man müßte ein Gemisch von 10 Volumprozent Alkohol und 90 Volumprozent Benzol verwenden.

Der Widerstandstemperaturkoeffizient eines Gemisches in dem hauptsächlich in Betracht kommenden Intervall von 30 bis 5% Alkohol ist ca. $+0{,}02$. Der Widerstand nimmt also (im Gegensatz zu anderen Elektrolyten) mit der Temperatur um 2% pro Grad zu.

Man kann nun diese Zunahme weitgehend unterdrücken[1], wenn man der Lösung eine bestimmte Menge Phenol zufügt. Der spezifische Widerstand ändert sich dadurch verhältnismäßig wenig. Aus

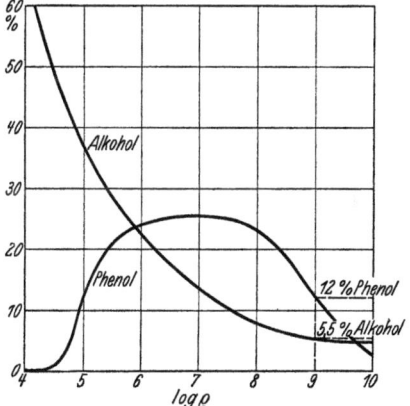

Abb. 119. Alkohol- und Phenolgehalt von Widerstandslösungen mit sehr kleinem Temperaturkoeffizienten als Funktion des Logarithmus des spezifischen Widerstandes (nach Gyemant).

Abb. 119 ist zu entnehmen, wie groß der Gehalt an Alkohol und Phenol für eine Lösung von 1% Pikrinsäure bei einem Wider-

---

[1] Gyemant, A.: Wiss. Veröff. a. d. Siemens-Konzern 7, H. 1, 137 (1928).

stand bestimmter Größe sein muß, damit der Temperaturkoeffizient nur einige Promille beträgt. Bei $10^9\,\Omega$ z. B. setzt sich ein solches Gemisch aus ca. 5,5% Alkohol, 12% Phenol, 81,5% Benzol und 1% Pikrinsäure zusammen. Alkohol (99,8%) und Benzol (Kahlbaum zur Analyse) müssen weitgehend wasserfrei sein.

Als Behälter für Flüssigkeitswiderstände verwendet man am besten Quarzrohre von ca. 0,4 bis 0,8 cm Durchmesser, die in der aus Abb. 120 ersichtlichen Weise aufgebaut sind. Das Gemisch wird schnell her-

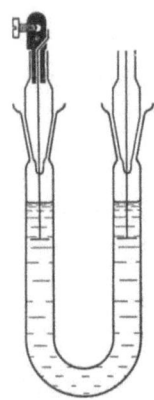

Abb. 120. Flüssigkeits-Hochohmwiderstand in einem Quarzgefäß.

Abb. 121. Alpina-Stoppuhr mit Ablesungsmöglichkeit bis 0,01 sec.

gestellt, um Wasseraufnahme zu vermeiden, und in das Quarzrohr eingefüllt. Dann setzt man eingeschliffene verhältnismäßig lange Glasstopfen mit eingeschmolzenen Platinzuführungen auf und füllt die Schliffbecher mit Wachskolophoniumgemisch. Auf die Glasstopfen hat man vorher Schutzkapseln aufgesetzt, mit dem Platindraht vorsichtig verlötet und mittels Siegellack aufgekittet.

Die bei der Zeitmeßmethode erforderlichen Stoppuhren müssen sehr stabil gebaut sein und sollten bis 0,01 sec abzustoppen gestatten. Sehr gut bewährt hat sich die in Abb. 121 wiedergegebene Alpina-Stoppuhr. Eine Umdrehung des großen Zeigers vollzieht sich in 3 sec.

36. Elektrostatischer Schutz und Isolation.

Wegen der hohen Empfindlichkeit der beim Messen mit Photozellen benötigten Instrumente gegen kapazitive Einflüsse ist es unbedingt erforderlich, alle die Teile der Anordnung, die nicht durch Erdung oder Anlegen einer Batterie auf einem festen Potential gehalten werden, sorgfältig elektrostatisch zu schützen. Zumeist umgibt man daher die Zelle und die Zuleitungen zum Elektrometer sowie alle Metallteile, welche direkt mit ihnen verbunden sind, mit geerdeten Kästen oder Röhren aus Blech (Zinkblech, Weißblech, Messingrohr), deren Abstand von den Leitungen einige cm betragen soll, damit die Kapazität der Anordnung nicht zu groß wird. Innerhalb der schützenden Vorrichtungen dürfen sich nur die zum Halten der Zuleitungsdrähte notwendigen Isolatoren befinden; denn Ladungen auf den Isolatoren können durch Influenzierung dauernde Störungen hervorrufen.

Umgibt nach Abb. 7 und 8, S. 8 eine der Zellenelektroden die andere und liegt die Hilfsspannung an der umgebenden Elektrode, so braucht die Zelle selbst nicht besonders eingebaut zu sein. Nur die hochisolierte Elektrodenzuführung, die mit dem Elektrometer in Verbindung steht, muß sich, soweit die umgebende Elektrode sie nicht schützt, in einem geerdeten Kasten oder Rohr befinden.

Welche Isolationsmaterialien für Photozellen und damit zusammenhängende Apparate hauptsächlich in Betracht kommen, zeigt die folgende Tabelle 9*, in der ϱ den Widerstand eines cm-Würfels bedeutet.

Tabelle 9.

Material	Spez. Widerstand ϱ	Material	Spez. Widerstand ϱ
Gew. Glas	$5 \cdot 10^{13}$	Preßbernstein	$5 \cdot 10^{16}$
Quarz $\parallel$	$1 \cdot 10^{14}$	Kolophonium	$5 \cdot 10^{16}$
Weißes Wachs . . .	$6 \cdot 10^{14}$	Schwefel	$1 \cdot 10^{17}$
Siegellack.	$8 \cdot 10^{15}$	Hartgummi.	$1 \cdot 10^{18}$
Schellack.	$1 \cdot 10^{16}$	Paraffin	$3 \cdot 10^{18}$
Quarz $\perp$	$3 \cdot 10^{16}$	Quarzglas	$> 5 \cdot 10^{18}$

* Nach F. Kohlrausch: Lehrb. d. prakt. Physik; ein sehr guter Isolator ist auch Pizein.

Einige dieser Substanzen können allerdings nur mit Vorbehalt empfohlen werden. Glas ist an der Oberfläche zumeist mit einer adsorbierten, Alkaliionen enthaltenden Wasserhaut bedeckt, welche die Leitfähigkeit beträchtlich heraufsetzt. Man kann daher seine Isolation verbessern, indem man es zuerst in verdünnter Säure, dann in destilliertem Wasser kocht und darauf im Trockenschrank bei etwa 360° C ausheizt. Am besten isolieren Borsilikatgläser, die wenig Alkali enthalten. Flintglas, schwer schmelzbares Kaliglas und Jenaer alkalifreies Glas Nr. 122 oder 477 isolieren besser als das gewöhnliche Natronglas (vgl. hierzu auch S. 63).

Von den übrigen in Tabelle 9 genannten Materialien sind **Wachs, Kolophonium, Paraffin** insofern weniger zweckmäßig, als sie Ladungen aufnehmen und allmählich wieder abgeben. Sie verursachen also unerwünschte Trägheitserscheinungen. **Schwefel** ist wegen seiner schlechten Bearbeitbarkeit nicht zu empfehlen, **Hartgummi** deshalb nicht, weil sich auf seiner Oberfläche, namentlich unter dem Einfluß des Lichtes, mit der Zeit ein Belag von schwefliger Säure ausbildet, welcher die Leitfähigkeit stark erhöht.

Die geeignetsten Isolationsmaterialien sind nach den Erfahrungen der Verfasser gut polierter **Preßbernstein** und besonders klares **Quarzglas**. Während sich auf Bernstein manchmal noch vagabundierende Ladungen befinden, ist Quarzglas weitgehend störungsfrei. Preßbernstein läßt sich gut auf der Drehbank und mit dem Bohrer bearbeiten; er muß hinterher mit Wiener Kalk geschliffen und mit einem in Petroleum oder Alkohol angefeuchteten Lappen poliert werden. Benutzt man Quarzglas als Isolationsmaterial, so wird man häufig eine Verbindung zwischen Quarzglas und gewöhnlichem Glas herstellen müssen; dies geschieht, wenn man nicht die sehr teuren Übergangsstücke verwenden will, mittels eines Schliffes, bei dem das Quarzstück wegen der geringeren Wärmeausdehnung des Quarzes den Konus bilden muß. Die beiden Teile werden mit Wachs-Kolophoniumkitt verbunden.

Ist die Glasisolation einer Photozelle nicht ausreichend, so reibt man die betreffenden Teile, z. B. die Anodenzuführung, gründlich mit einem in Säure getauchten Wattebausch, dann in gleicher Weise mit destilliertem Wasser ab, trocknet vorsichtig mit einem kleinen elektrischen Ofen, so daß die übrigen Teile der

Zelle nicht gefährdet werden, und überzieht die fragliche Stelle mit Schellack oder Paraffin[1], indem man mit einem Stück aus diesem Material über das noch warme Glas streicht. Die Neubildung einer Wasserhaut kann man übrigens dadurch hintanhalten, daß man die Zelle in einem geerdeten Blechbehälter aufmontiert, der seitlich ein Gefäß mit einem Trockenmittel, z. B. Phosphorpentoxyd, besitzt. Der Behälter muß natürlich geschlossen, also mit einem Glas- oder Quarzfenster für den Lichteintritt und hochisolierten Zuführungen für die beiden Elektroden versehen sein.

Das Überkriechen von Ladungen über die Zellenwandung oder einen anderen Isolator kann man manchmal dadurch verhindern, daß man geerdete Schutzringe aus Stanniol oder Platinfolie anbringt. Die Platinfolie kann auf das Glas aufgeschmolzen werden. Hochspannungsbatterien setzt man zweckmäßig auf geerdete Bleche. Auch Stative, optische Bänke u. dgl. werden am besten geerdet.

Vor Beginn einer Messung soll man stets Isolation und elektrostatischen Schutz prüfen. Zu diesem Zweck löst man zunächst die Verbindung zwischen Zelle und Elektrometer unmittelbar an der Zelle und stellt fest, ob sich das Elektrometer nach dem Aufheben der Erdung nicht auflädt und ob eine auf das Elektrometer gebrachte Ladung konstant bleibt. Ist dies der Fall, so schließt man die Zelle an, kontrolliert deren Isolation im Dunkeln in gleicher Weise und prüft, ob ein geringes Bewegen des Beobachtenden keine Änderung der Stellung des enterdeten Elektrometerfadens hervorruft, der elektrostatische Schutz der Apparatur also ausreicht.

C. Elektromagnetische Meßmethoden und Instrumente.

37. Direkte Messung des Photostromes mit dem Galvanometer.

Bei der Messung von Photoströmen handelt es sich zumeist nicht wie bei Thermoströmen um die Ermittlung kleiner elektromotorischer Kräfte, sondern um die Bestimmung von wirklichen

---

[1] Der Paraffinüberzug isoliert jedoch nur für relativ kurze Zeit. Bei längeren Zeiten (Monate) bilden sich Fettsäuren, welche die Isolationsfähigkeit herabsetzen.

Strömen. Man muß daher, wenn man Photoströme direkt messen will, Galvanometer mit hohem inneren Widerstand benutzen. Diese Instrumente müssen also Spulen mit möglichst großer Windungszahl besitzen; ihr innerer Widerstand ist aber immer noch klein gegenüber dem inneren Widerstand der Photozelle, in der bei einer Klemmspannung von 100 Volt ein Strom von ungefähr 10^{-6} Amp fließt. Während der Größe der meßbaren Ströme nach oben hin keine Grenzen gesetzt sind, liegt die untere Meßgrenze bei 10^{-10} bis 10^{-11} Amp. Kleinere Photoströme können direkt nur noch mit dem Elektrometer gemessen werden. Die galvanometrische Messung von Photoströmen hat aber den Vorteil, daß die bei manchen elektrostatischen Meßmethoden auftretenden Schwierigkeiten fortfallen.

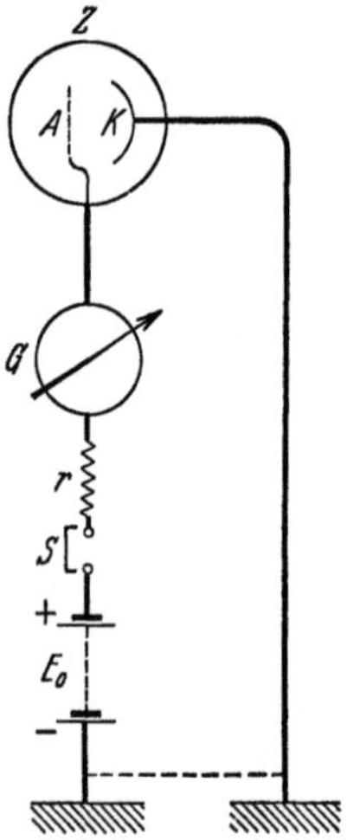

Abb. 122. Schaltung zur direkten Messung des Photostromes mit dem Galvanometer.
a Anode hoch isoliert, b Kathode hoch isoliert.

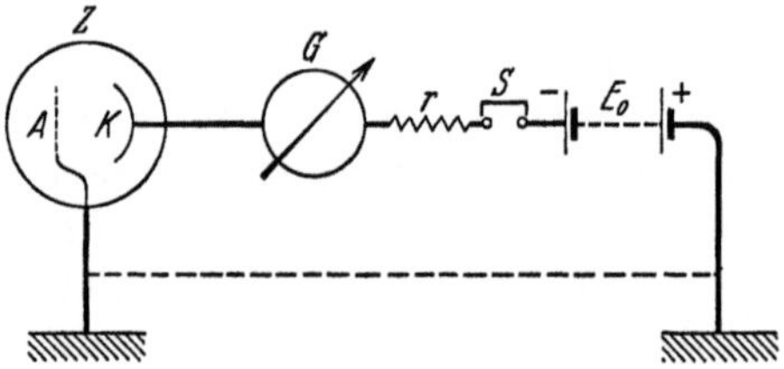

Eine Änderung der an der Zelle liegenden Spannung durch den Spannungsabfall am Galvanometer selbst kommt wegen des geringen Widerstandes des Instrumentes gar nicht in Betracht. Infolgedessen bleibt der Arbeitspunkt der Zelle mit ansteigender Stromspannungscharakteristik erhalten. Dafür besitzen die Galvanometer mit Ausnahme der weniger empfindlichen Saitengalvanometer eine wesentlich größere Trägheit als das Fadenelektrometer. Schnellere Änderungen der Lichtintensität sind daher mit dem Galvanometer nicht zu erfassen.

Zur Messung größerer Photoströme verwendet man mit Vorteil empfindliche Zeigergalvanometer mit Faden- oder Band-Aufhängung und spitzengelagerte Zeigergalvanometer, deren

Empfindlichkeit in der Größenordnung von $10^{-7} \frac{\text{Amp}}{\text{Skt}}$ liegt und die leicht zu transportieren sind.

Wie aus Abb. 122a und b zu ersehen ist, legt man die Hilfsspannung E_0 über einen Stromschlüssel S, einen Schutzwiderstand r von ca. 10000 Ω und das Galvanometer G an die am besten isolierte Elektrode der Zelle Z. Die andere Elektrode sowie der andere Pol der Spannungsbatterie werden entweder geerdet oder direkt miteinander verbunden, wie in Abb. 120 durch die gestrichelte Linie angedeutet ist. G und die Verbindung von G und Z müssen hoch isoliert sein, um Nebenschlüsse zu vermeiden.

Vor der Messung prüft man die Apparatur. Fließt ein Strom, wenn G und Z voneinander getrennt sind, und S geschlossen ist, so ist das Galvanometer nicht genügend isoliert aufgestellt. Zeigt das Galvanometer bei fertiger Schaltung und verdunkelter Zelle einen Ausschlag an, so ist die Zellenisolation unzureichend.

Während der Zellenwiderstand, ausgedrückt durch den Quotienten aus Zellenspannung und Photostrom, beim äußeren und inneren lichtelektrischen Effekt so hohe Werte annimmt, daß der Widerstand des Galvanometers hiergegen zu vernachlässigen ist, liegt der innere Widerstand einer Sperrschichtphotozelle häufig in der Größenordnung des Galvanometerwiderstandes. Da nun die Ströme beim Sperrschichtphotoeffekt für mittlere Lichtintensitäten nicht größere Werte annehmen als die beim äußeren Effekt üblichen, sind die in den Sperrschichtphotozellen bei Belichtung auftretenden elektromotorischen Kräfte so klein, daß sie mit elektrostatischen Instrumenten nicht mehr gemessen werden können. Beträgt z. B. der Widerstand einer Sperrschichtphotozelle 100 Ω und der Photostrom 10^{-6} Amp, so ist die Photo-EMK nur 10^{-4} Volt. Man vermag sie also nur mit Hilfe eines Galvanometers etwa durch Kompensation zu bestimmen. Die Photoströme selbst erhält man, indem man die Sperrschichtphotozelle direkt über das Galvanometer kurzschließt.

38. Allgemeines über Meßmethoden mit Verstärkeranordnungen.

In Ziffer 24, Abschnitt 5 war gezeigt worden, daß man den primären Photoelektronenstrom durch Stoßionisation verstärken kann. Bei den meisten technischen Anwendungen genügt diese

10- bis 20-fache Verstärkung bei weitem nicht, so daß eine weitere Verstärkung durch Elektronenröhren oder Gasentladungsröhren notwendig wird. Dieses ist z. B. beim Tonfilm und beim Fernsehen der Fall. Hier handelt es sich um sehr schnell wechselnde Belichtungen, die einerseits frequenz- und amplitudengetreu und andererseits so hoch verstärkt werden müssen, daß beim Tonfilm die geforderte Lautstärke erreicht und beim Fernsehen der Sender voll ausgesteuert wird. Eine Verstärkung ist auch dann notwendig, wenn sehr schwache oder sehr kurze Lichtimpulse gemessen, registriert oder zur Steuerung eines Starkstromrelais benutzt werden sollen.

a) Die Wirkungsweise der Verstärkerröhren. Zur Verstärkung der lichtelektrischen Ströme wird meistens die Hochvakuumglühkathodenröhre mit drei Elektroden (Glühkathode, Steuergitter, Anode) benutzt, deren Wirkungsweise an Hand der in Abb. 123 schematisch dargestellten Anodenstromkennlinienschar erläutert werden soll. Bekanntlich steigt mit wachsender Gitterspannung der Anodenstrom an, und zwar um so mehr, je größer die Steilheit S der Anodenstromkennlinie ist.

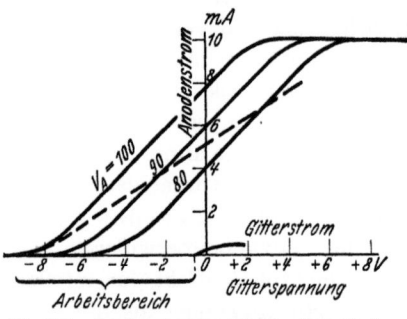

Abb. 123. Anodenstromkennlinien einer Hochvakuumverstärkerröhre.

Bei gegebener Anodenspannung e_a ist die Lage und Steilheit durch die Abstände der Elektroden und die Dimensionierung der Gitteröffnungen gegeben. Das Gitter schirmt die Anode gegen die Kathode ab, so daß nur ein Bruchteil der Anodenspannung an der Kathode zur Geltung kommt. Die an der Kathode wirkende Spannung setzt sich zusammen aus Gitterspannung e_g und Anodenspannung e_a und wird Steuerspannung e_{St} genannt:

$$e_{St} = e_g + D \cdot e_a.$$

Die Konstante D wird mit „Durchgriff" bezeichnet, stellt also den prozentual zur Wirkung kommenden Anteil der Anodenspannung dar und ist lediglich von den Abmessungen der Röhre abhängig. Je kleiner D ist, um so mehr rücken die Kennlinien für konstante Anodenspannungen nach rechts, d. h. also, ein um so kleinerer Teil der Kennlinie ist nutzbar, da man wegen des Gitterstromes nur bei negativen Gitterspannungen arbeiten kann. Der bei positiven Gitterspannungen entstehende Gitterstrom ist um viele Zehnerpotenzen größer als der Photozellenstrom und macht die Benutzung der Röhren im Gitterstromgebiet unmöglich.

Liegt im Anodenkreis als Indikator lediglich ein Strommesser mit geringem Widerstand, so fällt die Arbeitskurve mit der statisch gemessenen Kennlinie zusammen. Liegt jedoch im Anodenkreis ein hoher Widerstand, so wird die Kennlinie infolge der sog. Anodenrückwirkung verflacht. Ein Teil der Anodenbatteriespannung wird im Widerstand verbraucht und die an der Anode wirkende Spannung um diesen Betrag vermindert, wodurch der der statischen Kennlinie entsprechende Anodenstrompunkt sich nach rechts verlagert und die Kennliniensteilheit abnimmt. Die Arbeitskurve hat dann etwa den in Abb. 123 gezeigten Verlauf der gestrichelten Kurve.

b) **Das Ersatzschema der Photozelle.** Abb. 124a stellt den

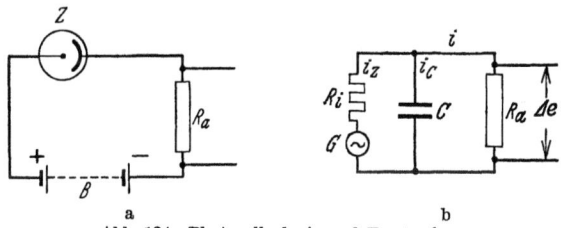

Abb. 124. Photozellenkreis und Ersatzschema.

normalen Photozellenkreis dar, in dem Photozelle Z, Batterie B und äußerer Widerstand R_a in Serie liegen. Bei Belichtung der Zelle treibt die Saug- oder Anodenspannung E_0 einen Strom i durch den Widerstand R_a, an dessen Enden dann der Spannungsabfall Δe auftritt, der dem Gitterkreis der Eingangsröhre des Verstärkers aufgedrückt wird. Abb. 124b zeigt das Ersatzschema der Zelle, die also durch den Generator G, den mit der Belichtung veränderlichen inneren Widerstand R_i und die Photozellenkapazität C dargestellt werden kann. Wir wollen die lichtelektrische Ausbeute der Photozelle mit A, den die Photozelle treffenden Lichtstrom mit Φ, den Zellenstrom mit i_z, den Zellenkapazitätsstrom mit i_c und die an der Zelle liegende Spannung mit E_z bezeichnen. Als Maß für A soll z. B. Ampere pro Lux gewählt werden, obwohl diese Meßgröße keine absolute ist, da bekanntlich die Photozellen verschiedene Farbempfindlichkeit, und die Lichtquellen je nach Temperatur und Art verschiedene spektrale Zusammensetzung besitzen. Aus Abb. 125 erkennt man, daß für die Hochvakuumphotozelle die Größe A eine Konstante A_0 ist. Also folgt nach dem im Abschnitt 2 Ziffer 5 Gesagten:

$$i = \Phi \cdot A_0,$$

vorausgesetzt, daß die Anodenspannung so hoch gewählt ist, daß immer alle ausgelösten Elektronen zur Anode gelangen, also im Sättigungsgebiet gearbeitet wird. Hieraus folgt nun

$$\Delta e = i \cdot R_a = \Phi \cdot A_0 \cdot R_a.$$

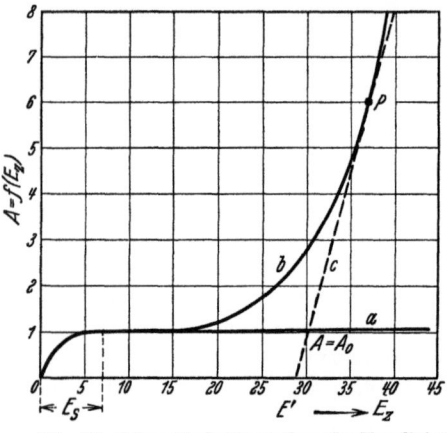

Abb. 125. Schematische Darstellung der Kennlinien von Photozellen mit äußerem lichtelektr. Effekt. *a* Hochvakuumzelle, *b* Gaszelle, *c* idealisierte Arbeitskurve.

Diese Beziehung gilt natürlich nur für konstante oder langsam veränderliche Belichtungen. Die Spannungsdifferenz Δe wächst mit der Vergrößerung des äußeren Widerstandes R_a. Bei großen Photoströmen ist darauf zu achten, daß $(E_0 - i \cdot R_a) > E_S$ ist, wobei unter E_S die Sättigungsspannung zu verstehen ist, die notwendig ist, um alle ausgelösten Elektronen zur Anode zu ziehen. Bei sehr kleinen Photoströmen ist die Grenze durch den Isolationswiderstand des Gitterkreises der Eingangsröhre von bestenfalls 10^{10} bis $10^{12}\,\Omega$, sowie durch die Unmöglichkeit gegeben, einwandfreie Widerstände größer als $10^{11}\,\Omega$ herzustellen. Selbstverständlich spielen auch alle sonstigen Übergangswiderstände eine Rolle und müssen soweit als irgend möglich ausgeschaltet werden. Es soll jedoch der Einfachheit halber davon abgesehen werden.

Bei den gasgefüllten Zellen kann man in erster Annäherung annehmen, daß der Anstieg der Ausbeute mit der Spannung im Arbeitsgebiet linear ist (vgl. Abb. 125). Die Kennlinie wird also

Allgemeines über Meßmethoden mit Verstärkeranordnungen. 161

durch die Tangente im Arbeitspunkt P ersetzt, welche die Abszissenachse in E' schneidet.

$$A = f(E_z) = \alpha(E_z - E');$$
$$i = A \cdot \Phi; \quad E_z = E_0 - R_a \cdot i.$$

Aus diesen Gleichungen folgt:

$$i = \frac{(E_0 - E') \cdot \alpha \cdot \Phi}{1 + \alpha \Phi \cdot R_a}$$

und

$$\Delta e = (E_0 - E') \alpha \cdot \Phi \cdot R_a \cdot \frac{1}{1 + \alpha \cdot \Phi \cdot R_a}.$$

Eine bessere Annäherung ergibt sich, wenn man die Photozellenstromkurve durch ein Parabelstück ersetzt:

$$A = f(E_z) = \beta(E_z - E'')^2,$$
$$i = A \cdot \Phi; \quad E_z = E_0 - R_a \cdot i,$$
$$\Delta e = R_a \cdot i = E_0 - E_z$$
$$= \frac{(E_0 - E'') \cdot \beta \cdot \Phi \cdot R_a + \tfrac{1}{2} - \sqrt{(E_0 - E'') \cdot \beta \cdot \Phi \cdot R_a + \tfrac{1}{4}}}{\beta \cdot \Phi \cdot R_a}.$$

Sind dagegen schnelle Lichtschwankungen oder Licht bestimmter Frequenz $\Phi = \Phi_0 + \Phi_1 \cdot \sin \omega t$ zu registrieren, wie es für Signale oft benutzt wird, um andere Lichtquellen auszuschalten, oder ist ein Tonfilm abzutasten, dann wirkt die Zellenkapazität als Nebenschluß, so daß bei einer Hochvakuumzelle gilt:

$$i_z = A_0 \cdot (\Phi_0 + \Phi_1 \sin \omega t),$$
$$E_z = E_0 - R_a \cdot i = \frac{1}{C}\int i_c \, dt,$$
$$i = i_z + i_c.$$

Hieraus folgt:

$$E_0 - R_a \cdot i_z - R_a \cdot i_c = \frac{1}{C}\int i_c \, dt.$$

Sehen wir von der mittleren konstanten Belichtung Φ_0 ab, die eine konstante Gittervorspannung $\Delta E = \Phi_0 \cdot A_0 \cdot R_a$ liefert, und berücksichtigen nur die übergelagerte Wechselfrequenz $\Phi_1 \sin \omega t$, die für den weiteren Verstärkungsvorgang allein in Betracht kommt, so wird:

$$\Delta e = \frac{\Phi_1 \cdot A_0 \cdot R_a}{\sqrt{1 + (R_a \cdot \omega \cdot C)^2}} \cos(\omega t + \varphi)$$

Simon-Suhrmann, Zellen.

und die Amplitude Δe_m:

$$\Delta e_m = \Phi_1 \cdot A_0 \cdot \frac{R_a}{\sqrt{1 + (R_a \cdot \omega \cdot C)^2}}.$$

Da man C nicht beliebig klein machen kann, so wird jede Photozelle eine Frequenzabhängigkeit zeigen. Da jedoch die Kapazität der Photozelle nur 2 bis 10 cm beträgt, spielt dieser Frequenzgang für den Tonfilm noch keine Rolle, sondern macht sich erst bei höheren Frequenzen bemerkbar, z. B. bei Fernsehübertragungen.

Für die gasgefüllten Photozellen kommt wiederum hinzu, daß A keine Konstante, sondern eine von der angelegten Spannung abhängige Größe ist. Man findet dann näherungsweise für die Amplitude bei linearer Abhängigkeit der Ausbeute von der Spannung:

$$\Delta e_m = (E_0 - E') \cdot \alpha \cdot \Phi_1 \cdot R_a \cdot \frac{1}{\alpha \cdot \Phi_1 R_a + \sqrt{1 + (R_a \omega C)^2}}.$$

c) **Störerscheinungen an Photozellen in Verstärkeranordnungen.** Auf diejenigen Fehlerquellen, die durch mangelhafte Herstellung (Isolationsfehler, Ermüdungserscheinungen, Inkonstanz des lichtelektrischen Effekts usw.) oder durch falsche Benutzung (zu hohe Anodenspannung, falsche Anpassung des äußeren Widerstandes usw.) bedingt sind, soll in diesem Abschnitt nicht eingegangen werden. Es bleiben dann im wesentlichen vier Störungsquellen übrig, nämlich die Trägheit der Photozelle, das Rauschen, der Mikrophoneffekt und der Schroteffekt. Die letzten drei machen sich besonders bei hohen Verstärkungsgraden bemerkbar und bestimmen die untere Grenze der Meßmöglichkeit.

α) *Hochvakuumzellen, die auf dem äußeren lichtelektrischen Effekt beruhen.* Die geringsten Störungen zeigen die auf dem äußeren lichtelektrischen Effekt beruhenden Photozellen, wenn sie keine Gasfüllung enthalten. Der in der Zelle fließende Strom ist dann ein reiner Elektronenstrom und folgt trägheitslos den Änderungen der Lichtintensität. Für die meisten Anwendungen kann man annehmen, daß bei konstanter Lichtintensität der Zellenstrom ebenfalls konstant ist, daß also die lichtelektrische Emission vollkommen gleichmäßig vor sich geht. Betrachtet man jedoch sehr kleine Zeitintervalle und wendet zugleich eine sehr hohe Verstärkung an, z. B. 10^6fach, so findet man, daß die Emission in Wirklichkeit nicht konstant ist. Schaltet man an den Ausgang des Verstärkers[1] einen Lautsprecher, so hört man auch bei absolut konstanter Belichtung der Zelle ein trommelartiges Geräusch. Die Ursache ist die folgende: Der lichtelektrische Strom setzt sich aus einzelnen Elementarquanten — den Elektronen — zusammen. Von der Kathode zur Anode fliegt also im Vakuum ein Hagel von derartigen Elementarquanten, der sehr schnellen zufälligen Schwankungen unterworfen ist. Dieselbe Erscheinung wurde zuerst an Glühkathoden gefunden und von Schottky[2] als Schroteffekt bezeichnet. In einem Fernsehempfänger verursacht diese Störung ein starkes Flimmern des Bildes (spontanes Aufleuchten einzelner Flächenelemente).

Der Schroteffekt kann jedoch in vielen Fällen unberücksichtigt bleiben. Erst bei der Übermittlung sehr hoher Frequenzen (über 10^6 Hertz) oder bei der Messung sehr kleiner schnell veränderlicher Lichtquellen (Fixsterne) muß er berücksichtigt werden.

β) *Gasgefüllte Zellen, die auf dem äußeren lichtelektrischen Effekt beruhen.* Der Schroteffekt spielt bei den gasgefüllten Zellen keine Rolle, da er durch zwei wesentlich stärkere Störungen überdeckt wird. Durch den Stoßionisierungsvorgang tritt immer eine gewisse Trägheit des Photostromes auf. Ferner zeigt sich beim Abhören desselben nach genügender Verstärkung ein um so stärkeres Rauschen, je näher die Saugspannung der Glimmspannung kommt. Solange die Saugspannung E_0 kleiner als die Ionisierungsspannung E_J des Füllgases ist, verhält sich die Zelle genau so wie eine Hochvakuumzelle. Die Charakteristik (vgl. Abb. 125) hat in diesem Bereich nahezu denselben Verlauf und zeigt, solange $E_S < E_0 < E_J$, Sättigungscharakter. Macht man $E_0 \lessgtr E_J$, so hört die Sättigung auf, aus dem Gas werden neue Elektrizitätsträger durch Stoßionisation gebildet und die in Abschnitt 5 Ziffer 24 beschriebene innere Verstärkung setzt ein. Der dem primär ausgelösten Elektronenstrom überlagerte Ionisierungsstrom kann bis zum 20fachen Werte des ersteren ansteigen. Es ist nun anzunehmen, daß dieser Ionisierungsstrom sehr stark vom augenblicklichen Ionisierungsgrad des Gases vor der Kathode, von Gas-

---

[1] Es muß natürlich dafür gesorgt sein, daß sich der Verstärker für die Wiedergabe höchster Frequenzen eignet, also z. B. ein Widerstandsverstärker ist.

[2] Schottky, W.: Ann. Physik 57, 541 (1918); 68, 157 (1922).

verunreinigungen, sobald diese eine niedrigere Ionisierungsspannung als das Füllgas besitzen, usw. abhängt. Die negative Raumladung vor der Kathode wird in einem dauernden Wechsel begriffen sein und Unebenheiten der Kathode werden eine große Rolle spielen. Diese hierdurch hervorgerufene, unregelmäßige und außerordentlich schnelle Pulsation des Photostroms trotz konstanter Belichtung hört sich nach genügend hoher Verstärkung als Rauschen an. Ein Maß für dessen Stärke ist die am Ausgang des Verstärkers gemessene Spannung, die als Störpegel bezeichnet wird. Dieser soll mindestens zwei Zehnerpotenzen kleiner sein als die kleinsten gemessenen Photoströme. Aus Abb. 126[1] ist zu ersehen, in welchem Maße der Störpegel mit der Anodenspannung der Photozelle anwächst.

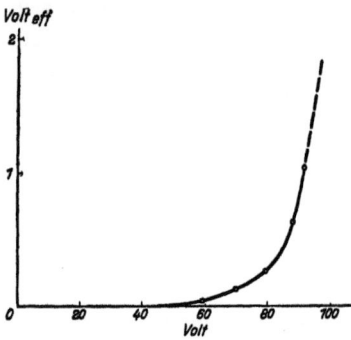

Abb. 126. Abhängigkeit des Störpegels einer Gaszelle von der Zellenspannung (nach Kluge[1]).

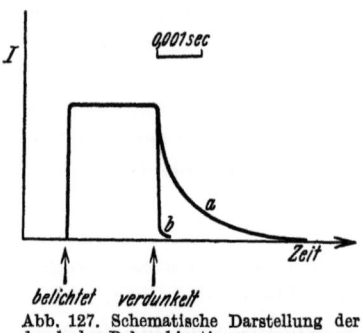

Abb. 127. Schematische Darstellung der durch den Rekombinationsvorgang verursachten Trägheit in Gaszellen.
a Zelle mit Helium-Neon-Füllung,
b Zelle mit Argon-Füllung.

Bei der Umwandlung hoher Belichtungsfrequenzen tritt neben dem Rauschen die Trägheit der Photozelle störend in Erscheinung. Solange $E_0 < E_j$ ist, zeigen auch die gasgefüllten Zellen keine Trägheit, woraus zu schließen ist, daß die positiven Ionen, die bei genügend hoher Saugspannung gebildet werden, die Ursache der Trägheit sind. Es ist nun bekannt, daß die Aufbauzeit des Ionenstromes außerordentlich klein ist und daher hierdurch keine nennenswerte Verzögerung eintreten kann. Damit bleibt als Ursache der Trägheit nur der Rekombinationsvorgang übrig. Wir

---

[1] Fischer, F., u. H. Lichte: Tonfilm, Aufnahme und Wiedergabe nach dem Klangfilmverfahren, S. 68. Leipzig: Hirzel 1931.

erhalten also in gasgefüllten Zellen den in Abb. 127 schematisch dargestellten Verlauf. Bei der Belichtung springt der Zellenstrom nahezu momentan auf den vollen Wert, während sich bei der folgenden Verdunkelung eine gewisse Abklingzeit bemerkbar macht. Im Augenblick der Verdunkelung ist eine bestimmte Anzahl Ladungsträger vorhanden, die teils aus langlebigen Ionen, teils aus Atomen im metastabilen Zustand von etwa 10^{-3} sec Lebensdauer bestehen. Die metastabilen Atome ionisieren diejenigen fremden Gasatome, deren Ionisierungsspannung niedriger ist als die Anregungsspannung der ersteren. Hierdurch wird eine weitere Verlängerung der Abklingzeit hervorgerufen. Der Abfall der Amplitude ist so zu erklären, daß infolge des Rekombinationsverzuges bei hohen Frequenzen die Ladungsträger noch nicht verschwunden sind, wenn nach Verdunkelung die neue Belichtung wieder einsetzt.

Aus den in Tabelle 10 angegebenen Werten der Ionisierungsspannung E_j und der Anregungsspannung E_a für verschiedene Gase erkennt man, daß sich Argon am besten als Füllgas eignet,

Tabelle 10.

Gasart	E_j	E_a
Helium	25,6	19,8 u. 20,5
Neon	21,5	16,5 u. 16,6
Argon	15,1	11,5 u. 11,7
Wasserstoff .	13,3	—
Stickstoff . . .	16,9	—

da es im metastabilen Zustand nicht mehr in der Lage ist, fremde Gase zu ionisieren; Helium ist dagegen außerordentlich ungeeignet.

Neuere Untersuchungen[2] haben gezeigt, daß sich die Trägheitserscheinungen bei gasgefüllten Zellen durch entsprechende Wahl des Füllgases, z. B. Wasserstoff, weitgehend vermindern lassen. Bei der Untersuchung derartiger Zellen wendet man zur Erzeugung der Lichtwechselfrequenz eine Schäffersche Lichtsirene oder eine Kerrzellenanordnung an (vgl. S. 190). Die Meßanordnung ist in Abb. 154b dargestellt. Die Verstärker müssen ein möglichst breites Frequenzband besitzen. Ferner ist dafür Sorge zu tragen, daß schädliche Kapazitäten ausgeschaltet bzw. berücksichtigt werden, da durch diese leicht eine Trägheit und damit Frequenzabhängigkeit vorgetäuscht werden kann. Schröter und

---

[1] Kannenstine: Astrophys. J. **55**, 355 (1922). Meißner, K. W.: Ann. Phys. **76**, 124 (1925).

[2] Schröter, F., u. G. Lubszynski: Physik. Z. **31**, 897 (1930).

Lubszynski vergleichen den prozentualen Spannungsabfall d zwischen den Belichtungsfrequenzen $\nu_1 = 500$ und $\nu_2 = 10000$ Hz, also

$$d = 100 \cdot \frac{\mathfrak{A}_{\nu_1} - \mathfrak{A}_{\nu_2}}{\mathfrak{A}_{\nu_1}} \%$$

und messen d in Abhängigkeit von der Saugspannung E_0. Abb. 128 zeigt das Ergebnis. Mit zunehmender Anodenspannung nimmt der prozentuale Abfall zu. Er ist bei Argon in einem Fall Null, im anderen Fall wesentlich kleiner als bei Helium und Neon. Der Abfall selbst macht sich erst bei etwa 6000 Hz bemerkbar, wie aus Abb. 129 zu erkennen ist[1]. In dieser ist die Frequenzabhängigkeit einer Hochvakuumzelle und einer gasgefüllten Zelle gleicher Konstruktion (AEG-Photozelle PZ 2 K) wiedergegeben. Die Kurven stellen Mittelwerte einer sehr großen Anzahl von Einzelmessungen dar. Die Belichtungsfrequenz wurde sowohl mit der Schäfferschen Lichtsirene als auch mit einer Kerrzellenanordnung erzeugt und so reguliert, daß der Photozelle eine konstante Belichtungsamplitude über den ganzen Frequenzbereich zugeführt wurde. Will man noch höhere Frequenzen messen, so eignet sich die letzte Methode am besten. In der

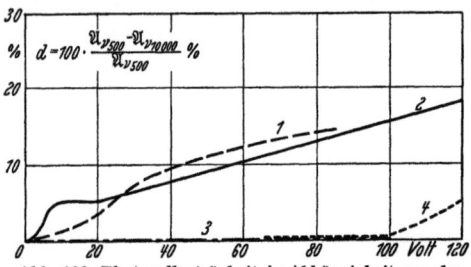

Abb. 128. Photozellenträgheit in Abhängigkeit von der Anodenspannung (nach Schröter und Lubszynski).
1 Neonfüllung, *2* Heliumfüllung, *3* u. *4* Argonfüllung

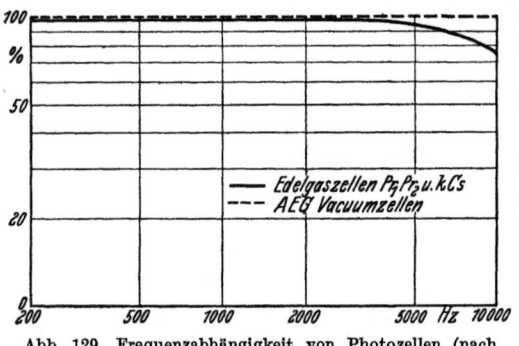

Abb. 129. Frequenzabhängigkeit von Photozellen (nach F. Hehlgans).

---

[1] Diese Kurven wurden uns freundlicherweise von Herrn Dr. F. Hehlgans (Forschungsinstitut der AEG) zur Verfügung gestellt, der auf Anregung des einen von uns die Messungen durchführte.

Abb. 129 ist der Abfall der Amplitude bei Belichtungsfrequenzen bis 10000 Hz noch so gering, daß für Tonfilmwiedergabe keinerlei Schwierigkeiten entstehen. Der Abfall läßt sich durch entsprechende Entzerrung im Verstärker kompensieren. Dagegen sollte man in Fernsehapparaturen nur Hochvakuumzellen benutzen.

γ) *Halbleiterzellen (innerer lichtelektrischer Effekt)*. Die Halbleiterzellen haben gegenüber den Photozellen, die auf dem

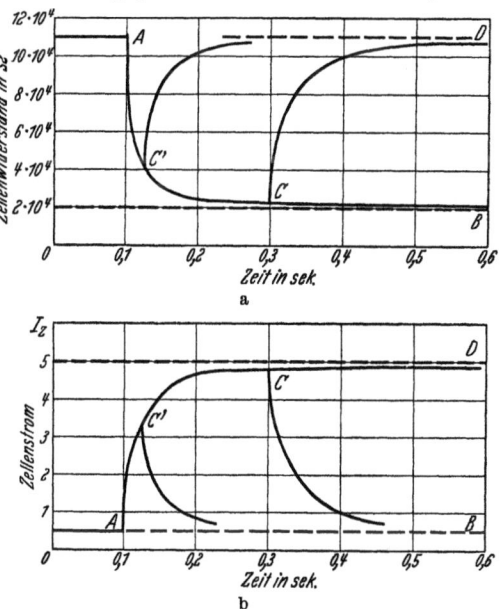

Abb. 130. Die Trägheit der Selenzelle (schematisch dargestellt).

äußeren lichtelektrischen Effekt beruhen, den Nachteil, daß die zur Wirkung kommenden Ströme Sekundärerscheinungen sind, zu deren Ausbildung eine gewisse Zeit benötigt wird, so daß hier eine ausgesprochene, leicht meßbare Trägheit der Zellen[1] vorhanden ist, die sich nur schwer abschwächen läßt. Die primär durch das Licht ausgelösten Elektronen rufen eine Lockerung des Kristallgitters und als Folgeerscheinung eine Widerstandsabnahme des Halbleiters hervor. Diese geht nun mit einer relativ großen Verzögerung vor sich, wie man aus Abb. 130a ersehen kann.

---
[1] Thirring, H.: Z. techn. Phys. **3**, 118 (1922).

Das gleiche gilt für den Abklingvorgang, wenn die Zelle plötzlich wieder verdunkelt wird. In Abbildung 130 setzt bei dem Punkt A die Belichtung ein. Zunächst fällt der Widerstand der Selenzelle sehr rasch ab, dann immer langsamer und nähert sich schließlich asymptotisch dem Wert, der der betr. Belichtung entspricht. Wird nach einer kürzeren Zeit, z. B. im Punkt C, die Belichtung unterbrochen, so steigt der Widerstand nach einer e-Funktion auf den ursprünglichen Wert D an. Findet die Belichtung nur sehr kurze Zeit statt, so daß also die Verdunkelung schon im Punkt C' einsetzt, so kommt der Widerstand nicht auf seinen Minimalwert, sondern bleibt

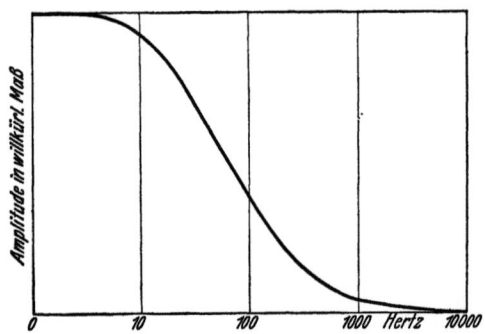

Abb. 131. Frequenzabhängigkeit einer Selenzelle (nach Sewig).

um so größer, je kürzer die Belichtungszeit ist. Schickt man nun durch diesen Widerstand einen Strom und mißt die Stromänderung, so wird diese ebenfalls um so kleiner, je kleiner die Belichtungszeit ist, wie aus Abb. 130b zu ersehen ist. Das deutet auf eine sehr starke **Trägheit** der Selenzellen hin, die man im halblogarithmischen Maßstab nahezu durch eine gegen die hohen Frequenzen geneigte Gerade darstellen kann. Allerdings verläuft nur der mittlere Teil geradlinig, vgl. Abb. 131, welche die Abhängigkeit der Amplitude des Zellenstromes von der Belichtungsfrequenz wiedergibt.

Die Halbleiterzellen zeigen überdies in sehr vielen Fällen ein starkes **Rauschen** und **Knacken**. Dieses beruht einerseits auf einer fortwährenden Änderung der Übergangsschicht (Kontakt) zwischen Halbleiter und Metallelektrode. Andererseits scheinen auch Feuchtigkeitseinschlüsse außerordentlich stark für dieses

Nebengeräusch verantwortlich zu sein[1]. Um diese Erscheinungen herabzusetzen, hat man versucht, die Selenzelle im Vakuum oder in vollständig trockenen Gasen innerhalb eines Glasgefäßes unterzubringen (vgl. S. 110). Außerdem ändert die Selenzelle im Laufe der Zeit nach starken Belichtungen in unkontrollierbarer Weise ihren Widerstand. Aus diesem Grunde haben sich die bisher bekannten Selenzellen für gute Tonfilmwiedergabe und für das Fernsehen noch nicht durchgesetzt, obwohl man eventuell mit ihnen eine höhere Lichtausbeute erhalten könnte.

Man hat sich viel bemüht, durch Kompensationsschaltungen und besondere Zellenform (sehr dünne Schichten) die Trägheit auszuschalten, ohne dieses Ziel dadurch vollkommen zu erreichen. Die Frequenzabhängigkeit läßt sich auch hier im Bereich der Tonfrequenzen, also etwa bis 5000 Hertz, durch den Verstärker weitgehend kompensieren.

Die neueren Halbleiterzellen, z. B. die Thalliumzellen von Case und von der Osram-Gesellschaft zeigen ebenfalls diese Erscheinung. Die Frequenzabhängigkeit für verschiedene feste Frequenzen zeigt die Abb. 132[2]. Als Zeitmaß ist in den Oszillogrammen der normale 50-periodige Wechselstrom des Netzes gleichzeitig aufgezeichnet.

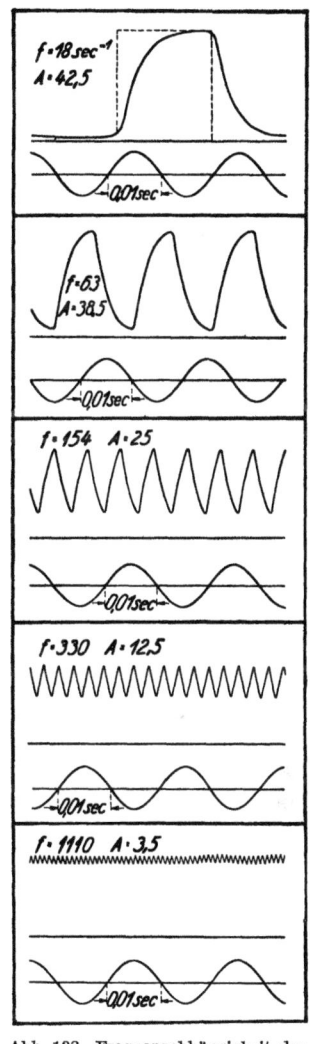

Abb. 132 Frequenzabhängigkeit der Osram-Thalliumzelle (nach Sewig).

---

[1] Thirring, H.: Heerestechnik 8, Nr 9 (Sept. 1930).
[2] Sewig, R.: Z. techn. Physik 11, 269 (1930).

39. Meßmethoden mit Gleichstromverstärkung; Gleichstrom-Röhrenvoltmeter; mehrstufige Gleichstromverstärker.

a) Prinzipielle Schaltungen. Die in diesem Abschnitt beschriebenen Verstärker werden meist Gleichstromverstärker genannt, obwohl sie ebensogut zur Verstärkung von Wechselströmen geeignet sind. Es soll jedoch diese Bezeichnungsweise beibehalten werden, um eine Unterscheidung gegenüber den später beschriebenen Verstärkern zu ermöglichen, die infolge ihrer induktiven oder kapazitiven Kopplung ausschließlich für Wechselströme in Betracht kommen.

Handelt es sich um Verstärkung von Photoströmen, die über längere Zeitintervalle sich nicht oder nur sehr langsam ändern, so müssen galvanisch gekoppelte Verstärker benutzt werden. Die einfachste Schaltung eines derartigen einstufigen Verstärkers ist in Abb. 133 angegeben. Die Photozelle Z wirkt als Gitterableitewiderstand, der bei zunehmender Belichtung abnimmt und somit eine Änderung des Gitterpotentials hervorruft. Hierdurch erfolgt wiederum eine Änderung des Anodenstromes, die somit ein Maß für den Photozellenstrom darstellt, wenn man eine entsprechende Eichung vorgenommen hat. Bei dieser Schaltung muß man Kriechströme, z. B. infolge schlechter Gitterisolation, oder Ionenströme in der Verstärkerröhre vermeiden. Die letzteren sind auch in den bestevakuierten Röhren vorhanden und mit einem zur Photozelle parallelen Ableitewiderstand von 10^8 bis 10^9 Ω vergleichbar. Sie treten nicht auf, wenn die Anodenspannung höchstens 6 Volt beträgt. Die Verstärkerröhre selbst muß eine besonders gute Gitterisolation erhalten. Abb. 134 zeigt eine Doppelgitterröhre mit hochisoliertem Gitter. Die niedrige Anodenspannung erfordert die Verwendung von Doppelgitterröhren mit Raumladegitter, da die Steilheit der Röhrenkennlinie und damit die Verstärkung der normalen Drei-

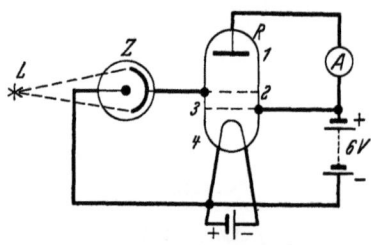

Abb. 133. Die Photozelle als Gitterableitewiderstand. Z Photozelle; R Verstärkerröhre mit Anode 1, Steuergitter 2, Raumladegitter 3 und Kathode 4, A Meßinstrument.

Meßmethoden mit Gleichstromverstärkung; prinzipielle Schaltungen. 171

elektrodenröhren bei derartig kleinen Anodenspannungen zu gering wäre. Selbstverständlich muß die Isolation der Kathode der Photozelle mindestens ebensogut wie die des Gitters der Verstärkerröhre sein.

Die Wirkungsweise der Schaltung ist folgende: Die Photozelle stellt, solange sie kein Licht trifft, einen unendlich großen Widerstand dar und vergrößert lediglich die Gitter—Kathoden-Kapazität der Verstärkerröhre. Infolge der hohen Gitterisolation laden die von der Glüh-

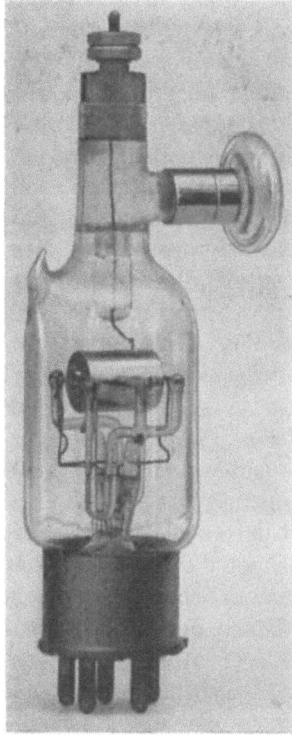

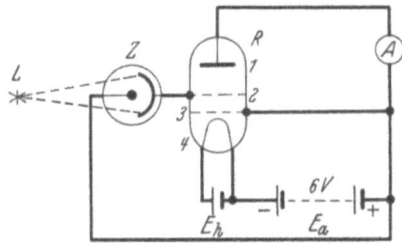

Abb. 135. Die Photozelle als Anodenableitewiderstand.

Abb. 134. Verstärkerröhre mit hochisoliertem Gitter (nach Haußer, Jäger und Vahle), hergestellt durch die AEG.

kathode ausgehenden Elektronen das Gitter so lange negativ gegen die Kathode auf, bis ein Gleichgewichtszustand erreicht ist. Sobald Lichtstrahlen auf die Zellenkathode treffen, und damit Elektronen an deren Oberfläche freimachen, wird das Gitter sich so weit entladen, bis wieder Gleichgewicht herrscht und der Photostrom gleich dem Gitterstrom wird. Das Gitter stellt sich dabei auf ein etwas positiveres Potential ein, wodurch der Anodenstrom anwächst. Diese Schaltung eignet sich zur Messung kleiner Photoströme bis herab zu 10^{-15} Amp.

Die zweite prinzipielle Schaltung zeigt Abb. 135. Die Photozelle liegt zwischen Gitter und positivem Pol der Anodenbatterie. Auch hier ist eine Röhre mit hoher Gitterisolation von Vorteil. Die unbelichtete Zelle stellt wiederum einen praktisch unendlich großen Widerstand dar. Infolgedessen lädt sich das Gitter der Verstärkerröhre negativ auf. Bei Belichtung der Kathode entlädt es sich und nimmt schon bei kleinen Lichtstärken ein positives Potential an, wodurch der Gitterstrom einsetzt. Die Photozelle stellt nun einen sehr hohen Widerstand dar. Da der Gitterstrom sehr viel größer ist als der lichtelektrische Strom, wird keine Proportionalität bei größeren Lichtstärken bestehen. Die Potentialänderungen des Gitters und damit die Anodenstromänderungen sind dann gering. Man kann also quantitative Messungen mit dieser Anordnung nicht vornehmen, die sich daher nur zum Betätigen eines Relais oder eines anderen Schaltorgans eignet. Der Verstärkungsfaktor der Schaltung gemäß Abb. 135 ist 100 bis 1000.

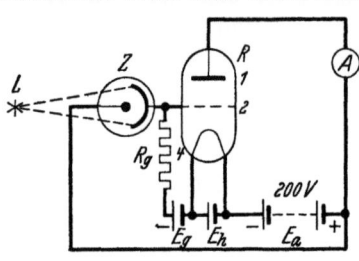

Abb. 136. Normaler Einstufenverstärker für Photozellenströme.
R Verstärkerröhre, 1 Anode, 2 Gitter, 4 Kathode, Z Photozelle, R_g Gitterwiderstand, L Lichtquelle.

Zur dritten Schaltung kommt man, wenn in der Anordnung in Abb. 135 noch der Gitterableitewiderstand R_g und die negative Gittervorspannung E_g hinzugefügt werden, wie es in Abb. 136 dargestellt ist. Der Arbeitspunkt ist durch E_g bestimmt und soll bei unbelichteter Zelle im unteren Knick der Anodenstromkennlinie (vgl. Abb. 123) liegen. Mit der Belichtung steigt der Anodenstrom. Bei dieser und bei der folgenden Schaltung können normale Eingitterröhren Verwendung finden.

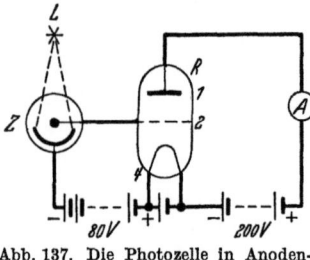

Abb. 137. Die Photozelle in Anodenschaltung.

Die vierte Schaltung ist in Abb. 137 angegeben. Die Anode der lichtelektrischen Zelle ist mit dem Gitter der Verstärkerröhre verbunden. Man wählt bei dieser Schaltung eine Verstärkerröhre mit möglichst großem Durchgriff, ca. 20%, um einen hohen Ruhestrom im Anodenkreis zu erhalten. Schon bei sehr kleinen Lichtintensitäten erfolgt eine hohe negative Aufladung des Gitters, die den Anodenstrom sofort abriegelt. Mit dieser Schaltung lassen sich Verstärkungsfaktoren von 10^5 bis 10^6 erreichen. Bei Verwendung von Röhren mit hochisoliertem Gitter und niedrigen Anodenspannungen können Photoströme von 10^{-14} bis 10^{-15} A noch nachgewiesen werden. Bei allen Meßanordnungen müssen sämtliche Spannungen so konstant wie nur möglich gehalten werden. Zur Eichung benutzt man eine bekannte Lichtquelle und schwächt den Lichtstrom z. B. durch Abstandsänderung.

b) Röhrenvoltmeter, Röhrengalvanometer. Die in Abb. 136 angegebene Schaltung wird in den meisten Fällen benutzt, da hierbei einfache Verstärkerröhren zur Anwendung kommen können. Die untere Meßgrenze liegt bei dieser Anordnung bei lichtelektrischen Strömen von etwa 10^{-9} A. Der auf die Photozelle Z auftreffende Lichtstrom der Lichtquelle L löst einen Elektronenstrom i_z aus, der am Gitterwiderstand R_g den Spannungsabfall de_g hervorruft und damit eine Änderung des Gitterpotentials bewirkt. Wir wollen das Verhältnis der Änderung di_a des Anodenstroms zur Änderung di_z des lichtelektrischen Stromes als **Verstärkungsfaktor** g bezeichnen. Wir schreiben also:

$$g = \frac{di_a}{di_z}.$$

Multipliziert und dividiert man mit de_g, so erhält man:

$$g = \frac{di_a}{de_g} \cdot \frac{de_g}{di_z} = S \cdot R_g,$$

wobei S die Steilheit der Röhrenkennlinie und R_g den Gitterwiderstand bedeutet. Diese Gleichung gilt nur, wenn kein Gitterstrom fließt und R_g klein gegen den inneren Widerstand R_i der Röhre ist. Die Verstärkung würde also mit R_g steigen. R_g kann jedoch aus den angeführten Gründen nicht beliebig hoch gewählt werden. Man kann mit einer Kennliniensteilheit von 1 mA pro Volt und mit einem Gitterwiderstand von $10^7\,\Omega$ rechnen, so daß sich praktisch eine 10^4 fache Verstärkung mit normalen Röhren erreichen läßt.

Werden zu der eben beschriebenen Schaltung Raumladungsgitterröhren mit hochisoliertem Gitter verwendet, so ist eine wesentlich höhere Verstärkung möglich. Der Gitterwiderstand soll dann 10^{10} bis $10^{12}\,\Omega$* betragen. Haußer, Jäger und

---

* Krüger, F.: Z. techn. Physik 10, 495 (1929).

Vahle[1] haben zur Verstärkung sehr kleiner Ströme, nämlich der Ionisationsströme eines Röntgendosimeters eine besonders günstige Schaltung angegeben, die in Abb. 138 dargestellt ist. Die Anode der lichtelektrischen Zelle Z wird mit dem Steuergitter 2, die Kathode über die Saugbatterie B_z mit dem negativen Punkt des Glühfadens 4 verbunden. Raumladungsgitter 3 und Anode 1 erhalten das gleiche Potential, das zwischen 0 und 8 Volt veränderlich ist. Die Emission der Glühkathode kann mit dem mA-Meter I_s eingestellt werden, da dieses Instrument die Summe von Raumladegitter- und Anodenstrom mißt, die bei negativen Steuergitterspannungen gleich dem Sättigungsstrom ist. Bei einem Gitterwiderstand R_g von $10^{10}\ \Omega$ ist die Empfindlichkeit der Anordnung ca. $5 \cdot 10^{-13}$ A und läßt sich aus den in Abb. 139 wiedergegebenen Anodenstrom- und Gitterstromkennlinien berechnen. Man erkennt zunächst, daß die Anodenspannung und Raumladegitterspannung immer unter 7 Volt bleiben muß, da sonst die Ionenströme nach dem Gitter zu groß werden. Bei 7 Volt (Kurve 1) beträgt die maximale Änderung des Gitterstromes pro 1 Volt Gitterspannungsänderung $4 \cdot 10^{-12}$ A. Das entspricht einem Widerstand von $2,5 \cdot 10^{11}\ \Omega$. Bei 6 Volt ist der Ionenstrom bedeutend kleiner, schätzungsweise 10^{-13} A, so daß man einen Widerstand von $10^{12}\ \Omega$ und größer nehmen könnte. Die Röhren müssen außerordentlich gut evakuiert sein und sollen möglichst eine Wolframkathode besitzen. Die Emission von $1 \cdot 10^{-3}$ A ist so niedrig gewählt, daß die Lebensdauer der Röhren möglichst groß wird. Den Isolationswiderstand der Röhre und Photozelle kann man vernachlässigen, da er ca. $10^{15}\ \Omega$ beträgt.

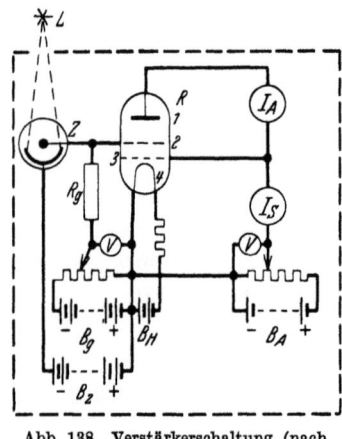

Abb. 138. Verstärkerschaltung (nach Haußer, Jäger und Vahle[1]).

Die Änderung des Anodenstromes pro Volt Gitterspannung (vgl. Abb. 139, Kurve 1) ergibt sich zu $3 \cdot 10^{-5}$ A. Verwendet

---

[1] Haußer, K. W., R. Jäger u. W. Vahle: Wiss. Veröff. a. d. Siemens-Konzern 2, 325 (1922).

man als Meßinstrument ein Galvanometer mit einer Stromempfindlichkeit von $1{,}3 \cdot 10^{-7}$ A pro Skt, also ein normales Drehspulgalvanometer, so läßt sich eine Gitterspannung von $4 \cdot 10^{-3}$ Volt messen. Bei $10^{10}\,\Omega$ Gitterwiderstand kann man also einen Photostrom von $4 \cdot 10^{-13}$ A messen und $4 \cdot 10^{-14}$ A noch schätzen. Isolations- und Ionenstromeinfluß können unberücksichtigt bleiben. Der Fehler liegt unter 1%.

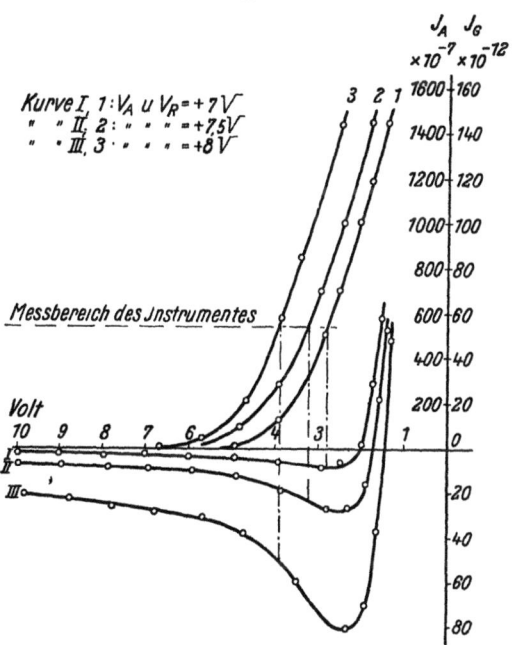

Abb. 139. Anodenstrom- und Gitterstromkennlinien einer Röhre mit hochisoliertem Gitter[1].

Es ist zweckmäßig, die ganze Meßanordnung in einem geerdeten Metallgehäuse unterzubringen und Trockenmittel vorzusehen, da auch die Zuleitungen Photokathode—Widerstand R_g—Gitter ausgezeichnet isoliert sein müssen. Am besten benutzt man Stützen aus Bernstein oder geschmolzenem Quarz zum Tragen dieser Leitungen. Weitere Fehlerquellen ergeben sich durch das Kontaktpotential, schlechte Kontaktstellen, schwankende Batteriespannungen und ungeeignete Röhren. Z. B. dürfen stark

---

[1] Siehe Fußnote 1 auf S. 174.

brodelnde Röhren nicht verwendet werden, da in diesem Fall der Zeiger des Galvanometers nie zur Ruhe kommt. Ferner muß man darauf achten, daß die Röhren außerhalb derjenigen Arbeitsbereiche benutzt werden, in welchen bei dieser Schaltung Schwingungen[1] entstehen können.

Beim Messen stellt man die Gitterspannung so ein, daß der Anodenstrom in der Nullstellung (unbelichtete Zelle) konstant bleibt. Die Photozelle ist im Gegensatz zu der Anordnung gemäß Abb. 136 so geschaltet, daß bei Belichtung eine Verminderung des Anodenstromes eintritt. Dieses hat den Vorteil, daß man bei den schwächsten Lichtintensitäten im steilsten Kennliniengebiet arbeitet. Die Schaltung eignet sich vorzugsweise zur Messung von Sterndurchgängen oder zur Sternphotometrie (vgl. S. 299).

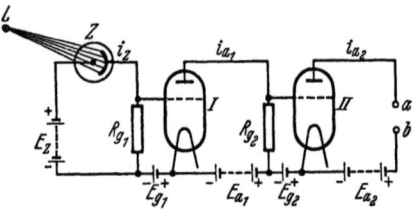

Abb. 140. Zweistufiger Gleichstromverstärker.

Will man von der Benutzung eines Galvanometers als Meßinstrument abgehen, so muß die Verstärkung durch weitere Röhrenstufen erhöht werden. In Abb. 140 ist ein einfacher zweistufiger Gleichstromverstärker dargestellt. Man muß für die Anodenspannungen E_{a_1} und E_{a_2} getrennte Batterien benutzen und auch hier ganz besonders auf die Konstanz der Batteriespannung achten. Dasselbe gilt für die Gitterspannungen E_{g_1} und E_{g_2}. Im Ausgang a, b kann ein Meßinstrument, ein Relais oder sonst ein Apparat, der durch Licht betätigt werden soll, eingeschaltet werden.

c) **Kompensationsschaltungen.** Die vorstehend beschriebenen Schaltungen lassen sich in Kompensationsschaltungen abändern, wenn man durch geeignete Mittel z. B. den Anodenstrom der Verstärkerröhre bei unbelichteter Photozelle kompensiert und in einem als Nullinstrument geschalteten Strommesser den Differenzstrom mißt, der sich bei belichteter Zelle einstellt.

Abb. 141 zeigt eine derartige Schaltung[2]. In dieser ist eine normale Verstärkerröhre benutzt. Zur Erzielung der größtmög-

---

[1] Barkhausen u. Kurz: Physik. Z. **21** (1920).
[2] Rosenberg, H.: Naturwiss. **9**, 359, 389 (1921). du Prel, G.: Ann. Phys. **70**, 199 (1923). Schein, A.: Ann. Phys. **85**, 257 (1928).

lichen Verstärkung muß die Anodenspannung größer als 6 Volt sein, was eine Reihe von Nachteilen mit sich bringt (vgl. S. 162). Die Größe der Anodenspannung, der Heizspannung und des Glühfadenpotentials gegen Erde ist durch Versuche festzustellen[1]. Die beiden Widerstände W_1 und W_2 im Heizstromkreis gestatten nicht nur die Heizstromstärke zu regeln, sondern auch das Potential des Glühfadens gegen Erde in gewissen Grenzen zu ändern. Der Anodenkreis ist als Kompensationskreis ausgebildet, um den Ruhestrom I_d, der sich bei unbelichteter Zelle Z einstellt und vom Amperemeter G_3 angezeigt wird, kompensieren zu können.

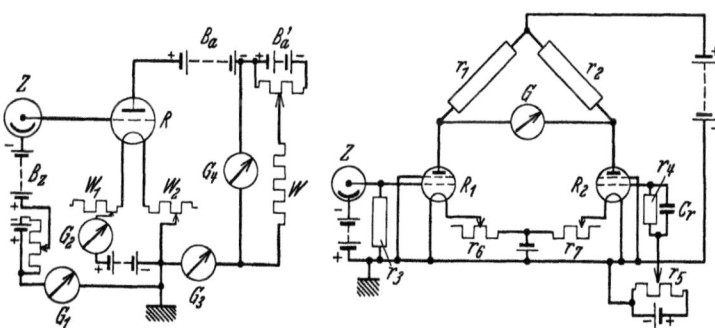

Abb. 141. Röhrenvoltmeterschaltung mit Kompensation im Anodenkreis (nach Rosenberg).

Abb. 142. Verstärkerschaltung mit Kompensation durch Wheatstonesche Brückenanordnung (nach Brentano).

W ist ein Widerstand von ca. $10^5\,\Omega$. Das Galvanometer G_4 zeigt $(I_d - I_b)$ an, wobei I_b der Anodenstrom der Verstärkerröhre R bei belichteter Photozelle ist. Da deren Anode mit dem Gitter der Verstärkerröhre verbunden ist, nimmt I_b mit zunehmender Belichtung ab. Von der Güte der Isolation des Gitters und der Photozellenanode hängt die erzielbare Verstärkung ab. Isolationsfehler der Verstärkerröhre sind meist in ihrem Fuß und Sockel zu suchen (Sockel entfernen!). Um den Ionisationsstrom möglichst klein zu halten, benutzt man Röhren, die mit einem Getter, z. B. einem Magnesiumschlag auf der Gefäßwand, versehen sind, damit alle freiwerdenden Gasreste gebunden werden und ein hohes Vakuum erhalten bleibt.

Jede Anordnung, mit der Differenzströme gemessen werden, ist gegen äußere Störungen besonders empfindlich. Diese werden

---

[1] Siehe Fußnote 2 auf S. 176.

178   Elektromagnetische Meßmethoden und Instrumente.

durch die in Abb. 142 dargestellte Schaltung[1] recht weitgehend vermieden. Zwei Schutzgitterröhren R_1 und R_2 bilden zwei Zweige einer Wheatstoneschen Brücke. Anodenbatterie und Heizbatterie sind gemeinsam, so daß sich deren Schwankungen ausgleichen. Die Unterschiede der Röhrencharakteristiken werden durch die Wahl der Gittervorspannung und des Heizstromes behoben und die Kapazität der Photozelle durch die Kapazität C_r kompensiert. C_r soll ein hochisolierter, veränderlicher Luftkondensator sein (vgl. S. 149). Mit dieser Anordnung läßt sich eine Stromempfindlichkeit von $4 \cdot 10^{-14}$ A und eine Spannungsempfindlichkeit von $2 \cdot 10^{-5}$ Volt erreichen[1].

40. Wechselstromverstärker; Röhrenvoltmeter mit Netzanschluß; Methoden zur Erzeugung eines modulierten Lichtstrahls.

Die Wechselstromverstärker haben sich bei den technischen Photozellenanwendungen schneller durchgesetzt als die Gleichstromverstärker, da sie einige ausschlaggebende Vorzüge besitzen, z. B. die Verwendung einer einzigen Spannungsquelle und infolgedessen das leichtere Ausschalten von Fehlern. Die Wechselstromverstärkung läßt sich natürlich nur dann anwenden, wenn entweder die Lichtquelle ihre Intensität fortwährend schnell ändert, oder wenn dem durch das Licht ausgelösten Photostrom eine Trägerfrequenz überlagert und die Summe der beiden Ströme dem Verstärker zugeführt wird. Wir wollen Licht, das seine Helligkeit schnell ändert, als Wechsellicht bezeichnen, obwohl ein Analogon zum Wechselstrom nicht vorliegt. Dabei soll es gleichgültig sein, ob die Helligkeitsschwankungen von der Lichtquelle selbst oder im Strahlengang durch mechanische oder elektrische Vorrichtungen erzeugt werden. Beim Tonfilm, Fernsehen, bei der Bildübertragung und Lichttelephonie ist Wechsellicht immer vorhanden. Das gleiche gilt für eine Reihe von Signaleinrichtungen.

a) Röhrenvoltmeter für Netzanschluß[2]. Die am meisten gebräuchliche Form des Röhrenvoltmeters ist die mit Anodenschaltung, wie sie in Abb. 143 dargestellt ist. Ein derartiges

---
[1] Brentano, J.: Z. Physik 54, 571 (1929). B. erreichte mit einer Röhre einen Verstärkungsgrad von 10^6.
[2] Vgl. z. B. Ch. G. Suits: Helvet. phys. Acta 2, 3 (1929); Physik. Z. 32, 121 (1931).

Instrument ist nur dann brauchbar, wenn es geeicht ist und die bei der Eichung gefundenen Werte sich tatsächlich immer wieder verwirklichen lassen. Beim Gleichstromröhrenvoltmeter mit getrennten Batterien müssen die einzelnen Spannungsquellen immer wieder kontrolliert werden. Diese Kontrollen lassen sich zu einer einzigen zusammenfassen, wenn man alle Spannungen einer Stromquelle, z. B. dem Lichtnetz, über ein Potentiometer oder einen Transformator entnimmt. Als unbestimmte Größe kommt noch die Veränderlichkeit der Verstärkerröhre hinzu, die jedoch bei richtiger Heizung und nicht zu knapper Wahl der Leistung weitgehend ausgeschaltet werden kann. (Heizung etwa 10% unter dem Nennwert, Aussteuerung bis zu etwa 20% des Sättigungsstromes.) Wie aus Abb. 143 zu ersehen, benutzt man einen Transformator T mit getrennten Primär- und Sekundär-Wicklungen, um die Apparatur vom Lichtnetz zu isolieren. Bei dieser Schaltung ist nur noch auf der Primärseite die Spannung mittels eines veränderlichen Widerstands R_1 (Schiebewiderstand) oder eines Eisenwasserstoffwiderstands einzustellen.

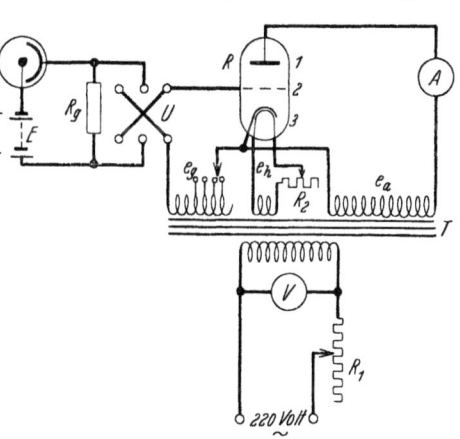

Abb. 143. Wechselstrom-Röhrenvoltmeter.

Die Verwendung einer indirekt geheizten Röhre hat den Vorteil, daß die Wärmeträgheit der Kathode infolge der hohen Wärmekapazität sehr groß ist und infolgedessen kurzzeitige Spannungsschwankungen im Gegensatz zu den direkt geheizten Röhren keinen Einfluß auf die Messung haben. Gleichzeitig besitzen die indirekt geheizten Röhren eine viel größere Steilheit.

Die Gleichung der Verstärkerröhren lautet:
$$I_a = k(e_g + D e_a)^{3/2}.$$
Wenn man das Windungsverhältnis für Gitterspannung und Anodenspannung so wählt, daß
$$e_g = -D e_a$$

ist, so kann man erreichen, daß bei Hochfrequenz das Röhrenvoltmeter von der Frequenz und Phase der zu messenden Spannung und der Frequenz der Betriebsspannung unabhängig ist. Bei gleicher Frequenz beider Spannungen ist der Ausschlag des Voltmeters ein Maß für den Phasenwinkel. Mit einem gut abgeglichenen Röhrenvoltmeter läßt sich der Fehler unter 1% bringen. Beim Anschluß an 50-periodischem Wechselstrom ist eine Frequenzabhängigkeit auch dann vorhanden, wenn die Meßfrequenz mit der Netzfrequenz vergleichbar ist, also etwa von 15 bis 400 Hertz. Es ist außerordentlich zweckmäßig, im Gittereingang einen Polwender U einzubauen.

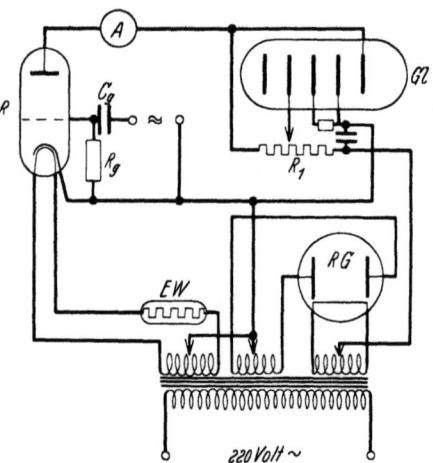

Abb. 144. Röhrenvoltmeter nach Kallmann.

Den Spannungsabfall des Heizfadens vermeidet man bei Verwendung einer indirekt geheizten Röhre (Telefunkenröhren Typ: REN 1104, REN 2204).

Außer den obengenannten Fehlerquellen sind noch die Röhrenkapazität und der Isolationswiderstand zu berücksichtigen. Bei Schirmgitterröhren läßt sich die Kapazität im Gitterkreis sehr klein machen. Die Isolation kann man meist dadurch verbessern, daß man, wie schon erwähnt, den Sockel gut reinigt, bzw. ganz entfernt und die Zuleitungen direkt an die Durchführungsdrähte anschließt.

Neben der Anodengleichrichtung verwendet man für Röhrenvoltmeter auch die Audionschaltung, die in Abb. 144[1] dargestellt ist. Der Heizstrom wird durch einen Eisenwasserstoffwiderstand EW (vgl. S. 197) und die Anodenspannung durch einen Glimmstreckenspannungsteiler Gl[2] stabilisiert. An der Anode der Röhre liegt eine Gleichspannung, die von der Gleichrichterröhre RG erzeugt wird und gleichzeitig als Saugspannung für die Photozelle dient.

---

[1] Kallmann, H. E.: Z. Hochfrequenztechn. **37**, 58 (1931).
[2] Körös, L.: ETZ **50**, 786 (1929).

b) **Verschiedene Arten der Ankopplung bei mehrstufigen Wechselstromverstärkern.** In Abb. 145 ist ein Wechselstromverstärker mit Widerstands- und Kapazitätskopplung angegeben, wie er als Photozellenverstärker im Tonfilm gebräuchlich ist. Die Photozelle liegt in Serie mit einem Widerstand von 0,1 bis 0,5 Megohm. Über einen Kondensator ist die Anode der Zelle an das Gitter der ersten Röhre gelegt. Der Gitterwiderstand ist etwa 10 mal größer als der Widerstand im Photozellenkreis (also 1 bis 3 Megohm).

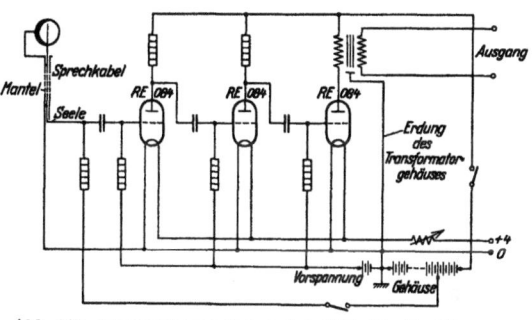

Abb. 145. Photozellenverstärker der AEG für Tonfilmzwecke nach Lichte.

Abb. 146 stellt einen dreistufigen transformatorisch gekoppelten Wechselstromverstärker dar, und zwar ist schon die Photozelle in dieser Weise gekoppelt. Durch Verwendung besonderer Eisensorten (Mumetall, Nicalloy) ist es möglich, den notwendigen Scheinwiderstand zu erzielen. Bei diesen Verstärkern muß der Photozellenwiderstand dem Widerstand der Röhre sehr genau angepaßt und die Zeitkonstante möglichst klein gemacht werden, damit sämtliche Frequenzen zwischen 18 und 20000 Hertz amplituden- und frequenzgetreu wiedergegeben werden können. Im

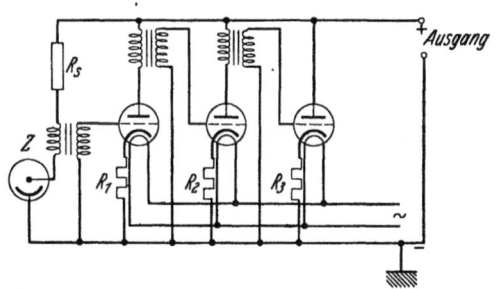

Abb. 146. Photozelle mit dreistufigem Transformatorenverstärker.
R_s Schutzwiderstand, R_1, R_2 und R_3 Widerstände zur Erzeugung der Gittervorspannungen.

allgemeinen begnügt man sich jedoch mit der Wiedergabe eines Frequenzbandes von 30 bis 10000 Hertz.

Wir wollen das Ersatzschema der Photozelle mit Eingangsröhre gemäß Abb. 147 betrachten: der Photozellenkreis besteht aus R_i, G und R_a. Parallel zu R_i liegt die Photozellenkapazität C_z (nicht gezeichnet), die mit C_d vereinigt ist. Der Kopplungskondensator C_k stellt die Verbindung zwischen der Photozelle und dem Gitter der Röhre dar. R_g ist der Gitterwiderstand. Die Gitterkapazität C_0 ist wiederum in C_d enthalten. Die Breite des Frequenzbandes, das übertragen werden kann, ergibt sich aus folgender Überlegung: Die Grenze bei den tiefen Tönen hängt von der Reaktanz von C_k ab, wenn also $\dfrac{1}{\omega C_k}$ zu groß gegen R_a wird. Die hohen Töne werden in der Amplitude abfallen, wenn $\dfrac{1}{\omega C_d}$ klein gegen R_a wird. Bei Verwendung von Schirmgitterröhren beträgt C_g nur einige Hundertstel cm, so daß $\dfrac{1}{\omega C_g}$ nahezu unendlich wird und nicht berücksichtigt zu werden braucht. Dagegen sind die Photozellenkapazitäten noch so groß (2 bis 10 cm), daß sie nicht vernachlässigt werden dürfen.

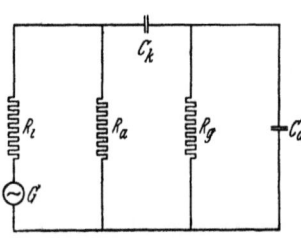

Abb. 147. Ersatzschema des Photozellenkreises und Eingangskreises der Verstärkerröhre.

Bei Transformatorenverstärkern kann man auf der Gitterseite praktisch immer mit einem unendlich hohen Widerstand rechnen, so daß man sehr hohe Übersetzungsverhältnisse wählen könnte. Auch hier ist der Verstärkung durch die Kapazität der Röhre und Photozelle und durch die Streukapazität der Transformatoren eine Grenze gesetzt. Man erhält deshalb auch bei transformatorisch gekoppelten Verstärkern einen Amplitudenabfall bei tiefen und hohen Frequenzen, den man jedoch zum Teil durch die Streuresonanzen des Transformators kompensieren kann[1].

c) **Die Photozelle am Wechselstromnetz.** In den Abb. 143, 148a, 150a, 151 und 152 sind Schaltungen angegeben, die zum Betrieb nur das 50-periodische Wechselstromnetz benötigen, ohne daß eine Gleichrichtung erfolgt. An der Photozelle, am Gitter und der Anode der Verstärkerröhre oder des Entladungsgefäßes liegen also nur Wechselspannungen. Es läßt sich nun immer erreichen, daß Anoden- und Gitterspannung einer Entladungsröhre so in der Phase verschoben sind, daß kein oder nur ein bestimmter kleiner Anodenstrom fließt. In Abb. 148b sind die Wechselspannungen an Anode V_A und Gitter V_G um 180° ver-

---

[1] Rukop, H.: Telefunken-Zg. 48/49, 10 (1929).

schoben. V_G ist so gewählt, daß bei der positiven Halbwelle von V_A kein Anodenstrom fließt, also $-V_G$ gleich oder größer als $D \cdot V_A$ ist (D Durchgriff der Röhre). Bei negativer Anodenspannung fließt kein Anodenstrom. In dieser Zeit ist die Gitterspannung positiv. Durch einen entsprechend hohen Widerstand im Gitterkreis läßt sich der Gitterstrom sehr klein machen, so daß er ohne Einfluß auf die Vorgänge in der Röhre ist. Abb. 148c und d zeigen zwei andere Einstellungen von Gitter- und Anodenspannung. Im einen Fall fließt nur ein kleiner und im anderen

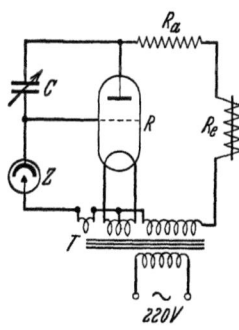

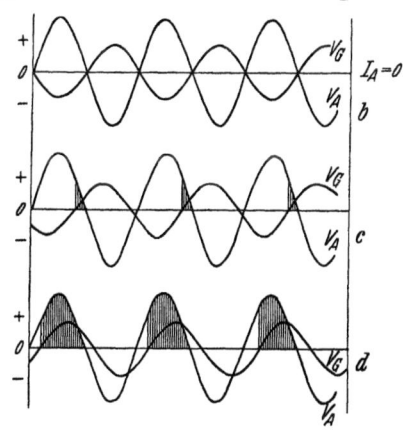

Abb. 148a. Die Photozelle wirkt als veränderlicher Widerstand und erzeugt mit dem fest eingestellten Drehkondensator C je nach der Belichtung eine Phasenverschiebung der Phase der Gitterspannung gegen die Phase der Anodenspannung.

Abb. 148b, c, d. Thyratronstromeinsatz bei verschiedenen Phasenverschiebungen zwischen Gitter- und Anodenspannung.

a kein Anodenstrom; b kleiner Anodenstrom; c Anodenstrom fast während der ganzen positiven Halbperiode (schraffierter Teil).

Falle fast der maximale Anodenstrom. Durch Veränderung der Phase der Gitterspannung läßt sich also eine kontinuierliche Änderung des Anodenstroms erzielen. Diese Phasenverschiebungen lassen sich bekanntlich durch Phasenschieber, also durch Kombinationsschaltungen von Widerständen, Induktivitäten und Kapazitäten erreichen, von denen mindestens eine Größe veränderlich sein muß. In der Abb. 148a ist als veränderlicher Widerstand die Photozelle eingeschaltet. Parallel zur Anodenwechselspannung liegen Photozelle Z und Drehkondensator C in Serie. Das Gitter wird an den Verbindungspunkt von Z und C angeschlossen. Durch geeignete Einstellung des Kondensators ist es möglich, daß bei Belichtung der Photozelle dem Gitter eine nahezu um $180°$ gegen die Anode verschobene Wechselspannung zugeführt wird. Der innere Widerstand der Zelle muß, verglichen mit dem kapazitiven Widerstand, hierbei so klein sein, daß am Gitter nahezu das Kathodenpotential liegt. Verdunkelt man die Photozelle, z. B. durch Einschalten einer Blende in den Strahlengang, so wird ihr Widerstand praktisch unendlich und das Gitter liegt über C an der Anodenspannung. Die Gitterphase verschiebt sich also derart, daß jetzt durch das Entladungsgefäß R ein Strom fließen kann. Dieser löst das Relais Re aus, das z. B. eine Notbeleuchtung oder irgendeine andere Vorrichtung in Betrieb setzt. Vertauscht man Z mit C, so steigt der Anodenstrom mit zunehmender Belichtung an.

d) Photozelle und Thyratron. Es soll jetzt an Stelle der Hochvakuumröhre eine gittergesteuerte Gasentladungsröhre eingeschaltet werden, die nach dem Thyratronprinzip[1] arbeitet, dessen Wirkungsweise im folgenden erläutert wird.

Mit dem Namen ,,Thyratron'' wird eine zuerst von I. Langmuir[2] 1914 angegebene **gittergesteuerte Gas- oder Metalldampfentladungsröhre** bezeichnet. Zwischen Kathode und Anode geht eine lichtbogenartige Entladung über, eine dazwischenliegende dritte Elektrode übernimmt die Funktion des Steuergitters. In Abb. 149 ist eine derartige Röhre mit Glühkathode (Oxydkathode) im Schnitt und im Schema dargestellt. Zur Herabsetzung der Heizleistung wird die vorzugsweise indirekt geheizte Kathode mit einem Strahlungsschutz umgeben, der gleichzeitig als Gitter dienen kann. Die Anode besteht aus Graphit. Zur Herabsetzung der Raumladung befindet sich in der Röhre Quecksilberdampf oder ein Edelgas. An Stelle der Glühkathode kann man auch eine Quecksilberkathode benutzen.

Der Name Thyratron kommt vom griechischen ,,$\vartheta\acute{\upsilon}\varrho\alpha$'' die ,,Tür''. Man vermag nämlich, solange noch keine Entladung zur Anode besteht, mit Hilfe einer negativen Gitterspannung den Stromübergang zur Anode zu sperren, auch wenn man hohe positive Spannungen an die Anode legt. Vermindert man die negative Spannung bzw. legt man positive Spannung an das Gitter, so setzt plötzlich die Entladung ein und bleibt bestehen, solange die Anodenspannung positiv ist, auch wenn man jetzt dem

---

[1] Hull, A. W.: Gen. El. Rev. **32**, 213, 390 (1929).
[2] Langmuir, I.: U. S. Pat. 1289823 und D. R. P. 294641

Gitter eine hohe negative Spannung gibt. Erst wenn die Anodenspannung unter die zur Ionisation des Füllgases notwendige Spannung fällt oder negativ wird, erlischt die Bogenentladung. Die einfachste Methode, die Anodenspannung im Takt zu unterbrechen, ist das Anlegen einer Wechselspannung an die Anode. In der negativen Halbperiode (Sperrphase) fließt natürlich kein Strom, da die Anode keine Elektronen emittiert. Durch die Wahl des Gitterpotentials läßt sich also das Einsetzen des

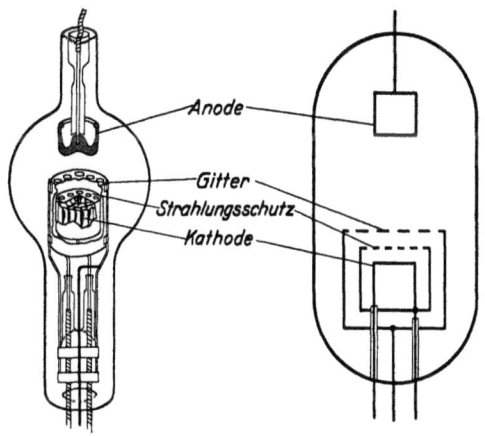

Abb. 149. Gittergesteuerte Gasentladungsröhre mit Lichtbogencharakter (Thyratron) nach Hull.

Anodenstromes steuern, wodurch die Arbeitsweise des Thyratrons bestimmt ist.

Wir wollen jetzt die Gitterwirkung näher betrachten. Sind Gitter und Anode positiv, dann wird nach beiden Elektroden hin ein Elektronenstrom fließen, dessen Verteilung vom Durchgriff der Anode durch das Gitter, von den angelegten Spannungen und den in den Stromkreisen liegenden Widerständen abhängt. Sobald die Entladung eingesetzt hat, das Gas also durch die Elektronen der Glühkathode ionisiert ist, besteht eine gleichmäßige Verteilung von Elektronen und Ionen im Entladungsraum, also nahezu der Zustand des idealen ionisierten Gases. Dann ist in jedem Augenblick die Anzahl N_- der Elektronen gleich der Anzahl N_+ der positiven Ionen. Ihre Geschwindigkeiten verhalten sich jedoch umgekehrt wie die Wurzel aus ihren Massen, folglich ist das Verhältnis der einen bestimmten Querschnitt des Gases durchfließenden ungerichteten Ströme:

$$\frac{I_-}{I_+} = \sqrt{\frac{m_+}{m_-}}.$$

Das Verhältnis ist für Hg = 608, Ar = 271, He = 86. Hieraus erkennt man, daß im allgemeinen der Ionenstrom vernachlässigbar ist. Der von der Kathode zur Anode fließende Elektronenstrom muß vollständig von der Glühkathode geliefert werden. Geben wir dem Gitter eine hohe negative Ladung, so wird es Elektronen abstoßen und positive Ionen anziehen. Die Wirkung des Gitters erstreckt sich nur so weit oder die Abstoßung der Elektronen in der Umgebung des Gitters erfolgt nur so lange, bis die Raumladung der positiven Ionen die negative Gitterladung vollständig kompensiert hat, diese bilden

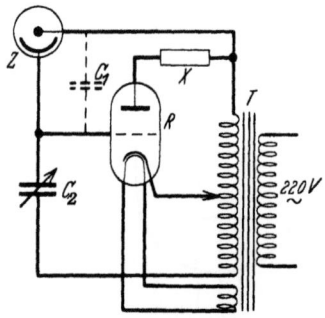
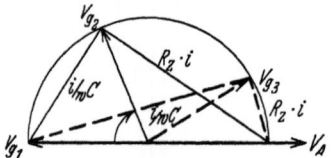

Abb. 150a. Anordnung zur Steuerung eines Thyratrons durch eine Photozelle nach Hull. Der mittlere Anodenstrom steigt mit steigender Belichtung.

Abb. 150b. Spannungsdiagramm der Gitterspannung V_g des Thyratrons bei verschiedener Belichtung der Photozelle.
C Photozellenkapazität; R_s Zellenwiderstand; i Zellenstrom.

infolge der relativ kleinen Geschwindigkeit eine außerordentlich dünne Schicht um das Gitter, die aber die Gitterwirkung vollständig ausschaltet, als ob es nicht vorhanden wäre. Aus diesem Grunde ist das Löschen der lichtbogenähnlichen Entladung mittels einer negativen Gitterspannung unmöglich.

Liegt an der Anode eine Wechselspannung, so erlischt die Entladung während jeder negativen Halbperiode. Es ist nun möglich, durch die Wahl der Gitterspannung den Einschaltmoment der Entladung in der positiven Halbwelle der Anodenspannung zu regeln. Da ein Thyratron gleichzeitig eine Gleichrichterwirkung besitzt, wird also eine Regelung des mittleren Gleichstroms durch die Röhre ermöglicht. Insbesondere bietet eine Gitterwechselspannung, die in der Phase gegen die Anode beliebig verschoben werden kann[1], die größten Regelmöglichkeiten, z. B. eine kontinuierliche Regelung des Anodenstroms. Der Einschaltmoment ist auch von der Anodenspannung abhängig, da diese durch das Gitter hindurch auf die Kathode einwirkt. Wir finden deshalb beim Thyratron immer eine bestimmte resultierende Spannung, die sich aus Gitter- und Anodenspannung zusammensetzt, bei welcher der Lichtbogen einsetzt, oder zu jeder Anodenspannung gehört eine bestimmte **kritische** Gitterspannung im Entstehungsmoment des Lichtbogens. Die Gitterleistung ist so gering, daß man mit einer Photozelle nahezu beliebig große Thyratronröhren steuern kann.

Abb. 150a stellt eine der möglichen Phasenschieberschaltungen dar. Z ist die Photozelle, R das Thyratron.

Die Gitterspannung wird zwischen Photozelle Z und Kondensator C_2 abgegriffen. Solange die Photozelle unbelichtet ist, ist ihr

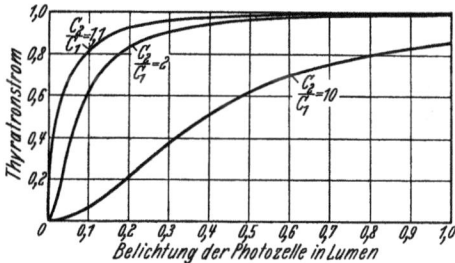

Abb. 150c. Abhängigkeit des Thyratron-Anodenstroms von der Belichtung der Photozelle für verschiedene Serienkondensatoren C_2.

Widerstand nahezu unendlich groß. Ihm liegt die Kapazität C_1 parallel, die sich aus der Gitter-Anodenkapazität des Thyratrons und der Photozellenkapazität zusammensetzt. Der Wert des Kondensators C_2 muß nun mindestens so groß oder größer als C_1 sein, da sonst das Thyratron, auch wenn die Photozelle nicht belichtet ist, während jeder positiven Halbwelle brennt. In Abb. 150b ist das Spannungsdiagramm dargestellt. Bei dieser Schaltung steigt der mittlere Strom des Thyratrons mit wachsender Belichtung. Die Abhängigkeit des Stromes von dem Verhältnis der Kapazitäten $\frac{C_2}{C_1}$ ist aus der Abb. 150c zu entnehmen[2]. Man sieht, daß mit wachsendem C_2 der Strom immer mehr der Belichtung proportional wird.

Die umgekehrte Schaltung zeigt Abb. 151. Hier sind Photozelle und Kapazität vertauscht, so daß bei belichteter Zelle kein Strom fließt, dagegen sofort ein Lichtbogen einsetzt, wenn die

---

[1] Toulon: D.R.P. 415910, 1922. Dunoyer, L., und P. Toulon: Comptes Rendus 1924, 179, und J. Physique 5, 257 u. 289 (1924).

[2] Siehe S. 184 Fußnote 1.

188   Elektromagnetische Meßmethoden und Instrumente.

Belichtung unterbrochen oder zu schwach wird. Derartige Schaltungen können zum Einschalten von Notbeleuchtungen oder von Lampen dienen, wenn z. B. das Tageslicht zu schwach wird.

Abb. 152 zeigt noch eine besondere Schaltung mit 2 Photozellen, welche je nach dem Grad der Belichtung die Phase der Gitterspannung verändern. In dem Lichtweg der einen Zelle befindet sich ein Glastrog A, durch welchen z. B. ein auf Trübung zu untersuchendes Gas strömt. Es ist möglich, den Einschaltmoment der gittergesteuerten Entladungsröhre von einem be-

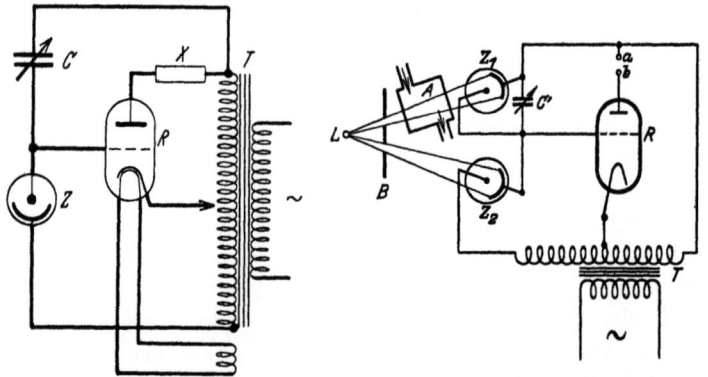

Abb. 151. Anordnung zur Abschaltung des Anodenstroms der Thyratronröhre durch die Photozelle bei Belichtung derselben.

Abb. 152. Kompensationsschaltung mit zwei Photozellen zur Kontrolle von Trübungen. Durch den veränderlichen Kodensator C' werden die beiden Photozellenkapazitäten abgeglichen.

stimmten Trübungsgrad abhängig zu machen, so daß beim Erreichen dieser Trübung ein Signal ertönt. Der Apparat kann also als Rauchanzeiger für Maschinen, Ofengase oder als Feueralarmapparat usw. dienen.

e) **Erzeugung modulierten Lichtes, Lichtträgerfrequenz, Wechsellicht.** Eine besondere Wirkung erreicht man, wenn man mit dem Thyratronstrom eine Lichtquelle speist, deren Licht die Photozelle beleuchtet. Sobald das Licht erlischt, schaltet die Photozelle das Thyratron ein; sobald der Thyratronstrom die Lampe zum Leuchten bringt, unterbricht die Photozelle den Thyratronstrom. Die Trägheit der Lichtquelle wird die Frequenz des Wechsellichts bestimmen. Man hat also eine optische Rückkopplung vor sich[1]. Diese Wechsellichterzeugung hat nur für

---

[1] D.R.P. 469815.

Signallichter und ähnliche Einrichtungen Bedeutung, wo eine absolute Konstanz der Frequenz nicht gefordert wird.

Wesentlich wichtiger ist die direkte Modulation des Lichtstrahls, um ihn als Trägerfrequenz zu benützen. Die einfachste Anordnung

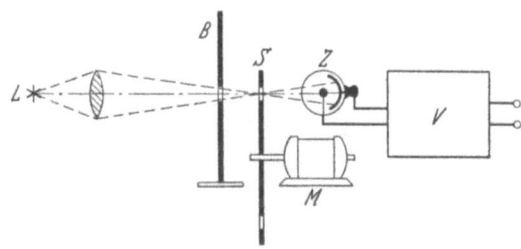

Abb. 153a. Mechanische Erzeugung des Wechsellichts durch eine Lochscheibe.

besteht in einer Lochscheibe S, die in den Strahlengang zwischen Lichtquelle L und Photozelle Z eingeschaltet wird, wie dies Abb. 153 a zeigt. Durch Variation der Umdrehungsgeschwindigkeit der Scheibe und der Anzahl der Löcher in der Scheibe kann die Trägerfrequenz in weiten Grenzen verändert werden. Bei richtiger Wahl der Lochform ist es möglich, den Lichtstrom sinusförmig zu machen. Werden bei großer Lochzahl die einzelnen Öffnungen zu klein, so ist eine Lochscheibe gemäß Abb. 153b[1] vorteilhaft. Am Rande dieser Scheibe sind eine sehr große Anzahl feiner Schlitze angeordnet. Mit der Erhöhung der Frequenz wird bei konstantem Scheibendurchmesser die Öffnung für den Lichtdurchtritt immer kleiner. Man nutzt daher gleichzeitig

Abb. 153b. Lochscheibe für Lichtsirenen nach Telefunken.

---

[1] Die Photographie wurde uns freundlicherweise von Telefunken zur Verfügung gestellt.

mehrere Schlitze aus, indem man diesen beweglichen Schlitzen eine feste Blende gegenüberstellt, die ebenfalls aus mehreren Schlitzen besteht, welche in Form und Größe ihrer Öffnung den auf der Scheibe befindlichen gleichen. Stege und Schlitze haben dieselbe Breite, so

Abb. 154a. Schäffersche Lichtsirene.

daß in der einen Stellung völlige Verdunkelung und in einer anderen völlige Aufhellung des Lichtstrahls möglich ist. Eine derartige Anordnung ist zum Prüfen von Verstärkern oder zur Prüfung der Photozellenträgheit außerordentlich geeignet. Abb. 154a stellt eine derartige „Lichtsirene" dar[1]. Das Schaltbild ist

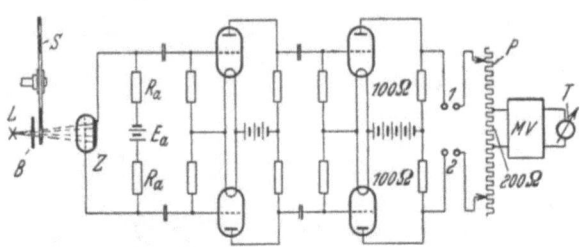

Abb. 154b. Schaltschema der Schäfferschen Lichtsirenenanordnung.

in Abb. 154b angegeben. Der Verstärker ist ein sogenannter Gegentaktverstärker, der außerordentlich verzerrungsfrei arbeitet.

Man kann die Trägerfrequenz auch mit Hilfe einer zweiten Photozelle einführen, die entweder mit einer vom Wechselstrom

---

[1] Schäffer, W., u. G. Lubszynski: ENT 8, 213 (1931). Schröter, F.. u. G. Lubszynski: Physik. Z. 31, 898 (1931).

gespeisten Glimmlampe belichtet wird, oder man schaltet die zweite Photozelle gemäß der oben erwähnten optischen Rückkopplung über ein Thyratron mit einer Lichtquelle so zusammen, daß die gewünschte Trägerfrequenz entsteht.

Eine weitere Methode ist die Modulierung des Lichtstrahls mittels einer Kerrzellenanordnung, welche in Abb. 155 angegeben ist. Der von L ausgehende Lichtstrom tritt durch das Nicolsche Prisma N_1, dann durch den Kerrzellenkondensator K, durch das Nicolsche Prisma N_2 und trifft schließlich auf die Photozelle Z. Die Polarisationsebenen der beiden Prismen werden um 45^0 gegeneinander geneigt und damit eine bestimmte mittlere Helligkeit der Belichtung eingestellt. Legt man jetzt an die Kondensatorplatten der Kerrzelle eine sinusförmige Wechselspannung, so ändert sich das aus N_2 austretende Licht ebenfalls sinusförmig

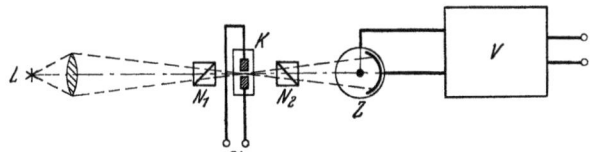

Abb. 155. Kerrzellenanordnung zur Modulation eines Lichtstromes.

um die mittlere Helligkeit. Der in der Photozelle Z erzeugte Wechselstrom wird durch den Verstärker V in dem gewünschten Maße verstärkt. Mit dieser Anordnung kann man leicht die höchsten Lichtträgerfrequenzen erzielen. Der Nachteil der Anordnung liegt lediglich in der geringen optischen Ausnutzung. Man muß dieses in vielen Fällen durch starke Lichtquellen ausgleichen. Man kann der Photozelle außerordentlich kurze Lichtblitze zuführen. Mit zwei Kerrzellen, deren Wirkung bei gleicher Erregung sich gegenseitig aufhebt, konnten Lichtblitze von 10^{-9} sec erzeugt werden[1] (vgl. auch S. 4).

Will man die direkte Modulation des Lichtstrahls vermeiden und trotzdem Wechselstromverstärker verwenden, so kann man entweder die Photozelle mit einer Wechselspannung betreiben oder auch in der ersten Stufe des Verstärkers eine Wechselfrequenz durch einen „Überlagerer" einführen, also einen Röhrengenerator, der durch den Photozellenstrom moduliert wird, wie dies z. B. Abb. 156 zeigt. Man hat bei dieser Anordnung

---

[1] Lawrence, E. O., u. J. W. Beams: Phys. Rev. **32**, 478 (1930).

lediglich darauf zu achten, daß die Frequenz des Röhrengenerators konstant gehalten wird. Da diese Forderung für den gesamten Verstärker einschließlich Photozelle ebenfalls erfüllt sein muß,

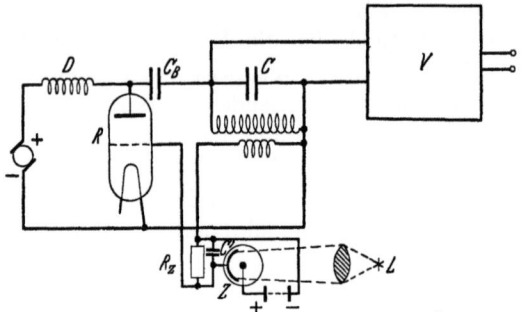

Abb. 156. Modulation des Photostroms durch einen Überlagerer.

R Schwingungsröhre; Z Photozelle; D lättungsdrossel, damit die Hochfrequenz nicht über die Gleichstromquelle kurzgeschlossen ist; C_B Blockkondensator; C Kreiskondensator, der mit der ihm parallel liegenden Induktivität die Kreisfrequenz des Überlagerers bestimmt; L Lichtquelle; R_g Gitterwiderstand, an dessen Enden durch den Photostrom ein Spannungsabfall entsteht; C' Überbrückungskondensator; V Verstärker.

erscheint diese letzte Anordnung als die praktischste auch gegenüber der mechanischen Unterbrechung mit der rotierenden Lochscheibe. (Vgl. Ziffer 48 und folgende.)

D. Methoden und Apparate zur Herstellung und Messung des in die Zelle einfallenden Lichtes.

40. Lichtquellen.

Die Empfindlichkeit von Photozellen wird häufig in Amp pro Lux angegeben, wobei unter 1 Lux (Lx) die Beleuchtung zu verstehen ist, die auf einem von der Lichtstärke 1 Hefnerkerze (HK) aus 1 m Entfernung senkrecht beleuchteten Flächenstück herrscht. Solche Angaben sind jedoch mehr oder weniger illusorisch, wenn man nicht die Intensitätsverteilung im Spektrum der Lichtquelle kennt. Bei einem strahlenden festen Körper, etwa einer Wolframlampe, ist die Intensitätsverteilung stark abhängig von der Temperatur des Strahlers. Da nun die Empfindlichkeitskurve der Photozelle entweder nach kurzen Wellen zu ansteigt (normaler Verlauf) oder sogar ein ausgeprägtes spektrales Maximum aufweist (selektiver Verlauf), so kann die pro Lux ausgesandte Elektronenmenge bei verschiedenen Temperaturen der Lichtquelle beträchtliche Unterschiede aufweisen, z. B. je nach der

Art der Empfindlichkeitskurve mit der Temperatur der Lichtquelle zu- oder abnehmen. Um ein Urteil über die Lichtempfindlichkeit einer Zelle abgeben zu können, genügt es deshalb nicht, die Belastung oder die Kerzenstärke der verwendeten Lampe zu kennen, sondern man muß vor allem wissen, welche Intensitätsverteilung ihr Spektrum bei der lichtelektrischen Messung aufwies.

a) Lichtquellen mit kontinuierlichem Spektrum im Sichtbaren und im langwelligen Ultraviolett. Dient als Lichtquelle ein „schwarzer" Strahler, so wird von dem Oberflächenelement df senkrecht dazu in den Raumwinkel $d\omega$ im Wellenbereich $d\lambda$ pro sec die Energie $E_\lambda \cdot d\lambda \cdot df \cdot d\omega$ der Wellenlänge λ ausgestrahlt, wobei

$$E_\lambda \cdot d\lambda = \frac{c_1}{\lambda^5} \cdot \frac{1}{e^{\frac{c_2}{\lambda T}} - 1} \, d\lambda$$

und $c_1 = v_0^2 \cdot h = 5{,}88 \cdot 10^{-6} \, \frac{\text{erg} \cdot \text{cm}^2}{\text{sec}} = 0{,}140 \cdot 10^{-12} \, \frac{\text{cal cm}^2}{\text{sec}}$ und $c_2 = \frac{v_0 \cdot h}{k} = 1{,}430$ cm · Grad ist (v_0 Lichtgeschwindigkeit). An Stelle dieser von Planck abgeleiteten Formel kann man, solange das Produkt $\lambda \cdot T < 0{,}3$ cm · Grad ist, d. h. im sichtbaren Spektralgebiet ($\lambda = 0{,}6 \cdot 10^{-4}$ cm) bis zu Temperaturen von ca. 5000°, die von W. Wien herrührende Formel

$$E_\lambda \cdot d\lambda = \frac{c_1}{\lambda^5} \cdot \frac{1}{e^{\frac{c_2}{\lambda T}}} \cdot d\lambda$$

anwenden. Ist der schwarze Körper klein im Verhältnis zum Abstande r, in dem sich die bestrahlte Fläche von f cm² befindet, so erhält diese von 1 cm² des Strahlers die Energie

$$E = \frac{E_\lambda \cdot f}{4\pi r^2} \cdot d\lambda \, \frac{\text{erg}}{\text{sec}} = \frac{E_\lambda \cdot f}{r^2} \cdot 1{,}902 \cdot 19^{-9} \, d\lambda \, \frac{\text{cal}}{\text{sec}}.$$

Die Plancksche Energieverteilungskurve besitzt bei einer bestimmten Wellenlänge $\lambda_{\max}$ einen Maximalwert, der sich nach dem Wienschen Verschiebungsgesetz

$$\lambda_{\max} T = 0{,}288 \text{ cm} \cdot \text{Grad}$$

ergibt. Erst bei $T = 3700°$ abs. wird die Wellenlänge des Maximums $\lambda_{\max} = 0{,}77 \cdot 10^{-4}$ cm $= 770$ mμ, rückt also ins sichtbare Spektrum.

Einen Anhalt für die relative Intensitätsverteilung im sichtbaren Spektrum des schwarzen Körpers bei verschiedenen Temperaturen gibt das Kurvenblatt Abb. 157, auf dem die In-

194 Herstellung und Messung des in die Zelle einfallenden Lichtes.

tensität bei 560 mμ (dem Empfindlichkeitsmaximum des Auges) gleich 100 gesetzt ist[1].

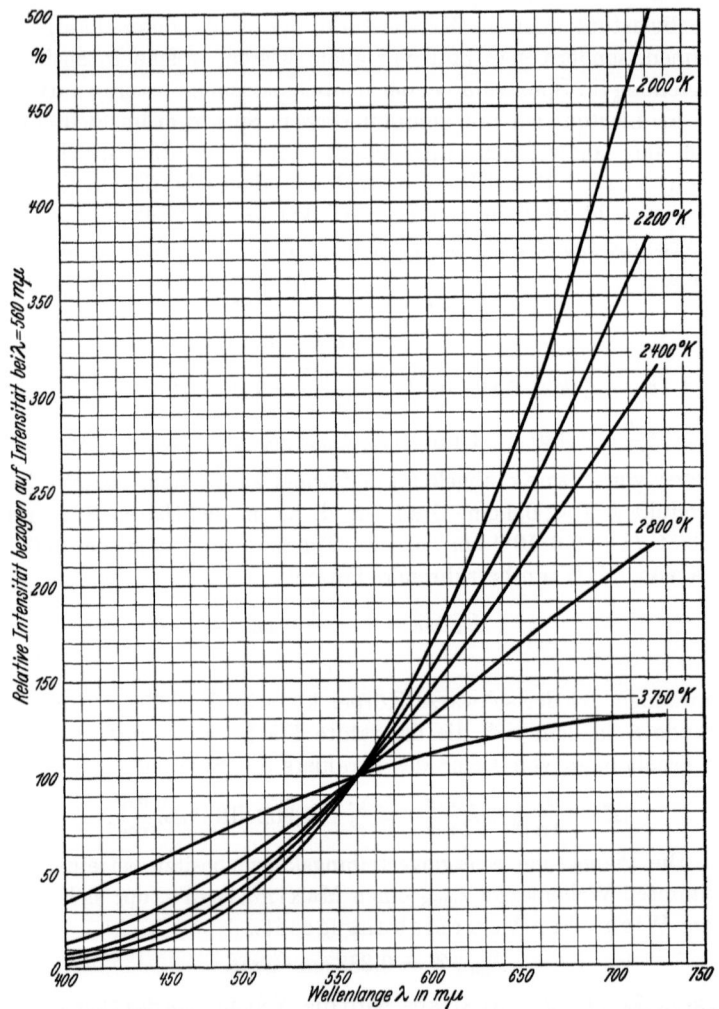

Abb. 157. Relative Energieverteilung im Spektrum des schwarzen Körpers bei verschiedenen Temperaturen, bezogen auf Energie bei 560 mμ (Empfindlichkeitsmaximum des Auges) gleich 100.

[1] Berechnet von M. K. Frehafer u. Ch. L. Snow: Bureau of Standard Nr 56 (1925).

Die Energieverteilung eines anderen glühenden festen Körpers ist gleich der des schwarzen Körpers, multipliziert mit einem, im allgemeinen von λ und T abhängigen Faktor, dem Emissionskoeffizienten. Dieser Faktor ist in bezug auf λ und T konstant, wenn es sich um einen „grauen" Strahler, z. B. eine Kohlenfadenlampe handelt. Die Energieverteilung der von diesem ausgesandten Strahlung ist also die eines schwarzen Körpers bei der wahren Temperatur des Kohlefadens. Häufig ist jedoch das Emissionsvermögen für die einzelnen Spektralbereiche verschieden. In diesem Fall ist eine Temperatur vorhanden, die „Farbtemperatur", bei welcher der glühende feste Körper nahezu die gleiche Energieverteilung besitzt wie der schwarze Körper bei dieser Temperatur. Man kann also für die Farbtemperatur eines Strahlers ebenfalls die relative Energieverteilung bei dieser Temperatur aus den Kurven der Abb. 157 entnehmen. Die Farbtemperaturen einiger gebräuchlicher Lichtquellen sind in der folgenden Tabelle[1] zusammengestellt[2]:

Tabelle 11. Farbtemperaturen einiger Lichtquellen.

Lichtquelle	abs. Farbtemperatur	
	Hyde u. Forsythe	Fabry
Hefnerkerze	1880	1830
Kohlenfadenlampe 4 Watt/Kerze	2080	2075
Wolframlampe 1,25 Watt/Kerze	2400	2450
Nernstlampe 2,3 Watt/Kerze	2400	—
Nitralampe	—	2700
Mittleres Tageslicht	—	5200
Sonne auf der Erdoberfläche	5600	6000
Wolframbogenlampe	2800 bis 3100	
Kohlebogen	3750	

Die Kurven der Abb. 157 geben die Energieverteilung im „Normalspektrum" des schwarzen Körpers wieder. Die tatsächlich gemessene Energieverteilung im prismatischen Spek-

---

[1] Aus F. Weigert: Optische Methoden der Chemie. Leipzig 1927.
[2] Nach Angaben von Hyde u. Forsythe: J. Frankl. Inst. 183, 353 (1917); Trans. Ill. Eng. Soc. 16, 419 (1921); Abstr. Bull. Nela Research Lab. 1, 536 (1925) und von Fabry, IV. Congrès Intern. de Phot., S. 82. Paris 1926.

trum verläuft jedoch anders, weil in diesem die Spektralbereiche für lange Wellen gegenüber denen für kurze stark zusammengedrängt sind. Ihre Berechnung aus der Energieverteilung im Normalspektrum erfordert die Kenntnis der **Dispersionskurve** und der **Spaltbreite** des benutzten Spektralapparates; sie läßt sich auf Grund folgender Überlegungen vornehmen[1]. In einem Normalspektrum sei ΔE die Energiemenge in cal zwischen λ und $\lambda + \Delta\lambda$, dann ist die mittlere Intensität an dieser Stelle $\frac{\Delta E}{\Delta \lambda}$; sie ist gleich der Intensität $\frac{dE}{d\lambda}$ für die Wellenlänge λ, wenn $\Delta\lambda$ unendlich klein wird. Das Licht möge nun in einem Monochromator (vgl. Ziffer 41) spektral zerlegt werden, dessen Prismentisch mittels einer Trommel gedreht werden kann. Einer bestimmten Trommelstellung α entspricht dann eine bestimmte Wellenlänge λ und die Funktion

$$\alpha = f(\lambda)$$

kann man als Dispersionskurve ermitteln. Besitzt der Monochromatorspalt die Breite $d\alpha$ in Trommelteilen, so ist der Wellenbereich $d\lambda$, welcher $d\alpha$ entspricht, in verschiedenen Spektralgebieten verschieden groß, z. B. für ein Quarzprisma im Roten viel größer als im Blauen; der zu $d\alpha$ gehörende Wert $d\lambda$ und damit $\frac{d\alpha}{d\lambda}$ kann aus der Dispersionskurve erhalten werden, wenn man zuvor $d\alpha$ experimentell bestimmt hat. Mißt man nun im prismatischen Spektrum bei der Wellenlänge λ und der Spaltbreite $d\alpha$ die Energie dE hinter dem Spalt, so ist die Intensität des prismatischen Spektrums $\frac{dE}{d\alpha} = \frac{dE}{d\lambda} \cdot \frac{d\lambda}{d\alpha}$; somit erhalten wir die Intensität des prismatischen Spektrums, wenn wir die aus Abb. 157 entnommene Intensität $\frac{dE}{d\lambda}$ des Normalspektrums mit $\frac{d\lambda}{d\alpha}$ multiplizieren.

Als **kontinuierliche Lichtquellen** im Sichtbaren kommen für lichtelektrische Untersuchungen nur solche von guter Konstanz in Betracht, also die elektrische **Glühlampe**, die **Wolframbogenlampe** und der **Nernstbrenner**. Wegen der höheren Farb-

---

[1] Nach L. Mouton: C. R. **89**, 295 (1879). Vgl. H. Kayser: Handb. d. Spektroskopie 1.

temperatur sind die Nitralampe und die Wolframbogenlampe dem Nernstbrenner vorzuziehen, zumal, wenn sie mit einem Quarzfenster versehen sind und somit auch Ultraviolettstrahlung bis praktisch 300 mμ aussenden[1]. Besonders geeignet ist die von Gehlhoff angegebene Wolframlampe mit Quarzfenster[2]. Sie besitzt eine gerade Wendel von 3 cm Länge und wird mit ca. 7 Amp bei 24 Volt Klemmenspannung betrieben.

Um bei Glühlampen eine konstante Lichtintensität zu erzielen, legt man sie an eine Akkumulatorenbatterie von großer Kapazität. Ist man auf eine wenig konstante Netzspannung angewiesen, so schaltet man mit der Lampe einen „Eisen-Wasserstoffwiderstand" in Reihe. Dieser besteht aus dünnem Eisendraht, der in einer Glasglocke mit Wasserstofffüllung ausgespannt ist. Die Stromspannungskurve eines solchen Widerstandes steigt mit zunehmender Spannung zunächst an, verläuft dann in einem gewissen Spannungsbereich horizontal der Spannungsabszisse und steigt darauf wieder an. Innerhalb jenes Spannungsbereiches ist der Strom also fast unabhängig von Spannungsschwankungen. Für jede Stromstärke muß ein besonderer Eisenwiderstand verwendet werden[3]. Die Eisenwiderstände werden für Stromstärken von 0,1 bis 20 Amp und Höchstspannungen bis 300 Volt hergestellt[2], wobei die in einem Widerstand im Mittel zu vernichtende Energie 240 Watt dauernd nicht übersteigen darf.

Abb. 158. Wolframlampe der Osram G. m. b. H.

---

[1] Die von ihnen gelieferte Ultraviolettstrahlung unterhalb 300 mμ besitzt für lichtelektrische Messungen zu geringe Intensität.

[2] Zu beziehen von der Osram-G. m. b. H., Berlin.

[3] Durch einen Parallelwiderstand wird der genaue Abgleich vorgenommen.

198 Herstellung und Messung des in die Zellen einfallenden Lichtes.

Da die Wolframbogenlampe nach Tabelle 11 im allgemeinen eine höhere Farbtemperatur (2800 bis 3100⁰) aufweist als die Nitralampe (2700⁰), liefert sie noch mehr kurzwellige Strahlung im Verhältnis zur langwelligen als die Glühlampe. Der Lichtbogen bildet sich bei der ,,Punktlichtlampe" in einer Gasatmosphäre zwischen zwei halbkugelförmigen Wolframelektroden in der Weise aus, daß die Bogenstrecke (Abb. 158) zunächst kurzgeschlossen ist, wodurch ein Bimetallstreifen sich erwärmt, ausdehnt und die eine Elektrode von der anderen abzieht. Wegen des anfäng-

Abb. 159. Quarz-Quecksilberbogenlampe von W. C. Heraeus.

lichen Kurzschlusses darf die Lampe keineswegs direkt an die Netzspannung gelegt, sondern nur in Verbindung mit einem Vorschaltwiderstand benutzt werden, der ihre Stromaufnahme auf den zulässigen Wert begrenzt. Auf richtige Polung ist sehr zu achten; der äußere Lampensockel soll an den positiven Pol angeschlossen werden. Man darf die Lampe in horizontaler Stellung, die Elektroden nebeneinander, und in vertikaler Stellung, nach oben stehend brennen, keinesfalls jedoch nach unten hängend. Die Leuchtfläche der Punktlampe hat einen Durchmesser von 1,2 bis 6 mm.

b) **Quarz-Quecksilberbogenlampen.** Die für lichtelektrische Untersuchungen im Ultraviolett am häufigsten verwendete Strahlenquelle ist die Quarz-Quecksilberbogenlampe, die in einer speziellen Ausführungsform in Abb. 159 dargestellt ist[1]. Sie besteht aus einem Quarzrohr, an das zu beiden Seiten querstehende, durch Kupferrippen gekühlte Elektrodengefäße mit den Elektrodenzuführungen angeschmolzen sind. An der Kathode hat das Quarzrohr die Form einer dickwandigen weiten Kapillare. An der Anodenseite ist es mit einem planen Fenster versehen. Die Lampe kann in vertikaler und horizontaler Stellung gebrannt werden. Im Stromkreis muß sich außer einem Amperemeter ein Regulierwiderstand bis 7 Amp von 40 Ohm für 220-Volt-Lampen und 20 Ohm für 110-Volt-Lampen befinden. Ein Voltmeter soll die Klemmenspannung der Lampe zu kontrollieren gestatten. Bevor man den Stromkreis schließt, kippt man zunächst den Brenner mit Hilfe eines Handgriffes und richtet ihn wieder auf, damit sich das Quecksilber in richtiger Weise auf die Elektrodengefäße verteilt. Dann schaltet man ein und läßt durch Kippen des Brenners einen zusammenhängenden Quecksilberfaden von der Anode zur Kathode

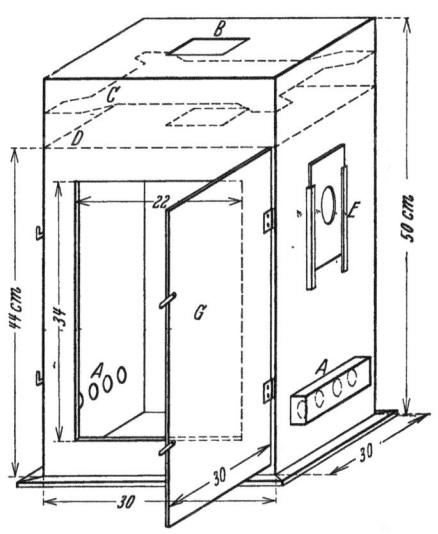

Abb. 160. Lichtdichter Lampenkasten.

laufen. Beim Zerreißen des Fadens zündet der Bogen. Man dreht nun die Lampe in die Ruhelage zurück.

Die Stromstärke ist zunächst relativ groß, die Spannung klein. Mit der Zeit sinkt jedoch die Stromstärke, während die Spannung steigt. Man verringert jetzt den Vorschaltwiderstand, wobei man darauf achtet, daß die Stromstärke 5 bis 6 Amp nicht übersteigt. Jedesmal folgt die Klemmenspannung erst allmählich nach, während die Stromstärke nach und nach zurückgeht. Schließlich brennt sich die Lampe bei einer bestimmten, von der Kühlung

---

[1] In dieser Form ist sie von der Firma W. C. Heraeus, Hanau a. M. zu beziehen.

der Elektrodengefäße, also der Art der Aufstellung abhängigen Stromstärke ein, die für die 220-Volt-Lampe bei 3 bis 4 Amp liegt. Die Klemmenspannung soll 150 Volt (bei der 220-Volt-Lampe) bzw. 70 Volt (bei der 110-Volt-Lampe) nicht überschreiten. Bei niedriger Belastung erfüllt der Lichtbogen den ganzen Rohrquerschnitt. Mit zunehmender Belastung schnürt er sich mehr und mehr ein und bildet schließlich einen Faden von ca. 5 mm Dicke.

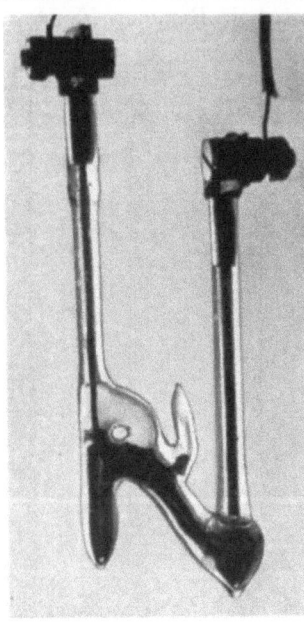

Abb. 161. Quarz-Quecksilberpunktlampe von W. C. Heraeus.

Der Lichtbogen ist 12 cm (bei der 220-Volt-Lampe) bzw. 7 cm (bei der 110-Volt-Lampe) lang.

Um sich vor störendem Nebenlicht zu schützen, setzt man die Lampe in einen innen und außen geschwärzten Metallkasten, der, wie man aus Abb. 160 ersieht, mit einer Tür G, einer Öffnung für den Lichtdurchtritt E, Öffnungen A für die Luftzufuhr und einer Öffnung B für die Luftabfuhr ausgestattet ist. Den Lichtaustritt verhindert das mit seitlichen Ausschnitten versehene mittlere Dachstück C; das darunter befindliche Dachstück D hat wie das obere eine Öffnung in der Mitte. Die Luftlöcher bei A sind mit einem unten offenen Schutzkasten verkleidet. Zur Erhöhung der Standfestigkeit wird der untere Rand des Lichtkastens ringsum mit Winkeleisen versteift.

Außer der in Abb. 159 wiedergegebenen Quecksilberlampe ist für lichtelektrische Arbeiten auch die in Abb. 161 dargestellte Quarz-Quecksilberpunktlampe[1] zu empfehlen, die einen Lichtbogen von nur 2 mm Länge, dafür aber eine sehr große Flächenhelligkeit hat. Der Lichtbogen geht zwischen einer Wolframanode (links) und einer Quecksilberkathode über. Sie brennt kurz nach dem Zünden mit etwa 10 Volt Klemmenspannung, die durch allmähliche Verringerung des Vorschaltwiderstandes bis 18 Volt gesteigert werden darf. Die Stromstärke soll beim Zünden

---

[1] Zu beziehen von W. C. Heraeus, Hanau a. M.

höchstens 4 Amp betragen und beim Einbrennen, auch vorübergehend, nicht 3,5 Amp übersteigen, da sonst das Wolfram zerstäubt.

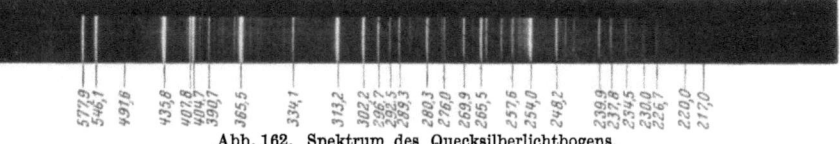

Abb. 162. Spektrum des Quecksilberlichtbogens.

Über die Lage der einzelnen Quecksilberlinien zueinander orientiert die Spektralaufnahme in Abb. 162. Welches die intensivsten Linien sind, ersieht man aus Abb. 163a und b sowie aus Abb. 165. Die Abb. 163a und b geben die Intensitätsverteilung im absoluten Maß $\left(\frac{cal}{sec}\right)$ in dem Spektrum einer Quarzquecksilberlampe bei 80 bzw. 30 Volt und 3,5 bzw. 3,3 Amp Belastung wieder. Die Lampe befand sich hierbei 2,5 cm vor dem Eintrittsspalt von 0,2 mm Breite und 5 mm Höhe, und das Licht wurde in einem Monochromator nach Löwe (vgl. S. 214) mit zwei Abbeschen Quarzprismen von der Firma C. Zeiß, Jena, spektral zerlegt.

Die Intensität der einzelnen Quecksilberlinien ist stärker von der Spannung als vom Wattverbrauch abhängig. Mit zunehmender Spannung steigt sie bei gleichbleibender Belastung

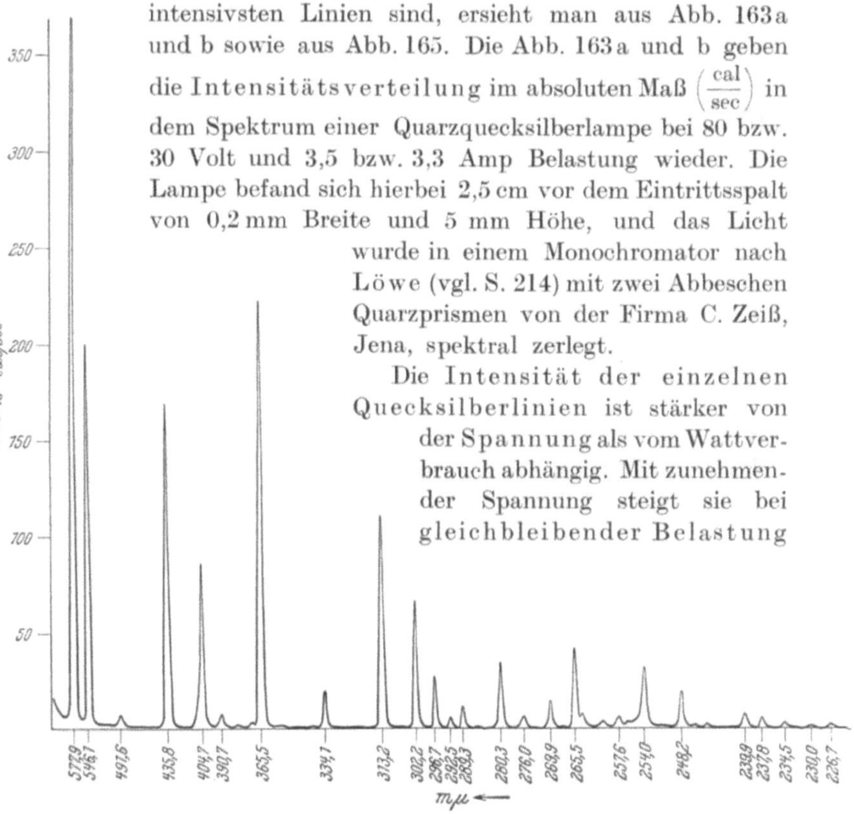

Abb. 163a. Absolute Intensitätsverteilung im Spektrum einer Quarz-Quecksilberlampe bei spektraler Zerlegung mit dem Zeißschen Geradsichtmonochromator nach Lowe. Lampenbelastung 80 Volt, 3,5 Amp.; Lampenabstand vom Eintrittsspalt 2,5 cm; Spalthöhe 5 mm; Spaltbreite 0,2 mm (nach Suhrmann).

beträchtlich an. Im Betriebe bleibt die Stromstärke konstant, und die Intensitätsverteilung ändert sich mit zunehmender Belastung zugunsten der kurzwelligen Linien. Nur die Linie 254,0, welche die Resonanzlinie 2537 Å enthält, nimmt, wie aus den Kurven der Abb. 164 zu ersehen ist, nicht im gleichen Maße an Intensität zu. Diese Kurven sind mit einer anderen Lampe als der bei den Kurven der Abb. 163 benutzten aufgenommen. Bei der Quecksilberpunktlampe sind die kurzwelligen Linien gegenüber den langwelligen begünstigt, wie man aus Abb. 165 erkennt, in der die Energieverteilung im Spektrum einer solchen Lampe bei 14 Volt und 2,3 Amp im absoluten Maße eingetragen ist. Die Lampe befand sich 3,0 cm vor dem Eintrittsspalt von 0,2 mm Breite und 5 mm Höhe des gleichen Monochromators wie oben.

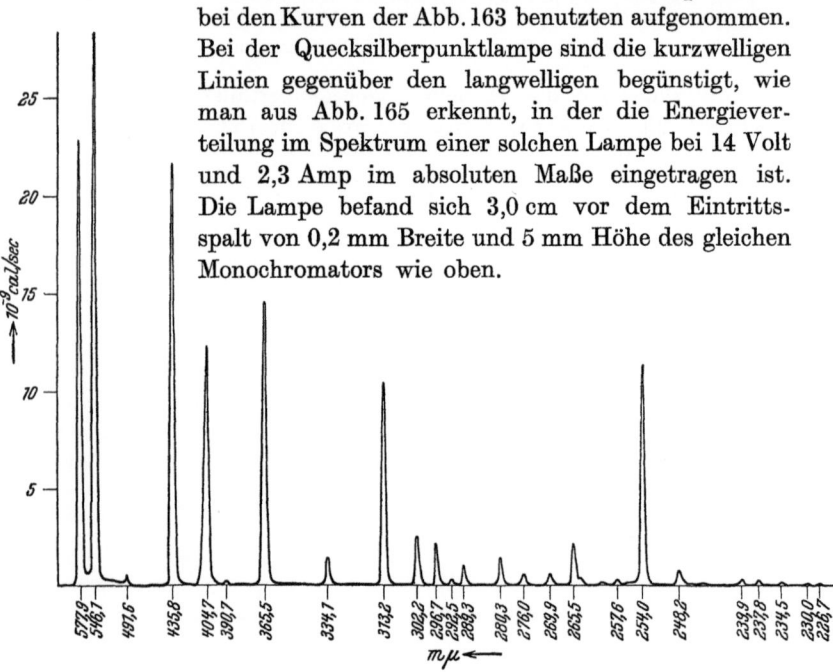

Abb. 163 b. Absolute Intensitätsverteilung im Spektrum einer Quarz-Quecksilberlampe bei spektraler Zerlegung mit dem Zeißschen Geradsichtmonochromator nach Löwe. Lampenbelastung 30 Volt, 3,3 Amp.; Lampenabstand vom Eintrittsspalt 2,5 cm; Spalthöhe 5 mm; Spaltbreite 0,2 mm (nach Suhrmann).

Es soll noch erwähnt werden, daß man beim Arbeiten mit der Quarzquecksilberlampe die Augen wegen der schädlichen kurzwelligen Strahlung sorgfältig durch dicke Brillengläser schützen muß, da schon kurzandauernde direkte Bestrahlung unangenehme Augenentzündungen verursachen kann.

Neben den Quarzlampen mit reiner Quecksilberfüllung werden auch solche mit Zusätzen von Zink, Kadmium, Blei, Wismut, Thallium hergestellt. Diese Amalgamlampen haben zwar ein sehr linienreiches Spektrum, weisen aber zumeist nur eine kurze Lebensdauer auf; außerdem sind die Intensitätsschwankungen der einzelnen Linien sehr groß.

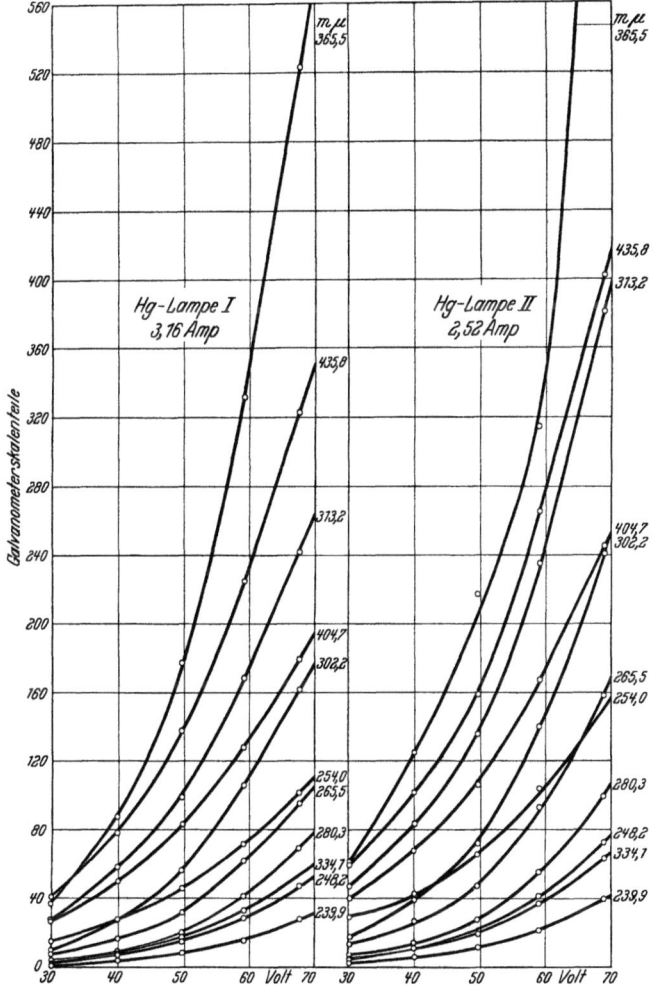

Abb. 164. Zunahme der relativen Intensität einzelner Linien des Quecksilber-Lichtbogens mit zunehmender Lampenbelastung (nach Suhrmann).

c) **Funkenlicht.** Da das Spektrum der Quarzlampe, wie aus Abb. 162 zu entnehmen ist, nur bis ca. 220 mμ reicht, muß man für lichtelektrische Untersuchungen unterhalb dieses Bereiches andere Lichtquellen benutzen. Besonders geeignet ist zur Erzeugung kurzwelligen Lichtes der Metallfunken zwischen Aluminium-, Kadmium- oder Zinkelektroden, welcher die folgenden intensiven Linien aufweist:

Aluminium 186 193 199 mμ
Zink . . . 203 206 210 214 mμ
Kadmium . 214 219 226 232 257 275 mμ.

Die Funkenstrecke liegt an den Sekundärklemmen eines Transformators oder Induktoriums, das eine möglichst große Stromstärke im Sekundärkreis verträgt und eine Spannung liefert, die nicht höher ist als der erforderlichen Funkenlänge von 1 bis 2 mm entspricht. Damit sich möglichst große Elektrizitätsmengen in kurzer Zeit entladen, schaltet man dem Funken eine Kapazität von ca. 0,01 μF parallel. Man erreicht dadurch einen Energieumsatz

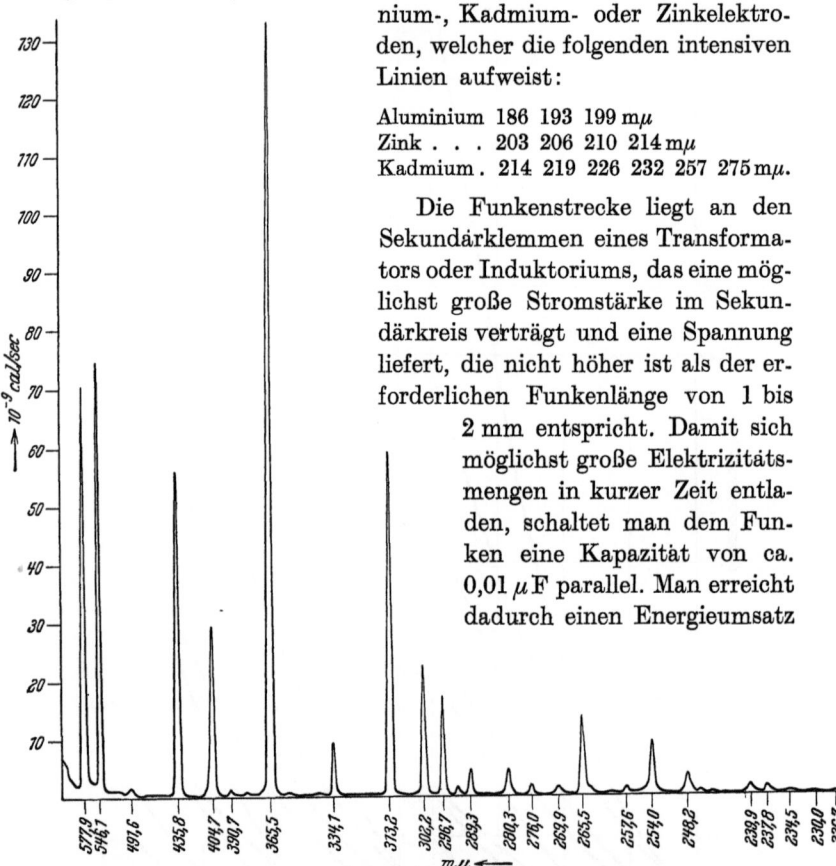

Abb. 165. Absolute Intensitätsverteilung im Spektrum einer Quarz-Quecksilberpunktlampe bei spektraler Zerlegung mit dem Zeißschen Geradsichtmonochromator nach Löwe. Lampenbelastung 14 Volt; 2,3 Amp.; Lampenabstand vom Eintrittsspalt 3,0 cm; Spalthöhe 5 mm; Spaltbreite 0,2 mm (nach Suhrmann).

pro Zeiteinheit, der drei Zehnerpotenzen größer als der eines Lichtbogens sein kann[1], und erzielt damit eine besonders hohe Intensität im kurzwelligen Ultraviolett.

---

[1] Betr. Einzelheiten der Schaltung vgl. Wien-Harms: Handb. Experimentalphysik 23, Teil 2, S. 1483.

Ein kräftiges nahezu kontinuierliches ultraviolettes Spektrum liefert der „kondensierte" Unterwasserfunken, bei dem man die Funkenentladung zwischen Aluminium-, Kupfer- oder Kohleelektroden in einem von Wasser durchspülten Gefäß übergehen läßt, das mit einem Quarzfenster versehen ist. Die Elektroden müssen wegen der starken mechanischen Beanspruchung während der Entladung ziemlich starr konstruiert und in der Weise gehaltert sein, daß sie während des Betriebes nachgestellt werden können. Die Isolation soll möglichst nahe an die Funkenstrecke heranreichen. Den Sekundärklemmen des Trans-

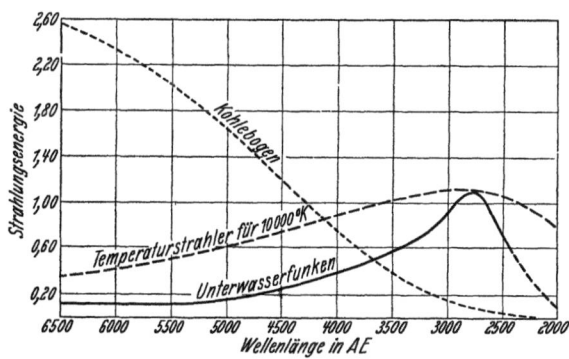

Abb. 166. Relative Intensitätsverteilung im Unterwasserfunken (nach Wyneken). (Die Maßstäbe für Kohlebogen und Unterwasserfunken sind verschieden!)

formators oder Induktors liegt eine Luftfunkenstrecke parallel, welche die Regelmäßigkeit des Übergangs im Unterwasserfunken verbessert[1]. Über die relative Intensitätsverteilung im Spektrum des Aluminium-Unterwasserfunkens orientiert Abb. 166, aus der hervorgeht, daß die ausgestrahlte Energie ein Maximum bei 285 mμ besitzt, also an der Stelle, an welcher das Strahlungsmaximum eines Temperaturstrahlers von 10000° abs. liegen würde; mit der Abnahme der Entladungsenergie verschiebt sich das Intensitätsmaximum nach langen Wellen[2].

---

[1] Einzelheiten der Schaltung und der Konstruktion der Funkenstrecke bei E. v. Angerer u. G. Joos: Ann. Physik 74, 743 (1924). Wyneken, I.: Ann. Physik 86, 1071 (1928). Wien-Harms: Handb. Experimentalphysik 23, Teil 1, S. 67.

[2] Wrede, B.: Ann. Physik 3, 823 (1929).

Bei der Benutzung einer Funkenstrecke als Lichtquelle genügt der gewöhnliche elektrostatische Schutz, bei dem Zelle und Elektrometerzuführungen von geerdeten Hüllen umgeben sind, zumeist nicht mehr. Es ist in diesem Falle häufig notwendig, auch die Funkenstrecke mit ihren Zubehörteilen, also Induktorium, Kapazität und Zuleitungen, in geerdete Kästen einzubauen.

41. Lichtfilter; Monochromatoren; Polarisationsvorrichtungen.

a) Lichtfilter. Um einen ungefähren Überblick über die Empfindlichkeit einer Photozelle in verschiedenen Spektralgebieten zu erhalten, kann man zwischen Lichtquelle und Zelle geeignete Lichtfilter einschalten. Die Intensität des hindurchgelassenen farbigen Lichtes mißt man mit einer Thermosäule und einem Spiegelgalvanometer nicht allzu hoher Empfindlichkeit (ca. $10^{-8} \frac{\text{Amp}}{\text{Skt}}$) und kann nun angeben, falls man die Thermosäule mit Hilfe der Hefnerkerze auf cal geeicht hat (vgl. die folgende Ziffer 42), wieviel $\frac{\text{Coul}}{\text{cal}}$ in dem betreffenden Spektralgebiet ausgelöst werden.

Eine übersichtliche Darstellung der Durchlässigkeitsgebiete verschiedener für Lichtfilter in Betracht kommender Substanzen findet sich in Abb. 167[1]. Bequemer zu handhaben als die mit diesen Materialien hergestellten Lösungen sind feste Filtergläser, wie sie von Schott & Gen., Jena, in den Handel gebracht werden.

Die Durchlässigkeitskurven einiger dieser Filter sind in Abb. 168a und b eingetragen. Leider sind die Durchlässigkeitsgebiete zumeist recht ausgedehnt. Das Glas UG 1 absorbiert den größten Teil des sichtbaren Lichtes und läßt das Ultraviolett um 370 mμ hindurch. BG 3 läßt fast das gesamte Sonnenultraviolett hindurch und absorbiert die kurzwellige Ultraviolettstrahlung unterhalb 275 mμ. GG 2 absorbiert die Ultraviolettstrahlung und läßt die gesamte sichtbare und die ultrarote Strahlung bis 2600 mμ hindurch. RG 5 absorbiert alle Ultraviolettstrahlung und fast das gesamte sichtbare Licht und läßt die Ultrarotstrahlung bis 2600 mμ hindurch.

---

[1] Nach R. W. Wood: Physical Optics, S. 16. New York 1923.

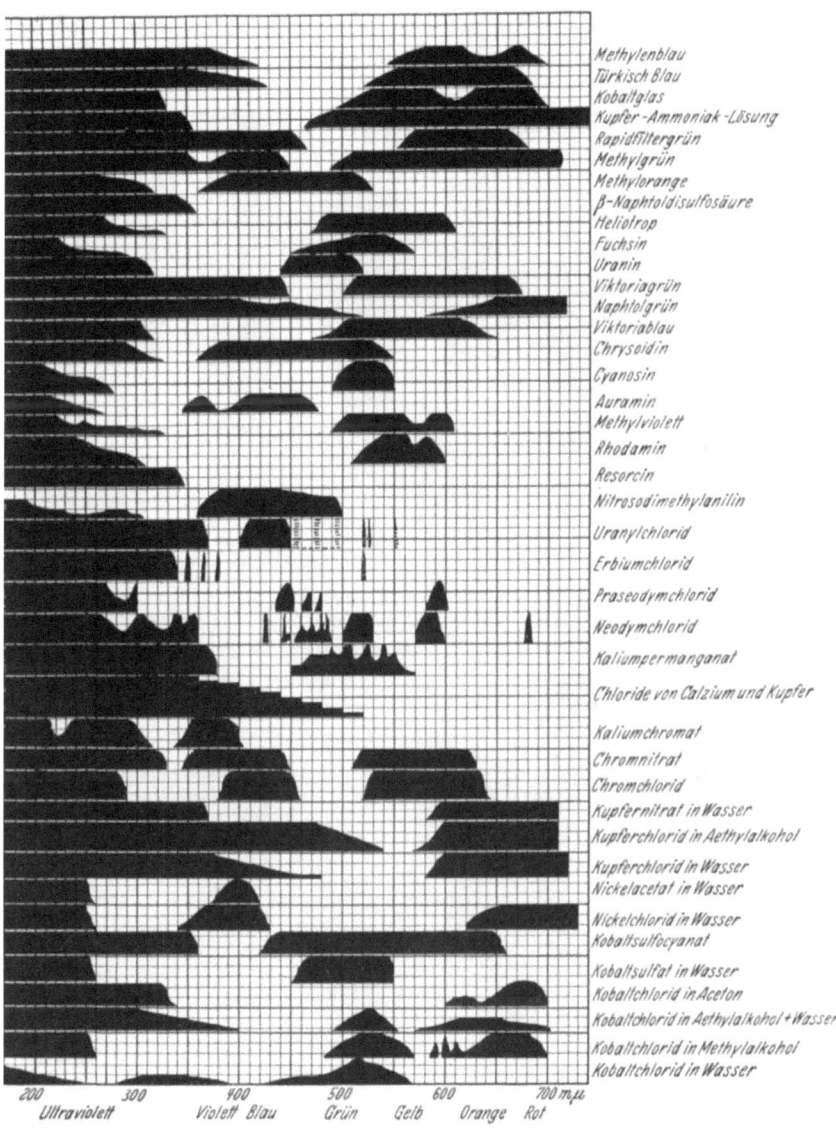

Abb. 167. Spektrale Durchlässigkeitsgebiete verschiedener Lichtfiltersubstanzen nach R. W. Wood.

208 Herstellung und Messung des in die Zelle einfallenden Lichtes.

Da die spektralen Durchlässigkeitszahlen in Verbindung mit Photozellen verschiedener spektraler Empfindlichkeitsverteilung Bedeutung für medizinische, biologische und technische Zwecke

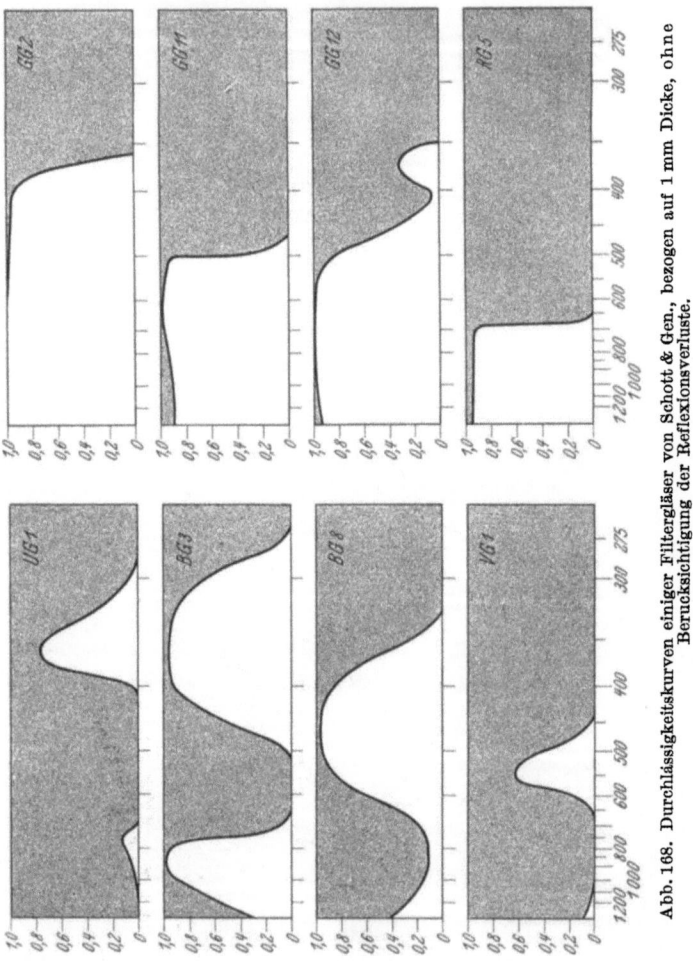

Abb. 168. Durchlässigkeitskurven einiger Filtergläser von Schott & Gen., bezogen auf 1 mm Dicke, ohne Berücksichtigung der Reflexionsverluste.

haben, sind sie in Tabelle 12 noch einmal zusammengestellt. Sie geben die Durchlässigkeit D an, bezogen auf 1 mm Glasdicke ohne Berücksichtigung der Reflexionsverluste. Ist die Glasplatte n mm dick, so gehen also, von den Reflexionsverlusten abgesehen,

D^n Bruchteile hindurch. Die Reflexionsverluste hängen von der Güte der Politur, dem Einfallswinkel der Strahlen und dem Brechungsvermögen des Glases ab. In erster Annäherung kann man sie durch Multiplikation mit dem Faktor R, der für die Natriumlinie streng gilt, in Rechnung stellen.

Tabelle 12. **Durchlässigkeitszahlen D einiger Filtergläser von Schott & Gen., bezogen auf 1 mm Dicke ohne Berücksichtigung der Reflexionsverluste.**

Wellenlänge in mμ	Bezeichnung und Farbe							
	UG 1 dunkles Violett	BG 3 Blau	BG 8 helles Blau	VG 1 Gelbgrün	GG 2 Farblos	GG 11 dunkles Gelb	GG 12 Gelbgrün fluor.	RG 5 dunkles Rot
Reflexionsfaktor R	0,911	0,921	0,913	0,905	0,916	0,913	0,919	
281	—	0,14	—	—	—	—	—	—
302	0,17	0,68	—	—	—	—	—	—
313	0,37	0,82	—	—	—	—	—	—
334	0,69	0,93	0,23	—	—	—	0,03	—
366	0,85	0,96	0,75	—	0,64	—	0,74	—
405	0,08	0,91	0,94	—	0,97	—	0,53	—
436	—	0,66	0,98	0,02	0,99	0,01	0,71	—
480	—	0,15	0,97	0,47	1,00	0,24	0,90	—
509	—	0,01	0,96	0,75	1,00	0,97	0,96	—
546	—	—	0,91	0,77	1,00	0,99	0,99	—
578	—	—	0,84	0,56	1,00	0,99	1,00	—
644	—	—	0,57	0,12	1,00	0,99	1,00	0,02
700	0,01	0,06	0,42	0,06	1,00	0,99	1,00	0,96
775	0,34	0,90	0,34	0,04	1,00	0,98	1,00	0,98
850	0,22	0,98	0,32	0,05	1,00	0,97	1,00	0,98
950	0,11	0,94	0,36	0,09	1,00	0,96	1,00	0,98
1050	0,07	0,81	0,44	0,13	1,00	0,96	1,00	0,98

Über die **Ultraviolett-Durchlässigkeit des gewöhnlichen Fensterglases**, eines „UV-Glases", und des Ultraviolett stark absorbierenden Ultrasinglases gibt Abb. 169[1] Aufschluß. Als Ordinaten sind in diesem Fall die wahren Durchlässigkeiten unter Berücksichtigung der Absorptionsverluste eingetragen (vgl. auch S. 64).

Die gestrichelte Kurve gibt die Durchlässigkeit des UV-Glases an, nachdem es mehrere Wochen der Sonnenstrahlung ausgesetzt war. Durch Bestrahlung vermindert sich seine Durch-

---

[1] Suhrmann, R., u. F. Breyer: Vortrag auf der Dresdener Tagung der Gesellschaft f. Lichtforschung 1930; vgl. Strahlentherapie 40, 789 (1931).

lässigkeit, und zwar vermag alle absorbierte Ultraviolettstrahlung das Glas photochemisch zu verändern[1], indem sie als Verunreinigungen vorhandene Ferro- in Ferriverbindungen überführt. Nach etwa fünf Wochen Sonnenbestrahlung oder nach 24 Stunden Bestrahlung mit der Quecksilberlampe ist ein Endzustand erreicht. Beim Lagern im Dunkeln nimmt die Durchlässigkeit sehr allmählich wieder zu[2], ist jedoch nach einem Jahre bei weitem noch nicht auf dem Ausgangswert angelangt.

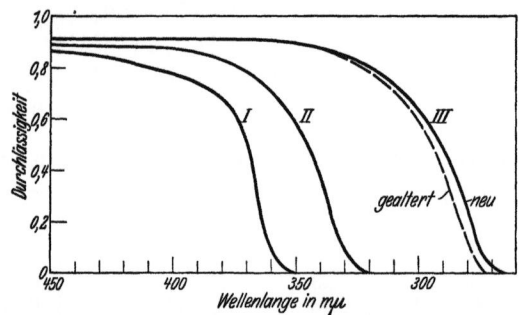

Abb. 169. Spektrale Durchlässigkeitskurven verschiedener Gläser im Ultraviolett unter Berücksichtigung der Reflexionsverluste (nach Suhrmann u. Breyer).
I Ultrasinglas, *II* gewöhnliches Fensterglas. *III* UV-Glas.

Benutzt man UV-Gläser als Filter in Verbindung mit Photozellen, so können diese Erscheinungen Meßfehler verursachen.

Besonders vorteilhaft sind Filter in Verbindung mit einer Lichtquelle zu verwenden, die ein Linienspektrum liefert. So gelingt es z. B., mit Hilfe gewisser Filter, aus dem Gesamtlicht der Quecksilberlampe das Licht einzelner Linien verhältnismäßig rein zu erhalten. Hierzu eignen sich die folgenden Kombinationen:

Gelbe   Hg-Linie 577/79 mμ. Dicke Schicht von gesättigtem Kaliumbichromat[3].
Grüne   „   546 mμ. 1. Küvette: Kaliumbichromat in geringer Dicke; 2. Küvette: Neodymnitrat[3].
Blaugrüne   „   491,6 mμ. Guinea Grün B (Agfa) + Chininsulfat[3].
Blaue   „   436 mμ. Dickes Kobaltglas + 3 proz. Lösung von Chininsulfat in 1 cm Schichtdicke[4].

---

[1] Suhrmann, R.: Strahlentherapie **31**, 389 (1928). Rüttenauer, A.: Sprechsaal f. Keramik 1928, Nr 23 bis 24.
[2] Siehe Fußnote 1 auf S. 209.
[3] Nach R. W. Wood: l. c.
[4] Weigert u. Kummerer: Ber. dtsch. chem. Ges. **46**, 1210 (1913).

Violette	Hg-Linie 405 mμ.	0,03 g Diamantfuchsin I, grobe Kristalle (Badische Anilin- u. Sodafabrik) + 4 g Chininhydrochlorid in 100 cm^3 96proz. Alkohol.
Ultraviolette	„ 366 mμ.	1. Küvette: Ammoniakalische Kupfersulfatlösung; 2. Küvette: Phenosaphraninlösung.
„	„ 313 mμ.	0,0243 g Kaliumchromat + 0,00188 g Nitrosodimethylanilin in 100 cm^3 Wasser[1].

Zu erwähnen ist noch, daß man aus einer Strahlung alles Ultraviolett und nahezu alles sichtbare Licht durch Zwischenschalten einer Jod-Schwefelkohlenstofflösung oder einer sehr dünnen Hartgummiplatte herausfiltern kann; der hindurchgelassene Teil umfaßt etwa den Wellenbereich von 2100 bis 800 mμ. Klares Quarzglas in geringer Schichtdicke ist von 5000 mμ bis 220 mμ durchlässig (bei 5000 mμ und 1 mm Dicke 10%)[2], Kristallquarz von 5000 mμ bis 180 mμ, Flußspat von 7500 bis 120 mμ, Kalkspat von 2200 mμ bis 200 mμ, Steinsalz von 14000 bis 180 mμ.

Aus den voranstehenden Ausführungen geht hervor, daß spektrale Zerlegung durch Lichtfilter zumeist als Notbehelf zu betrachten ist; sie liefert zwar bei dem linienarmen sichtbaren Quecksilberspektrum einigermaßen reines einfarbiges Licht, versagt aber im Ultraviolett. Man muß deshalb, um einwandfreie monochromatische Strahlung zu erhalten, die Zerlegung mittels eines Prismas im „Monochromator" vornehmen.

b) **Monochromatoren.** Für lichtelektrische Zwecke kommen für sichtbare Strahlung Monochromatoren mit Glasoptik, für ultraviolette solche mit Quarz- oder Flußspatoptik in Betracht. Da die Spaltrohre dieser Spektralapparate feststehen sollen, müssen die zu verwendenden Prismen so konstruiert sein, daß die Minimumstellung bei Drehung des Prismas erhalten bleibt. Zwei vielgebrauchte **Prismen konstanter Ablenkung** sind in Abb. 170 mit ihrem Strahlengang schematisch wiedergegeben. Das **Abbesche Prisma** ist aus zwei halben 60°-Prismen so zusammengesetzt, daß ein 30°- und ein 60°-Winkel zusammenstoßen. Die Ablenkung für den in Minimumstellung einfallenden Strahl

---

[1] Winter, C.: Z. Elektrochem. 19, 394 (1913).
[2] Fritz-Schmidt, Gehlhoff u. Thomas: Z. techn. Physik 11, 300 (1930) (vgl. auch Abb. 45, S. 63).

beträgt 120°, wie aus Abb. 170a zu erkennen ist, denn bei Minimumstellung verläuft der Strahl im Prisma parallel zur Basis. Im Straubelschen Prisma Abb. 170b erfährt der in Minimumstellung einfallende Lichtstrahl eine Ablenkung von 90°.

Die Objektive im Spaltrohr und Fernrohr des Monochromators müssen entweder Achromate sein oder mit der Wellenlänge verstellt werden können. Als Achromate dienen im Ultraviolett Quarz-Flußspat- oder Quarz-Steinsalzkombinationen[1]. Die letzteren bewahrt man außerhalb des Gebrauches im Exsikkator auf; sie bleiben dann lange Zeit ungetrübt. Die Verstellung der

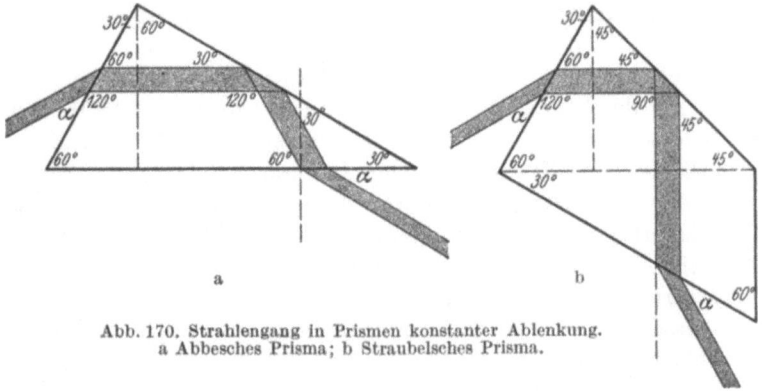

Abb. 170. Strahlengang in Prismen konstanter Ablenkung.
a Abbesches Prisma; b Straubelsches Prisma.

Quarzobjektive mit der Wellenlänge erfolgt entweder einzeln an jeder Linse oder durch eine gemeinsame Trommel unter Vermittlung eines alle Linsen verbindenden Getriebes[2].

Bei lichtelektrischen Untersuchungen ist in manchen Fällen (vgl. hierzu Ziffer 46) größte spektrale Reinheit erforderlich. Es genügt dann nicht, die Strahlung der Lichtquelle einmal spektral zu zerlegen; das aus dem Austrittsspalt kommende bereits „einfarbige" Licht muß vielmehr noch einen zweiten Monochromator passieren, dessen Eintrittsspalt gleichzeitig Austrittsspalt des ersten sein kann. Man vereinigt dann beide Instrumente in einem „Doppelmonochromator",

---

[1] Sehr schöne Quarz-Steinsalzachromate mit großem Durchmesser stellt seit kurzem C. Zeiss, Jena, her.

[2] Zum Beispiel bei den Apparaten von R. Fueß und C. Leiß, Berlin-Steglitz.

dessen Konstruktion aus der schematischen Abb. 171 zu ersehen ist[1].

Von der richtigen Justierung der Linsen eines Quarzdoppelmonochromators kann man sich in folgender Weise überzeugen. Man beleuchtet den Eintrittsspalt mit der Quecksilberlampe und schaltet ein Blaufilter davor, damit nur das Licht der Quecksilberlinie 436 mμ in das Spaltrohr eintritt. Hinter dem ersten Objektiv bringt man einen Spiegel unter 45° an und läßt das am Spiegel reflektierte Strahlenbündel in ein senkrecht zum

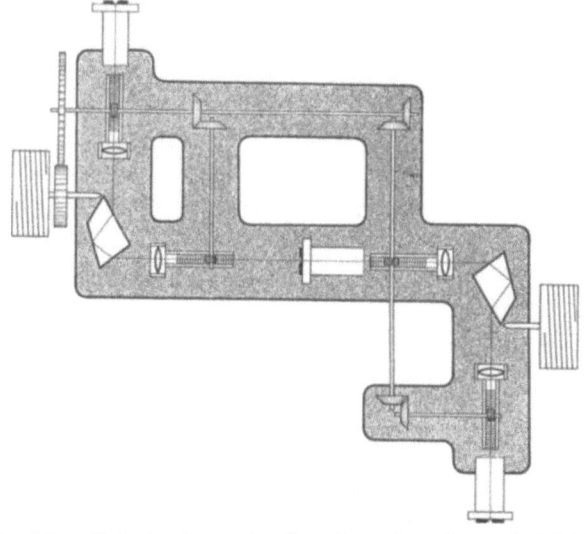

Abb. 171. Schematische Anordnung eines Doppelmonochromators nach C. Leiß mit automatischer Linseneinstellung.

Kollimatorrohr aufgestelltes Fernrohr einfallen, das man vorher auf einen weit entfernten Gegenstand, also auf ∞ eingestellt hat. Sieht man den beleuchteten Spalt nun nicht scharf in der Ebene des Fadenkreuzes abgebildet, so tritt das Licht nicht parallel in das Fernrohr ein und die Kollimatorlinse muß so lange verschoben werden, bis das Bild scharf erscheint. Jetzt nimmt man den

---

[1] Nach einer Konstruktion von C. Leiß, Berlin-Steglitz. Neuerdings wurde von C. Leiß [Z. Physik 71, 156 (1931)] vorgeschlagen, als Vorzerleger für den eigentlichen Monochromator im Ultravioletten eine nur aus zwei Linsen und einem Spalt bestehende Beleuchtungseinrichtung zu verwenden.

214 Herstellung und Messung des in die Zelle einfallenden Lichtes.

Spiegel aus dem Strahlengang heraus und stellt das Prisma so ein, daß die blaue Hg-Linie auf den Mittelspalt (des Doppelmonochromators) fällt, was man hinter dem Spalt mittels eines Blattes Papier kontrolliert. Dann verstellt man die zweite Linse, bis der Eintrittsspalt im Mittelspalt scharf abgebildet wird, was man am besten daran erkennt, daß auf dem einige cm entfernten Papier ein kreisförmiger Lichtfleck erscheint, die dritte Linse also voll erfüllt ist. Hinter dieser wird nun wieder der Spiegel angebracht

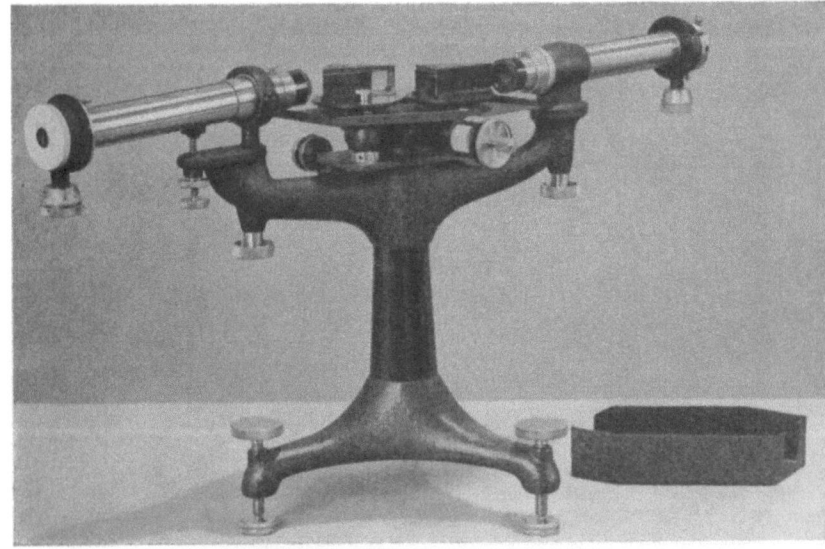

Abb. 172. Geradsichtmonochromator nach Löwe.

und ihre Stellung mit dem Fernrohr kontrolliert. Schließlich erkennt man die richtige Stellung der vierten Linse an der scharfen Abbildung im Austrittsspalt. Sind alle vier Linsen in die richtige Stellung gebracht, so legt man das gemeinsame Getriebe auf und stellt die Linsentrommel auf die zugehörige Wellenlänge ein.

Abb. 172 zeigt einen mit zwei Abbeschen Prismen konstanter Ablenkung von 120° ausgestatteten **Geradsichtmonochromator nach Löwe**[1]. Er besitzt Quarz-Flußspat-Achromate von $f = 250$ mm, Öffnungsverhältnis 1:12,5. Im Gebrauch wird der

---
[1] Hergestellt von C. Zeiss, Jena.

Prismentisch von der nebenstehenden Schutzkappe überdeckt. Mit diesem Instrument sind die Energieverteilungskurven Abb. 163 und Abb. 165 aufgenommen worden. In Abb. 173 ist ein sehr lichtstarker Monochromator[1] mit 90° Ablenkung wiedergegeben; seine Objektive haben das Öffnungsverhältnis 1 : 5 und die Brennweite $f = 250$ mm; es sind vierteilige Quarz-Steinsalz-Achromate.

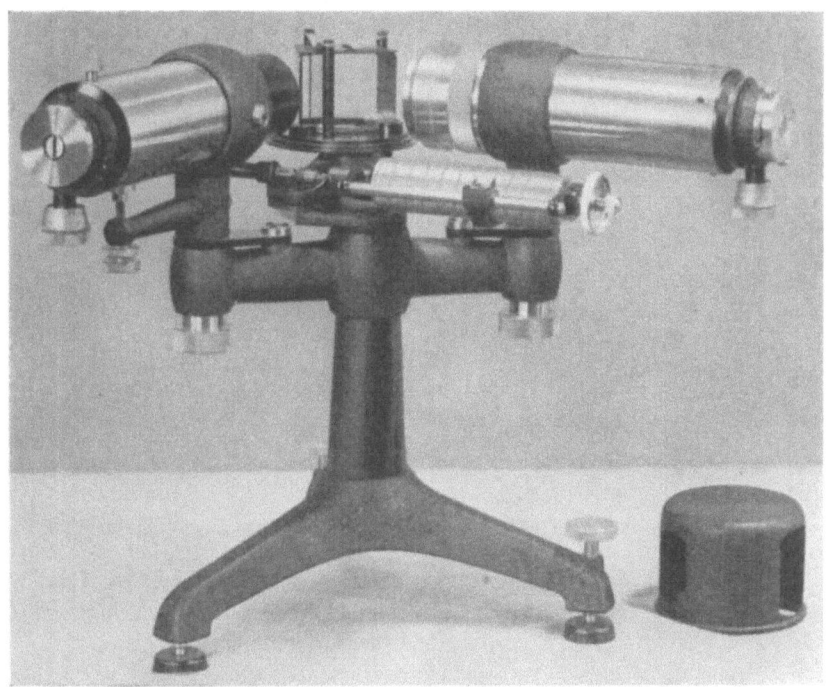

Abb. 173. Monochromator mit 90° Ablenkung von C. Zeiss, Jena.

Bei beiden Apparaten können die Prismen gegen Glasprismen ausgewechselt werden. Jedes Prisma hat eine eigene Grundplatte, mit deren Hilfe es leicht auf den drehbaren Prismentisch gesetzt werden kann. Die Einstelltrommeln sind nach Wellenlängen geteilt.

Wegen der Länge des Lichtweges in den Quarzprismen ist die Intensität des kurzwelligen Ultraviolett (um 200 mμ) bei den Monochromatoren bzw. Doppelmonochromatoren mit Prismen

---

[1] Hergestellt von C. Zeiss, Jena.

konstanter Ablenkung äußerst schwach. R. Pohl und R. Hilsch haben daher einen Doppelmonochromator konstruiert[1], bei dem der Quarzweg nach Möglichkeit verkürzt wurde. Zur Lichtzerlegung dienen bei diesem in Abb. 174 wiedergegebenen Apparat entweder zwei Kornuprismen aus Quarz oder zwei Steinsalzprismen von je 60° brechendem Winkel, die größere Dispersion als die Quarzprismen besitzen. Für Wellen kürzer als 230 mμ benutzt man zwei Steinsalzprismen von je 30° brechendem Winkel. Eine Trübung der Steinsalzflächen durch die Einwirkung der Luftfeuchtigkeit wird dadurch verhindert, daß die Prismentischchen und damit die Prismen selbst mittels kleiner elektrischer

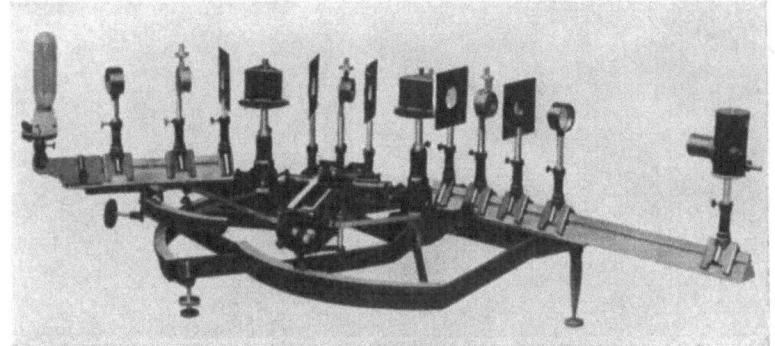

Abb. 174. Doppelmonochromator nach Pohl und Hilsch.

Heizeinrichtungen ein wenig über Zimmertemperatur erwärmt werden. Die Prismentische sind mit automatischer Minimumeinstellung versehen. Die einzelnen Teile der Optik des Apparates, also Quarzlinsen, Ein- und Austrittsspalt und Blenden werden auf zwei Schienen aufgesetzt. Die Lichtquelle muß ebenfalls auf die eine (schwenkbare) Schiene gesetzt werden, denn die Ablenkung ist nicht konstant wie bei den oben geschilderten Apparaturen, sondern von der Wellenlänge abhängig. Der Apparat ist jedoch so konstruiert, daß alle Einstellungen für den gewünschten Spektralbereich durch Drehen einer Kurbel ausgeführt werden; auch die Scharfstellung im Spektrum geht automatisch vor sich. Hierdurch wird erreicht, daß die sehr große Lichtstärke von 1:3 für verschiedene Wellenlängen ihren Wert beibehält.

[1] Zu beziehen von Spindler & Hoyer, Göttingen.

Bevor man einen Monochromator für die eigentliche Messung in Gebrauch nimmt, ermittelt man seine Dispersionskurve, d. h. man stellt fest, bei welcher Einstellung der Prismentrommel die einzelnen Linien eines bekannten Spektrums, z. B. des Quecksilberspektrums, auftreten, und trägt die Wellenlängen als Funktion dieser Einstellungen in ein Koordinatensystem ein. Sehr zweckmäßig ist hierfür das Hartmannsche Dispersionsnetzpapier[1], dessen Einteilung so gewählt ist, daß die Dispersionskurve als nahezu gerade Linie erscheint. Hierdurch wird naturgemäß die Interpolation auf zwischen den Eichlinien liegende Wellenlängen sehr erleichtert. Bei der Eichung des Monochromators im Ultraviolett verwendet man eine (fluoreszierende) Uranglasplatte.

c) **Polarisiertes Licht.** In manchen Fällen benötigt man für lichtelektrische Untersuchungen linear polarisiertes Licht. Als Polarisatoren verwendet man zusammengesetzte Kalkspatprismen[2] in

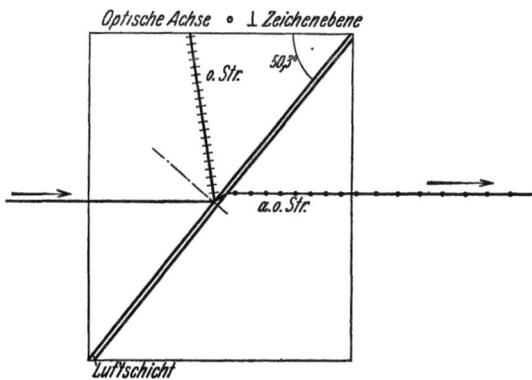

Abb. 175. Strahlengang im Polarisationsprisma nach Glan.

der Art des Glan-Thompsonschen Prismas, das im Gegensatz zum Nicolschen Prisma senkrechte quadratische Endlächen besitzt. Der maximale Divergenz- oder Konvergenzwinkel, für den noch vollkommene Polarisation der Strahlung erfolgt, beträgt 30°. Die beiden Teilprismen sind mit eingedicktem Leinöl gekittet und können bis 250 mμ benutzt werden. Zum Arbeiten mit noch kurzwelligerem Ultraviolett dienen Prismen nach Foucault, Glan und Große, die statt der sonst verwendeten Kittung eine Luftschicht haben. Sie können jedoch nur in annähernd parallelem Licht Verwendung finden. So hat das in Abb. 175 wiedergegebene Prisma nach Glan mit quadratischem Querschnitt und senkrechten Endflächen einen Öffnungs-

---

[1] Zu beziehen von Schleicher & Schüll, Düren i. Rhld.
[2] Zu beziehen von B. Halle Nachfolger, Berlin-Steglitz.

winkel von 9°. Gelegentlich benutzt man auch doppelbrechende Prismen nach Sénarmont, Rochon oder Wollaston, bei denen ein Strahl abgeblendet werden muß.

42. Vorrichtungen zum Messen der Lichtintensität; Thermosäule; Auseichung mit der Hefnerkerze; Bolometer; hochempfindliche Galvanometer; Vergleichszelle.

a) Thermosäule und Bolometer. Will man die Ausbeute an Lichtelektronen im absoluten Maße, also in $\frac{\text{Coul}}{\text{cal}}$ angeben, so muß man die Lichtintensität, durch die eine bestimmte Elektronenmenge freigemacht wird, im absoluten Maße, also in cal oder in erg messen. Dies geschieht, indem man das in die Photozelle gelangende Licht in einem zweiten Versuch auf eine Thermosäule auffallen läßt und die entstehende Thermospannung mit einem hochempfindlichen Galvanometer bestimmt. Die Thermosäule eicht man vorher auf cal, indem man eine eingestellte Hefnerlampe von bekannter Strahlungsenergie in einem bestimmten Abstand davorsetzt und ermittelt, welche Thermospannung die Säule anzeigt.

Die Thermosäule muß so aufgestellt werden, daß sie leicht in den Strahlengang gebracht werden kann und dann tatsächlich alles in die Zelle einfallende Licht auffängt. Eine Anordnung, die diese Forderung erfüllt, zeigt Abb. 176. Die Thermosäule T befindet sich in einem Metallkasten K_1, der gleichzeitig den Austrittsspalt S enthält, und kann durch einen Schraubmechanismus unmittelbar hinter den Spalt geschoben werden[1]. K_1 ist durch dünne Quarzplatten Q_1 und Q_2 abgeschlossen. Rechts und links des Kastens befinden sich Rohre für den Ein- und Austritt der Strahlung. Um den Einfluß von Temperaturänderungen der Umgebung fernzuhalten, sind die Zuleitungsdrähte unmittelbar hinter den Nebenlötstellen, in dünne Bohrungen eines Kupferklotzes, der K_1 nach unten verschließt, mit möglichst wenig Spielraum isoliert eingekittet. Ferner ist K_1 ringsum von einem

---

[1] Einen solchen Thermosäuleneinbau fertigte C. Zeiss, Jena, unter Benutzung einer Voegeschen Thermosäule nach den Angaben von Suhrmann [Z. Physik **33**, 63 (1925)] an. Die Voegesche Thermosäule [(Physik. Z. **21**, 288 (1920)] ist von C. Zeiss, Jena, zu beziehen.

Kasten K_2 aus 10 mm dickem Kupferblech umgeben, auf welchem ein gleicher Deckel oben aufgeschraubt ist. In einer Durchbohrung des Deckels wird ein Hartgummistift geführt, der den Schraubmechanismus zum Verschieben der Thermosäule T bedient. Gibt die Lichtquelle L eine beträchtliche Wärmemenge ab, so kann man sie in einen doppelwandigen mit Wasser umspülten Kasten K_3 setzen.

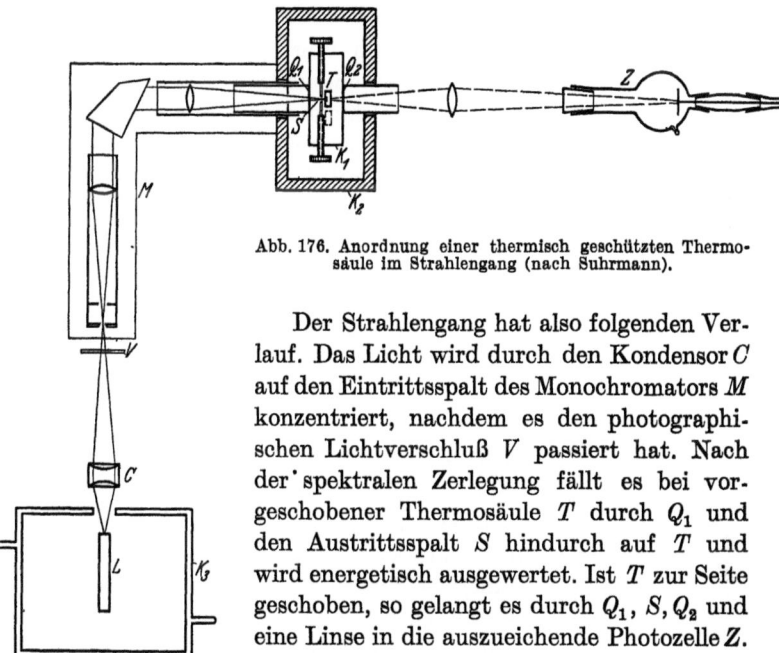

Abb. 176. Anordnung einer thermisch geschützten Thermosäule im Strahlengang (nach Suhrmann).

Der Strahlengang hat also folgenden Verlauf. Das Licht wird durch den Kondensor C auf den Eintrittsspalt des Monochromators M konzentriert, nachdem es den photographischen Lichtverschluß V passiert hat. Nach der spektralen Zerlegung fällt es bei vorgeschobener Thermosäule T durch Q_1 und den Austrittsspalt S hindurch auf T und wird energetisch ausgewertet. Ist T zur Seite geschoben, so gelangt es durch Q_1, S, Q_2 und eine Linse in die auszueichende Photozelle Z.

Die Lichtverluste durch Reflexion und evtl. Absorption in Q_2 und der Linse müssen natürlich getrennt ermittelt werden. Dies geschieht am exaktesten dadurch, daß man die Empfindlichkeitskurve einer Photozelle einmal unmittelbar hinter dem Austrittsrohr mißt und ein zweites Mal nach dem Einschalten der Linse und einer gleich beschaffenen Quarzplatte wie Q_2. Es ist darauf zu achten, daß die Linse bei der zweiten Messung einen Lichtfleck von ungefähr gleicher Größe wie bei der ersten Messung auf derselben Stelle der Kathode entwirft. Arbeitet man in einem Spektralgebiet, in dem Quarz oder das Material, aus dem die Linse besteht, noch nicht absorbieren, so kann man

220 Herstellung und Messung des in die Zelle einfallenden Lichtes.

die Reflexionsverluste r auch nach der Fresnelschen Gleichung

$$r = \left(\frac{n-1}{n+1}\right)^2$$

berechnen, in der n den Brechungsquotienten bedeutet. Der hindurchgelassene Anteil D ist bei z Grenzflächen gegen Luft

$$D = (1-r)^z = \left[1 - \left(\frac{n-1}{n+1}\right)^2\right]^z \approx 1 - z \cdot \left(\frac{n-1}{n+1}\right)^2,$$

da r zumeist klein gegen 1 ist. Die Werte für n findet man im Kohlrausch und im Landolt-Börnstein.

Abb. 177. Gepanzerte Thermosäule nach Zernike.

Zur Auseichung der Thermosäule mittels der Hefnerkerze nimmt man das Eintrittsrohr von K_1 mit K_1 und K_2 aus dem Austrittsrohr des Monochromators heraus und beseitigt die Quarzplatte Q_1 (vgl. S. 223).

Die geschilderte Anordnung hat sich vorzüglich bewährt; sie besitzt den Vorzug der völlig exakten Energiemessung, die nicht unbedingt garantiert ist, wenn man die Thermosäule nicht unmittelbar hinter dem Austrittsspalt anordnet, sondern in einen Behälter bringt, der rings mit einem guten Wärmeschutz umgeben und nach vorn mit einer Quarz- oder noch besser Flußspatplatte abgeschlossen ist. Ein auf diese Weise gegen äußere Störungen gut geschütztes Instrument ist die Thermosäule nach Zernike[1], die in Abb. 177 dargestellt ist. Bei der Energiemessung wird sie mitsamt dem Schutzbehälter in den Strahlengang gebracht und der Austrittsspalt des Monochromators auf dem vor der Thermosäule befindlichen Spalt scharf abgebildet. Zur Vermeidung von Fehlern, die aus der Wellenlängenabhängigkeit der Linsenbrennweite entstehen könnten, muß man entweder einen guten Achromaten benutzen, oder die abbildende Linse bei jeder Wellenlänge bis zum maximalen Galvanometerausschlag verstellen.

Eine große Unempfindlichkeit gegen äußere Störungen erzielt man auch, wenn man die Thermosäule in ein evakuierbares

---

[1] Hergestellt von Kipp & Zonen, Delft-Holland; zu beziehen von E. Leybolds Nachfolger, Köln.

Gefäß bringt, dessen Wandung auf der Innenseite gut versilbert ist, wodurch die Wärmezufuhr infolge Leitung und Einstrahlung vermindert wird. Die in der Literatur häufig angegebene Erhöhung der Empfindlichkeit durch den Einbau ins Vakuum wird jedoch nicht bei jedem Instrument erreicht. Haben z. B. die Zuleitungen zu den Lötstellen einen relativ großen Querschnitt, so spielt die Wärmeableitung durch die umgebende Luft eine untergeordnete Rolle und ihre Beseitigung bringt keine Empfindlichkeitserhöhung. Im Falle einer Empfindlichkeitssteigerung durch den Einschluß ins Vakuum vergrößert sich gleichzeitig die Trägheit der Elemente. Nur durch besondere Beschaffenheit der Elemente läßt sich eine große Empfindlichkeit im Vakuum mit geringer Trägheit vereinen[1].

Eine Vergrößerung der Empfindlichkeit hat man schließlich auch dadurch erzielt, daß man hinter dem Thermoelement einen kleinen vergoldeten Hohlspiegel anbrachte. Für Intensitätsmessungen, besonders im kurzwelligen Sichtbaren und im Ultraviolett, sind solche Elemente jedoch nicht zu empfehlen, denn sie müssen wegen der Abhängigkeit des Reflexionsvermögens von der Wellenlänge zu falschen Ergebnissen führen.

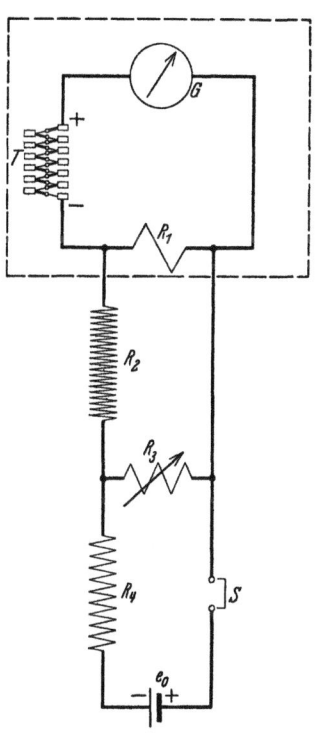

Abb. 178. Kompensationsschaltung zur Messung der EMK einer Thermosäule.

Bei manchen Meßreihen sollen neben sehr kleinen Lichtintensitäten auch relativ große gemessen werden, so daß die Skala des an die Thermosäule angeschlossenen Galvanometers nicht ausreichen würde, wenn man dessen Empfindlichkeit so einstellt,

---

[1] Vakuumthermoelemente nach Moll u. Burger aus Konstantan-Manganin von 10 mm Länge, 0,2 mm Breite und $1\,\mu$ Dicke stellen Kipp & Zonen her; zu beziehen von E. Leybolds Nachfolger, Köln. — Vgl. auch C. Müller: Naturw. 19, 416 (1931).

wie sie zur Messung der kleinen Intensitäten erforderlich ist. Man schaltet daher die Thermosäule am besten nicht unmittelbar an das Galvanometer an, sondern mißt ihre EMK in einer **Kompensationsschaltung**, wie sie in Abb. 178 dargestellt ist. T bedeutet die Thermosäule, G das Galvanometer, R_1 einen kleinen Widerstand von etwa 0,1 Ω. R_2 ist ein großer Widerstand von ca. 100000 Ω; R_3 ist ein variabler Widerstand von ca. 10 Ω in der Art einer Walzenbrücke oder eines Kurbelrheostaten[1]; R_4 ein Widerstand von ca. 1000 Ω.

Die zu bestrahlenden **Hauptlötstellen** der Thermosäule sind in Abb. 178 als kleine Kreise gezeichnet, ihre Wärmekapazität soll möglichst klein sein. Die abgedunkelten **Nebenlötstellen** stehen in Verbindung mit massiven Metallplättchen von größerer Wärmekapazität, damit sich das Temperaturgleichgewicht ohne Bestrahlung möglichst wenig ändert. Die in dem Bereich der gestrichelten Linie befindlichen Teile der Anordnung müssen thermisch gut isoliert sein, weil in diesem Teil des Stromkreises störende Thermokräfte auftreten können. In dem darunter gezeichneten Stromkreis stören Thermokräfte nicht, weil sein Widerstand zu groß ist; der Stromkreis mit dem Akkumulator e_0 und dem Stromschlüssel S kommt ebenfalls nicht mehr als Quelle von störenden Thermokräften in Betracht.

Der Akkumulator wird so geschaltet, daß der ohne Bestrahlung beim Einschalten von S auftretende Ausschlag des Galvanometers dem bei Lichteinfall erhaltenen entgegengesetzt ist. Während die Thermosäule bestrahlt wird, reguliert man R_3 meßbar bei geschlossenem Stromschlüssel, bis der Galvanometerausschlag verschwindet. Die der Lichtintensität proportionale EMK der Thermosäule ist dann gleich

$$e_T = \frac{e_0 \cdot R_1}{(R_3 + R_4)(R_1 + R_2 + R_3)} \cdot R_3 .$$

Vor der **Eichung der Thermosäule** mit der Hefnerlampe, die pro sec auf eine Auffangfläche von 1 cm^2 in 1 m Abstand $2{,}25 \cdot 10^{-5}$ cal $= 942$ Erg aufstrahlt, muß man den vor der Säule

---

[1] An Stelle eines solchen Widerstandes kann man auch einen gewöhnlichen Regulierwiderstand benutzen, wenn man ihm ein Millivoltmeter parallel schaltet. Ist der dort abgelesene Spannungsabfall längs R_3 gleich e', so ergibt sich $e_T = \dfrac{e' \cdot R_1}{R_1 + R_2 + R_3}$.

befindlichen Spalt genau ausmessen. Beträgt er s cm^2 und die dabei erhaltene Thermokraft e_{T_0} Volt, so entspricht der bei der zu messenden Strahlung erhaltenen Thermokraft e_T eine auftreffende Energie von

$$\frac{2{,}25 \cdot 10^{-5} \cdot s}{e_{T_0}} \cdot e_T \; \frac{\text{cal}}{\text{sec}}.$$

Der Spalt vor der Thermosäule soll bei der Eichung möglichst die gleiche Breite besitzen wie die Abbildung der Spektrallinie bei der Aufnahme der Meßreihen. Er muß so schmal sein, daß eine Spaltverengung bei gleichmäßiger Beleuchtung eine proportionale Verkleinerung der Thermokraft bewirkt. Bei der von Zeiß hergestellten Voegeschen Thermosäule z. B. besteht Proportionalität zwischen Spaltbreite und Thermokraft bis zu einer Spaltbreite von 0,8 mm. Bei 1,7 mm Spaltbreite z. B. müßten zu dem bei gleichmäßiger Beleuchtung mit der Hefnerkerze erhaltenen Wert noch 29% addiert werden, damit er die Empfindlichkeit bei Beleuchtung mit einer Spektrallinie von 0,1 mm Breite richtig angibt[1].

Bei den durch eine Quarzplatte geschützten Thermosäulen muß man den Strahlungsverlust durch Absorption der langwelligen Strahlung der Hefnerlampe in der Quarzplatte berücksichtigen. Man eicht die Thermosäule mit der in relativ geringem Abstand befindlichen Hefnerlampe, wenn die Säule noch ungeschützt, also der Strahlung direkt ausgesetzt ist. Damit die Luftströmungen dabei weniger stören, stellt man das Galvanometer so unempfindlich, daß man den Ausschlag gerade noch bis auf etwa 1% messen kann. Der Strahlungsverlust (im Ultrarot) kann bei einer Quarzplatte von 1 mm Dicke auf etwa 30% geschätzt werden[2].

Die Hefnerkerze muß während der Eichung so aufgestellt sein, daß die Strahlung der warmen Verbrennungsgase die Messung nicht fälscht. Man bringt deshalb in 10 cm Abstand vor der Lampe mehrere Metallschirme mit einer freien Öffnung von 5 cm Durchmesser an, welche die störende Strahlung abfangen. Um den Nullpunkt festzustellen, schiebt man die Lampe zur Seite hinter einen der Metallschirme.

---

[1] Vgl. die Kurven Fig. 7, S. 294 bei Voege: Physik. Z. **21** (1920).
[2] Nach den Angaben von Voege über den Verlust beim Einschalten einer 1,3 mm dicken Glasplatte Physik. Z. **21** (1920), Tab. III, S. 292.

Für die Empfindlichkeit verschiedener Thermosäulen, bezogen auf die Hefnerlampe, ergeben sich die folgenden Zahlen. 1 Hefnerkerze erzeugt in 1 m Abstand vor der Thermosäule bei 10 mm^2 Spaltfläche:

$2,3 \cdot 10^{-6}$ Volt $(5,2\,\Omega)$ bei der Rubenschen Thermosäule[1],
$6,0 \cdot 10^{-6}$ Volt $(14\,\Omega)$ bei der Voegeschen Thermosäule[2],
$4,4 \cdot 10^{-6}$ Volt $(20\,\Omega)$ bei der gepanzerten Thermosäule nach Zernike[3],
$3,0 \cdot 10^{-6}$ Volt $(20\,\Omega)$ bei der linearen Thermosäule nach Moll[3],
$45 \cdot 10^{-6}$ Volt $(10\,\Omega)$ bei dem Vakuumthermoelement nach Moll[3].

Der innere Widerstand jeder Thermosäule steht in Klammern hinter der Angabe der Thermokraft.

Nach dieser Zusammenstellung scheint das Vakuumthermoelement bei weitem das geeignetste Meßinstrument zu sein. Man muß jedoch berücksichtigen, daß es nur eine Breite von 0,1 mm und eine Länge von 2 mm besitzt. Die zu messende Spektrallinie muß also sehr stark verkleinert auf das Element abgebildet werden. Hierbei und bei der Eichung können sich daher leicht Fehler einschleichen.

Außer Thermosäulen kann man auch **Bolometer** zur Bestimmung der Strahlungsenergie verwenden, die sehr empfindliche Widerstandsthermometer von sehr geringer Wärmekapazität darstellen. Sie sind um so empfindlicher, je dünner die zu ihrer Herstellung benutzten geschwärzten Metallfolien sind. Enthält das Bolometer zwei Widerstandsstreifen, von denen der eine bestrahlt, der andere abgedunkelt wird, so schaltet man beide als Widerstände einer Wheatstoneschen Brückenanordnung mit einem hochempfindlichen Galvanometer als Nullinstrument. Man gleicht nun bei nicht bestrahlten Widerstandsstreifen an der Brücke ab, bis das Galvanometer auf Null einspielt, und setzt den bei Bestrahlung auftretenden Galvanometerausschlag der aufgestrahlten Energie proportional[4].

b) Hochempfindliche Galvanometer. Für Intensitätsmessungen im spektral zerlegten Licht benützt man in Verbindung mit

---

[1] Berechnet nach den Angaben von W. Voege: Physik. Z. **21** (1920), Tab. II, S. 290.

[2] Selbst gemessen.

[3] Diese Werte sind nach den Katalogangaben berechnet.

[4] Weitere Bolometerschaltungen bei F. Weigert: Optische Methoden der Chemie. S. 299 bis 302. Leipzig 1927.

Thermosäule oder Bolometer die empfindlichsten Galvanometer. Unter diesen kann man zwei Gruppen unterscheiden: Einerseits Nadelgalvanometer; andererseits Drehspuleninstrumente und Schleifengalvanometer. Die ersteren sind die für die Messung geeignetsten, müssen aber selbst vor den kleinsten veränderlichen Magnetfeldern geschützt werden. Sie sind deshalb mit starken Eisenpanzern versehen. Trotzdem ist ihre Empfindlichkeit gegen äußere magnetische Störungen so groß, daß z. B. eine in 120 m Entfernung vorbeiführende Straßenbahnlinie das Arbeiten mit dem Paschengalvanometer unmöglich macht.

Unter den Panzergalvanometern kommen für Strahlungsmessungen zur Eichung von Photozellen zwei Konstruktionen hauptsächlich in Betracht: Das Kugelpanzergalvanometer von Du Bois-Rubens und das von Paschen konstruierte Panzergalvanometer. Bei beiden Instrumenten durchfließt der zu messende Strom Feldspulen, zwischen denen ein System sehr kleiner Magnetnadeln hängt. Um die Richtkraft des hierdurch erzeugten Feldes stärker zur Geltung zu bringen, wird die Richtkraft des Erdfeldes durch äußere astasierende Magnete geschwächt. Dem aus Erdfeld und Feld der Astasierungsmagnete resultierenden Feld kann man durch geeignete Stellung der Magnete beliebig kleine Werte geben und dadurch die Empfindlichkeit mehr und mehr steigern. Hiermit vergrößert man gleichzeitig die Schwingungsdauer, die man somit bei der Astasierung als Maß der erreichten Empfindlichkeit benutzen kann. Je größer die Empfindlichkeit, desto labiler wird naturgemäß die Lage des Nullpunktes, wodurch der weiteren Empfindlichkeitssteigerung eine Grenze gesetzt ist. Die starken Störungen, welche veränderliche magnetische Felder hervorrufen, werden dadurch abgeschwächt, daß das Magnetsystem von kugel- oder zylinderförmigen Panzern aus weichem Eisen umgeben ist.

Bei dem Kugelpanzergalvanometer[1] (Abb. 179) besteht das Magnetsystem bei dem für unsere Zwecke in Betracht kommenden leichten Gehänge aus 2×5 Lamellen von 0,15 mm Stärke, die in Form eines Rechteckes von $4 \times 2{,}5$ mm angeordnet und an einem ca. 40 mm langen Quarzfaden aufgehängt sind. Etwa 60 mm darunter befindet sich der Beobachtungsspiegel und unter diesem eine Luftdämpfung. Das Magnetsystem ist von den

---

[1] Zu beziehen von Siemens & Halske.

Feldspulen und diese von zwei kugelförmigen Panzern P_1 und P_2 umgeben, zwischen denen die Astasierungsmagnete M angebracht sind. Das Ganze wird rings von einem zylinderförmigen Panzer P_3

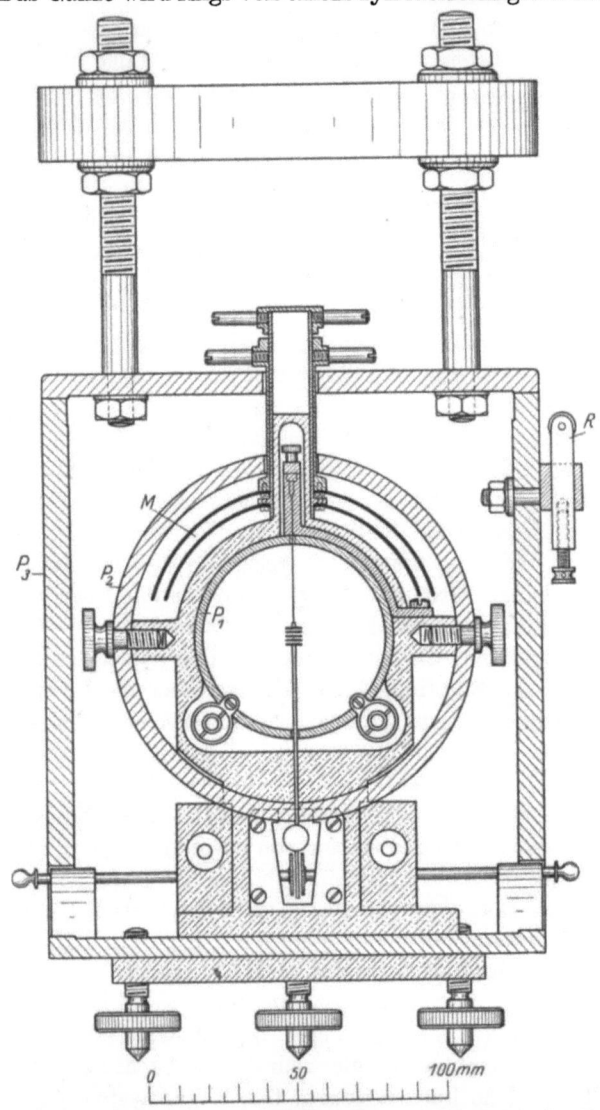

Abb. 179. Kugelpanzergalvanometer nach Du Bois-Rubens (Geiger-Scheel: Handb. Physik 16, 264, Abb. 11).

umschlossen. Das Instrument wird mit Stahldrähten an drei Rollen R aufgehängt. Die Justierung besteht darin, die beiden von außen drehbaren Astasierungsmagnete so einzustellen, daß das resultierende Feld den für die gewünschte Empfindlichkeit notwendigen geringen Wert erreicht[1]. Das Kugelpanzergalvanometer konnte ohne allzu große Mühe auf eine Empfindlichkeit von $2 \cdot 10^{-10} \frac{\mathrm{Amp}}{\mathrm{Skt}}$ bei 2 m Skalenabstand astasiert werden. Die volle Schwingungsdauer betrug dabei 8 sec, der innere Widerstand 10 Ω; seine Spannungsempfindlichkeit war also $2 \cdot 10^{-9} \frac{\mathrm{Volt}}{\mathrm{Skt}}$.

Das Panzergalvanometer von Paschen[2] ist mit einem Spiegel von 6 mm Durchmesser ausgestattet, der auf der Rückseite drei kurze Magnetchen trägt und an einem 2 mm langen Quarzfaden von 2 bis 4 μ Dicke hängt. Er befindet sich in einem engen zylindrischen Raum, der den vorderen Teil eines Kupferkonus bildet und vorn durch eine Glasplatte, hinten durch einen verschiebbaren Kupferdämpfer abgeschlossen ist. Mit dem Kupferkonus wird das Magnetsystem in die Mitte der Spulen geschoben. Das Ganze ist von einem horizontal liegenden, mehrere cm dicken Eisenzylinder umgeben, der hinten mit einer Eisenplatte abgeschlossen ist, die auf der Innenseite den einen der beiden Astasierungsmagnete trägt. Vorn ist der Eisenzylinder für den Strahlengang und für die Bedienung des zweiten Astasierungsmagneten offen, der im vorderen Teil des Zylinders angeordnet ist und in verschiedenen Abstand von der Magnetnadel gebracht und gedreht werden kann. Das Instrument ließ sich verhältnismäßig leicht auf eine Empfindlichkeit von $2 \cdot 10^{-10} \frac{\mathrm{Amp}}{\mathrm{Skt}}$ in 2 m Abstand bei 9 sec Schwingungsdauer und 9,4 Ω innerem Widerstand, also auf $2 \cdot 10^{-9} \frac{\mathrm{Volt}}{\mathrm{Skt}}$ bringen. Es hat jedoch gegenüber dem Kugelpanzergalvanometer den Nachteil, noch zu wenig gegen äußere magnetische Störungen geschützt zu sein.

Den Einfluß magnetischer Störungen auf hochempfindliche Nadelgalvanometer kann man durch einen Panzer aus

---

[1] Nähere Ausführungen bei Des Coudres: Z. Elektrochem. **3**, 516 (1897); vgl. ferner Geiger-Scheel: Handb. Physik **16**, 264.
[2] Physik. Z. **14**, 522 (1913). Zu beziehen von E. Leybolds Nachfolger.

"Mumetall" abschwächen[1]. Als Träger dient ein Kupferzylinder, auf dem außen abwechselnd Ringe aus Mumetall und aus Kupfer aufgebracht und mit Kupfernieten befestigt sind. Oben und unten wird er durch je zwei Mumetallblechplatten mit einer Zwischenplatte aus Kupferblech abgeschlossen. Der fertige Panzer muß ohne Zutritt von Sauerstoff bei 900° C geglüht werden. Jede spätere mechanische Beanspruchung ist zu vermeiden, da hierdurch die Permeabilität vermindert wird.

Unter den Spulengalvanometern kann man für unsere Zwecke nur Spezialkonstruktionen verwenden. Instrumente, deren Spannungsempfindlichkeit in der Größenordnung von $10^{-7} \frac{\text{Volt}}{\text{Skt}}$

Abb. 180. Drehspulengalvanometer (nach Zernike).

liegt, sind kaum brauchbar, wenn die Energie der Linien einer Quecksilberlampe im Ultraviolett bei spektraler Zerlegung mit einem Doppelmonochromator gemessen werden soll. Geeignet ist z. B. das von Zernike[2] angegebene Instrument (Abb. 180). Bei ihm wird der Strom nicht durch die Aufhängung, sondern durch zwei biegsame Kupferbänder von $0,4\,\mu$ Dicke, die ohne Spannung neben dem Faden hängen, der Spule zugeführt. Infolgedessen können zur Aufhängung Quarzfäden benutzt werden. Die Polschuhe des ringförmigen Magneten und der Eisenkern sind so geformt, daß sie ein genau radiales Feld erzeugen. Sie sind mit dem auswechselbaren Rohr verbunden, in dem sich Aufhängung und Spule befinden. Das magnetische Feld ist sehr stark und kann bis zu einem Drittel seines maximalen Wertes durch magnetischen Nebenschluß, der durch eine Schraube betätigt wird, abgedrosselt werden. Hierdurch ist die Möglichkeit gegeben, dasselbe Instrument für eine große Zahl verschiedener äußerer Widerstände zu benutzen. Bei der Type Z_c, die sich für spektrale Energiemessungen am besten eignen dürfte, beträgt die Stromempfindlichkeit bei 1 m Skalenabstand bei 15 bis 400 Ω äußerem Widerstand $12 \cdot 10^{-10}$ bis $4 \cdot 10^{-10} \frac{\text{Amp}}{\text{Skt}}$; der innere Widerstand ist

---

[1] Hill, A. V.: J. Scient. Instr. 3, 335 (1926).

[2] Amsterdam Proc. 24, 239; hergestellt von Kipp & Zonen, Delft (Holland); zu beziehen durch E. Leybolds Nachfolger, Köln.

15 Ω, die Schwingungsdauer 7 sec; die Spannungsempfindlichkeit beträgt also $3{,}6 \cdot 10^{-8}$ bis $16 \cdot 10^{-8} \dfrac{\text{Volt}}{\text{Skt}}$.

Zur Vergrößerung der Empfindlichkeit weniger empfindlicher Galvanometer kann vielleicht das von Moll und Burger angegebene Thermorelais[1] dienen. Es besteht aus einem Thermostreifen aus Konstantan-Manganin-Konstantan von 0,5 mm Breite und 1 μ Dicke, der in einem evakuierten Glasgefäß montiert ist. Man läßt einen Lichtstrahl vom Spiegel des „Primär"-Galvanometers, das mit der Thermosäule verbunden ist, so reflektieren, daß er auf den mittleren Streifen genau symmetrisch auftrifft. Beide Lötstellen des Thermorelais werden dann gleich stark erwärmt, und ein zweites in seinem Stromkreis liegendes Galvanometer zeigt keinen Ausschlag an, da die Thermokräfte beider Lötstellen entgegenwirken. Bei einer sehr kleinen Drehung des Spiegels im Primärgalvanometer wird die eine Lötstelle stärker erwärmt als die andere und das Sekundärgalvanometer gibt einen relativ großen Ausschlag. Bei dieser Anordnung muß man die Thermokraft der Säule durch Kompensation messen[2]. Wegen der nahezu unvermeidlichen Nullpunktsänderungen des mit einer Thermosäule verbundenen Galvanometers, dürfte sich die Verwendung des Thermorelais für unsere Zwecke weniger empfehlen[3].

Schließlich können in einigen Fällen auch Schleifengalvanometer in Verbindung mit Thermosäulen oder Bolometern verwendet werden, namentlich dann, wenn man mit relativ großen Intensitäten arbeitet und eine kurze Einstelldauer erwünscht ist.

---

[1] Z. Physik **34**, 109 (1925).

[2] An Stelle eines Thermorelais könnte man sehr gut auch eine Photozelle zur Erhöhung der Ausschlagsempfindlichkeit eines Galvanometers benutzen. Unmittelbar vor der Zelle bringt man eine Blende an, in deren Mitte sich ein spaltförmiger Streifen befindet. Das von dem Spiegel des Primärgalvanometers kommende Licht wird ebenfalls spaltförmig auf jenen Streifen projiziert, wenn im Galvanometer kein Strom fließt. Schlägt der Galvanometerspiegel nur ein wenig aus, so fällt das Licht rechts oder links des Streifens in die Photozelle. Der Zellenstrom wird durch ein Fadenelektrometer angezeigt. Auch hier erfolgt die eigentliche Messung durch Kompensation. Galvanometer, Photozelle und Fadenelektrometer dienen als Nullinstrument. — Vgl. auch Lark-Horovitz, K. u. G. W. Sherman, Phys. Rev. **32**, 328 (A) (1928).

[3] Das Thermorelais bzw. die Photozelle setzt man am besten auf einen Schlitten, um den Nullpunktsänderungen des Galvanometers folgen zu können.

Bei ihnen befindet sich ein Metallband von etwa 1 μ Dicke zwischen den Polen eines oder zweier permanenter Magnete, die sich mit ungleichen Polen gegenüberstehen. Die Bewegung der Schleife bei Stromdurchgang dient zur Strommessung und wird mittels eines Mikroskopes beobachtet. Die Empfindlichkeit beträgt für das von Mechau[1] angegebene Instrument bei 6 bis 10 Ω innerem Widerstand je nachdem, ob die Schleife in hängender (stabiler) oder stehender (labiler) Lage benutzt wird,

bei 80 facher Vergrößerung $3 \cdot 10^{-7} \frac{\text{Amp}}{\text{Skt}}$ bzw. $6 \cdot 10^{-8} \frac{\text{Amp}}{\text{Skt}}$,

„ 640 „ „ $3,7 \cdot 10^{-8}$ „ „ $7,5 \cdot 10^{-9}$ „ .

Die Schwingungsdauer beträgt etwa 0,6 sec.

Das von Deubner[2] konstruierte Schleifengalvanometer hat eine Empfindlichkeit von

$5 \cdot 10^{-8} \frac{\text{Amp}}{\text{Skt}}$ bei 80 facher Vergrößerung und 5 Ω Schleifenwiderstand.

Die Einstellzeit ist 0,2 bis 0,4 sec. Beide Instrumente sind weitgehend unempfindlich gegen mechanische Erschütterungen.

c) Anwendung einer Vergleichszelle. Aus den voranstehenden Ausführungen geht hervor, daß die Ermittlung der Intensität einzelner Spektrallinien mit recht mühsamen Messungen und manchmal mit beträchtlichen Schwierigkeiten verknüpft sein kann. Es empfiehlt sich daher, in Fällen, in denen eine größere Zahl lichtelektrischer Messungen in Verbindung mit Energiemessungen ausgeführt werden soll, nicht jedesmal zur Energiemessung die Thermosäule oder das Bolometer zu benutzen, sondern eine „Vergleichszelle" anzuwenden. Diese möglichst konstante Photozelle (vgl. Ziffer 25) wird von Zeit zu Zeit mit der Thermosäule ausgeeicht und ermöglicht dann absolute Energiemessungen. Im Gegensatz zu Thermosäule und Bolometer ist sie auch dann verwendbar, wenn das Strahlenbündel, dessen gesamte Intensität gemessen werden soll, einen verhältnismäßig ausgedehnten Querschnitt besitzt, z. B. ein paralleles Lichtbündel darstellt.

---

[1] Physik. Z. **24**, 242 (1923); zu beziehen von C. Zeiss, Jena.
[2] Z. techn. Physik **1930**, 163; zu beziehen von E. Leybolds Nachfolger, Köln.

Die **Empfindlichkeitskurve** der Vergleichszelle soll möglichst einen **normalen** Verlauf haben, da man in diesem Fall besser interpolieren kann, und falsches Licht nicht in dem Maße stört wie möglicherweise beim Vorhandensein eines selektiven Maximums. Werden die Intensitätsmessungen im sichtbaren und ultra-

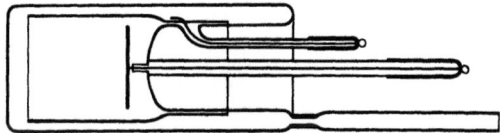

Abb. 181. Vergleichszelle aus Quarz mit monoatomarer Alkalischicht auf Nickel (nach Suhrmann).

violetten Teil des Spektrums ausgeführt, so versieht man die Zellenkathode am besten mit einer nahezu monoatomaren Alkalimetallschicht, z. B. mit einer Natrium- oder Kaliumhaut auf schwach oxydiertem Nickel, Magnesium oder Aluminium[1]. Damit die Empfindlichkeit sich mit der Zeit nicht ändert, muß die Zelle

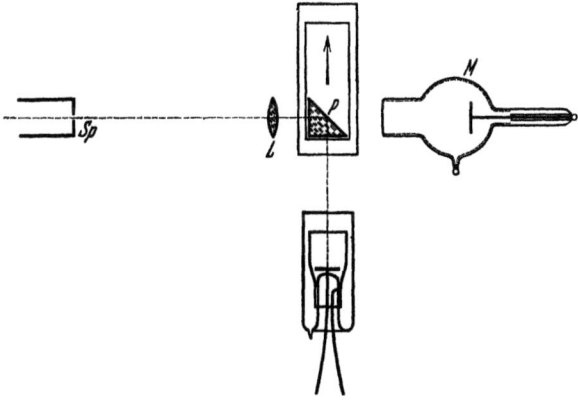

Abb. 182. Strahlengang mit geeichter Vergleichszelle; Prisma wird verschoben.

bei ihrer Herstellung gut ausgeheizt und alles überschüssige Alkalimetall entfernt werden. Sie sollte also möglichst **keine Schliffe** und außerdem **Quarzisolation** zwischen Anode und Kathode besitzen, damit noch sehr kleine Lichtintensitäten mit ihr gemessen werden können.

---

[1] Betr. Herstellung vgl. Ziffer 11, 19, 22 und S. 28 oben.

Die Vergleichszelle wird deshalb am besten ganz aus Quarzglas hergestellt, wie in Abb. 181 angegeben ist (vgl. auch S. 99). Sie hat vorn ein aufgeschmolzenes, planes, geschliffenes und poliertes Fenster. Die Kathode besteht auch bei der Quarzzelle aus einer kreisförmigen schwach oxydierten Nickel- oder Aluminiumplatte, die Anode aus einem Nickelzylinder, der auf dem hinten angeschmolzenen Quarzfuß aufsitzt. Die Anoden- und Kathodenzuführungen bestehen aus Platin und sind an ihren unteren Enden in Glas eingeschmolzen, was durch Verbindungsstücke aus Zwischengläsern ermöglicht wird (vgl. S. 65). Eine solche Zelle ist bereits bei wenigen Volt gesättigt, weist keinerlei Störungserscheinungen auf und bleibt monatelang unverändert.

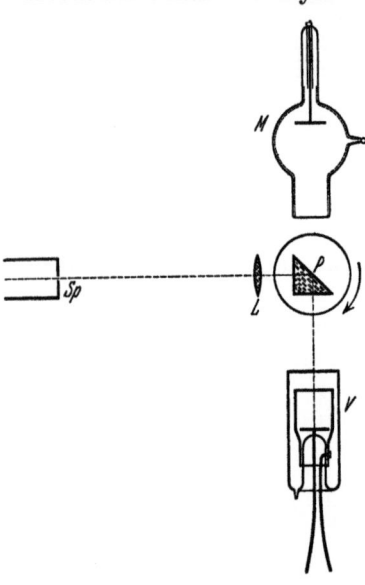

Abb. 183. Strahlengang mit geeichter Vergleichszelle; Prisma wird gedreht.

Man baut die Vergleichszelle so in den Strahlengang ein, daß sie alles in die Meßzelle gelangende Licht empfängt, also ohne Zwischenschalten von Linsen. Hierzu verfährt man entweder so, wie in Abb. 182 angedeutet, daß man ein gleichschenkliges 90° Prisma P aus Quarz, brechende Kante senkrecht zur optischen Achse geschnitten, in den Strahlengang schiebt[1], wenn das Licht in die Vergleichszelle V fallen soll, oder man läßt P dauernd im Strahlengang, wie aus Abb. 183 zu ersehen ist, und ordnet die Vergleichszelle V und die Meßzelle M senkrecht zum Strahlengang an[2]. Das Prisma wird dann jeweils um 90° gedreht. Sp bedeutet in Abb. 182 und 183 den Austrittsspalt des Monochromators, L eine Quarzlinse oder einen Achromaten.

---

[1] Suhrmann, R.: Z. Elektrochem. **1929**. 681.
[2] Suhrmann, R.: Physik. Z. **29**, 811 (1928). Ein weiteres Verfahren bei Fleischmann, R.: Ann. Physik (5) **5**, 73 (1930).

VII. Anwendungen der Photozelle.
A. Lichtelektrische Photometrie.

44. Höchste erreichbare Empfindlichkeit; Meßgenauigkeit; Methoden zum Eliminieren von Lichtschwankungen; Fehler der verwendeten Photozelle.

a) Höchste erreichbare Empfindlichkeit; Meßgenauigkeit. Die lichtelektrische Photometrie zeichnet sich vor der subjektiven vor allem dadurch aus, daß sie außer dem sichtbaren auch das ultraviolette und den kurzwelligen Teil des ultraroten Spektrums umfaßt und eine wesentlich größere Empfindlichkeit aufweist.

Eine durch Wasserstoffglimmentladung sensibilisierte Kaliumzelle ohne Gasfüllung z. B. liefert im Blauen ca. 1% des Quantenäquivalents, also $1{,}5 \cdot 10^{-2} \frac{\text{Coul}}{\text{cal}}$. Fließt in ihr ein mit dem Elektrometer noch eben meßbarer Strom von 10^{-15} Amp, so entspricht diesem eine auffallende Lichtenergie von $6{,}7 \cdot 10^{-14} \frac{\text{cal}}{\text{sec}}$. Besitzt die Zelle eine Oberfläche von ca. 20 cm², so gelangen also auf 1 cm² $3{,}3 \cdot 10^{-15} \frac{\text{cal}}{\text{sec} \cdot \text{cm}^2}$ und können eben noch nachwiesen werden. Die höchste Empfindlichkeit des Auges liegt im Grünen (560 mμ) und beträgt $2 \cdot 10^{-15} \frac{\text{cal}}{\text{sec} \cdot \text{cm}^2}$. Die gewöhnliche sensibilisierte Vakuum-Kaliumzelle ist daher im Blauen etwa ebenso empfindlich wie das Auge im Grünen.

Wir werden später sehen, daß es gelingt, die spektrale Empfindlichkeitskurve von im langwelligen Teil des sichtbaren Spektrums besonders empfindlichen Zellen (Kalium auf schwach oxydiertem Silber) durch geeignete Filter so zu gestalten, daß sie sich fast mit der Kurve der spektralen Augenempfindlichkeit deckt. Die Empfindlichkeit betrug für eine solche hochevakuierte Zelle bei 560 mμ ungefähr $0{,}3 \cdot 10^{-2} \frac{\text{Coul}}{\text{cal}}$ (vgl. Abb. 192b Kurve II auf S. 250). Durch Edelgasfüllung könnte sie auf den zehnfachen Betrag gebracht werden und würde also bei 20 cm² Oberfläche einen Strom von 10^{-15} Amp bei einer Lichtenergie von $\frac{10^{-15}}{0{,}3 \cdot 10^{-2} \cdot 10 \cdot 20} = 1{,}7 \cdot 10^{-15} \frac{\text{cal}}{\text{sec} \cdot \text{cm}^2}$ liefern. Sie stellte somit ein künstliches Auge der gleichen absoluten spektralen Empfindlichkeit wie das natürliche dar.

Durch die nachfolgend beschriebene Meßmethode kann die Empfindlichkeit der Photozelle so gesteigert werden, daß sie das Auge auch im Sichtbaren bei weitem übertrifft. Legt man an eine mit Edelgas gefüllte Zelle über einen Widerstand von 10^4 Ω ein zunächst beträchtlich unterhalb der Glimmentladungsspannung liegendes Potential, so steht der Faden des an die Zelle angeschlossenen Elektrometers bei verdunkelter Zelle nahezu ruhig (vgl. Abb. 112 S. 140). Steigert man nun die Spannung ganz allmählich, so zeigt der Elektrometerfaden bei sehr kleinen, mit dem Auge nicht mehr wahrnehmbaren Lichtintensitäten an Stelle eines kontinuierlichen Ausschlages einzelne Stromstöße an, deren Größe mit zunehmender Lichtintensität abnimmt; ihre Zahl pro Zeiteinheit ist der Strahlungsintensität proportional[1]. Man kann daher die in die Zelle einfallende Strahlungsenergie entweder in der Weise messen,

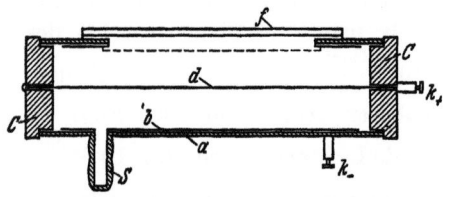

Abb. 184. Lichtzähler (nach Rajewsky).

daß man die Anzahl der Sprünge zählt, die der Faden macht, um einen bestimmten Ausschlag, etwa 30 Skt. zu erreichen, oder man leitet das Elektrometer durch einen Hochohmwiderstand zur Erde ab (vgl. die Schaltung in Abb. 105 S. 131) und zählt die Fadenschwankungen, die in einer gegebenen Zeit erfolgen. Auf diese Art gelingt es, noch $7{,}2 \cdot 10^{-17} \frac{\text{cal}}{\text{sec} \cdot \text{cm}^2}$ mit der Photozelle nachzuweisen; man hat also eine Anordnung, die 30 mal empfindlicher ist als das menschliche Auge.

Die Empfindlichkeit der geschilderten Anordnung läßt sich nun außerordentlich steigern, wenn man die Photozelle ähnlich wie ein für β-, γ- und harte Röntgenstrahlen bestimmtes Zählrohr[2] gestaltet[3] (Abb. 184). In einem Metallzylinder a ist ein durch Oxydation mit einer halbisolierenden Haut versehener Me-

---

[1] Elster u. Geitel: Physik. Z. **17**, 268 (1916).

[2] Geiger, H., u. W. Müller: Naturwissensch. **16**, 617 (1928); Physik. Z. **29**, 839 (1928); **30**, 489 (1929).

[3] Rajewsky, B.: Z. Physik **63** (1930); Physik. Z. **32**, 121 (1931).

talldraht d zwischen zwei Isolationsbuchsen coaxial ausgespannt. Durch Anlegen entsprechender Spannung an die Klemmen k_- und k_+ wird im Innern des Zählrohres ein starkes elektrisches Feld erzeugt, dessen Stärke je nach dem Gasdruck im Innern des Rohres variiert wird. Die innere Fläche des Metallzylinders ist mit einem Belag b der gewählten photoelektrischen Substanz überzogen. Das Rohr besitzt ein Fenster f aus Glas, Uviolglas oder Quarz. In den Pumpstutzen s ist ein Glasröhrchen eingekittet, durch welches das Rohr mit Edelgas gefüllt und an dem es abgeschmolzen wird.

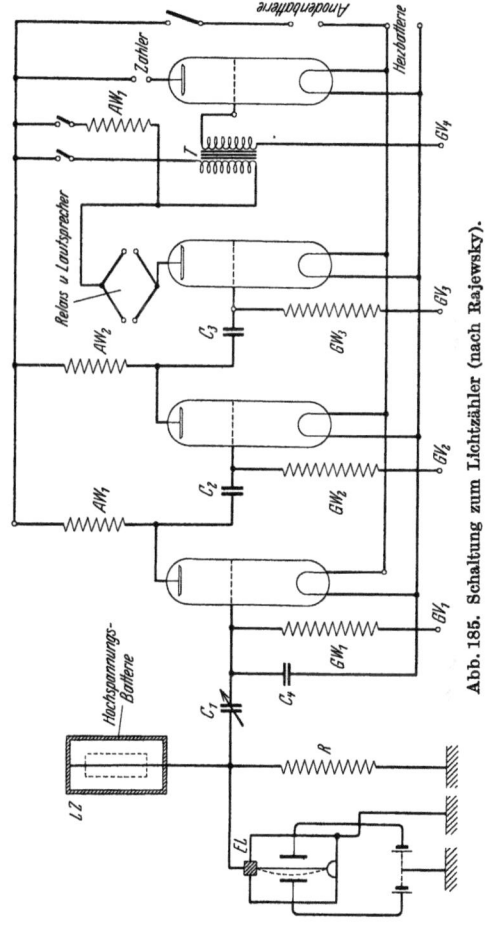

Abb. 185. Schaltung zum Lichtzähler (nach Rajewsky).

Um neben der visuellen Zählung der Stromstöße mit dem Fadenelektrometer auch die akustische mit einem Lautsprecher oder die registrierende mit einer Morseapparatur anwenden zu können, wird der Lichtzähler, wie aus Abb. 185 ersichtlich, an eine Verstärkerapparatur angeschlossen.

Ein solcher mit Kadmiumbelag ausgestatteter Lichtzähler, der als gewöhnliche Photozelle, d. h. bei niederer Betriebsspannung nur ultraviolette Strahlung von 330 mμ abwärts anzeigen würde, ergibt in der geschilderten Anordnung beim Einschalten einer 16-kerzigen in 1 m Entfernung stehenden Kohlenfadenlampe mit Glasglocke eine starke Zunahme der Lautsprecherschläge. Die Bestimmung der unteren Empfindlichkeitsgrenze ergab ein deutliches Ansprechen auf $2,2 \cdot 10^{-19} \frac{\text{cal}}{\text{sec} \cdot \text{cm}^2}$, also eine zehntausendmal größere Empfindlichkeit als die des menschlichen Auges.

Strahlungsmeßinstrumente, welche die auffallende Strahlung zunächst in Wärmeenergie und dann in elektrische Energie umsetzen, wie z. B. Thermosäulen, Bolometer oder Mikroradiometer können im Ultravioletten und Sichtbaren auch nicht annähernd die Empfindlichkeit einer gewöhnlichen Photozelle (in Verbindung mit einem Elektrometer) erreichen. Dies folgt schon allein daraus, daß die Kombination von Thermoelement und Galvanometer als „Wärmekraftmaschine" wirkt[1], die bei Zimmertemperatur ($T = 290°$ abs.) mit einer Temperaturdifferenz von $\Delta T = 10^{-6}$ Grad (bei den kleinsten Strahlungsintensitäten) arbeitet. Auf thermodynamischem Wege ergibt sich als optimaler Nutzeffekt einer solchen Anlage

$$\eta = \frac{\Delta T}{T} = \frac{10^{-6}}{290} = 3,5 \cdot 10^{-9}.$$

Da der Nutzeffekt eines Galvanometers etwa 10^{-1} ist, ergibt sich ein Gesamtnutzeffekt in der Größenordnung von 10^{-10}. Bei der Photozelle hingegen wird die Strahlung unmittelbar in elektrische Energie umgewandelt; der Nutzeffekt beträgt etwa 10^{-3}, entsprechend einer Quantenausbeute von 0,1%. Die Photozelle liefert also, selbst in Verbindung mit einem Galvanometer, eine um etwa sechs Zehnerpotenzen größere Ausbeute der Strahlungsenergie als die Thermosäule.

Die Meßgenauigkeit kann bei der lichtelektrischen Photometrie, sofern man die in den Ziffern 29 bis 33 angegebenen Bedingungen einhält, wesentlich weiter getrieben werden als bei der subjektiven. Mit dem Auge läßt sich beim Einstellen auf gleiche Flächenhelle eine Genauigkeit von 1%, und beim Einstellen auf gleichen Kontrast eine solche von 0,5% erreichen. Die Photozelle hingegen liefert bei Anwendung einer Nullmethode (Ziffer 32) ohne weiteres eine Genauigkeit von etwa 0,1% und weniger, wenn man mit nicht allzu geringen Lichtintensitäten arbeitet. Für die lichtelektrische Photometrie kommen als Fehlerquelle in viel höherem Maße die Helligkeitsschwankungen

---

[1] Nach M. Czerny: Z. Physik im Druck (1932).

der Lichtquelle als die Besonderheiten der Meßmethode in Betracht. Man sucht deshalb beim lichtelektrischen Photometrieren vor allem die, hauptsächlich infolge von Schwankungen der Betriebsspannung auftretenden Intensitätsänderungen der Lichtquelle durch geeignete Meßmethoden zu eliminieren.

b) Kompensationsschaltung zum Eliminieren von Lichtschwankungen. Der erste grundlegende Versuch in dieser Richtung[1] beruht auf der in Ziffer 35 bereits erwähnten Möglichkeit, neben der Meßzelle eine zweite Zelle als Hochohmwider-

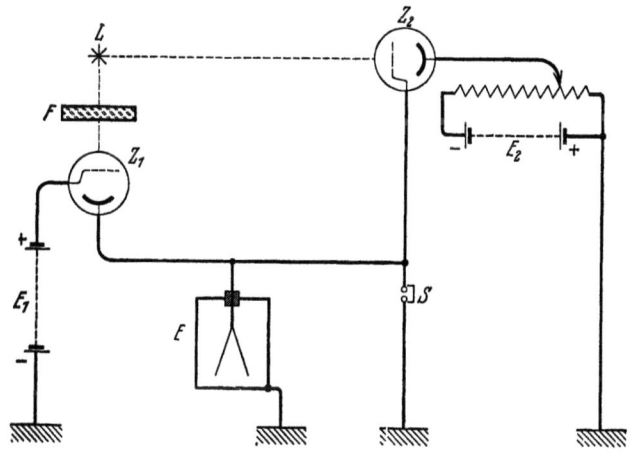

Abb. 186. Zweizellen-Kompensationsschaltung zum Eliminieren von Lichtschwankungen (nach P. P. Koch).

stand zu benutzen, über welche der Photostrom der Meßzelle abfließt. Beide Zellen werden von der gleichen Lichtquelle beleuchtet. Da der in der zweiten Zelle fließende Strom den der ersten teilweise kompensiert, wollen wir diese Schaltung als Kompensationsschaltung bezeichnen. In Abb. 186 bedeutet Z_1 die Meßzelle, Z_2 die als Hochohmwiderstand dienende gasgefüllte Photozelle. Beide Zellen werden von der Lichtquelle L beleuchtet. Die in Z_1 einfallende Lichtstrahlung wird z. B. durch Einschieben eines Graufilters F geschwächt. Die Stärke der Änderung soll gemessen werden, wenn die Lichtstärke von L unregelmäßig schwankt. Die hochisolierte Kathode von Z_1 ist mit der gleich-

---

[1] Koch, P. P.: Ann. Physik 39, 705 (1912).

falls hochisolierten Anode von Z_2 verbunden. An beiden liegt das Elektrometer E.

Sind die Photoströme in beiden Zellen zunächst gleich, was z. B. durch geeignete Wahl der an Z_2 liegenden Spannung erreicht werden kann[1], so bleibt das Elektrometer beim Aufheben der Erdung durch den Schlüssel S in Ruhe. Vergrößert man jetzt die in Z_1 einfallende Lichtintensität, indem man z. B. das Filter F zur Seite schiebt, so lädt sich die Kathode von Z_1 und damit die Anode von Z_2 so lange auf, bis die Spannungsdifferenz an Z_2 eine solche Größe erreicht hat, daß der mit der Spannung zunehmende Photostrom in Z_2 die Aufladung wieder zu kompensieren vermag. Die Zelle Z_2 verhält sich also innerhalb eines Aufladungsbereiches, in dem man ihre Kennlinie als linear annehmen kann, wie ein Hochohmwiderstand, der bei konstanter Lichtquelle einen bestimmten Wert hat. Schwankungen der Lichtintensität rufen entsprechende Änderungen des Hochohmwiderstandes hervor. Eine durch Netzschwankungen hervorgerufene Abnahme der Lampenintensität um 5% z. B. verkleinert den Strom in Z_2 um 5%. Der Elektrometerausschlag würde somit um 5% größer werden, wenn nicht gleichzeitig die in Z_1 einfallende Lichtintensität um 5% abgenommen hätte.

Für Z_2 kann naturgemäß nur eine solche Zelle verwendet werden, die eine genügend steil ansteigende Charakteristik besitzt, also eine mit **Edelgas gefüllte Zelle**[2]. Als Arbeitspunkt wählt man die Zellenspannung, bei welcher die Kennlinie einen möglichst linearen Verlauf hat. Beträgt die maximale Aufladung von Z_1 bei den vorzunehmenden Messungen eine bestimmte Anzahl Volt, so darf die Abweichung der Kennlinie von der Geraden innerhalb dieses Bereiches am Arbeitspunkt nicht größer als der zugelassene Meßfehler sein. Schlimmstenfalls kann man an den Elektrometerausschlägen eine aus der Zellenkennlinie zu entnehmende Korrektion anbringen[3]. Es ist dabei zu beachten, daß die Kennlinie bei der im Betriebe angewendeten Lichtintensität aufgenommen werden muß. Die Meßgenauigkeit läßt sich

---

[1] Die Einstellung der Spannung kann natürlich auch mit einer stöpselbaren Batterie an Stelle der Potentiometereinrichtung erfolgen.

[2] Z_1 kann natürlich eine beliebige, also z. B. auch eine Vakuumzelle mit Sättigungscharakter sein.

[3] Vgl. hierzu H. Beutler: Z. Instrumentenk. 47, 61 (1927).

bei Anwendung der geschilderten Methode steigern, wenn man sie mit der auf S. 135 beschriebenen Nullmethode kombiniert. Die Schaltung ist die gleiche wie in Abb. 110, nur tritt an Stelle des Hochohmwiderstandes R die Zelle Z_2. Die Potentiometereinrichtung in Abb. 186 ersetzt man dann am besten durch eine stöpselbare Spannungsbatterie, hinter welche die Potentiometereinrichtung aus Abb. 110, die zur Kompensation der Aufladung des Elektrometers dient, geschaltet wird.

Die Fehler durch Abweichungen der Zellenkennlinie von der Geradlinigkeit werden ausgeschaltet, wenn man ein anderes Meßprinzip insofern anwendet, als man die Zelle nicht mehr dazu benutzt, die Strahlungsintensität selbst, sondern nur die Gleichheit zweier Intensitäten festzustellen. Dies geschieht in der Weise, daß man die zweite Strahlung, welche mit der ersten verglichen werden soll, so lange abschwächt, bis sie gleich der ersten ist. Die Lichtabschwächung gibt ein Maß für die zu bestimmende Intensität. Man variiert also, während Z_1 (in Abb. 186) der ersten Strahlung ausgesetzt ist, zunächst die an Z_2 liegende Spannung, bis der Photostrom in Z_2 gleich dem in Z_1 ist, was man daran erkennt, daß das Elektrometer bei Aufheben der Erdung in Ruhe bleibt. Dann setzt man Z_1 der zweiten größeren Lichtintensität aus und schwächt diese so weit, daß der Elektrometerausschlag wieder auf Null zurückgeht[1]. Die Methode hat den Vorteil, das Arbeiten innerhalb des Spannungs- und Intensitätsbereiches zu ermöglichen, in welchem der Photostrom nicht mehr proportional der Lichtintensität ist (vgl. S. 97), sofern nur die in Z_2 einfallende Strahlungsintensität unverändert bleibt. Da die Photoströme sich vollständig kompensieren, ist man ferner von dem Verlauf der Zellenkennlinie unabhängig und kann auch eine Vakuumzelle als kompensierende Zelle Z_2 benutzen, falls man die Einstellung auf gleiche Photoströme nicht durch Variation der an Z_2 liegenden Spannung, sondern etwa mit Hilfe einer Irisblende vornimmt.

Die Lichtschwächung[2] kann durch Abstandsvergrößerung

---

[1] Richtmeyer, F. K.: Phys. Rev. (2) 6, 66 (1915). Gibson, K. S.: Scient. Pap. Bureau of Standards 15, 325 (1919). v. Halban u. Siedentopf: Z. phys. Chem. 100, 208 (1922).
[2] Vgl. hierzu Kohlrausch: Lehrb. d. prakt. Physik, Abschn. Photometrie.

oder besser durch einen rotierenden Sektor, einen verschiebbaren Graukeil oder, bei Verwendung linear polarisierten Lichtes, mit Hilfe eines Nicolschen Prismas meßbar erfolgen. Da der Anwendungsbereich des Nicols beschränkt ist und der Graukeil für jede Wellenlänge besonders geeicht werden muß, ist der rotierende Sektor bei exakten Messungen den übrigen Lichtschwächungseinrichtungen vorzuziehen, insbesondere dann, wenn er während der Rotation verändert werden kann[1]. Muß man sich mit einem nur in der Ruhe verstellbaren Sektor helfen, so interpoliert man die beim Elektrometerausschlag Null vorhandene Sektorstellung aus den bei zwei benachbarten Einstellungen beobachteten Elektrometerausschlägen, welche den Nullpunkt einschließen sollen.

Abb. 187. Stufensektor.

Das gleiche Prinzip wird angewendet, wenn man unter Benutzung der Kompensationsschaltung zwar einen Ausschlag mißt, aber diesen Ausschlag in zwei oder mehrere mit meßbarer Lichtschwächung erhaltene Ausschläge einschließt[2]. Zur meßbaren Lichtschwächung benutzt man dabei zweckmäßig einen rotierenden Stufensektor S, dessen Form aus Abb. 187 zu ersehen ist. Er befindet sich auf einem Schlitten und kann absatzweise in den Strahlengang geschoben werden, so daß die Strahlungsintensität auf 80%, 60%, 40%, 20% reduziert wird. Es fällt also zunächst die unbekannte Intensität auf die Meßzelle Z_1 in Abb. 186 und dann die volle stärkere Vergleichsintensität, 80% dieser Intensität, 60% usw. Zwischen den einschließenden Elektrometerausschlägen wird interpoliert. Diese Methode besitzt den Vorteil, in einfacher Weise in Verbindung mit einer Registriervorrichtung benutzt werden zu können. Ihre Genauigkeit dürfte die der voranstehenden Methode nicht erreichen, weil die Ab-

---

[1] Solche rotierende Sektoren sind von F. Schmidt & Haensch, Berlin, und den Askaniawerken A.-G., Berlin-Friedenau, zu beziehen. Die Benutzung des rotierenden Sektors zur meßbaren Lichtschwächung setzt die Gültigkeit des Talbotschen Gesetzes für die Photozelle voraus, das verschiedentlich nachgeprüft und bestätigt wurde; vgl. z. B. Müller, C., u. R. Frisch: Z. techn. Physik 9, 448 (1928).

[2] Müller, C.: Z. techn. Physik 9, 154 (1928).

weichungen der Zellenkennlinie vom linearen Verlauf durch die Interpolation zwar weitgehend, aber nicht vollständig eliminiert werden.

c) Flimmermethode zum Eliminieren von Lichtschwankungen.

Schließlich sei noch eine Methode erwähnt[1], welche der **Flimmermethode** der subjektiven Photometrie zu vergleichen ist. Bei ihr wird nur **eine** Zelle verwendet, die man wechselweise den beiden zu vergleichenden Strahlungsintensitäten aussetzt, wobei man die eine so lange abschwächt, bis die Elektrometerausschläge einander gleich sind. Der Wechsel der Belichtung erfolgt mit Hilfe eines schnell **rotierenden Verschlusses** V in Abb. 188, der die Strahlung der Lichtquelle L wechselweise einmal links, einmal rechts austreten läßt. Über die Spiegel Sp_3, Sp_4 einerseits,

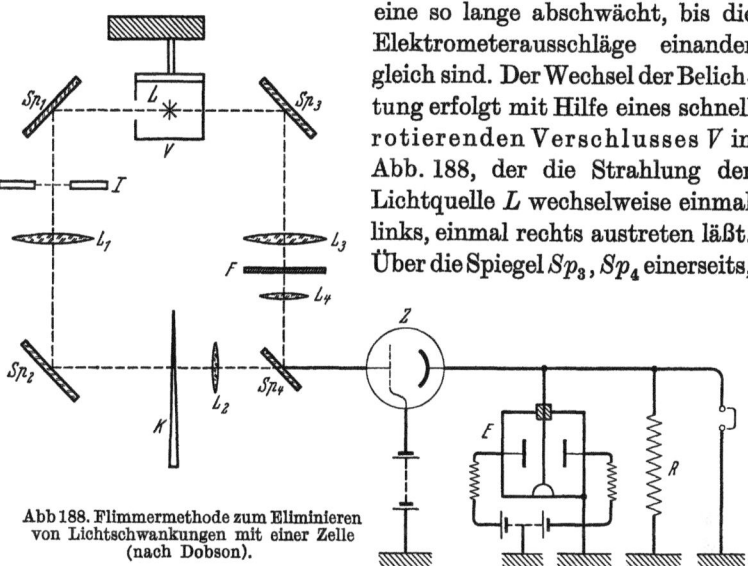

Abb 188. Flimmermethode zum Eliminieren von Lichtschwankungen mit einer Zelle (nach Dobson).

Sp_1, Sp_2 andererseits und durch die Linsen L_1, L_2 und L_3, L_4 gelangen die beiden Strahlen abwechselnd in die Photozelle Z. Sp_4 ist z. B. halb versilbert, so daß er die von Sp_2 kommende Strahlung teilweise hindurchläßt. K ist ein meßbar zu verschiebender ausgeeichter **Graukeil**, F z. B. ein Graufilter, dessen Lichtschwächung bestimmt werden soll.

Zunächst sind F und K nicht im Strahlengang. Man verstellt die Irisblende I, bis die beiden nach der gleichen Seite erfolgenden Elektrometerausschläge einander gleich sind, d. h. bis der Elektrometerfaden sich auf einen bestimmten Ausschlag einstellt, und sich nur ab und zu ein wenig bewegt, entsprechend den relativ

---

[1] Dobson, G. M. B.: Proc. roy. Soc. (A) **104**, 248 (1923).

242   Lichtelektrische Photometrie.

langsam erfolgenden Schwankungen der Lichtquelle. Schiebt man jetzt das Filter F in den von Sp_3 kommenden Strahlengang, so sind beide Ausschläge verschieden, der Elektrometerfaden schwingt daher hin und her und wird unscharf. Nun schiebt man den auf Lichtschwächung geeichten Graukeil K in den Strahlengang, bis der Elektrometerfaden wieder in Ruhe ist; der konstante Ausschlag ist jetzt natürlich kleiner als zu Anfang. Damit der Elektrometerfaden den Lichtwechseln schnell genug zu folgen vermag, sollte der Widerstand R höchstens $10^9\,\Omega$ betragen.

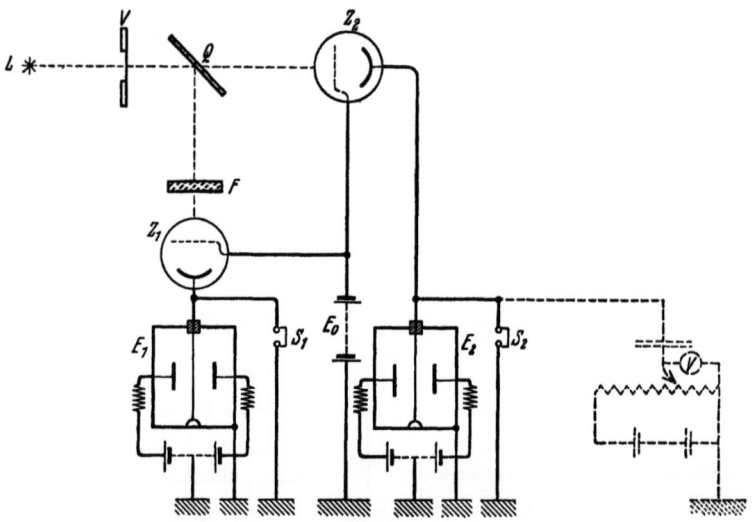

Abb. 189. Zweizellen-Methode, bei welcher die zum Eliminieren der Lichtschwankungen benutzte Zelle in Verbindung mit einem zweiten Elektrometer gleichzeitig als Meßinstrument dient (nach Pohl).

Bei der Flimmermethode wie überhaupt bei der Verwendung von Wechsellicht darf die meßbare Lichtschwächung nicht mit dem rotierenden Sektor vorgenommen werden; es sei denn, daß die Frequenz des Sektors die des Wechsellichtes beträchtlich überträfe, was sich jedoch praktisch kaum verwirklichen läßt.

d) **Weitere Methoden zum Eliminieren von Lichtschwankungen.** Während bei den zuletzt beschriebenen Zweizellenmethoden die zweite zum Eliminieren der Lichtschwankungen dienende Zelle nur die Aufgabe erfüllte, den Photostrom der eigentlichen Meßzelle zu kompensieren, wird sie in einer neueren, sehr ele-

Weitere Methoden zum Eliminieren von Lichtschwankungen.

ganten Methode[1] direkt als **Meßinstrument** verwendet. Irgendeine Vorrichtung, z. B. eine Quarzplatte Q (Abb. 189) teilt hinter dem Lichtverschluß V den Strahlengang, so daß ein Teil des Lichtes in die Zelle Z_1, ein anderer Teil in Z_2 einfällt. Jede der Zellen ist mit einem Elektrometer, E_1 und E_2, verbunden. In den Strahlengang der Zelle Z_1 kann man z. B. ein Graufilter F schieben, dessen Lichtschwächung bestimmt werden soll. Öffnet man den Lichtverschluß eine bestimmte Zeit, so ist die Belichtungsdauer Δt für beide Zellen dieselbe. Die Methode beruht nun auf der direkten Anwendung der Gleichung (2) S. 122 auf Z_2, also

$$i_2 = C_2 \cdot \frac{\Delta e_2}{\Delta t} \qquad (1)$$

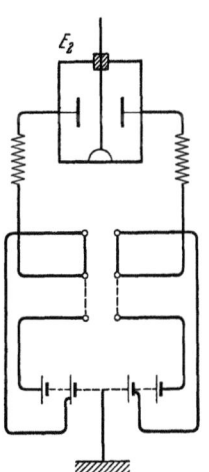

Abb. 190. Schaltung zum Verändern der Elektrometerempfindlichkeit.

Lädt sich nämlich Z_1 und damit E_1 mit und ohne Filter F jedesmal auf ein bestimmtes Potential auf, so ist das Verhältnis der in Z_1 jeweils einfallenden Lichtintensitäten gleich dem reziproken Verhältnis der zugehörigen Aufladezeiten des Elektrometers E_1. Gleichzeitig mit Z_1 und E_1 laden sich Z_2 und E_2 auf, wobei der Photostrom i_2 derselbe bleibt. Da C_2 konstant ist, ergibt sich als Verhältnis der Aufladezeiten von E_2 und damit von E_1 das Verhältnis der Aufladungen Δe_2 von E_2. Z_2 und E_2 ersetzen also gewissermaßen die Stoppuhr für Z_1 und E_1. Die Lichtschwankungen werden dadurch vollständig eliminiert, so daß der Photostrom i_2 genau so schwankt wie i_1.

Um die Meßgenauigkeit der geschilderten Methode zu erhöhen, dürfte es sich empfehlen, sie mit der auf S. 137 und in Abb. 111 beschriebenen **Kondensatornullmethode zu kombinieren**, wie in Abb. 189 punktiert angedeutet ist. Die Messung geht dann in folgender Weise vor sich. Man enterdet zunächst beide Elektrometer und prüft den Nullpunkt. Dann vermindert man die Empfindlichkeit des Elektrometers E_2, indem man seine Backenspannung mit Hilfe der in Abb. 190 wiedergegebenen Anordnung verkleinert. Sollte sich der Nullpunkt hierdurch ändern, so merkt man sich außer dem alten auch den neuen Nullpunkt. Jetzt

---

[1] Pohl, R.: Göttinger Nachr., Math.-phys. Kl. 1926, 185.

beobachtet man den Faden des Elektrometers E_1, öffnet den photographischen Lichtverschluß V, läßt E_1 sich um eine bestimmte Anzahl Skalenteile aufladen und schließt wieder. Darauf mißt man die gleichzeitige Aufladung Δe_2 von E_2 mit der Potentiometeranordnung, indem man das Elektrometer zur Feineinstellung wieder auf hohe Empfindlichkeit umschaltet. Δe_2 ist umgekehrt proportional der in Z_1 einfallenden Lichtintensität, wenn sich E_1 jedesmal um dieselbe Anzahl Skalenteile auflädt. Will man z. B. die Lichtschwächung durch das Filter F, also das Verhältnis der Lichtintensitäten ohne und mit Filter bestimmten, so ermittelt man das Verhältnis der entsprechenden Aufladungen von E_2.

Bei der vorangehenden Methode wurde in Gl. (1) i_2 und C_2 konstant gehalten, so daß Δt proportional Δe_2 war. Man könnte nun auch i_2 und Δt konstant halten und C_2 so variieren, daß Δe_2 gleich Δe_1 wird. C_2 wäre dann umgekehrt proportional Δe_2 und somit proportional der in Z_1 einfallenden Lichtintensität. Als Kriterium für die Gleichheit von Δe_2 und Δe_1 läßt sich die Stellung des Fadens eines einzigen Elektrometers verwenden, wenn Δe_2 und Δe_1 den beiden Elektrometerbacken zugeführt werden[1]. Hierdurch wird die obige Methode außerordentlich vereinfacht, denn man benötigt nur noch ein Elektrometer. Die Schaltung ist in Abb. 191 wiedergegeben[2]. Z_2 ist mit einem variablen Kondensator C verbunden, der Bernsteinisolation besitzt (vgl. S. 149). Da die Kapazität c der Zelle Z_2 und der mit ihr verbundenen Apparaturteile als additives Glied zur Kapazität C mit in die Rechnung eingeht, wird man c möglichst klein im Verhältnis zu C machen.

Die Messung selbst nimmt man wie folgt vor. Man enterdet die beiden Elektrometerbacken und öffnet den Lichtverschluß V, während das Filter F, dessen Lichtschwächung man z. B. ermitteln will, im Strahlengang ist. Der Elektrometerfaden wandert zunächst und wird durch Verstellen des Kondensators C in die Anfangslage zurückgebracht, in der er verbleibt, da sich jetzt

---

[1] Ebenso kann auch die Stellung der Nadel eines Quadrantelektrometers hierzu dienen, an dessen beide Quadrantenpaare die beiden Zellenkathoden oder -anoden angeschlossen sind.

[2] Die Schaltung ist die gleiche wie bei der „Nullmethode zur elektrostatischen Messung sehr kleiner Ströme und sehr großer Widerstände" von C. Berg in Wiss. Veröff. a. d. Siemens-Konzern 2, 363 (1922). Sie wird von Berg zur relativen Messung von Ionisationsströmen benutzt.

die Kapazitäten wie die Photoströme in Z_1 und Z_2 verhalten. Man schließt nun den Lichtverschluß und nimmt F aus dem Strahlengang. Beim Öffnen von V bewegt sich wieder der Elektrometerfaden, bis C entsprechend eingestellt ist. Das Verhältnis der beiden Gesamtkapazitäten, also der Werte $C+c$, ist gleich dem Verhältnis der Lichtintensitäten. Der konstant bleibende Wert von c muß in einer getrennten Messung bestimmt werden (vgl. S. 122).

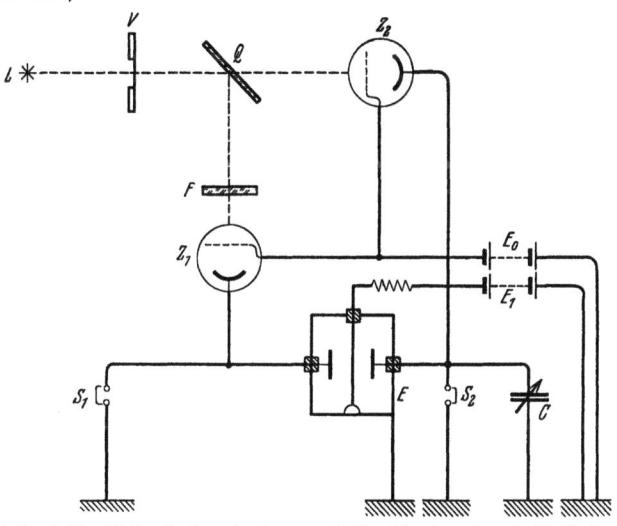

Abb. 191. Zweizellen-Nullmethode mit einem variablen Kondensator als Meßinstrument.

e) Überblick über die verschiedenen Methoden zum Eliminieren von Lichtschwankungen. Überblicken wir noch einmal die geschilderten Methoden zur Eliminierung von Lichtschwankungen bei der lichtelektrischen Strahlungsmessung und wägen sie gegeneinander ab, so stellen wir fest, daß folgende drei Hauptgruppen für sehr genaue Messungen in Frage kommen:

1. **Zweizellen-Kompensationsmethoden.** Bei ihnen wird stets auf gleiche Strahlungsintensität eingestellt; sie machen also keinen Gebrauch von der Proportionalität des Photostroms mit der einfallenden Lichtintensität und benötigen dafür Vorrichtungen zur meßbaren Lichtschwächung.

2. **Die Einzellen-Flimmermethode.** Bei ihr stellt man ebenfalls auf gleiche Intensität ein. Sie ist deshalb in derselben

Weise von dem Vorhandensein oder Nichtvorhandensein der Proportionalität des Photostroms mit der Lichtintensität unabhängig und erfordert dafür Vorrichtungen zur meßbaren Lichtschwächung.

3. **Zweizellen-Methoden**, bei welchen die Photoströme sich nicht kompensieren. Sie erfordern Proportionalität des Photostroms mit der Lichtintensität, aber keine Vorrichtungen zur meßbaren Lichtschwächung.

Solange die Technik der Zellenherstellung noch so wenig entwickelt war, daß die verschiedensten Störerscheinungen wie Dunkelaufladung, Ermüdung, Abweichungen von der Proportionalität usw. auftraten, waren die beiden erstgenannten Methoden sicherlich den an dritter Stelle erwähnten vorzuziehen, denn sie verlegten die eigentliche Messung auf die Lichtschwächungseinrichtungen. Nachdem man jedoch gelernt hat, sauber arbeitende Photozellen herzustellen, die zum mindesten als Vakuumzellen bei allen vorkommenden Lichtintensitäten das Proportionalitätsgesetz erfüllen, dürften die letztgenannten Methoden den an erster und zweiter Stelle aufgezählten vorzuziehen sein.

f) Fehler der verwendeten Photozelle. Schließlich ist noch eine Fehlerquelle bei der lichtelektrischen Photometrie zu erwähnen, deren Nichtbeachtung in bestimmten Fällen leicht zu falschen Werten führen kann, nämlich die örtliche **Ungleichmäßigkeit in der Empfindlichkeit der Zellenkathode**. Da die Kathodenoberfläche besonders bei selektiv empfindlichen Zellen verhältnismäßig kompliziert aufgebaut ist (vgl. Ziffer 12), können benachbarte eng begrenzte Stellen ganz verschiedene Empfindlichkeit aufweisen. Fallen nun nacheinander zu vergleichende, eng begrenzte Lichtbündel nicht auf dieselbe Stelle der Zellenkathode, so ist der Proportionalitätsfaktor von Photostrom und Lichtintensität nicht mehr für beide Lichtstrahlen derselbe und das gemessene Intensitätsverhältnis falsch.

Bei Benutzung von Linsen im Strahlengang vermindert man diese Fehlermöglichkeit, indem man nicht einen kleinen Lichtfleck auf die Kathode abbildet, sondern eine größere, und jedesmal dieselbe Stelle der Kathodenoberfläche beleuchtet. In anderen Fällen kann man sich dadurch helfen, daß man vor die Zelle ein **Lichtzerstreuungsfilter** einschaltet, z. B. eine Milchglasplatte, mehrere mattierte und übereinandergelegte Uviolglasplatten, mattierte Quarzplatten u. dgl.

Eine größere Anzahl von Untersuchungen über die Anwendung der Photozelle zu photometrischen Zwecken befaßt sich mit der Frage der **Proportionalität** des Photostromes mit der Lichtintensität. Während einige Beobachter exakte Proportionalität innerhalb eines großen Bereiches feststellen[1], finden andere beträchtliche Abweichungen[2], die nur durch **sekundäre Ursachen** zu erklären sind, denn bisher konnten bei Untersuchungen des äußeren lichtelektrischen Effektes unter **einwandfreien Versuchsbedingungen** keine Abweichungen des primär ausgelösten Photostromes vom Proportionalitätsgesetz festgestellt werden.

In Glaszellen, deren mit dem Elektrometer verbundene Elektrode (im allgemeinen die Anode) ebenfalls durch Glas isoliert ist, vermögen dünne, auf dem Glase niedergeschlagene **Alkalimetallhäute**, die sich während der Belichtung elektrisch aufladen, sehr leicht Anlaß zu Ermüdungserscheinungen zu geben; sie sind der Grund für die häufig zu findende Angabe, daß die benutzte Photozelle „vorbelichtet" werden mußte, um reproduzierbare Resultate zu liefern. Das Auftreten von Alkalihäuten ist naturgemäß von den Eigenschaften der betreffenden Glassorte und ihrer Vorbehandlung abhängig (vgl. S. 63); deshalb weichen die Angaben verschiedener Beobachter voneinander ab. Auch **ungünstige Elektrodenanordnung**, z. B. eine zu kleine, zentral angebrachte Anode, bedingt Abweichungen vom Proportionalitätsgesetz. Bei gasgefüllten Zellen treten zusätzliche Abweichungen auf, wenn man sich aus einem bestimmten Intensitäts- und Spannungsbereich entfernt (vgl. S. 97); die Größe dieses Bereiches ist ebenfalls von der Elektrodenanordnung abhängig.

Aus all dem geht hervor, daß **keine** Abweichungen zu erwarten sind, wenn die **Kathode** einer Vakuumzelle zentral angeordnet und bis auf die Öffnung für den Lichteintritt rings von der Anode umgeben ist. Die Kathode wird dabei zweckmäßig durch **Quarz** isoliert, auf dem sich Alkalihäute nicht so leicht auszubilden vermögen wie auf Glas. Man gelangt so zwangsläufig zu den auf S. 231 und 277 geschilderten Zellenkonstruktionen.

Die **Kriterien** für die Brauchbarkeit einer Zelle zur Präzi-

---

[1] Z. B. Kunz, J.: Astrophys. J. **45**, 69 (1917) im Bereiche von 1 : 100.
[2] Rosenberg, H.: Z. Physik **7**, 18 (1921). Steinke, E.: Z. Physik **11**, 215 (1922). Carruthers, G. H., u. T. H. Harrison: Phil. Mag. **7**, 792 (1929); **8**, 210 (1930). Kortüm, G.: Physik. Z. **32**, 417 (1931).

sionsmessung auch geringer Strahlungsintensitäten sind die folgenden:

1. Die Zelle zeigt bei der verwendeten Elektrometerempfindlichkeit weder Dunkelaufladung noch Rückgang nach einer Aufladung.

2. Wird das aufgeladene (mit der Zelle verbundene) Elektrometer geerdet und unmittelbar darauf wieder enterdet, so darf das Elektrometer keinen Gang aufweisen.

3. Die für die kleinste und größte vorkommende Lichtintensität erhaltenen Strom-Spannungskurven lassen sich nach Multiplikation mit einem Faktor innerhalb eines größeren Voltbereiches (vgl. Abb. 74 S. 97) zur Deckung bringen.

Eine Photozelle, welche diese Forderungen erfüllt, genügt auch dem Proportionalitätsgesetz. Aber auch eine von diesen Bedingungen abweichende Zelle kann zu exakten Photometrierungen benutzt werden, wenn man dafür sorgt, daß sie nur als Indikator gleicher Lichtströme dient[1]. Zu diesem Zweck schwächt man die zu messende Strahlung mit Hilfe geeigneter Vorrichtungen (Nicolsches Prisma, rotierender Sektor, Graukeil) so lange (vgl. S. 239), bis sie gleich der zum Vergleich dienenden Strahlungsintensität ist. Die eigentliche Messung wird also in diesem Falle in die Lichtschwächungsvorrichtung verlegt. Die Zelle braucht nur die Forderung zu erfüllen, daß sich ihre Empfindlichkeit während der beiden Messungen nicht verändert.

45. Photometrierung unzerlegten Lichtes verschiedener Farbtemperatur; Lampenphotometer; Bestimmung der Farbtemperatur; Registrierphotometer; Pyrometer.

a) Allgemeines zur Photometrierung unzerlegten Lichtes verschiedener Farbtemperatur. Das Auge kann nur als „Nullinstrument" beim Vergleich verschiedener Flächenhelligkeiten benutzt werden. Jedes subjektive Photometer besitzt daher eine Einrichtung, mittels deren man das Licht der helleren der beiden zu vergleichenden Lichtquellen so weit abschwächen kann, daß die dem Auge dargebotenen Flächen gleich hell beleuchtet sind. Die Photozelle hingegen ermöglicht eine

---

[1] Meyer, E., u. H. Rosenberg: Vierteljahrsschr. d. Astr. Ges. **48**, 3, 210 (1913). Rosenberg, H.: Z. Physik **7**, 18 (1921).

Photometrierung unzerlegten Lichtes verschiedener Farbtemperatur. 249

direkte Messung der relativen Lichtstärke verschiedener Lichtquellen, sofern diese die gleiche spektrale Intensitätsverteilung besitzen. Sie ist also in diesem Falle dem Auge an Leistungsfähigkeit beim Photometrieren überlegen. Damit sie auch beim Photometrieren von Lichtquellen verschiedener spektraler Verteilung, also z. B. von Glühlampen verschiedener Temperatur, das Auge an Leistungsfähigkeit übertrifft, muß die Empfindlichkeitskurve der Photozelle der des Auges durch Kombination mit einem geeigneten Lichtfilter möglichst angeglichen werden. Dies gelingt am besten dann, wenn die Zelle in dem Spektralbereich, in welchem das Auge am empfindlichsten ist (560 mμ), bereits ein selektives Maximum besitzt oder wenn ihre spektrale Empfindlichkeit im langwelligen Teil des Sichtbaren möglichst groß ist. So ist z. B. die Zelle A mit der in Abb. 192a, Kurve I wiedergegebenen Empfindlichkeitskurve trotz ihrer größeren Empfindlichkeit weniger geeignet als die Zelle B, deren Empfindlichkeitskurve aus Abb. 192b, Kurve I zu entnehmen ist, weil das Maximum der Zelle A bei 420 mμ, das von B bei 500 mμ

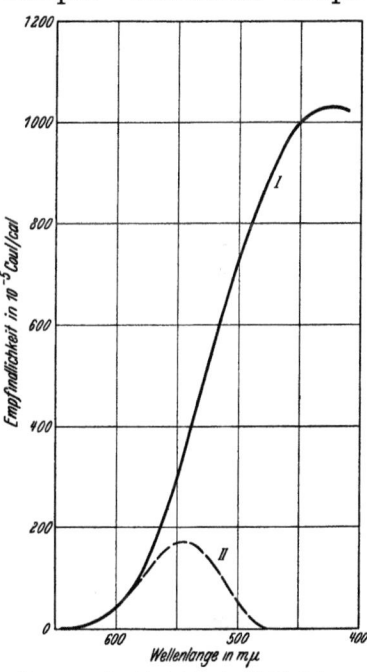

Abb. 192a. Spektrale Empfindlichkeitskurve der Photozelle A (Silber, sensibiliert mit H$_2$S; K in dünner Schicht); Kurve I ohne Filter; Kurve II mit den beiden Glasfiltern GG 12 (40 mm dick) und GG 11 (1 mm dick) von Schott & Gen.

liegt und B bei 600 mμ fast viermal so empfindlich ist wie A.

Im folgenden Beispiel soll gezeigt werden, in welcher Weise man bei gegebener spektraler Zellenempfindlichkeit eine Empfindlichkeitskurve ähnlich der des menschlichen Auges (Kurve I in Abb. 192c und 192d)[1] erhalten kann. Wir kombinieren zu diesem Zweck jede der Zellen mit den beiden Filtergläsern GG 11 und

---

[1] Standardkurve der Illuminating Engineering Society in Trans. Ill. Eng. Soc. 13, 523 (1918).

GG12 in Abb. 168 S. 208, und zwar *GG 12* in größerer, *GG11* in geringerer Schichtdicke (1 mm), denn dieses letztere Glas soll nur das kurzwellige Durchlässigkeitsmaximum von *GG 12* beseitigen. Ist *GG 12* 4 mm dick, so besitzt die kombinierte Empfindlichkeitskurve *II* der Zelle *A* in Abb. 192 c zwar ungefähr die Gestalt, aber noch nicht die Lage der Augenkurve. Kurve *III*, die mit einem *GG 12*-Filter von 40 mm Dicke erhalten wurde, fällt noch nicht ganz mit der Kurve der Augenempfindlichkeit zusammen. Die mit Zelle *B*, dem Filter *GG 11* in 1 mm Dicke und *GG 12* in 20 mm Dicke[1] erhaltene Kurve *II* in Abb. 192d hat jedoch das gleiche Maximum und dieselbe Lage wie die Augenkurve. Wie auf S. 233 auseinander-

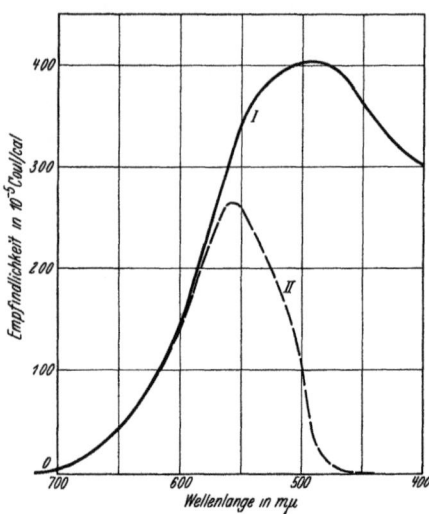

Abb. 192 b. Spektrale Empfindlichkeitskurve der Photozelle *B* (Silber, sensibiliert mit O_2; K in dünner Schicht); Kurve *I* ohne Filter; Kurve *II* mit den beiden Glasfiltern *GG 12* (20 mm dick) und *GG 11* (1 mm dick) von Schott & Gen.

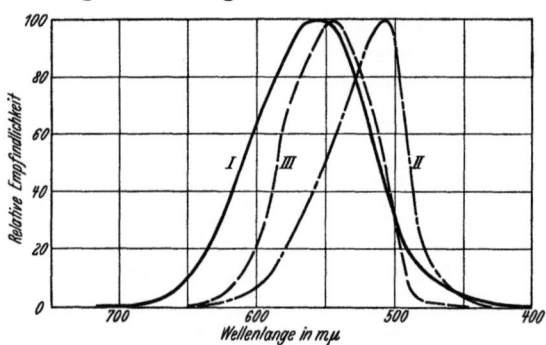

Abb. 192 c. Relative spektrale Empfindlichkeitskurven; Kurve *I* des menschlichen Auges; Kurve *II* der Photozelle *A*, kombiniert mit den Filtergläsern *GG 11* (1 mm) und *GG 12* (4 mm); Kurve *III* der Photozelle *A*, kombiniert mit den Filtergläsern *GG 11* (1 mm) und *GG 12* (40 mm).

---

[1] Ein Glasfilter von 20 mm Dicke ist verhältnismäßig unhandlich. Man würde in praxi vielleicht ein Gelatinefilter oder eine Lösung mit geeigneter Absorptionskurve benutzen.

gesetzt wurde, haben wir bei dieser Kombination in der Tat ein künstliches Auge mit nahezu der gleichen unteren Empfindlichkeitsschwelle wie das natürliche vor uns.

In dieser Weise gelingt es unter den oben genannten Bedingungen zumeist, aus der gegebenen Empfindlichkeitskurve einer Zelle und den Absorptionseigenschaften der Filtersubstanzen die Filterdicke so zu berechnen, daß sich die Empfindlichkeitskurve der Kombination der des Auges weitgehend anschmiegt. Wesentlich dabei ist eine große Zellenempfindlichkeit im langwelligen Teil des Spektrums.

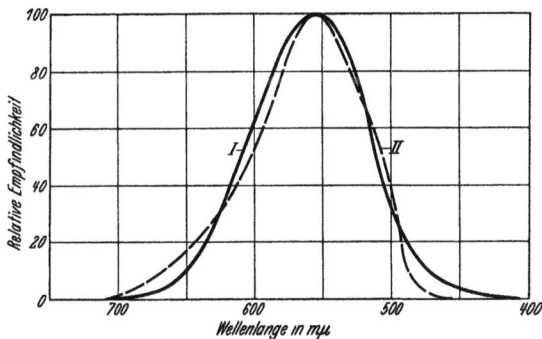

Abb. 192d. Relative spektrale Empfindlichkeitskurven; Kurve *I* des menschlichen Auges; Kurve *II* der Photozelle *B*, kombiniert mit den Filtergläsern *GG 11* (1 mm) und *GG 12* (20 mm).

b) Prinzip des lichtelektrischen Lampenphotometers. Die lichtelektrische Photometrierung von Lampen der gleichen spektralen Lichtzusammensetzung oder gegebenenfalls verschiedener Zusammensetzung unter Benutzung geeigneter Filter vor der Photozelle kann entweder durch eine Vergleichsmessung wie bei der subjektiven Photometrierung erfolgen, oder durch direkte Messung der Flächenhelligkeiten. Man bringt also z. B. die zu messende Lampe L und die Vergleichslampe nacheinander in bekannte Abstände von einem unter 45° zur optischen Bank aufgestellten Gipsschirm S (Abb. 193), vor dem sich rechtwinklig zur optischen Bank die gegen direktes Licht gut geschützte Photozelle Z befindet. Die Öffnung O in dem Schutzkasten ist so bemessen, daß auf die Zellenkathode nur das von S aus diffus reflektierte Licht auffallen kann. Durch die diffuse Zerstreuung des Lichtes wird gleichzeitig der Fehler, welcher durch ungleichmäßige Lichtempfindlichkeit der Kathodenoberfläche hervorgerufen werden könnte, weitgehend eliminiert.

Die Photozelle ist mit einem Fadenelektrometer oder einer anderen der in den Ziffern 31 bis 39 besprochenen Meßvorrichtungen verbunden. Man hält nun entweder den Abstand a von L und S konstant und ermittelt den der Lichtstärke von L proportionalen Photostrom, oder man mißt den Photostrom i_0, den die Vergleichslampe in einem bestimmten Abstand a_0 hervorruft, und variiert bei der Messung der übrigen Lampen deren Abstand a, bis in der Zelle der gleiche Strom i_0 fließt. Die Lichtstärken verhalten sich dann wie die Quadrate der Abstände.

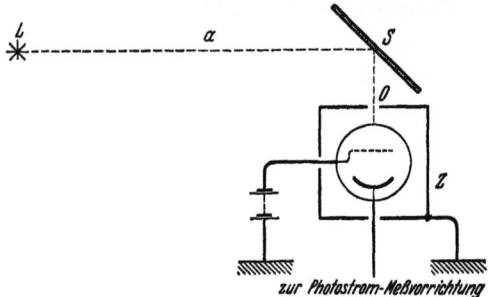

Abb. 193. Lichtelektrisches Lampenphotometer.

Den Gesamtlichtstrom bestimmt man mit Hilfe der Ulbrichtschen Kugel. Auch hierbei ist es zweckmäßig, für eine gute Lichtzerstreuung zu sorgen, was man mit Hilfe einer zweiten kleinen Kugel k erreicht[1], die, wie aus Abb. 194 ersichtlich, an die Öffnung O_1 der großen Kugel K angeschlossen wird. Zwischen O_1 und der Lampe L befindet sich ein auf beiden Seiten weiß gestrichener Schirm S, der O_1 vor direkten Strahlen der Lichtquelle schützt. Die Photozelle Z befindet sich vor einer zweiten Öffnung O_2 in k, so daß sie nur indirekte Strahlung empfängt.

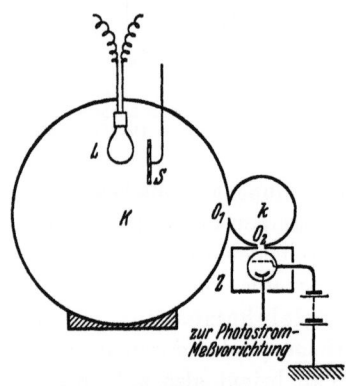

Abb. 194. Ulbrichtsche Kugel mit Photozelle.

Die geschilderten einfachen Methoden haben den Nachteil, für die Photostrommessung verhältnismäßig empfindliche Instru-

---

[1] Vgl. z. B. N. R. Campbell u. D. Ritchie: Photoelectric Cells, S. 169. London 1929.

mente zu benötigen, weshalb sie in technischen Betrieben vielleicht nicht ohne weiteres angewendet werden können[1]. Will man sie in Verbindung mit unempfindlichen Zeigergalvanometern benutzen, so muß man zur Messung des Photostromes entweder ein **Röhrenvoltmeter** verwenden oder man muß das auf die Zelle fallende Licht mittels einer rotierenden, mit Löchern versehenen Scheibe, in intermittierendes Licht verwandeln und den Photostrom dann auf einen **Wechselstromverstärker** wirken lassen (vgl. Ziffer 40). Den verstärkten Strom kann man mit Hilfe einer Gleichrichterröhre oder eines Trockengleichrichters wieder gleichrichten und ein Gleichstromzeigerinstrument durchfließen lassen. Als Maß der Lichtintensität dient jetzt der verstärkte Strom.

Dies setzt voraus, daß der letztere dem Photostrom genau proportional ist, was sich mit Sicherheit erzielen läßt. Man kann jedoch auch beim Arbeiten mit verstärkten Photoströmen auf **gleichen Ausschlag** einstellen, indem man einmal mit der zu untersuchenden Lampe, ein andermal mit der Vergleichslampe beleuchtet und die Abstände der Lampen so lange verändert, bis man denselben Ausschlag erhält.

c) Technische Lampenphotometer. Die Einstellung auf gleichen Ausschlag erfolgt auch dann, wenn man eine **fortlaufende Lampenkontrolle** vornimmt, bei der verlangt wird, daß die **Lichtstärken innerhalb eines gewissen Bereiches liegen**. Eine einfache Apparatur für diesen Zweck wurde bei den Osramwerken entwickelt[2]. Zur Verstärkung des Photostromes wird ein einfacher Widerstandsverstärker (vgl. Ziffer 39) benutzt. Wie man aus Abb. 195a ersieht, sind Photozelle *1*, Hochohmwiderstand *6* und Verstärkerröhre *2* gemeinsam in ein Kästchen *4* eingebaut, das man an eine Ulbrichtsche Kugel ansetzt (Abb. 195b, in der *1* und *2* die Batterien für Photozelle und Verstärkerröhre bedeuten). Der Stecker *5* in Abb. 195a dient mit einer vieradrigen Litze, welche die Heizzuführungen und die Anodenzuführung der Röhre, sowie die Kathodenzuführung der Zelle enthält, zur Verbindung des Photozellenkästchens mit dem rechts auf Abb. 195b befindlichen Meßtisch. Zum Ablesen des verstärkten Photostromes verwendet

---

[1] Neuerdings werden jedoch derartige Methoden von den Tungsram-Werken, Budapest, auf Veranlassung von Herrn Dr. Selényi zur fortlaufenden Lampenkontrolle verwendet.

[2] Loebe, W.-W., u. C. Samson: ETZ **52**, 861 (1931).

254 Lichtelektrische Photometrie.

man ein Milliamperemeter mit einer Maximalbelastung von 3 mA. Bei 0 Volt Gitterspannung schlägt der Zeiger über die ganze Skala

Abb. 195a. An die Ulbrichtsche Kugel anzusehendes Photozellengehäuse (nach Loebe u. Samson).

Abb. 195b. Gesamtbild des Lampenphotometers (nach Loebe u. Samson).

aus und geht bei fließendem Photostrom zurück. Die Zellenanode liegt also am Gitter. Die Eichung erfolgt mit einer als Normale benutzten Lampe. Mit dieser Meßeinrichtung ließ sich eine Meßgeschwindigkeit von 350 Lampen pro Stunde erzielen. Die Meßgenauigkeit war größer als bei subjektiver Beobachtung.

Unter Verwendung eines zweiten Amperemeters für die Messung der Lampenstromstärke, konnte man diese Apparatur in eine Einrichtung zur selbsttätigen Bestimmung der Lichtausbeute von Glühlampen ausbauen. Das Prinzip ist aus Abb. 196 zu entnehmen, in der *1* das Milliamperemeter für den verstärkten Photostrom und *6* das Amperemeter für die Stromstärkebestimmung der zu messenden Lampe bedeuten. Auf das drehbare System von *1* ist ein Spiegel *2* aufgesetzt, der einen von der Projektionseinrichtung *3* kommenden Lichtstrahl reflektiert. Schlägt das Instrument aus, so bewegt sich der Lichtstrahl in einer horizontalen Ebene. Von *2* aus wird er nun durch ein Prisma *4*, das so angeordnet ist, daß die Ebene des Lichtstrahles nach seinem Austritt aus *4* um 90° gedreht ist, auf den Spiegel *5* des Instrumentes *6* geworfen und von dort auf eine Mattscheibe *7* reflektiert. Die Lage des Lichtfleckes auf der Mattscheibe ist durch die Ausschläge der beiden Meßinstrumente eindeutig bestimmt. Bleibt der Spiegel *5* in Ruhe und schlägt *2* aus, so bewegt sich der Lichtfleck vertikal, wird *2* festgehalten, und dreht sich *5*, so bewegt er sich horizontal auf der Mattscheibe. Die Punkte gleicher Quotienten von Lichtstrom und Stromstärke ergeben eine in schräger Richtung über die Mattscheibe laufende Kurvenschar. Die Einstellung des Lichtfleckes auf einer der Kurven ermöglicht unmittelbar die Ablesung des Quotienten aus Lichtstrom und Stromstärke oder, bei konstanter Spannung, aus Lichtstrom und Leistung, d. h. die Lichtausbeute.

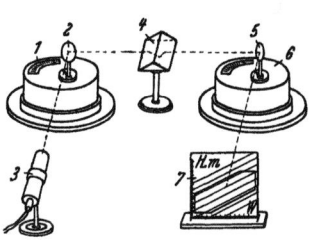

Abb. 196. Prinzipielle Anordnung zur Lichtausbeute-Messung (nach Loebe u. Samson).

Bei der technischen Ausführung[1] dieses Apparates sind die genannten Instrumente in einem Meßtisch eingebaut, auf dessen Deckplatte sich auch die Mattscheibe befindet. Die Lampenkontrolle erfolgt in der Weise, daß man feststellt, ob der Lichtfleck innerhalb eines bestimmten Bereiches der Mattscheibe (in *7*

---
[1] **Loebe, W.-W., u. C. Samson:** ETZ **52**, 861 (1931).

auf Abb. 196 besonders umrandet) bleibt. In dieser Weise konnte eine Arbeiterin in der Stunde 1200 bis 1500 Lampen kontrollieren. Schließlich wurde die Apparatur sogar zu einer **selbsttätigen Sortiermaschine** erweitert, deren grundsätzlicher Aufbau in Abb. 197 wiedergegeben ist. Die mittels einer baggerähnlichen Einrichtung von der Sockelmaschine ankommenden Lampen gelangen zunächst in die Stellung *I* eines vierarmigen Transportkreuzes, das unmittelbar an die Photometerkugel angebaut ist und um eine horizontale Achse rotiert. Es trägt vier Spezialfassungen, die eine automatische Auswechslung der Lampen ermöglichen. Durch ein

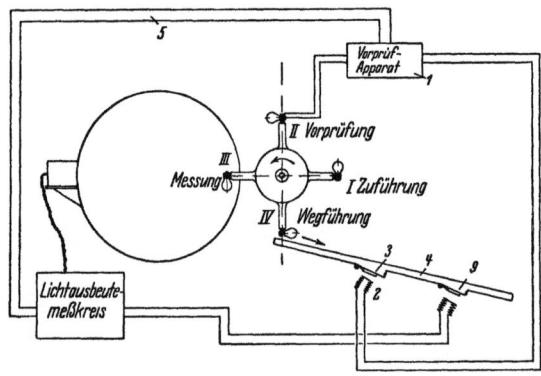

Abb. 197. Grundsätzlicher Aufbau der selbsttätigen Lampensortiermaschine (nach Loebe u. Samson).

Malteserkreuz wird das Transportrad jeweils um 90° gedreht. Die Lampen gelangen so nacheinander in die Stellung *II*, wo die Vorprüfung auf Sockelkurzschluß bzw. Wendelbruch erfolgt, darauf in die Ulbrichtsche Kugel (Stellung *III*), wo sie automatisch photometriert werden, und dann in die Stellung *IV*, von der aus sie in einer schrägen Rinne *4* abgleiten. Diese Rinne besitzt Verschlüsse *3* und *9*, die durch Relais betätigt werden und dazu dienen, Lampen mit Kurzschluß oder Wendelbruch bei *3*, sowie Lampen, die der im Lichtausbeutemeßkreis gestellten Bedingung nicht genügen, bei *9* auszusortieren. Die Leitung *5* endlich schaltet den Meßkreis bei Kurzschluß im Vorprüfapparat ab und verhütet so eine Zerstörung der Instrumente.

d) Photometer zum unmittelbaren Vergleich von Versuchs- und Standardlampe. Zum unmittelbaren Vergleich von Versuchslampe und Standardlampe könnte z. B. die auf S. 237 zur Eliminierung von Lichtschwankungen empfohlene Zweizellen-Kompensationsmethode dienen, bei welcher die bei ungleicher Beleuchtung der beiden Zellen entstehende Aufladung auf einen Widerstandsverstärker gegeben und mit einem Zeigergalvanometer festgestellt werden kann. Der Abstand der Vergleichslampe L_0 (Abb. 198a ohne die Scheibe Sch) von der Zelle Z_2 und damit der in Z_2 fließende Photostrom bleibt unverändert. S_1 und S_2 sind Gipsschirme. An Stelle der Versuchslampe L wird zunächst im selben Abstand eine Lampe L_0' von gleicher Lichtstärke wie L_0 angebracht und die Anodenspannung von Z_2 so lange abgeglichen, bis beide Photoströme sich gerade aufheben. Etwaige geringe Unterschiede der Lampen, die sich durch Vertauschen feststellen lassen, werden durch geringfügige Abstandsänderungen ausgeglichen. Bringt man nun an die Stelle von L_0' die Versuchslampe L, so erfolgt ein Ausschlag, den man durch Verschieben auf der optischen Bank rückgängig macht.

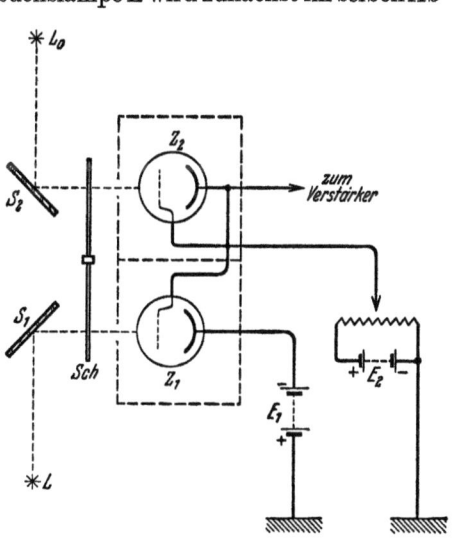

Abb. 198a. Lampenphotometer mit intermittierender Belichtung (Zweizellen-Kompensationsmethode).

Die Lichtstärken verhalten sich dann wie die Quadrate der Abstände der Lampen L und L_0 von S_1 und S_2. Ändert man den Abstand von L_0 und damit die Beleuchtung von Z_2 bei der Photometrierung verschiedener Lampen L, so besteht bei gasgefüllten Zellen die Gefahr, daß man sich aus dem Bereich der Proportionalität mit der Lichtintensität entfernt. Man muß daher die Einstellung der Zellenspannung nachkontrollieren. Im übrigen ist man bei dieser Methode, wie bereits auf S. 239 erwähnt, von der Proportionalität zwischen Beleuchtung und Photostrom unabhängig.

Will man an Stelle der Gleichstromverstärkung eine Wechselstromverstärkung verwenden, so bringt man vor den Zellen eine gemeinsame rotierende Scheibe *Sch* an, die, wie aus Abb. 198 b ersichtlich, mit diametral gegenüberliegenden Öffnungen versehen ist, so daß beide Zellen gleichzeitig belichtet oder abgedunkelt sind. Die Gleichheit der Beleuchtung hört man mit dem Telephon ab oder man richtet den verstärkten Wechselstrom gleich.

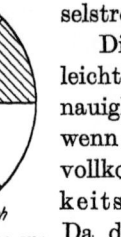

Abb. 198b. Sektorscheibe zur Zweizellen-Kompensationsmethode.

Diese Methode würde in bezug auf leichte Handhabung und große Meßgenauigkeit allen Anforderungen genügen, wenn die Photozellen ohne weiteres mit vollkommen gleicher **Empfindlichkeitskurve** hergestellt werden könnten. Da dies jedoch nicht der Fall ist, weist die Zweizellen-Kompensationsmethode bei besonders ungünstigen Verhältnissen einen

relativ großen Meßfehler auf. Man kann ihn nur umgehen, wenn man eine einzige Zelle benutzt und ähnlich wie bei der oben (S. 241) beschriebenen **Einzellen-Flimmermethode** das Licht der Vergleichs- und der Versuchslampe abwechselnd auf die Zelle auffallen

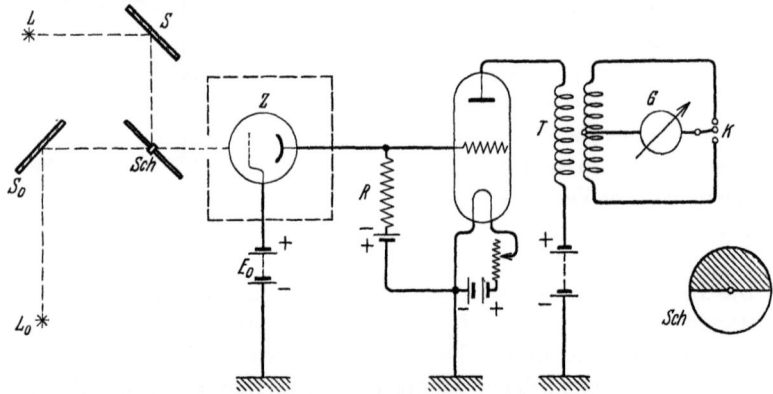

Abb. 199. Lampenphotometer mit intermittierender Belichtung (Einzellen-Flimmermethode).

läßt. Dies geschieht z. B. mittels einer zur Hälfte versilberten rotierenden Scheibe *Sch* in der aus Abb. 199 ersichtlichen Anordnung[1]. Die Scheibe dreht sich um eine horizontale, unterhalb des Strahlen-

---

[1] Eine Beschreibung dieser Anordnung findet sich bei Clayton Sharp: Electronics **1930**, 244.

ganges befindliche Achse, so daß abwechselnd die verspiegelte und die durchsichtige Hälfte in den Strahlengang gelangt. Auf die Photozelle Z fällt also einmal das von L bzw. dem Gipsschirm S kommende, ein andermal das von L_0 bzw. S_0 kommende Licht. Der Photostrom wird verstärkt und durch einen Transformator T geschickt, dessen Mitte über ein Zeigergalvanometer G mit dem Wechselschalter K verbunden ist. Die beiden anderen Pole des Schalters sind an die Enden der Sekundärspule angeschlossen. K wird von der Welle der rotierenden Scheibe aus betrieben, und zwar so, daß die Kontakte jedesmal dann geschlossen sind, wenn der Übergang von einer zur anderen Lampe vollzogen wird. Das Umschalten erfolgt in den Zwischenzeiten, während die Zelle konstant beleuchtet wird, also kein Strom im Sekundärkreis des Transformators fließt.

Wird die Zelle von S und S_0 aus gleich stark beleuchtet, so fließt überhaupt kein Wechselstrom, und das an die Sekundärspule und den Umschalter angeschlossene Zeigergalvanometer G gibt keinen Ausschlag. Sind die Schirme jedoch verschieden stark beleuchtet, so durchfließt den Transformator beim Übergang vom Spiegel zur Glasplatte jedesmal ein Stromimpuls, der durch den Umschalter K gleichgerichtet wird. Die Ausschlagsrichtung des Zeigergalvanometers hängt davon ab, ob S oder S_0 heller beleuchtet ist. Auch bei dieser Methode wird durch Abstandsveränderung auf gleiche Beleuchtung eingestellt. Man ist also unabhängig von der Form der Zellencharakteristik, der Proportionalität zwischen Photostrom und Beleuchtung und den Eigenschaften des Verstärkers. An Stelle des Galvanometers und Umschalters kann man natürlich auch ein Telephon verwenden, um die Gleichheit der Beleuchtung festzustellen; die Einstellgenauigkeit ist dann naturgemäß kleiner.

Einen unmittelbaren Vergleich von Versuchs- und Standardlampe ermöglicht schließlich auch die Anwendung der auf dem Sperrschichteffekt beruhenden Differentialphotozelle[1], die auf S. 116 beschrieben ist. Da die beiden lichtempfindlichen Schichten dieser Zelle gegeneinander geschaltet sind, zeigt das Galvanometer die Differenz der durch die Belichtung beider entstehenden Photoströme an. Bei gleicher Größe und Empfind-

---

[1] Lange, B.: Naturwissenschaft 18, 917 (1930); Phys. Z. 31, 964 (1930); Teichmann, H.: Naturwissenschaft 18, 867 (1930).

lichkeit der Schichten und gleicher Beleuchtungsstärke spielt das Galvanometer also auf Null ein; in diesem Falle kann man Differentialzelle und Galvanometer direkt an Stelle eines Lummer-Brodhunschen Photometerwürfels als Nullinstrument verwenden. Sind dagegen die Empfindlichkeiten verschieden, so muß man ihr Verhältnis in einer Eichmessung ermitteln und bei den späteren Messungen das aus den Lampenabständen auf der Photometerbank berechnete Verhältnis der Lampenintensitäten mit dem reziproken Empfindlichkeitsverhältnis der beiden lichtempfindlichen Schichten multiplizieren.

e) **Bestimmung der Farbtemperatur.** Eine wichtige Aufgabe der Lampenphotometrie besteht darin, die Farben verschiedener

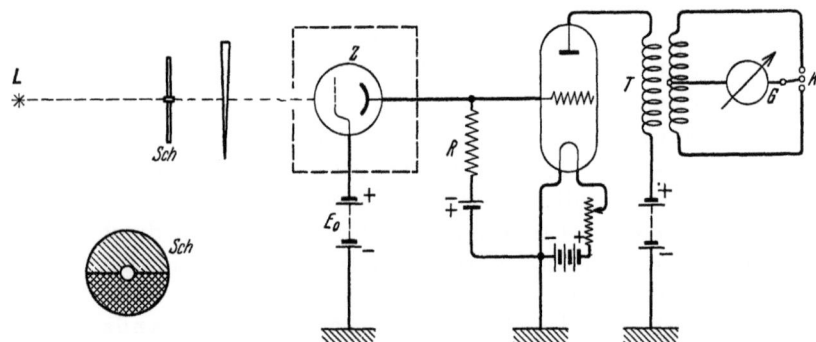

Abb. 200. Lichtelektrisches Photometer zur Ermittlung der Farbtemperatur (nach Campbell).

Lichtquellen miteinander zu vergleichen und ihre **Farbtemperatur** festzustellen. Dies gelingt mit der im folgenden beschriebenen und in Abb. 200 schematisch wiedergegebenen lichtelektrischen Apparatur[1]. Das Licht der Lampe L fällt, bevor es in die Photozelle Z gelangt, durch eine **rotierende Farbfilter-Scheibe** Sch, deren Achse parallel zum Strahlengang und etwas darunter liegt. Sie ist zur Hälfte rot, zur Hälfte blau gefärbt und läßt, wenn sie rotiert, abwechselnd den roten und den

---

[1] Nach N. R. Campbell, beschrieben in Electronics **1930**, 245; vgl. auch N. R. Campbell u. H. W. B. Gardiner: J. Scient. Instr. **2**, 177 (1925); mit der dort geschilderten Anordnung konnten noch Temperaturänderungen von 0,5° bei 2400° abs. festgestellt werden. Ferner beschreibt G. T. Winch: J. Scient. Instr. **6**, 374 (1929) eine Anordnung mit zwei Zellen von Blau- und Rotempfindlichkeit.

Bestimmung der Farbtemperatur.

blauen Anteil der Lampenstrahlung hindurchtreten. Sind die beiden Farbkomponenten in ihrer Intensität so beschaffen, daß die durch sie in der Zelle ausgelösten Ströme voneinander abweichen, so entsteht in ihr ein Wechselstrom, der verstärkt und mittels eines Telephons abgehört werden kann. An Stelle des Telephons dient in Abb. 200 die gleiche Vorrichtung wie bei dem voranstehend geschilderten Photometer dazu, den verstärkten Strom gleichzurichten und ein Zeigergalvanometer durchfließen zu lassen. Der Umschalter K ist dabei mit der Achse der rotierenden Scheibe Sch gekoppelt, so daß die Umschaltung jedesmal dann erfolgt, wenn die obere oder untere Hälfte der Scheibe im Strahlengang, also die Belichtung konstant ist. Weichen die durch die beiden Farbkomponenten erzeugten Photoströme voneinander ab, so schwächt man entweder die rote durch Zwischenschieben eines Blaukeils oder die blaue durch Einschieben eines Gelbkeils, bis kein Wechselstrom mehr fließt.

Nachdem die Keilstellung für die betreffende Lampe festgelegt ist, bestimmt man ihre Farbtemperatur, indem man sie durch eine zweite, auf Farbtemperaturen geeichte, ersetzt und deren Belastung so lange verändert, bis der Wechselstrom wiederum verschwindet. Die hierbei herrschende Belastung liest man ab und entnimmt aus der Eichkurve, welche die Farbtemperatur in Abhängigkeit von der Belastung wiedergibt, die Farbtemperatur der Eichlampe, die dann auch gleich der Farbtemperatur der ersten Lampe ist. Man kann mit dieser Anordnung einen Farbunterschied feststellen, der durch 0,1% Änderung der Klemmenspannung hervorgerufen wird.

Die Gleichheit der Farbtemperatur zweier Lampen läßt sich auch unter Zuhilfenahme zweier mit verschiedenen Farbfiltern versehener Zellen ermitteln, die beide gleichzeitig belichtet und gegeneinander geschaltet werden (vgl. Abb. 198a S. 257). Dabei muß man jedoch wegen der im allgemeinen ungleichmäßigen Empfindlichkeit der Zellenkathoden beachten, daß die Verteilung des gesamten Lichtstromes auf die beiden Zellen unverändert bleibt. Dies läßt sich vielleicht am besten in der Weise erreichen, daß man den Lichtstrom etwa mit Hilfe eines halb durchlässigen Silberspiegels erst dann teilt, nachdem er von einem rein weißen, diffus reflektierenden Schirm zurückgeworfen worden ist.

262 Lichtelektrische Photometrie.

f) Registrierphotometer. Soll eine große Anzahl von Lichtintensitätsmessungen schnell hintereinander ausgeführt werden, so wendet man am besten ein automatisch registrierendes Meßverfahren an, bei dem die Größe der erhaltenen Photoströme auf einer photographischen Platte, einem Film oder einem Papier festgehalten wird. Genügend große Photoströme kann man von einem Galvanometer, dessen Zeiger mit einer Schreibvorrichtung versehen ist, auf einem Papierstreifen direkt aufzeichnen lassen (vgl. Abb. 225 auf S. 295). Bei schwächeren Strömen benutzt man ein photographisches Verfahren, indem man z. B. den Strom nach der Methode des stationären Ausschlags (S. 131) ein Fadenelektrometer aufladen läßt. Der Elektrometerfaden wird von rück-

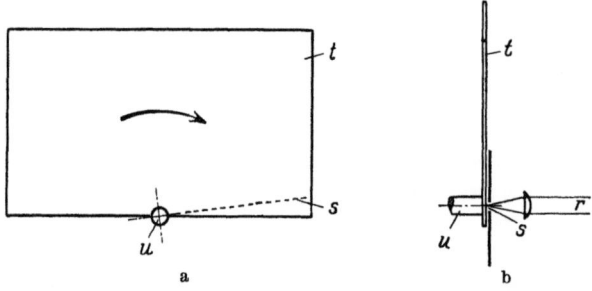

Abb. 201. Schematische Anordnung zur automatischen Aufnahme räumlicher Lichtverteilungskurven in Polarkoordinaten (nach Muller). a Rückansicht; b Seitenansicht.

wärts beleuchtet und als Schatten unter Zwischenschaltung einer Zylinderlinse abgebildet, die sich in geringem Abstand vor einem Streifen aus photographischem Papier von einigen Zentimetern Breite befindet und deren Achse horizontal gerichtet ist (Abb. 201 b). Zwischen Zylinderlinse und Papier ist zur schärferen Abgrenzung der belichteten Stelle ein enger horizontaler Spalt angeordnet. Auf dem Papier erscheint dann eine feine helle Linie mit einem Schattenpunkt, dem Elektrometerfaden (vgl. Abb. 213, die das Negativ einer solchen Aufnahme darstellt). Die Lage des Punktes in horizontaler Richtung ist von der Größe des Elektrometerausschlages abhängig. Der Papierstreifen bewegt sich mit Hilfe eines Uhrwerkes oder Motors sehr langsam in vertikaler Richtung. Gleichzeitig wird ein vor der Beleuchtungsvorrichtung des Elektrometerfadens befindlicher Verschluß in regelmäßigen Zeitabschnitten betätigt. Das entwickelte photographische Papier weist dann eine große Zahl feiner dunkler Linien auf mit hellen Punkten, welche die jeweilige Größe des Photostromes anzeigen.

Ein mit einer solchen Vorrichtung versehenes Photometer wurde bereits auf S. 134 kurz erwähnt. Es kann z. B. zur automatischen Aufnahme räumlicher Lichtverteilungskurven in Polarkoordinaten dienen[1]. Die zu untersuchende Lampe wird dabei drehbar gelagert und in der Drehbewegung unmittelbar mit einer Registrierplatte gekuppelt, die hinter dem Registrierspalt an Stelle des photographischen Papiers gemäß Abb. 201 vorbeigedreht werden kann. In dieser Abbildung bedeutet t die photographische Platte, u die Drehachse, s den Registrierspalt und r

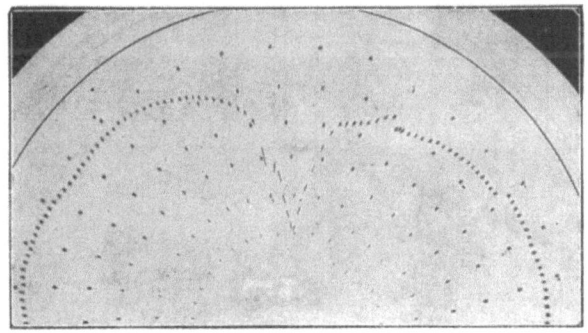

Abb. 202. Registrieraufnahme der räumlichen Lichtverteilung einer Doppelfadenlampe; rechte Hälfte unter absichtlichen Nullpunktsstörungen (nach Müller).

den Lichtstrahl. Beim Drehen der Lichtquelle bewegt sich die Registrierplatte konform vor s vorbei und es entstehen auf ihr Schwärzungslinien in Form von Radien mit hellen Schattenpunkten, deren Abstand von der Achse den Strahlungsintensitäten der jeweiligen Ausstrahlungsrichtung entsprechen. Abb. 202 zeigt das Positiv eines auf diese Weise gewonnenen Diagramms, bei dessen Aufnahme die Photozelle zwischendurch abgestuften bekannten Lichtintensitäten ausgesetzt war (vgl. S. 240), welche die Proportionalitätsmarken ergeben. Die räumliche Lichtverteilungskurve markiert sich als dichte Punktfolge zwischen den Intensitätsmarken. Die bei der Aufnahme der rechten Seite der Platte absichtlich hervorgerufenen Nullpunktsstörungen des Elektrometers fallen bei der Berechnung der Lichtstärke dank der in gleicher Weise gestörten Intensitätsmarken heraus.

---

[1] Müller, C.: Z. techn. Physik 9, 156 (1928).

g) Mikrophotometer. Das lichtelektrische Photometer erweist sich als besonders geeignet, wenn es sich darum handelt, die durch verschiedenartige Lichteinwirkung hervorgerufene Schwärzung einer photographischen Platte an vielen dicht nebeneinander gelegenen Stellen zu ermitteln. Will man z. B. die Helligkeitsverhältnisse von Gestirnen aus deren Lichtwirkungen auf eine photographische Platte bestimmen, so braucht man ein Instrument, das außer einer Einrichtung zur Messung von Lichtintensitäten eine Vorrichtung zum meßbaren Verschieben der Platte aufweist. Ein

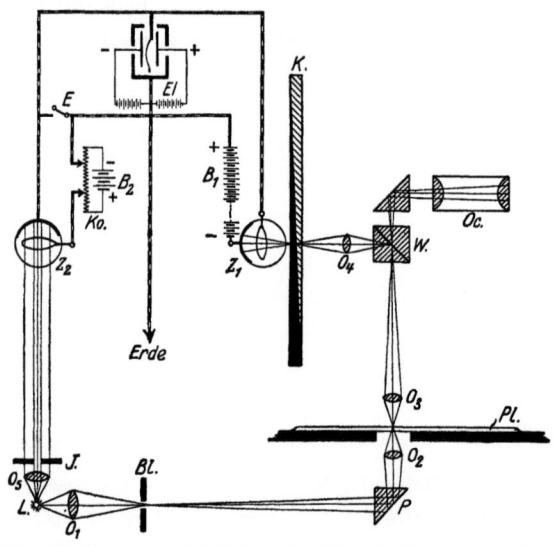

Abb. 203a. Strahlengang und Schaltung des Mikrophotometers nach Rosenberg.

derartig ausgerüstetes „Mikrophotometer" ist in Abb. 203b im Schnitt wiedergegeben; Strahlengang und Schaltung sind aus Abb. 203a zu erkennen[1].

Zwei Photozellen Z_1 und Z_2 sind nach dem Prinzip der Zweizellen-Kompensationsmethode gegeneinander geschaltet (vgl. S. 237). Die Lichtquelle L sendet ihre Strahlung einerseits durch das Objektiv O_5 und die Irisblende J in die Photozelle Z_2, andererseits durch den Kondensor O_1 auf die Blende Bl, die gleichmäßig beleuchtet ist und deren Form und Dimension von der Natur der zu lösenden Aufgabe abhängt. Bl wird durch das

[1] Nach H. Rosenberg: Z. Instrumentenk. **45**, 313 (1925).

Mikroskopobjektiv O_2 scharf und stark verkleinert in der Schichtebene der photographischen Platte Pl abgebildet. Die Helligkeit des Lichtfleckes auf der Platte variiert mit deren Schwärzung; er wird durch das Mikroskop O_3 auf den Spiegel des Lummer-Brodhun-Würfels W scharf abgebildet und von dort durch das Objektiv O_4 auf den Meßkeil K, hinter dem sich die Photozelle Z_1

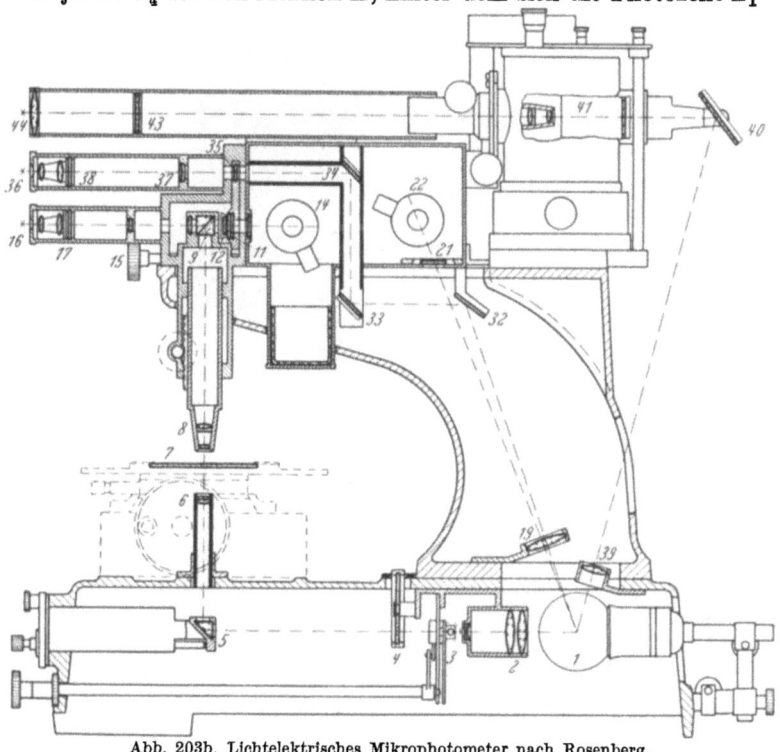

Abb. 203b. Lichtelektrisches Mikrophotometer nach Rosenberg.

befindet. Zur Beobachtung der Platte und zur Einstellung des gesuchten Objektes auf den Spiegel des Würfels W, der etwa $5^0/_{00}$ des auffallenden Lichtes hindurchläßt, dient das Okular O_c.

Die Anordnung der einzelnen Bestandteile des Instrumentes zeigt Abb. 203 b. *(1)* ist die Lichtquelle, *(2)* der Kondensor, *(3)* die Blende Bl, *(4)* ein Hilfskeil, *(5)* das Prisma P, *(6)* das Objektiv, *(7)* die photographische Platte, *(8)* das Mikroskopobjektiv O_3, *(9)* der Würfel W, *(11)* der Meßkeil, *(14)* die Zelle Z_1. Ein Strichkreuz (*17*) und das Okular (*16*) dienen zur Beobachtung. Der Strahlengang (*19*), (*21*), (*22*) führt zur Kompensationszelle Z_2. Das Strahlenbündel (*19*), (*32*), (*33*), (*34*) beleuchtet die Ablese-

Abb. 204a. Mikrophotometer mit Sperrschichtphotozelle (nach B. Lange u. Bechstein).

skala (*35*) des Meßkeils, die von (*36*) her beobachtet wird. Der vierte Lichtweg (*39*), (*40*) führt zum Elektrometerfaden (*41*), der von (*44*) aus zu beobachten ist.

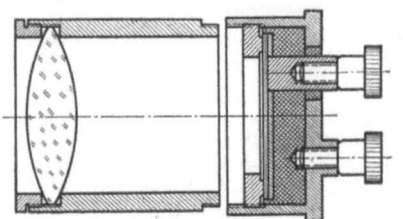

Abb. 204b. Sperrschichtphotozelle mit Linse (nach B. Lange).

Das in Abb. 204a wiedergegebene Mikrophotometer[1] dient ebenfalls zur Dichtebestimmung photographischer Platten. Es besitzt eine Sperrschichtphotozelle als lichtempfindliches Organ, deren schematischer Aufbau aus Abb. 204b zu erkennen ist.

Das Licht einer zentrierbaren Niedervoltlampe, deren Gehäuse sich links auf Abb. 204a befindet, fällt durch einen lichtstarken Dreifachkondensor, einen variablen Spalt und eine Mikroskopoptik, die den Spalt verkleinert auf der auszumessenden

[1] Hergestellt von der Firma F. Schmidt u. Haensch, Berlin.

photographischen Platte abbildet. Nachdem es die Platte durchsetzt hat, gelangt es in die rechts sichtbare Photozelle, die an einem fortklappbaren Halter befestigt ist. Der Plattentisch wird durch eine Spindel mit großer Einstelltrommel bewegt, die eine Verschiebung von 0,001 mm abzulesen gestattet. Die Spaltbreite kann man von 0,1 bis 20 mm variieren; die wirksame Spaltbreite beträgt also bei zehnfacher Verkleinerung 0,01 bis 2 mm. Die Höhe des Spaltes ist bis zu 25 mm verstellbar.

Will man das Instrument als Meßtisch für die Ausmessung von Linienabständen verwenden, so klappt man eine Opalglasplatte mit Strichmarke vor den Spalt und ersetzt die Photozelle durch ein Okular.

h) Registrierende Mikrophotometer. Während die beschriebenen Mikrophotometer Einstellung und Ablesung durch den Beobachtenden erfordern, nimmt das registrierende Mikrophotometer die Durchlässigkeitsmessung vollkommen automatisch vor. Die beiden vorhandenen Konstruktionen benutzen entweder das Zweizellen-Kompensationsprinzip[1] (vgl. S. 237) oder die gewöhnliche Einzellenmethode des stationären Ausschlages (vgl. S. 131).

Im ersten Fall werden die Lichtschwankungen eliminiert, und man kann die Apparatur direkt an die Lichtleitung anschließen. Der Ausschlag ist dafür nicht exakt proportional der Lichtdurchlässigkeit der geschwärzten Platte, wie auf S. 238 ausgeführt wurde. Dieser Nachteil kommt dann nicht in Betracht, wenn man z. B. nur die gegenseitige Lage von Spektrallinien ermitteln will oder wenn sich auf der photographischen Platte Intensitätsmarken befinden[2], was für die quantitative Auswertung der durch spektral zerlegtes Licht hervorgerufenen Schwärzung photographischer Platten unerläßlich ist.

Bei der Einzellenkonstruktion ist der Ausschlag zwar proportional der Lichtdurchlässigkeit, die Angaben des Instrumentes sind aber abhängig von der Konstanz der Lichtquelle. Da die Registrierdauer einer Platte von 18 cm Länge ca. 5 Minuten

---

[1] Koch, P. P.: Ann. Physik **39**, 705 (1912).
[2] Ähnlich wie bei der auf S. 240 beschriebenen Methode kann man das Photometer mit Hilfe einer Vorrichtung zur Herstellung abgestufter bekannter Lichtschwächungen auf absolute Messung von Schwärzungen eichen. Vgl. auch H. Beutler: Z. Instrumentenk. **47**, 61 (1927).

beträgt, konnte diese Fehlermöglichkeit durch Verwendung einer Beleuchtungslampe geringen Wattverbrauches (10 Watt), die durch eine Akkumulatorenbatterie von 6 Volt und 40 Amp.-Stunden gespeist wird, stark herabgesetzt werden[1].

Im folgenden seien die beiden Instrumente kurz beschrieben.

Das registrierende Zweizellen-Mikrophotometer wird in zwei Ausführungen hergestellt. Der ersten, dem „Komparator"[2] liegt die in Abb. 205 schematisch wiedergegebene Anordnung zugrunde. Die zu photometrierende Platte P und die Registrierplatte R sind auf einem gemeinsamen Schlitten S angeordnet, der an einer seitlichen Führung in vertikaler Richtung zu verschieben ist. Das Übersetzungsverhältnis von Photometrier- zu Registrierplatte ist also 1:1. Die Lichtquelle L_1 beleuchtet durch das Linsensystem K_1 die Platte P. Eine Schleiffeder B, die mit einem feinen Spalt von 0,1 mm Höhe versehen

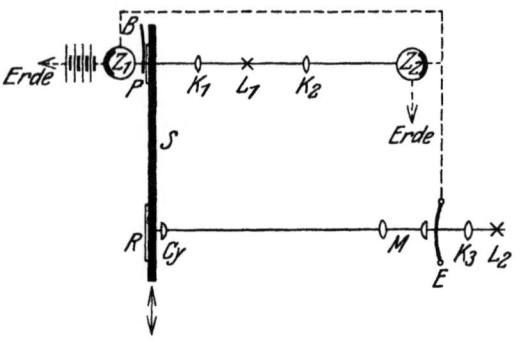

Abb. 205. Strahlengang und Schaltung beim registrierenden Mikrophotometer (Komparator) mit dem Übersetzungsverhältnis 1:1 nach Koch-Goos.

ist, blendet ein kleines Element der Platte heraus und läßt nur das Licht, welches die Platte an dieser Stelle durchsetzt hat, in die Photozelle Z_1 gelangen. Ein zweiter von L_1 ausgehender Strahlengang beleuchtet durch K_2 hindurch die Kompensationszelle Z_2. Von dem durch die Lichtquelle L_2 und den Kondensor K_3 beleuchteten Faden des Elektrometers wird ein kleines Stück durch das Mikroskop M und die Zylinderlinse Cy auf der Registrierplatte R abgebildet. Während sich die Registrierplatte kontinuierlich vertikal bewegt, führt das Fadenelement entsprechend der wechselnden Plattenschwärzung seitliche Ausschläge aus, die in ihrer Gesamtheit die Schwärzungskurve ergeben.

---

[1] Vgl. Hansen, G.: Z. Instrumentenk. 47, 71 (1927).

[2] Goos, F.: Physik. Z. 22, 648 (1921); zu beziehen von der Firma A. Krüss, Hamburg.

Die zweite Ausführung des registrierenden Zweizellen-Mikrophotometers[1] ist mit einem Mechanismus versehen, der gestattet, außer dem Übersetzungsverhältnis 1:1 zwischen der Photometrier- und der Registrierplatte konstante und genau reproduzierbare weitere Übersetzungsverhältnisse von 1:2, 1:6 und 1:40 einzuschalten. Hierdurch wird neben der Photometrierung eine geometrische Vermessung der Objekte mit einer Genauigkeit von mindestens 0,001 mm der auszumessenden Originalplatte ermöglicht.

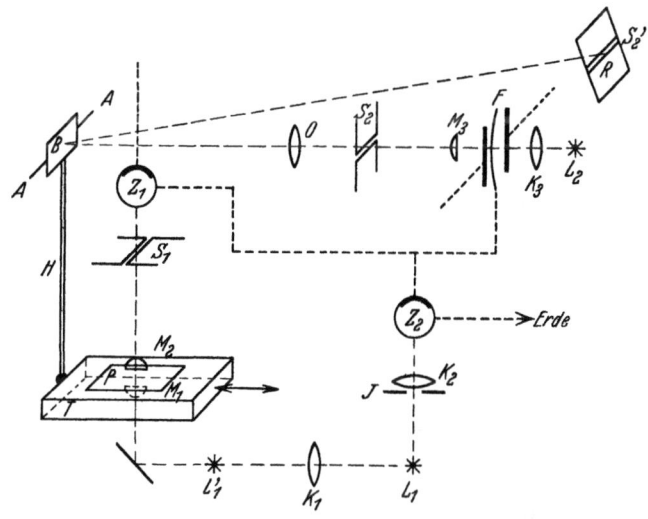

Abb. 206. Strahlengang und Schaltung beim registrierenden Mikrophotometer nach Koch-Goos mit verschiedenen Übersetzungsverhältnissen zwischen Photometrier- und Registrierplatte.

Die Anordnung von Platten, Zellen und Elektrometer ist aus Abb. 206 zu ersehen. Von der Lichtquelle L_1 wird durch die Kondensorlinse K_1 ein reelles Bild L_1' erzeugt, das durch das Mikroskopobjektiv M_1 in der photographischen Schicht der zu photometrierenden Platte P scharf abgebildet wird. Das durch die Schwärzung der Platte mehr oder weniger geschwächte Licht durchsetzt das Mikroskopobjektiv M_2, welches das Platten-

---

[1] Koch, P. P.: Ann. Physik **39**, 705 (1912); Neukonstruktion: Goos, F., u. P. P. Koch: Z. Instrumentenk. **41**, 313 (1921). Goos, F., u. P. P. Koch: Z. Physik **44**, 855 (1927); zu beziehen von der Firma A. Krüss, Hamburg.

korn und das Bild der Lichtquelle auf dem Spalt S_1 scharf abbildet. S_1 blendet also aus P kleine Teilflächen von gewünschter Größe aus. Von S_1 aus gelangt das Licht in die Photozelle Z_1, deren Anode zusammen mit der Kathode der Kompensationszelle Z_2 am Faden des Elektrometers liegt.

Der Elektrometerfaden F wird durch die Lichtquelle L_2 und die Linse K_3 beleuchtet und von dem Mikroskopobjektiv M_3 auf den horizontal liegenden Spalt S_2 abgebildet, der aus dem langen Fadenbild ein kleines Element herausblendet. Das Objektiv O bildet Spalt und Fadenelement nach einer Reflexion am Spiegel B auf der Registrierplatte R in S_2' scharf ab. Auf R erscheint also ein heller Strich mit einem dunklen Punkt. Der Spiegel B ist um die horizontale Achse AA drehbar und durch den Hebel H mit dem Mikroskoptisch T, auf welchem die zu photometrierende Platte liegt, verbunden.

Während nun T in Richtung des Doppelpfeils horizontal verschoben wird und dadurch verschieden geschwärzte Stellen der Platte P an den Registrierort gelangen, dreht sich B, und damit verschiebt sich das Spaltbild S_2' auf R aufwärts oder abwärts in vertikaler Richtung. Da der Elektrometerfaden gleichzeitig verschieden stark ausschlägt, bewegt sich der Schattenpunkt in S_2' in horizontaler Richtung. Beide Bewegungen des Fadenelementes ergeben auf der Registrierplatte R die **Kurve des Schwärzungsverlaufes** der zu photometrierenden Platte P.

Den Apparat selbst zeigt Abb. 207. Auf den Schienen *1* und *2* sind die Schlitten *4* und *5* horizontal leicht verschiebbar aufgesetzt. *4* trägt die zu photometrierende, *5* die registrierende Platte. Der beleuchtete Teil der Photometrierplatte wird durch das Mikroskop *7* auf einem Projektionsschirm *8* mit etwa 18facher Vergrößerung abgebildet. Der Schirm *8* enthält den Spalt S_1 der Abb. 206. Er ist auswechselbar gegen andere Schirme, die beliebig geformte Öffnungen haben, so daß für jeden Spezialfall eine besondere Blende zur Verfügung steht; es können Flächen bis zu 0,001 mm^2 am Plattenort photometriert werden. Das Elektrometer befindet sich rechts unten. Der Elektrometerfaden wird bei diesem neuen Modell von der gleichen Lichtquelle beleuchtet wie die zu photometrierende Platte. Er ist während der Registrierung gleichzeitig auf einer Mattglasskala *9* sichtbar.

Der Antrieb der Schlitten geht in folgender Weise vor sich. Ein Kreissektor *3* wird durch einen Motor mit vorgeschaltetem Schneckenradgetriebe langsam gedreht. Zwischen diesem Sektor und einem rechts befindlichen Hilfssektor sind Stahlbänder in verschiedenem Abstand vom Drehpunkt gespannt, die sich auf vier Kreisbogenstücken abwickeln. Die Radien der Kreisbogen verhalten sich wie $1:2:6:40$. Der Tisch *5* ist dauernd mit dem Kreisbogen vom größten Radius verbunden. Der obere Tisch *4* kann zunächst an den unteren Tisch *5* angekoppelt werden; die Bewegungsgeschwindigkeit beider Tische ist dann gleich und

Abb. 207. Neukonstruktion des registrierenden Mikrophotometers nach Koch-Goos mit den Übersetzungsverhältnissen 1:1, 1:2, 1:6 und 1:40 zwischen Photometrier- und Registrierplatte.

das Übersetzungsverhältnis $1:1$. Der Tisch *4* kann aber auch an eins der Stahlbänder angekoppelt werden; er bewegt sich dann langsamer als der untere Tisch, und zwar je nach dem Radius des zugehörigen Kreisbogenstückes, mit dem Übersetzungsverhältnis $1:2$, $1:6$ oder $1:40$. Eine Änderung des Übersetzungsverhältnisses kann während der Registrierung erfolgen. Der Schlitten durchläuft die 24 cm lange Bahn schnellstens in 5 Minuten. Man registriert bei hellgelbem Lampenlicht. Die Grundfläche des Instrumentes beträgt 50 cm mal 135 cm.

Das in Abb. 208 wiedergegebene registrierende Einzellen-Mikrophotometer[1] ist mit einem konstanten Hochohmwiderstand von etwa 10^9 Ω ausgerüstet. Das Verhältnis der Bewegungs-

---

[1] Hergestellt von der Firma C. Zeiss, Jena.

geschwindigkeiten von Registrierplatte und Photometrierplatte kann von 1 bis ca. 500 stetig verändert werden. Die zu photometrierende Platte ist auf dem Tisch des Schlittens S_1 justierbar gelagert, während der Schlitten S_2 die Registrierplatte trägt, die 9 cm mal 18 cm groß ist. Die beiden Schlitten sind auf zylindrischen Stahlwellen (S_1 auf Z_1) parallel zueinander beweglich. Der Antrieb erfolgt von dem Registrierschlitten S_2 aus, der sich bei jeder Registrierung um 16 cm verschiebt. Ein Stahllineal L überträgt die Bewegung auf S_1*. Es ist als zweiarmiger Hebel mit K_1 als Drehpunkt ausgebildet. K_1 befindet sich auf einem weiteren

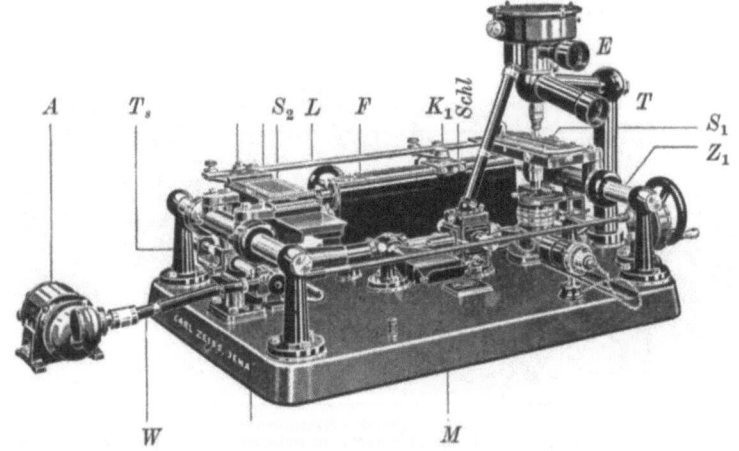

Abb. 208. Registrierendes Einzellen-Mikrophotometer von C. Zeiss, Jena.

Schlitten *Schl*, der auf der Führung F zwischen Hebelmitte und S_1 beliebig zu verschieben ist. Steht K_1 in der Mitte zwischen S_1 und S_2, so bewegen sich beide Schlitten in entgegengesetzter Richtung, aber gleich schnell. Liegt K_1 zwischen der Mitte und S_1, so bewegt sich der Registrierschlitten S_2 schneller als der Objektschlitten S_1. Das gewünschte Übersetzungsverhältnis wird nach Maßstab und Nonius eingestellt.

Das Instrument wird durch einen kleinen, getrennt aufgestellten Elektromotor A angetrieben unter Vermittlung der langsam

---

* Eine andere Art der Übertragung wird bei dem Mikrophotometer von Siegbahn angewendet; vgl. hierzu Siegbahn, M.: Phil. Mag. 48, 217 (1924). Bäcklin, E.: Z. Instrumentenk. 47, 373 (1927).

laufenden Welle W und doppelter Kardangelenke. Die Bewegung des Registrierschlittens S_2 erfolgt durch die Transportspindel Ts. Um die Breite des Registrierspaltes (minimalste Breite 0,001 mm) einstellen zu können, bildet man ihn dreifach vergrößert auf einer im Tubus E befindlichen Mattscheibe ab. Während der Registrierung wird das Vorbeiwandern des Objektes unter dem Mikroskop auf einer Mattscheibe in dem unterhalb von E angebrachten Tubus T beobachtet. Den Elektrometerfaden kann man auf der Mattscheibe M verfolgen. Das Instrument erfordert ohne den Motor eine Tischplatte von 125 cm mal 80 cm Fläche.

i) Pyrometer. Läßt man das unzerlegte Licht eines schwarzen Körpers auf eine „normal" empfindliche Photozelle fallen, so besteht, wie auf S. 15 ausgeführt wurde, zwischen dem Photostrom i und der abs. Temperatur T des Strahlers die Beziehung

$$i = M \cdot T^r \cdot e^{-\frac{b}{T}}$$

in der M, r und b Konstanten der betreffenden lichtempfindlichen Oberfläche sind. Nach Ermittlung dieser drei Konstanten aus drei Eichmessungen kann man also eine Photozelle mit normaler Empfindlichkeitskurve als Gesamtstrahlungs-Pyrometer benutzen[1], wobei alle von dem glühenden Körper unterhalb der langwelligen Grenze λ_0 emittierte Strahlung wirksam ist. Man darf diese Beziehung bis zu relativ hohen Temperaturen extrapolieren, weil die von glühenden Körpern ausgehende Strahlung bei den praktisch erreichbaren Temperaturen innerhalb des Quarzultraviolett gelegen ist, in welchem die spektrale Empfindlichkeitskurve einer solchen Zelle noch monoton ansteigt.

Man könnte die Photozelle aber auch als Teilstrahlungspyrometer verwenden, und zwar unter unmittelbarer Benutzung der Planckschen bzw. Wienschen Strahlungsgleichung

$$E_\lambda \cdot d\lambda = \frac{c_1}{\lambda^5} \cdot e^{-\frac{c_2}{\lambda T}} \cdot d\lambda.$$

Obgleich die Intensität $E_\lambda \cdot d\lambda$ der innerhalb eines engen Spektralbereiches $d\lambda$ bei der Wellenlänge λ von einem glühenden Körper ausgesandten Strahlung so gering ist, daß sie mit der Thermosäule nur verhältnismäßig schwierig zu messen ist, genügt sie doch

---

[1] Suhrmann, R.: Z. Physik **33**, 82 (1925).

vollauf, um mit einer Photozelle und einem Fadenelektrometer bestimmt zu werden. Da der Photostrom proportional der monochromatischen eingestrahlten Lichtenergie ist, gilt

$$i_{\lambda,d\lambda} = a' \cdot e^{-\frac{b'}{T}} \quad \text{oder} \quad \log i_{\lambda,d\lambda} = a - \frac{b}{T}.$$

Trägt man $\log i_{\lambda,d\lambda}$ als Funktion von $\frac{1}{T}$ auf, so erhält man daher eine Gerade. Eine Eichung bei **einem** Fixpunkt, wenn man λ als bekannt annimmt, oder bei **zweien**, wenn λ nicht gegeben ist, genügt, um Temperaturbestimmungen mit der Photozelle als Teilstrahlungspyrometer vornehmen zu können. Die erforderliche monochromatische Strahlung läßt sich mit Hilfe von Lichtfiltern herstellen, am besten unter Benutzung einer selektiven Zelle.

Daß die lichtelektrische Strahlungspyrometrie bisher kaum angewendet worden ist[1], liegt wohl an der Inkonstanz der früheren Photozellen. Da es jetzt möglich ist, Zellen herzustellen, die über lange Zeit konstant sind, dürfte sich auch diese bequeme und schnell arbeitende Temperaturmeßmethode einbürgern.

46. Spektralphotometer; Anwendung zur Absorptionsmessung; registrierendes Spektralphotometer; registrierender Farbenanalysator; Kolorimeter; Polarimeter.

a) Spektralphotometrie. Das **Spektralphotometer** dient dazu, Licht spektral zu zerlegen und die Intensität des zerlegten Lichtes in bestimmten Spektralbereichen absolut oder relativ zu messen. Für die **absolute** Messung müssen die Länge und Breite des Eintrittsspaltes, sowie die prozentualen Lichtverluste in Abhängigkeit von der Wellenlänge für den benutzten Spektralapparat[2] bekannt sein. Besitzt die Lichtquelle ein kontinuierliches Spektrum, so muß man die für das prismatische Spektrum gemessene Energie auf das Normalspektrum umrechnen, wie auf S. 196 aus-

---

[1] Brit. Pat. Nr. 13360, 1908, von A. W. Dixon u. E. Middlerton; U. S.-Pat. Nr. 1475365 von J. L. Schueler u. C. A. Kellogg; O. Feußner u. L. Müller: Heraeus-Festschrift **1930**, 1.

[2] Vgl. M. Rosenmüller: Ann. Physik **29**, 355 (1909).

geführt wurde. Die absolute Messung erfordert naturgemäß die Kenntnis der absoluten spektralen Empfindlichkeitsverteilung der verwendeten Photozelle in $\frac{\text{Coul}}{\text{cal}}$, die man mit Hilfe der auf S. 219 abgebildeten und beschriebenen Apparatur ermitteln kann.

Da die spektrale Intensität der meisten Lichtquellen nach kurzen Wellen zu abnimmt, ist eine Zelle mit normaler Empfindlichkeitskurve, deren Empfindlichkeit also von langen nach kurzen Wellen monoton ansteigt, für die Spektralphotometrie im allgemeinen am besten geeignet. Nur, wenn ein bestimmtes Spektralgebiet bevorzugt wird, empfiehlt sich die Verwendung einer in diesem Gebiet selektiven Photozelle.

Eine stark selektive, insbesondere eine im Blauen selektive Photozelle hat gleichzeitig den Nachteil, gegen „falsches" (blaues) Licht sehr empfindlich zu sein. Arbeitet man z. B. mit einem Spektralapparat mit Quarzoptik im Ultraviolett, so verursacht der blaue Anteil der gestreuten Strahlung einen zusätzlichen Elektronenstrom in der Zelle, der den von der regulären Strahlung hervorgerufenen Photostrom sogar übertreffen kann. So betrug die Empfindlichkeit einer durch Glimmentladung in Wasserstoff sensibilisierten Zelle mit Quarzfenster

$$\text{bei } 436 \text{ m}\mu \; 1{,}23 \cdot 10^{-2} \; \frac{\text{Coul}}{\text{cal}}$$
$$\text{„ } 578 \text{ m}\mu \; 0{,}003 \cdot 10^{-2} \; \text{„}$$
$$\text{„ } 240 \text{ m}\mu \; 0{,}021 \cdot 10^{-2} \; \text{„}.$$

Im Gelben würden also 0,3% blaues, im Ultravioletten (240 mμ) 2% blaues Licht den gleichen Zusatzstrom ergeben, wie das Licht, dessen Intensität bestimmt werden soll.

Bei Verwendung einer normal empfindlichen Zelle kommt eine Störung durch falsches (kurzwelliges) Licht nur im langwelligen Teil des Spektrums in Betracht. Da jedoch in diesem Gebiet die Lichtintensität zumeist sehr hoch ist, fällt der Einfluß des gestreuten Lichtes hier weniger ins Gewicht. Man muß in diesem Fall lediglich dafür sorgen, daß die Empfindlichkeitskurve möglichst weit nach langen Wellen vorgeschoben ist und nach kurzen Wellen zu nur sehr langsam ansteigt. Als besonders geeignet hat sich eine Zelle[1] erwiesen (Abb. 210), deren Kathode aus

---

[1] Suhrmann, R.: Z. wiss. Phot. 29, 156 (1930).

einer Silberplatte besteht, auf der sich Platinmohr, überzogen mit einer monoatomaren Cäsiumschicht, befindet (vgl. S. 24). Wie man aus der Empfindlichkeitskurve dieser Zelle (Abb. 209) ersieht, betrug ihre Empfindlichkeit

bei 240 mμ 0,326·10^{-2} $\frac{\text{Coul}}{\text{cal}}$ oder im relativen Maß 1,00

,, 436 mμ 0,041·10^{-2} ,, ,, ,, ,, ,, 0,13

,, 578 mμ 0,006·10^{-2} ,, ,, ,, ,, ,, 0,02.

Man erkennt ohne weiteres, daß die Störungsmöglichkeit durch falsches Licht bei dieser Zelle wesentlich geringer ist, als bei der

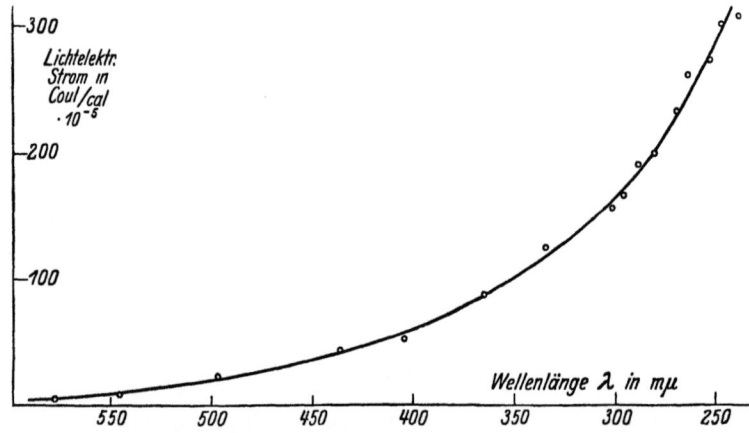

Abb. 209. Empfindlichkeitskurve einer Zelle, deren Kathode aus einer Silberplatte, bedeckt mit Platinmohr, besteht, auf dem sich eine monoatomare Cäsiumschicht befindet (nach Suhrmann).

oben erwähnten selektiven Photozelle. Steht eine Zelle zur Verfügung, deren Empfindlichkeitskurve starke Unterschiede in verschiedenen Spektralgebieten aufweist, so ist eine **doppelte spektrale Zerlegung** (vgl. S. 212) bei größeren Ansprüchen an die Meßgenauigkeit unbedingt zu fordern.

Die zu messenden Lichtenergien und damit die erhaltenen Photoströme sind bei spektraler Zerlegung wesentlich kleiner als beim Arbeiten mit unzerlegtem Licht. An die Güte der **Isolation** zwischen Anode und Kathode werden deshalb in der Spektralphotometrie ganz besonders hohe Anforderungen gestellt. Die in

Abb. 210 wiedergegebene Photozelle[1] hat sich in dieser Beziehung besonders gut bewährt[2]. Sie besteht aus einem kugelförmigen, innen versilberten Glasgefäß G mit angesetztem Lichttubus T, der mit einem hohlen Quarzstopfen F verschlossen ist. Vorn besitzt F eine plane, geschliffene und polierte Platte aus amorphem Quarz. Die punktiert gezeichnete Versilberung S dient als Anode und steht mit dem eingeschmolzenen Platindraht A, der Anodenzuführung, in leitender Verbindung. In dem Schliff Sch steckt ein hohler Quarzkonus Q, auf dessen rechtes Ende eine kleine Glaskappe D aufgeschliffen ist. In ihr ist die Kathodenzuführung K eingeschmolzen, die mit einem genügend stabilen Nickeldraht verschweißt ist. Dieser Nickelstab trägt eine kreisrunde Metallplatte P, die z. B. aus Nickel angefertigt sein kann. Die äußeren Enden der Schliffe sind mit einem Wachs-Kolophoniumgemisch verkittet. Die Metallplatte wird bei der Herstellung an der Vakuumapparatur durch eine Glimmentladung in

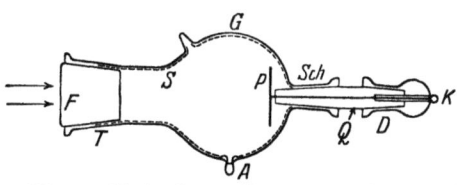

Abb. 210. Photozelle aus Glas mit Quarzfenster und Quarzisolation (nach Suhrmann).

Sauerstoff schwach oxydiert (vgl. S. 27) und dann mit einer sehr geringen Menge Alkalimetall, z. B. Kalium, versehen. Man kann die Platte auch vor dem Einsetzen in die Zelle elektrolytisch mit Platinmohr überziehen und, wenn sich die Zelle an der Vakuumapparatur befindet, mit einer monoatomaren Cäsiumschicht bedecken. Eine solche Photozelle isoliert vorzüglich und ist vollkommen frei von elektrostatischen Störungen; sie kann auch ohne Bedenken zum Photometrieren polarisierten Lichtes benutzt werden. Da die Innenversilberung auf konstantem Potential bleibt, dient sie gleichzeitig als elektrostatischer Schutz; bei

---

[1] Mitgeteilt auf der Tagung des Gauvereins Sachsen-Thüringen-Schlesien der dtsch. phys. Ges. im Januar 1928; beschrieben bei Suhrmann, R.: Z. wiss. Phot. l. c.

[2] Bei einer Reihe von Arbeiten über die Lichtabsorption der Blutbestandteile von Suhrmann, R., u. W. Kollath; Zusammenfassung: Suhrmann, R.: Physik. Z. **30**, 389 (1929); ferner bei der Untersuchung der Lichtabsorption von U-V-Glas von Suhrmann, R.: Strahlentherapie **31**, 389 (1929); Suhrmann, R., u. F. Breyer: Strahlentherapie **40**, 789 (1931).

der Verwendung der Zelle braucht man also nur die Kathodenzuführung elektrostatisch zu schützen.

Die Platinmohrbedeckung als Unterlage für die monoatomare Schicht hat noch den Vorteil, eine **gleichmäßige Empfindlichkeit** der ganzen Kathodenfläche zu begünstigen. Ist die Kathodenfläche an einzelnen Stellen sehr verschieden empfindlich, so können gerade in der Spektralphotometrie, bei der die Lichtstrahlen einen vorgeschriebenen Weg inne haben, beträchtliche Fehler auftreten, sobald man den **Strahlenverlauf** ändert. Beim Einschieben einer mit Flüssigkeit gefüllten Glas- oder Quarz-Küvette M z. B. wird der Vereinigungspunkt eines konvergierenden Strahlenbündels, wie in Abb. 211 dargestellt, verschoben. Das Licht würde jetzt also andere Stellen der Kathode K treffen, so daß die Photoströme ohne und mit der Küvette im Strahlengang kein Maß gäben für die in beiden Fällen auf die Kathode auftreffenden Lichtenergien. Bei Verwendung von Zellen mit ungleichmäßig empfindlicher Kathode sorgt man daher

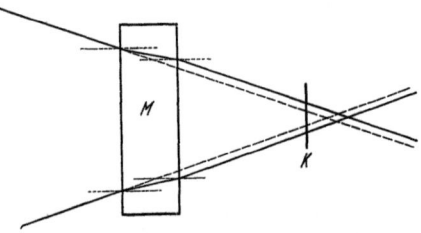

Abb. 211. Änderung eines konvergierenden Lichtbündels beim Einschieben eines lichtbrechenden Mediums mit planparalleler Begrenzung.

am besten für einen unveränderlichen Strahlenverlauf, indem man mit parallelem Licht arbeitet.

Unter Berücksichtigung der besprochenen Gesichtspunkte läßt sich ein **lichtelektrisches Spektralphotometer** ohne weiteres zusammenstellen. Man benutzt zur spektralen Zerlegung des Lichtes einen der in Ziffer 41 besprochenen Monochromatoren und läßt das aus dem Austrittsspalt tretende Lichtbündel, gegebenenfalls unter Zwischenschaltung einer Linse, in die Photozelle einfallen. Den Photostrom mißt man nach einer der in den Ziffern 29 bis 33, 37 und 39 geschilderten Methoden. Ist die Lichtquelle inkonstant und werden größere Anforderungen an die Meßgenauigkeit gestellt, so wendet man eine der in Ziffer 44 beschriebenen Vorrichtungen zum Eliminieren der Lichtschwankungen an. Dabei wird die Teilung des von derselben Lichtquelle kommenden Lichtes entweder unmittelbar hinter dem Eintrittsspalt oder hinter dem Austrittsspalt durch Einschieben einer unter 45^0 stehenden

Glas- bez. Quarzplatte vorgenommen. Auch das an der Vorderfläche des Prismas oder, bei doppelter Zerlegung, des zweiten Prismas reflektierte Lichtbündel kann man in die zur Beseitigung der Lichtschwankungen dienende Zelle (Z_2 in Abb. 186, 189 u. 191) einfallen lassen. Am besten ist es, die Teilung des Lichtes **nach** der spektralen Zerlegung, also am zweiten Prisma oder hinter dem Austrittsspalt vorzunehmen, weil dann beide Lichtintensitäten bestimmt in gleicher Weise schwanken.

Eine einfache Anordnung, die z. B. zu spektralen Absorptionsmessungen Verwendung finden kann und bei der

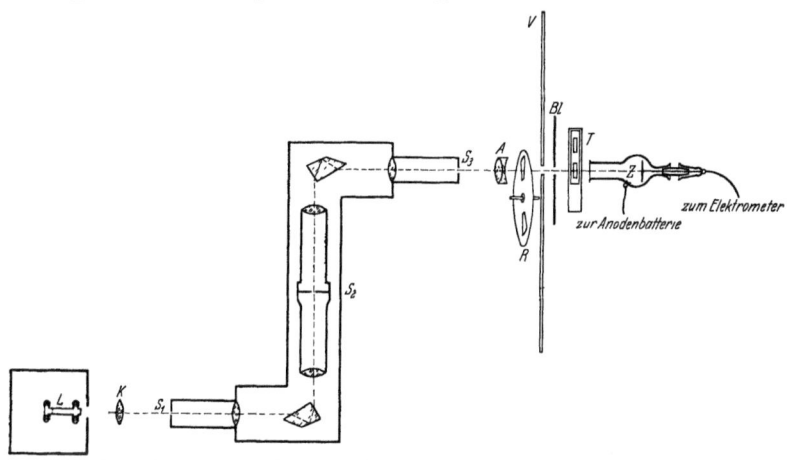

Abb. 212. Einfache spektralphotometrische Anordnung für Absorptionsmessungen.

keine Eliminierung der Lichtschwankungen vorgesehen ist[1], gibt Abb. 212 wieder. Die Strahlung der Lichtquelle L tritt durch den Kondensor K in den Eintrittsspalt S_1 des Doppelmonochromators, wird spektral zerlegt, durch den Mittelspalt S_2 ausgesondert, ein zweites Mal spektral zerlegt und durchsetzt den Austrittsspalt S_3. Das austretende monochromatische Licht fällt auf einen Achromaten A oder eine verschiebbare Linse und darauf als paralleles

---

[1] Diese Apparatur kann daher nur in Verbindung mit einer sehr konstanten Lichtquelle benutzt werden; verwendet man eine Quecksilberlampe, so vermag man das störende Hin- und Hertanzen des Lichtbogens dadurch zu verhindern, daß man ihn mit Hilfe eines kleinen Elektromagneten an die vordere Quarzwand drückt [Ebert, L., u. G. Kortüm: Z. physik. Chem. (B) **13**, 120 (1931)]; vgl. ferner S. 197.

Strahlenbündel durch den Schlitz einer auf die Achse eines kleinen Motors aufgesetzten rotierenden Sektorscheibe R, welche die Lichtintensität im Verhältnis 1 : 10 zu schwächen vermag. Darauf tritt das Licht durch einen in einen schwarzen Schirm V eingesetzten photographischen Verschluß, der vom Beobachtungsplatz aus bedient werden kann, durchsetzt eine Blende Bl, passiert eine der Absorptionsküvetten[1] T und gelangt in die lichtelektrische Zelle Z. Der Sektor muß mit symmetrischen Öffnungen versehen sein; die Erschütterungen des Motors werden durch Filzunterlagen weitgehend gedämpft. Die Aufgabe des Sektors besteht darin, das Verhältnis der Lichtintensitäten ohne und mit absorbierendem Medium bei großer Lichtschwächung in bekanntem Maße herabzusetzen. Er wird also bei der **Vergleichsmessung** in den Strahlengang geschaltet und ist insbesondere dann nützlich, wenn die verwendete Photozelle bei großen Unterschieden der Lichtintensität Abweichungen von der Proportionalität des Photostromes mit der Lichtintensität zeigt.

Ist Φ die Lichtintensität und i der Photostrom, wenn sich die absorbierende Substanz im Strahlengang befindet, Φ_0 und i_0 die entsprechenden Werte bei ungeschwächtem Licht[2], so ist die Lichtschwächung $\frac{\Phi_0}{\Phi}$ bei der Schichtdicke d des Mediums gegeben durch das **Lambertsche Gesetz**

$$\frac{i_0}{i} = \frac{\Phi_0}{\Phi} = 10^{\alpha \cdot d}; \qquad \alpha = \frac{1}{d} \cdot \log \frac{\Phi_0}{\Phi}.$$

---

[1] Als Absorptionsküvetten haben sich bei größeren Schichtdicken die von G. Scheibe angegebenen [Chem. Ber. **57**, 1331 (1924)] und von C. Zeiss, Jena, hergestellten sehr bewährt. Sie bestehen aus zylindrischen, an beiden Seiten offenen und plangeschliffenen Glasrohren, auf welche Quarzplatten ätherdicht aufgedrückt werden. Für sehr geringe Schichtdicken (von 5 bis 100 μ) erwiesen sich Kuvetten als geeignet, bei denen in eine Quarzplatte eine Vertiefung eingeschliffen ist, die mit einer zweiten Quarzplatte abgedeckt wird. Auch diese Küvetten werden von C. Zeiss, Jena, hergestellt.

[2] Bei Absorptionsmessungen von Lösungen erfolgt gewöhnlich die Messung von Φ_0, um die Reflexionsverluste zu eliminieren, unter Verwendung einer gleich beschaffenen Küvette wie bei Φ, die jedoch mit dem Lösungsmittel gefüllt ist. Auch diese Methode ist nicht ganz exakt, wenn die Brechungsquotienten von Lösung und Lösungsmittel voneinander abweichen. In diesem Fall benutzt man am besten als Vergleichsküvette eine von sehr geringer Schichtdicke, die man ebenfalls mit der zu untersuchenden Lösung füllt. Die Größe d in der obigen Gl. ist dann gleich der Differenz der Schichtdicken beider Küvetten.

Die Materialkonstante α hängt von der Wellenlänge ab; ihre Ermittlung ist die Aufgabe der Absorptionsmessung und kann also mit dem lichtelektrischen Spektralphotometer erfolgen.
Für den relativen Fehler von α ergibt sich

$$\frac{\Delta\alpha}{\alpha} = \frac{0{,}4343}{\alpha \cdot d}\left(\frac{\Delta\Phi_0}{\Phi_0} + \frac{\Delta\Phi}{\Phi}\right) + \frac{\Delta d}{d}.$$

Da der Fehler $\frac{\Delta d}{d}$ der Dickenbestimmung zumeist sehr klein ist, hängt $\frac{\Delta\alpha}{\alpha}$ von dem Fehler der beiden Lichtintensitätsmessungen und von der Größe der Lichtschwächung selbst ab. So ist z. B. bei zehnfacher Lichtschwächung $\alpha \cdot d = 1$; daher $\frac{\Delta\alpha}{\alpha} = 0{,}9\%$, wenn die Werte für die Lichtintensitäten mit 1% Fehler behaftet sind. Bei geringerer, z. B. zweifacher Lichtschwächung ist $\alpha \cdot d = 0{,}301$; also bei dem gleichen Fehler der Lichtintensitätsmessung $\frac{\Delta\alpha}{\alpha} = 2{,}9\%$. Je geringer die Lichtschwächung, desto genauer muß also die Lichtintensität gemessen werden, damit der Fehler von α nicht zu groß wird. Für schwach absorbierende Substanzen ist daher die lichtelektrische Spektralphotometrie mit ihrer hohen Meßgenauigkeit der einzig mögliche Weg zur exakten Bestimmung der Materialkonstanten α.

Auch die Lichtabsorption von lichtempfindlichen Substanzen wird am zweckmäßigsten auf diesem Wege ermittelt, denn im Gegensatz zu den photographischen Methoden kann die Absorptionsküvette hinter dem Austrittsspalt angebracht werden. Sie empfängt also sehr geringe Lichtmengen und nur während der Messung selbst; wohingegen sie bei der photographischen Spektralphotometrie der gesamten Strahlung der Lichtquelle ausgesetzt ist.

b) Registrierende lichtelektrische Spektralphotometer. Das registrierende lichtelektrische Spektralphotometer vereinigt den Vorteil der großen Meßgenauigkeit der lichtelektrischen Methoden mit der sonst nur den photographischen Methoden eigenen großen Meßgeschwindigkeit. Besonders geeignet erscheinen zwei Anordnungen, die im folgenden genauer beschrieben werden.

Die eine[1] benutzt die Methode des stationären Elektro-

---
[1] Müller, C.: Z. Physik **34**, 824 (1925).

meterausschlags, der dem Spannungsabfall längs eines Widerstandes entspricht (vgl. Ziffer 31). Im periodischen Wechsel mit der zu messenden Strahlung wird eine konstante Vergleichsstrahlung nebst bekannten Teilen dieser Vergleichsstrahlung in die Photozelle geschickt, und die Elektrometerausschläge werden registriert (vgl. S. 262). Der durch die unbekannte Strahlung hervorgerufene Ausschlag liegt innerhalb der durch die bekannten Intensitäten erzeugten Ausschläge, so daß man den gesuchten Strahlungswert durch Interpolation berechnen kann. Die periodische Aufnahme der gesuchten und der bekannten Strahlungsintensitäten erfolgt nach jeder neuen Wellenlängeneinstellung aufs neue. So wurde z. B. bei der in Abb. 213 schematisch wiedergegebenen Registrieraufnahme zuerst ein Farbglas in den Strahlengang eingeschaltet (kräftiger weißer Punkt), dann fiel die volle Lichtintensität ein (schwacher weißer Punkt rechts darüber), darauf 80%, 60%, 40% und 20% der Vollintensität. Die bekannte Lichtschwächung erfolgte mit einem Stufensektor (Abb. 187, S. 240). Nun stellte man auf eine neue Wellenlänge ein, schob das Farbglas in den Strahlengang (zweiter kräftiger weißer Punkt), ließ Vollintensität einfallen, schob den Stufensektor ruckweise vorwärts usw. Die Vollintensität war naturgemäß bei den verschiedenen Wellenlängeneinstellungen verschieden. Durch die Aufnahme der Intensitätsmarken stört dies aber nicht. Abb. 214 stellt einen auf diese Weise gewonnenen Registrierfilm dar, auf dem neben den zu jeder Wellenlänge gehörenden sechs Intensitätsmarken die Durchlässigkeitskurven von vier Farbgläsern (a, b, c, d) aufgenommen wurden. Der vertikale Abstand[1] von der Nulllinie (0%) nach oben gibt also den Elektrometerausschlag, von links nach rechts ändern sich die Wellenlängeneinstellungen.

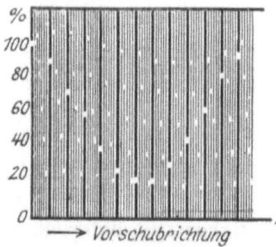

Abb. 213. Schematische Abbildung eines Registrierfilms des nach der Methode des stationären Ausschlags arbeitenden Spektralphotometers nach C. Müller.

Da der stationäre Ausschlag, der den Spannungsabfall längs eines Hochohmwiderstandes angibt, der Größe des Photostromes und des Widerstandes proportional ist, muß man bei

---

[1] Die Abstandsausmessung kann mit dem von Frisch, R.: Z. Physik 49, 608 (1928) angegebenen Gerät erfolgen.

sehr geringen Lichtintensitäten sehr große Widerstände anwenden, um meßbare Ausschläge zu erhalten. Hierdurch wird

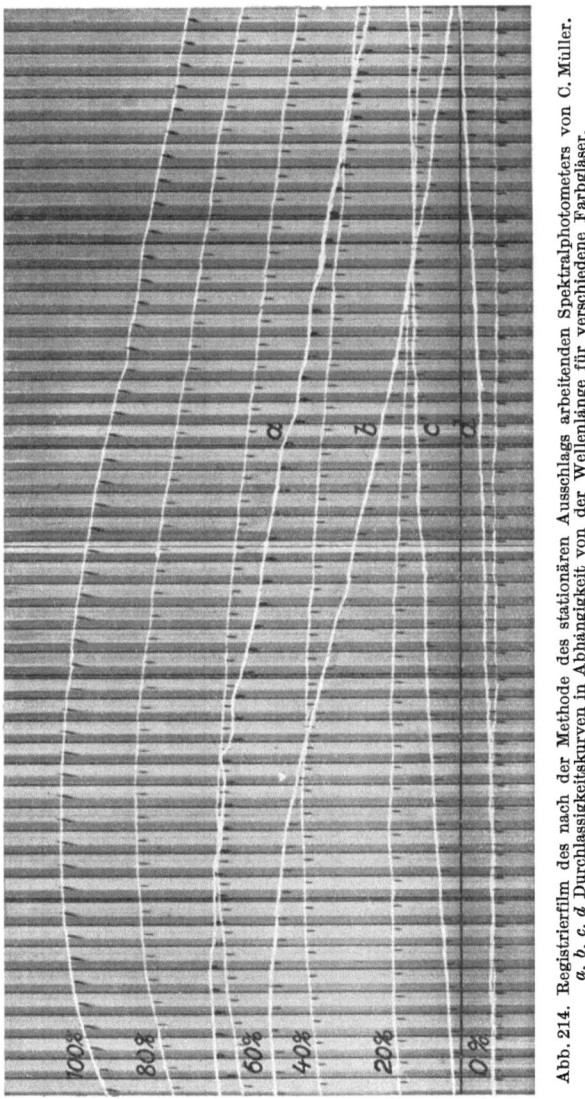

Abb. 214. Registrierfilm des nach der Methode des stationären Ausschlags arbeitenden Spektralphotometers von C. Müller. *a, b, c, d* Durchlässigkeitskurven in Abhängigkeit von der Wellenlänge für verschiedene Farbgläser.

jedoch die Zeit, in welcher sich der Ausschlag einstellt, so beträchtlich verlängert, daß ein schnelles Registrieren nicht mehr möglich ist. Die Methode des stationären Ausschlages kann deshalb nur zum Registrieren relativ großer Photoströme bzw. hoher Lichtintensitäten verwendet werden. Für sehr geringe Lichtintensitäten muß man die Auflademethode benutzen, die das Meßprinzip der folgenden Konstruktion[1] bildet.

Die zu messende Strahlung gelangt in eine Photozelle *1* (Abb. 215), welche mit einem Projektions-Fadenelektrometer *2* in Verbindung steht. Die Bewegung des Fadens während der Aufladung wird auf eine Registriertrommel *3* photographisch in folgender Weise aufgezeichnet. Im Strahlengang der Projektionseinrichtung befindet sich die Unruhscheibe *4* eines Uhrwerkes *5*. Die Scheibe ist mit einer kleinen Öffnung versehen, die nur einmal bei jeder Halbschwingung, beim Durchgang durch die Ruhelage,

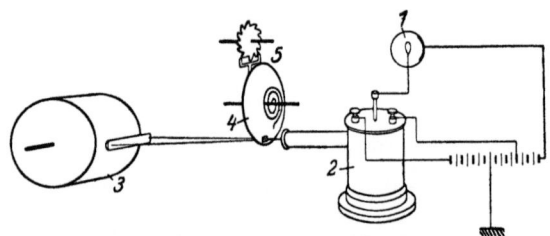

Abb. 215. Schematische Anordnung des nach der Auflademethode registrierenden Photometers von C. Müller und R. Frisch.

einen kurzen Lichtblitz auf die Trommel *3* gelangen läßt. Jede derartige Momentaufnahme ruft auf der Trommel im Negativ eine Schwärzungslinie mit einem der jeweiligen Stellung des Elektrometerfadens entsprechenden hellen Schattenpunkt hervor. Nach einer bestimmten Zahl von Halbschwingungen wird der Elektrometerfaden durch dasselbe Uhrwerk geerdet und damit die Aufladung rückgängig gemacht, wie aus Abb. 216a und b zu ersehen ist. Die erste Unruhhalbschwingung dreht den Erdungshebel *8* durch den Hebel *7* des Uhrwerksteigrades *6* aus der Offenstellung (Abb. 216a) in die Kontaktstellung (Abb. 216b). Bei der Rückschwingung wirft ein Stift *9* der Unruhscheibe, der in der Offenstellung frei vorbeischwingen kann, den Erdungsbügel wieder in die Offenstellung zurück. Die Registriertrommel wird ebenfalls durch das Uhrwerk ruckweise mitgedreht.

---

[1] Müller, C., u. R. Frisch: Z. techn. Physik **9**, 445 (1928).

Größere Lichtintensitäten bzw. Photoströme bewirken eine schnelle Aufladung des Elektrometerfadens und damit eine Aufeinanderfolge der hellen Schattenpunkte auf dem Film in weiteren Abständen; geringe Lichtintensitäten hingegen bewirken eine lang-

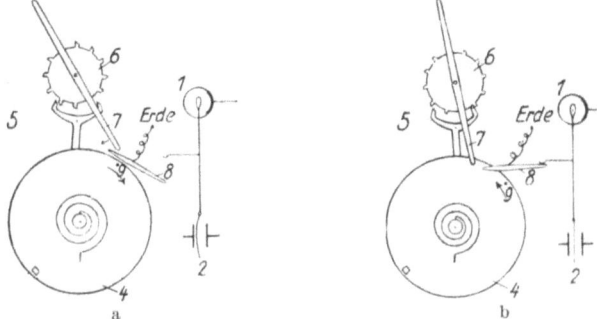

Abb. 216 a u. b. Einrichtung zur periodischen Elektrometererdung bei dem nach der Auflademethode registrierenden Photometer von C. Müller u. R. Frisch. a Offenstellung; b Kontaktstellung.

same Aufladung des Elektrometers und verkürzen dadurch die vertikalen Abstände der hellen Punkte. Als Beispiel wird in Abb. 217 die spektrale Registrierung des kontinuierlichen Wasserstoffspektrums im Ultraviolett gezeigt. Die vertikalen Abstände un-

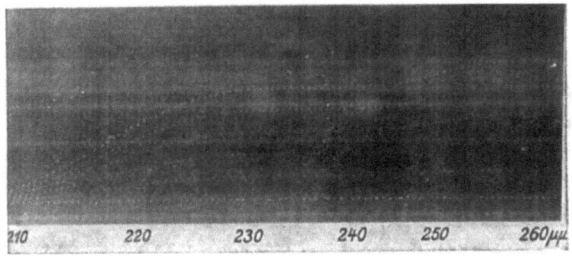

Abb. 217. Spektrale Registrierung des kontinuierlichen Wasserstoffspektrums im Ultraviolett mit dem nach der Auflademethode registrierenden Photometer von C. Müller u. R. Frisch.

mittelbar aufeinander folgender Punkte sind ein Maß für den Photostrom. Um die spektrale Intensitätsverteilung zu erhalten, müßte man gleichzeitig im periodischen Wechsel mit dem unbekannten ein bekanntes Spektrum aufnehmen, dessen Energieverteilung man mit der Thermosäule ermittelt hat; oder man müßte die spektrale Empfindlichkeitskurve der Photozelle direkt mit der Thermosäule bestimmen und sie der Berechnung der unbekannten Intensitätsverteilung zugrunde legen.

Mit der geschilderten Anordnung ließen sich Lichtintensitäten, die Ströme von $1,5 \cdot 10^{-12}$ Amp hervorriefen, mit einem mittleren Fehler von $2 \cdot 10^{-15}$ Amp, also $1,3\,^0/_{00}$ miteinander vergleichen.

c) **Farbenanalysator.** Während die Aufzeichnung der Registrierkurven bei den bisher besprochenen Spektralphotometern auf photographischem Wege vor sich geht, zeichnet der in Abb. 218 schematisch wiedergegebene „Farbenanalysator"[1] die „Reflexionskurve" der untersuchten Substanz mechanisch auf. Wie auch

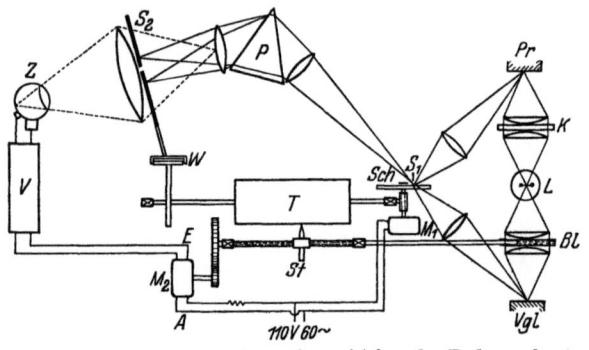

Abb. 218. Schematische Anordnung des registrierenden Farbenanalysators von A. C. Hardy.

der Name andeutet, dient das Instrument hauptsächlich dazu, das diffuse Reflexionsvermögen verschiedener Substanzen in Abhängigkeit von der Wellenlänge mit dem Reflexionsvermögen von Magnesiumkarbonat, einer rein weißen Substanz, zu vergleichen. Mit geringfügigen Abänderungen könnte die Apparatur aber auch zu Absorptionsmessungen benutzt werden.

Flächen von 5 bis 7 mm Durchmesser des Probekörpers Pr und des Vergleichskörpers Vgl werden von derselben Lichtquelle, einer Wolframbandlampe L (5 Volt, 45 Amp) senkrecht beleuchtet, die Vergleichsfläche mit $170 \frac{\text{Lumen}}{\text{cm}^2}$. Das unter 45^0 reflektierte Licht fällt von Vgl aus direkt, von Pr aus nach Reflexion an einem Silberspiegel auf den Eintrittsspalt S_1 des

---

[1] Hardy, A. C.: J. amer. opt. Soc. **18**, 96 (1929); geliefert von der General Electric Co., Schenectady. — Vgl. auch Mulden, P. J., und J. Razek: Phys. Rev. **35**, 1424 (1930).

Spektralapparates mit dem Prisma P und dem Austrittsspalt S_2. Vor dem Eintrittsspalt befindet sich die von dem Motor M_1 angetriebene Flimmerscheibe Sch, die in Abb. 219 genauer dargestellt ist. Sie besteht aus Glas und ist abwechselnd mit versilberten und unversilberten Sektoren von 45^0 Öffnung versehen. Sie ist so aufgestellt, daß die versilberten Sektoren das von Pr kommende Licht auf den Eintrittsspalt reflektieren. Das aus S_2 austretende Licht fällt in die Photozelle Z, in der also bei gleicher Beleuchtung von S_1 (von Pr und Vgl aus) ein Gleichstrom, bei ungleicher Beleuchtung ein Gleichstrom mit überlagerter Wechselstromkomponente entsteht. Der durch den Kraftverstärker V verstärkte Wechselstrom wird auf die Erregerspulen E des Motors M_2 gegeben, dessen Anker A von derselben Wechselspannung aus mit Strom versehen wird, die auch den Motor M_1 antreibt.

Bei dieser Anordnung rotiert der Motor M_2 in der einen Richtung, wenn das von der Probe kommende Licht höhere Intensität besitzt, und in entgegengesetzter Richtung, wenn

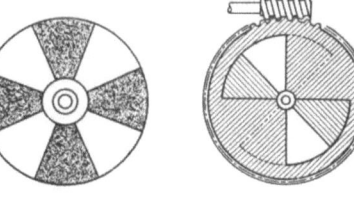

Abb. 219. a Flimmerscheibe; b Veränderliches Diaphragma des registrierenden Farbenanalysators von A. C. Hardy.

das von der Vergleichssubstanz aus auf den Eintrittsspalt auffallende Licht intensiver ist. Sind die Intensitäten dieselben, so fließt kein Wechselstrom, und der Motor steht still. Der Motor vermag nun durch eine geeignete Übertragung die Öffnung des Diaphragmas Bl, das die Beleuchtung der Vergleichssubstanz reguliert, zu verändern. Er läuft also jedesmal nur so lange, bis das von Pr und Vgl ausgehende Licht gleich hell ist. Die augenblickliche Einstellung des Diaphragmas wird durch den Schreibstift St auf der Trommel T aufgezeichnet. Die Einstellung des Austrittsspaltes des Spektralapparates auf bestimmte Wellenlängen geschieht vom Motor M_1 aus, der gleichzeitig die Trommel T dreht. Bei einer Umdrehung von T bewegt sich S_2 durch das ganze sichtbare Spektrum, so daß auf T unmittelbar die Reflexionskurve in Abhängigkeit von der Wellenlänge innerhalb von 30 sec aufgezeichnet wird.

Die Ausführung des verstellbaren Diaphragmas Bl ist aus Abb. 219b zu ersehen. Es befindet sich zwischen den beiden

Linsen des die Vergleichssubstanz beleuchtenden Kondensors. Zwischen den Linsen des zweiten Kondensors ist ein Kompensator K angebracht, der ebenfalls von M_1 aus mittels einer Welle betrieben wird (in Abb. 218 nicht eingezeichnet) und die Aufgabe hat, die Ungleichmäßigkeiten des Reflexionsvermögens von Silber innerhalb des sichtbaren Spektrums auszugleichen, so daß der Apparat bei einer Probe aus dem gleichen Material wie die Vergleichssubstanz bei allen Wellenlängen 100% Reflexionsvermögen anzeigen würde.

Da der Austrittsspalt bei konstanter Breite je nach der Prismendispersion verschiedene Spektralgebiete herausblenden würde, ist noch eine Welle W vorgesehen, welche die Spaltbreite automatisch so einreguliert, daß stets ein Spektralbereich von 10 mμ in die Photozelle gelangt.

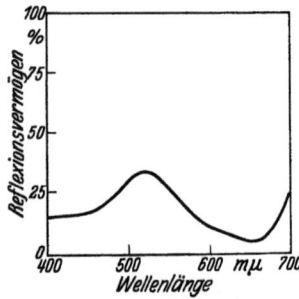

Abb. 220. Registrierkurve des Farbenanalysators von A. C. Hardy; Farbkurve eines Stückes grüner Seide.

In Abb. 220 ist eine mit dem Apparat erhaltene Farbkurve einer Probe von grüner Seide wiedergegeben. Eine solche Kurve gibt die Farbe der Probe objektiv an. Die Angaben des Instrumentes sind unabhängig von der Art der Lichtquelle, von Lichtschwankungen, Besonderheiten der Photozelle und Ungenauigkeiten der Verstärkeranordnung, denn dieses Photometer benutzt die auf S. 241 und 258 behandelte Einzellen-Flimmermethode, stellt also nur die Gleichheit zweier Flächenhelligkeiten unter Verwendung einer einzigen Zelle fest.

d) **Kolorimetrie.** Wie in der Spektralphotometrie kann die Photozelle auch in der Kolorimetrie angewendet werden, deren Aufgabe es ist, die Stärke der Färbung einer Lösung für analytische Zwecke zu messen. Ist die Konzentration einer Lösung aus ihrer Färbung zu bestimmen, so wird bei der visuellen Kolorimetrie die Stärke der Färbung der unbekannten Lösung mit der einer gleich gefärbten Lösung bekannter Konzentration verglichen und z. B. durch Verändern der Schichtdicke einer der beiden Lösungen auf gleiche Färbung eingestellt. Das Vergleichen der beiden Lösungen kann nun wie bei der Lampenphotometrie unter Verwendung einer Photozelle erfolgen. Es empfiehlt sich, hierbei ein **Farbfilter** in den Strahlengang zu schalten, das hauptsächlich nur das von der Lösung absorbierte Licht hindurchläßt, also zur Lösung komplementär gefärbt ist. Hierdurch wird das von der Lösung nicht absorbierte Licht ausgeschaltet und damit die Meßgenauigkeit erhöht.

Steht eine Lichtquelle zur Verfügung, die bei guter Konstanz einfarbiges Licht eines sehr engen Spektralbereiches liefert (z. B. eine Quecksilberlampe mit Farbfilter [vgl. S. 210]), das von der betreffenden Lösung absorbiert wird, so vermag man eine Konzentrationsbestimmung auch ohne Verwendung einer Vergleichslösung vorzunehmen, indem man das Absorptionsvermögen der in einer Küvette bekannter Schichtdicke d befindlichen Lösung mißt. Nach dem Beerschen Gesetz

$$\Phi = \Phi_0 \cdot 10^{-\varepsilon c d}; \qquad c = \frac{1}{\varepsilon \cdot d} \log \frac{\Phi_0}{\Phi},$$

kann aus dem mit der Photozelle gemessenen Verhältnis der Lichtintensitäten Φ (Küvette mit Lösung im Strahlengang) und Φ_0 (Küvette mit Lösungsmittel im Strahlengang) auf die Konzentration c geschlossen werden, wenn man den Extinktionskoeffizienten ε der gelösten Substanz anderweitig ermittelt hat. Diese Methode muß jedoch mit Vorsicht angewendet werden, da das Beersche Gesetz in manchen Fällen versagt. Aber auch bei Gültigkeit des Gesetzes ist die spektrale Reinheit des verwendeten Lichtes für die direkte Messung unbedingt erforderlich.

e) Lichtelektrische Titration. Eine nützliche Anwendung der lichtelektrischen Kolorimetrie ist die **Titration** unter Verwendung einer Photozelle. Hier handelt es sich um die Feststellung, daß bei Zugabe einer bestimmten Menge Titerlösung ein Farbumschlag eintritt, d. h. ein Körper verschwindet oder entsteht, dessen Absorption in einem gewissen Spektralgebiet liegt. Bestrahlt man durch die Lösung hindurch eine Photozelle mit der absorbierten Wellenlänge, so wird in dem Augenblick eine Stromänderung auftreten, in welchem der Farbumschlag durch den Zusatz der Titerlösung erreicht ist. Auch hier ist es zweckmäßig, zur Erhöhung der Meßgenauigkeit ein **Farbfilter** in den Strahlengang zu schalten.

Da die lichtelektrische Titration nicht die Bestimmung der absoluten Änderung des Photostroms erfordert, kann man sie unter Verwendung einer einfachen Verstärkeranordnung mit einem Milliamperemeter als Anzeigeinstrument durchführen. Man erhält dann eine Kurve, wie sie in Abb. 221 dargestellt ist. Der Knick rechts unten zeigt den Umschlagspunkt an.

In Verbindung mit einem Relais, das eine Vorrichtung zum Öffnen und Schließen des Bürettenhahnes betätigt, vollzieht sich die Titration vollkommen automatisch[1]. Die in Abb. 222 gezeigte Schaltung läßt sich unmittelbar an eine Gleichstrom-Netzleitung anschließen. Die Widerstände R_1 und R_2 werden so gewählt, daß an der Glühkathode F des Verstärkerrohres V der erforderliche Spannungsabfall und an A ca. 90 Volt Anodenspannung liegen.

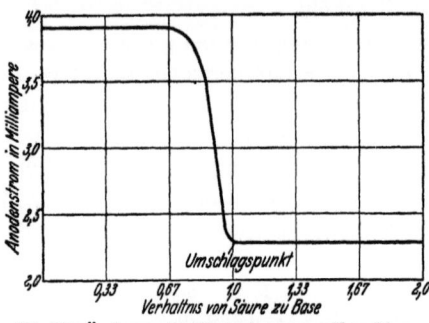

Abb. 221. Änderung des Photostromes am Umschlagspunkt bei der lichtelektrischen Titration (nach Müller u. Partridge).

Die Verstärkerröhre soll bei dieser Spannung ca. 4 Milliamp. liefern, um das im Anodenkreis eingeschaltete Telegraphenrelais von ca. 3000 Ω Widerstand betätigen zu können. Im Gitterkreis liegt die

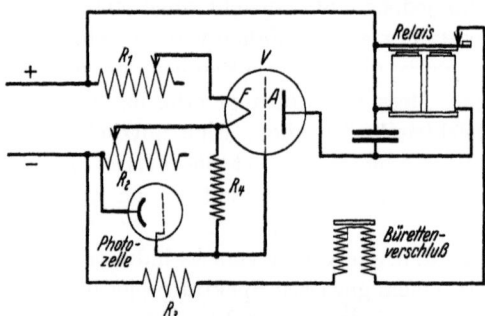

Abb. 222. Schaltung zur Bedienung des Bürettenverschlusses bei der lichtelektrischen Titration (nach Müller u. Partridge).

Photozelle, deren Kathode mit dem negativen Pol des Netzes verbunden ist. R_4 ist ein Widerstand von etwa 5 Megohm. Wird die Zelle nur schwach belichtet, z. B. mit blauem Licht durch eine mit Paranitrophenol versetzte (gelbe) alkalische Lösung hindurch, so zieht der Anodenstrom den Anker des Relais' an, und

---

[1] Müller, R. H., u. H. M. Partridge: Ind. Eng. Chem. 20, 423 (1928).

der elektromagnetisch durch den Bürettenverschluß betätigte Bürettenhahn bleibt geöffnet. Aus der Bürette tropft nun so lange Säure hinzu, bis sich die Lösung aufhellt und die Zelle durch die Lösung hindurch kräftig belichtet wird. Jetzt macht der über R_4 fließende Photostrom das Gitter negativ gegen F, der Anodenstrom nimmt ab, der Anker hebt sich und schließt den Stromkreis über R_3 und den Bürettenelektromagneten, der wiederum den Hahn verschließt. Der Aufbau der Apparatur ist aus Abb. 223

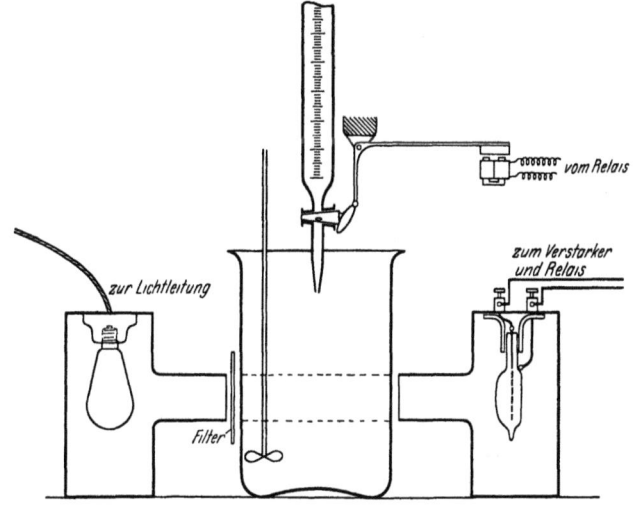

Abb. 223. Apparatur zur lichtelektrischen Titration (nach Müller u. Partridge).

zu ersehen. Die Belichtung wird so gewählt, daß der Anodenstrom das Relais gerade nicht mehr zu betätigen vermag, wenn der Indikator noch nicht hinzugefügt ist.

Auch Niederschlagsreaktionen kann man mit der Photozelle verfolgen, die in diesem Falle senkrecht zum Strahlengang angeordnet wird. Sobald die Trübung auftritt, fällt gestreutes Licht in die Zelle, und der entstehende Photostrom sperrt über das Relais den Bürettenhahn ab.

f) Polarimetrie. Schließlich sei noch die Anwendung der Photozelle in der Polarimetrie[1] besprochen. Die monochromatische

---

[1] D.R.P. Nr. 386537 von H. v. Halban u. K. Siedentopf: 1922; Kenyon, J.: Nature (Lond.) 117, 304 (1926); Todesco, G.: N. Cim. 5, 376 (1928).

Strahlung der Lichtquelle durchsetzt einen einfachen Polarisationsapparat und gelangt, nachdem sie den Analysator verlassen hat, in eine Photozelle, die in der Schaltung des stationären Ausschlags, also in Verbindung mit einem Hochohmwiderstand, benutzt wird[1]. Man stellt den Analysator zunächst auf den kleinsten Elektrometerausschlag ein, während sich das Rohr mit der zu untersuchenden Lösung nicht im Apparat befindet. Dann setzt man das Rohr ein und dreht den Analysator bis zum Minimum des Ausschlags. Um von Schwankungen der Lichtquelle unabhängig zu sein, empfiehlt es sich, als Hochohmwiderstand eine zweite Zelle zu verwenden (vgl. S. 237), die von einer vor oder hinter dem Polarisator befindlichen Abzweigvorrichtung (z. B. einer Glas- oder Quarzplatte) aus belichtet wird[2].

47. Photometer für meteorologische und biologische Zwecke; Sternphotometer.

a) Photometer für meteorologische und biologische Zwecke. Recht aussichtsreiche Anwendungsmöglichkeiten für die Photozelle bieten diejenigen meteorologischen und biologischen Untersuchungen, in welchen die Strahlungsmessung eine wichtige Rolle spielt. Nachdem es gelungen ist, in weiten Spektralbereichen hochempfindliche, störungsfreie und über lange Zeiten konstante Photozellen herzustellen (vgl. S. 343), dürften nach und nach die Bedenken, die bisher noch gegen die Verwendung der Photozelle zur meteorologischen und biologischen Strahlenmessung bestanden, aufgegeben werden. Als Pioniere bei der Einführung der lichtelektrischen Strahlenmessung für die genannten Zwecke sind hauptsächlich Elster u. Geitel und Dorno zu nennen.

Da sich das terrestrische Sonnenspektrum von etwa 290 mμ bis 2400 mμ ausdehnt, die Empfindlichkeit der auf dem äußeren

---

[1] Es empfiehlt sich, eine Photozelle zu verwenden, deren Empfindlichkeit unabhängig von der Schwingungsrichtung des einfallenden Lichtes ist, z. B. die auf S. 276 erwähnte, deren Kathodenoberfläche aus Platinmohr besteht, das mit einer Alkalimonoschicht bedeckt ist. Andernfalls muß man anstelle des Analysators den Polarisator drehen, damit das Licht immer in gleicher Weise in die hinter dem feststehenden Polarisator befindliche Photozelle einfällt.

[2] Vgl. auch Mayrhofer, K.: Diss. Würzburg 1924; v. Halban, H.: Nature 119, 86 (1927); sowie insbesondere Ebert, L., u. G. Kortüm: Z. phys. Chem. (B) 13, 105 (1931); Kortüm, G.: Physik. Z. 31, 641 (1930).

lichtelektrischen Effekt beruhenden Zellen aber günstigstenfalls nur bis ca. 1300 mμ reicht, kommt für die Messung mit der Photozelle praktisch nur der **sichtbare** und **ultraviolette** Anteil der Sonnen- und Himmelsstrahlung in Betracht, der allerdings auch wegen seiner biologischen Wirksamkeit das meiste Interesse beansprucht.

Für die Ermittlung der Strahlungsintensität im **sichtbaren Spektrum** benutzt man in der Regel die **hydrierte Kaliumzelle**. Infolge der besonders hohen Empfindlichkeit dieser Zelle im Blauen bestimmt man also, wenn man die ungefilterte Strahlung in die Zelle einfallen läßt, tatsächlich den Anteil an **blauer Strahlung**. Bei der Kombination solcher Zellen mit Lichtfiltern verschiedener Farbe[1] sollte man sich stets vor der Inangriffnahme einer Strahlenmessung einen Überblick über die **wirkliche spektrale Empfindlichkeitsverteilung** der kombinierten Anordnung verschaffen, entweder durch direkte Messung im spektral zerlegten Licht mit Thermosäule und Photozelle (vgl. S. 219) oder durch Multiplikation der spektralen Empfindlichkeitskurve der ungeschützten Zelle mit den spektralen Durchlässigkeitszahlen der Lichtfilter. Am zweckmäßigsten ist es, bei der Benutzung von Filtern Photozellen zu verwenden, die bei hoher Empfindlichkeit entweder einen schwachen normalen Anstieg oder ein sehr schwaches Maximum (vgl. Abb. 15) in ihrer Empfindlichkeitskurve aufweisen. Daß man mit solchen Zellen verhältnismäßig enge und insbesondere bestimmte Spektralbereiche ausblenden kann, zeigt Abb. 192d S. 251.

Eine für die Messung ungefilterter und gefilterter Strahlung geeignete **Apparatur**[2] ist in Abb. 224 wiedergegeben. Auf dem Einfadenelektrometer sitzt, durch ein Gegengewicht ausgewogen, eine Metallkapsel mit der Photozelle. Auf die Zellenöffnung kann ein Tubus mit Blenden, sowie eine Irisblende, ein Milchglas, Matt-Uviolglas oder Lichtfilter aufgesetzt werden. Die Schutzwiderstände vor den Elektrometerschneiden sind eingebaut. Über den Schrauben zum Verstellen der Schneiden befinden sich Schutzkapseln. Ferner ist der Apparat mit einer Erdungs-

---

[1] Angaben über Lichtfilter für meteorologische Zwecke bei Büttner, K.: Strahlentherapie **39**, 358 (1931).

[2] Nach Elster und Geitel, verbessert von C. Dorno; zu beziehen von Günther & Tegetmeyer, Braunschweig.

einrichtung und einer Vorrichtung zum Anlegen von Potentialen an Faden und Zelle versehen. Bei der neuesten Konstruktion läßt sich an Stelle des Gegengewichtes eine zweite Zellenkapsel ansetzen. Beide Zellen kann man durch einen Schalter wechselweise mit dem Elektrometer verbinden. Die Zellenkapsel ist drehbar; an der Seite des Gegengewichtes befindet sich eine Skala zum Ablesen der Höheneinstellung. Der Apparat ist sehr

Abb. 224. Lichtelektrisches Strahlungsphotometer nach Elster und Geitel, verbessert von Dorno.

stabil und kann z. B. auch auf Expeditionen und bei Ballonfahrten mitgenommen werden.

Zur registrierenden Aufnahme der Gesamthelligkeit[1] mit der Photozelle benutzt man hochempfindliche Spiegelgalvanometer mit Lichtzeiger und photographisches Papier. Die Lichtfilter schieben sich mit Hilfe eines elektromagnetischen Antriebs automatisch vor die Zelle.

Während diese Art der registrierenden Strahlungsmessung noch verhältnismäßig umständlich ist, gelingt es mit den neuen

---

[1] Z.B. Kühl, W.: Veröffentl. d. Preuß. Meteorol. Inst. Nr. 380. Berlin 1931.

im Langwelligen hochempfindlichen Zellen, eine **direkte kontinuierliche Aufzeichnung** der Tageslichtänderungen vorzunehmen. Abb. 225 zeigt eine mit einer AEG-Photozelle aufgenommene Kurve der Schwankung des Tageslichtes in einem Fabrikraum. Die Photozelle wurde unterhalb eines Oberlichtfensters angeordnet und an dieser Stelle die während eines ganzen Tages herrschende Helligkeit durch ein Schreibgalvanometer (Fallbügelinstrument von $1{,}8 \cdot 10^{-6}$ Amp/Skt) registriert[1].

Um die Strahlung **engerer Spektralbereiche** messen zu können, als das Vorschalten von Filtern ermöglicht, hat man versucht, ein dem oben geschilderten ähnliches Photometer mit einer Vorrichtung zur spektralen Zerlegung des Lichtes zu versehen[2]. Bei der ersten Konstruktion wurde vor der Zelle ein Geradsichtspektroskop, bei einer späteren Konstruktion ein Gitterspektroskop angebracht. Die Apparatur ist kompendiös und leicht zu transportieren. Da jedoch nur Spektralbereiche von 60 mμ Breite ausgeblendet werden können, bietet die auf diese Weise erzielte spektrale Zerlegung kaum Vorteile gegenüber den neuerdings ausgearbeiteten Filtermethoden[3], zumal die Intensität im Gitterspektrum wesentlich geringer ist als bei der Aussonderung bestimmter Spektralgebiete durch Lichtfilter. An sich ist der beschrittene Weg, der auf eine direkte spektrale Zerlegung hinzielt, sicherlich der richtige.

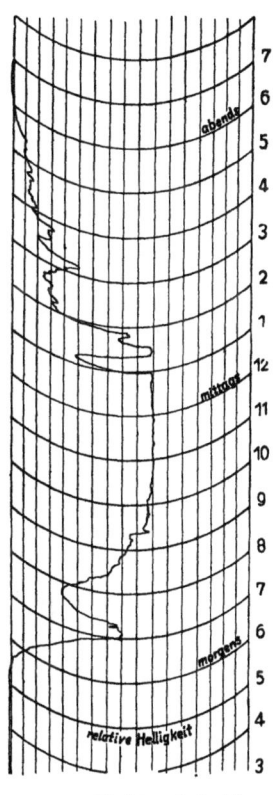

Abb. 225. Direkte photoelektrische Aufzeichnung der Tageslichtschwankung in einem Fabrikraum (nach Simon u. Kluge).

---

[1] Simon, H., u. W. Kluge: AEG-Mitt. **1931**, 194.

[2] Goldschmidt, H.: Meteorol. Z. **43**, 241 (1926). Das Instrument wurde von Alt und Goldschmidt konstruiert; zu beziehen von W. Lamprecht, Göttingen.

[3] Vgl. Büttner, K.: l. c. S. 361, Bild 1. — Einwandfreie, ausgeeichte Farbfilter sind durch Herrn Prof. H. Konen, Bonn, zu beziehen.

Schon vor längerer Zeit ist ein **Spektralphotometer für meteorologische Strahlungsmessung** konstruiert worden[1], bei dem ein großer Ultraviolettmonochromator von 90° Ablenkung (vgl. S. 212) die spektrale Zerlegung ausführt. Hinter dem Austrittsspalt sitzt die Photozelle, die mit dem am Fuße des Monochromators angebrachten Fadenelektrometer verbunden ist.

Durch Drehen um eine horizontale, dem Eintrittsspalt parallel laufende Achse läßt sich der Spalt auf verschiedene, auf einem

Abb. 226. Lichtelektrisches Spektralphotometer für meteorologische Strahlungsmessung (nach Dember).

Meridian liegende Stellen des Himmels einstellen. Infolge der nur einmaligen spektralen Zerlegung dürften die Angaben des Instrumentes noch mit Fehlern durch falsches Licht behaftet sein.

Eine Neukonstruktion[2] sieht deshalb eine **Vorzerlegung** mittels eines kleinen, vor den Eintrittsspalt zu setzenden Spektroskopes vor. Die einzelnen Teile des neuen Spektralphotometers sind aus Abb. 226 zu ersehen. Der Lichtstrahl erfährt eine feste Ablenkung von 120°. Die Zelle befindet sich wie bei dem alten Ap-

---

[1] Vgl. Schanz, F.: Arch. Ophthalm. **103**, 158 (1920); das dort beschriebene Photometer wurde von H. Simon konstruiert.

[2] Dember, H.: Gerlands Beiträge zur Geophysik **24**, H. 1 (1929).

parat dicht hinter dem Austrittsspalt S_2. Auf dem Fuß des Monochromators ist außer dem Fadenelektrometer auch die Trockenbatterie angebracht. Um die Zelle energetisch auseichen zu können, vermag man den Austrittsspalt durch eine Thermosäule mit eigenem Spalt, wie in Abb. 176, zu ersetzen. Auch die Polarisationsgröße der Himmelsstrahlung kann man mit dem Instrument bestimmen, indem man ein Nicolsches Prisma N, dessen Stellung an einer Skala abzulesen ist, vor den Eintrittsspalt S_1 schaltet.

Eine besondere Bedeutung für den Organismus kommt dem kurzwelligsten Anteil der Sonnenstrahlung in der Gegend von 300 mμ, der „Dornostrahlung", zu. Dieser Teil des Ultraviolett ruft die bekannte, als Sonnenbrand oder Erythem bezeichnete Rötung der Haut hervor, als deren Folgeerscheinung die Hautbräunung nach einiger Zeit entsteht. Die spezifische Erythemwirkung[1] der einzelnen Wellenlängen ist aus Abb. 227, Kurve I zu entnehmen; sie zeigt ein ausgesprochenes Maximum bei 297 mμ. Da die biologische Wirkung dieser Strahlung so augenfällig ist, besteht ein großes Interesse, ihren relativen Anteil an der Sonnen- und Himmelsstrahlung unter verschiedenen meteorologischen und

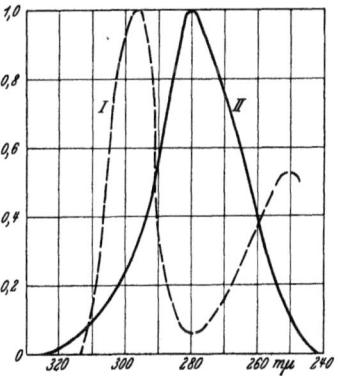

Abb. 227. Kurve I: Spezifische Erythemwirkung in Abhängigkeit von der Wellenlänge (nach Hausser u. Vahle). Kurve II: Spektrale Verteilung der Empfindlichkeit einer Kadmiumzelle (nach Dorno).

klimatologischen Bedingungen zu messen. Ferner ist es auch wünschenswert, festzustellen, wie groß der Gehalt an Dornostrahlung bei jenen künstlichen Lichtquellen ist, die als „Höhensonnen" bezeichnet werden.

Da eine spektrale Zerlegung und Einzelausmessung des fraglichen Spektralgebietes zu umständlich und im Falle der Sonnenstrahlung wegen des „falschen" Lichtes zu ungenau wäre, hat man versucht, eine Zelle herzustellen, deren spektrale Empfindlichkeitskurve mit der Hauterythemkurve möglichst übereinstimmt.

---

[1] Haußer, K. W., u. W. Vahle: Wiss. Veröff. a. d. Siemens-Konzern 6, 101 (1927).

Wie Abb. 227, Kurve *II* zeigt[1], kann eine Kadmiumzelle annähernd diese Eigenschaft besitzen. Sie wird im allgemeinen durch Niederschlagen von Kadmiumdampf auf die Wandung einer aus Uviolglas bestehenden Kugel hergestellt und besitzt eine in der Gegend von 330 bis 370 mμ liegende langwellige Grenze λ_0, deren genaue Lage wesentlich durch die Vorbehandlung beeinflußt wird. Wegen der zunehmenden Absorptionsfähigkeit des Uviolglases nach kurzen Wellen hin überschreitet die spektrale Verteilung der Empfindlichkeit ein Maximum, dessen Lage von den Absorptionseigenschaften des verwendeten Glases und der Stärke des Anstiegs der Empfindlichkeitskurve der Kadmiumoberfläche selbst abhängt.

Wie eine genauere Untersuchung ergeben hat[2], liegt die Grenze der Empfindlichkeit bei sehr reinem Kadmium in der Gegend von 303 mμ. Sie wird durch Hinzufügen geringer Spuren von Wasserdampf in ähnlicher Weise nach langen Wellen verschoben wie die Empfindlichkeit von Silber-, Gold- und Platinoberflächen durch adsorbierten atomaren Wasserstoff (vgl. S. 19)[3]. Die Lage von λ_0 ist also nur schwer reproduzierbar und bleibt mehr oder weniger dem Zufall bei der Zellenherstellung überlassen. Andererseits nimmt die Sonnenintensität nach längeren Wellen hin sehr stark zu. Das Intensitätsverhältnis[4] der Sonnenstrahlung bei 296,3 mμ, 302,2 mμ und 314,3 mμ ist etwa 1: 20 : 170, während das Verhältnis der Empfindlichkeit einer Kadmiumzelle bei 296,7 mμ, 302,2 mμ und 313,2 mμ etwa 5 : 3 : 1 war. Es ist deshalb nicht verwunderlich, daß eine in der Kurve scheinbar geringfügige Änderung der langwelligen Grenze die Angaben einer Kadmiumzelle bei der Messung der Sonnenstrahlung sehr beträchtlich zu beeinflussen vermag[5]. Am richtigsten wäre es wohl, zunächst festzustellen, welche durch Verdampfen unter reinen Bedingungen erhaltene Metalloberfläche

---

[1] Dorno, C.: Schweiz. Z. Gesdh.pfl. **8**, 1 (1928).

[2] Bomke, H.: Ann. Physik. (5) **10**, 579 (1931).

[3] Wahrscheinlich wird der auf die Oberfläche eines reinen Metalls gelangende Wasserdampf katalytisch aufgespalten, wobei sich atomar adsorbierter Wasserstoff und vielleicht Wasserstoffsuperoxyd bilden, das wieder in irgend einer Weise zerfällt. Die auf der Metalloberfläche sitzenden polarisierten Wasserstoffatome vermindern also auch in diesem Fall die Austrittsarbeit.

[4] Fabry u. Buisson: Astrophysik. J. **54**, Dez. 1921.

[5] Vgl. auch Suhrmann, R.: Strahlentherapie **31**, 389 (1929); insbesondere S. 398ff.; sowie Rüttenauer, A.: Strahlentherapie **31**, 349 (1929).

einen Empfindlichkeitsanstieg zeigt, wie ihn die Erythemkurve besitzt, und dann mit diesem Metall hergestellte Zellen mit einem Filter zu versehen, das die spektrale Empfindlichkeitskurve in der erforderlichen Weise nach kurzen Wellen zu abgrenzt. Die Auswahl dieses Filters müßte mit großer Sorgfalt vorgenommen werden. Wenn auch der Abfall der kombinierten Empfindlichkeitskurve von Zelle und Filter nach dem kurzwelligen Ultraviolett zu für die Messung der Sonnenstrahlung unwesentlich ist, spielt er doch bei der Ermittlung des Gehaltes an Dornostrahlung von künstlichen, auf Linien- oder Bandenemission beruhenden Lichtquellen eine ausschlaggebende Rolle, denn deren Lichtstärke ist unterhalb von 300 mμ stets noch beträchtlich hoch.

b) Lichtelektrische Helligkeitsmessung und Ortsbestimmung von Sternen. Die Astronomie verfolgt bei der Anwendung der Photozelle zwei Ziele: Helligkeitsmessung und Ortsbestimmung von Sternen[1]. Die Aufgaben der Astrophotometrie bestehen in der Untersuchung der veränderlichen Sterne und in der Ermittlung der Helligkeit einer möglichst großen Anzahl von Fixsternen, von den dunkelsten bis zu den hellsten, zum Zwecke der Lösung stellarastronomischer Probleme.

Um die Einführung der Photozelle in die Sternphotometrie haben sich insbesondere Guthnick und Rosenberg verdient gemacht. Das von dem ersteren konstruierte lichtelektrische Sternphotometer[2] zeigen Abb. 228 und 229. In Abb. 228 ist es an der einen Okularöffnung des 125-cm-Reflektors der Sternwarte Babelsberg angebracht. Rechts unten, dem Beschauer zugewandt, befindet sich das Mikroskop des Elektrometers, darüber die Verbindungsrohre zur Zellenkapsel, welche die Gestalt eines horizontal liegenden Zylinders hat. Die Kapsel enthält vier Photozellen, die mit Natrium, Kalium oder Rubidium gefüllt und daher in verschiedenen Spektralgebieten selektiv sind. Sie werden stets gleichzeitig unter Spannung gehalten. Die Verwendung mehrerer Zellen hat folgende Gründe.

Die Sternphotometrie arbeitet mit äußerst geringen Lichtintensitäten, es werden z. B. noch Sterne der 9. bis 10. photo-

---

[1] Vgl. hierzu Handb. d. Astrophysik 2, 2. Hälfte, Lichtelektrische Photometrie, von H. Rosenberg. Berlin 1929.

[2] Guthnick, P.: Z. Instrumentenk. 44, 303 (1924), von Günther & Tegetmeyer, Braunschweig, hergestellt.

300 Lichtelektrische Photometrie.

graphischen Größe photometriert. Man muß die Empfindlichkeit deshalb so hoch wie nur möglich treiben und die Betriebsspannung der gasgefüllten Zelle sehr nahe an das Entladepotential heranbringen. Infolgedessen kann es leicht vorkommen, daß eine

Abb. 228. Unteres Ende des 125-cm-Reflektors der Sternwarte Babelsberg mit dem lichtelektrischen Sternphotometer an der einen Okularöffnung (nach Guthnik).

Zelle während der Aufnahme einer Meßreihe durch das Übergehen einer Glimmentladung unbrauchbar wird und, um die Beobachtungsreihe fortsetzen zu können, durch eine neue unter Spannung gehaltene ersetzt werden muß.

Bei manchen veränderlichen Sternen sind die Helligkeitsschwankungen in den einzelnen Spektralgebieten verschieden, weshalb man Intensitätsmessungen in mehreren Gebieten vornehmen muß. Dies ließe sich auch mit Farbfiltern erreichen;

Abb. 229. Seitenansicht des lichtelektrischen Sternphotometers (nach Guthnik).

man müßte dabei jedoch Lichtverluste mit in Kauf nehmen. Arbeitet man nun mit Zellen, die in verschiedenen Spektralgebieten selektiv sind, so kann man die volle Intensität einfallen lassen. Auch für die Bestimmung von Farbäquivalenten ist die

Erfassung möglichst verschiedener Spektralgebiete erwünscht. Dies geschieht mit den geringsten Lichtverlusten wieder durch Benutzung sehr verschiedenartiger Zellen, kombiniert mit schwachen Lichtfiltern, welche die Selektivität in den einzelnen Spektralgebieten noch stärker hervortreten lassen.

Die Vorrichtung zum genauen Einstellen der Sterne auf die Zellenkathode ist aus Abb. 229 zu ersehen. In das seitliche Ansatzrohr der Zellenkapsel rechts oben kann man ein rechtwinkliges Prisma einschieben, das die vom Stern herkommenden Strahlen in ein kurzes seitliches Ansatzrohr reflektiert. In diesem werden sie durch eine achromatische Linse parallel gemacht, gelangen zu einem zweiten festen rechtwinkligen Prisma und von diesem zum Objektiv eines kleinen Fernrohrs, das dicht unterhalb der Zellenkapsel zu erkennen ist.

Die **Ortsbestimmung von Fixsternen**[1] besteht in der Festlegung der Deklination, d. h. der Höhe über oder unter dem Himmelsäquator und dem **Rektaszensionsunterschied** der Sterne voneinander, der durch den Zeitunterschied des **Durchganges** verschiedener Sterne durch das Gesichtsfeld eines besonders konstruierten Fernrohres, des „Meridiankreises", gegeben ist. Die Bestimmung der Rektaszension erfordert also eine Zeitmessung und die Beobachtung der Koinzidenz des im Gesichtsfeld wandernden Sternes mit einer im Okularteil des Meridiankreises befindlichen Marke; sie ist bei subjektiver Beobachtung mit einem beträchtlichen persönlichen Fehler behaftet, der bis zu 0,2 sec betragen kann. Hierdurch kann der hauptsächlichste Zweck der Rektaszensionsbestimmung, nämlich die Ermittlung der Eigenbewegung gewisser Sterne, vollkommen hinfällig werden, denn die Eigenbewegung beträgt im Durchschnitt bei helleren Sternen etwa 0,002 sec pro Jahr. Selbst bei einer Zwischenzeit von 50 Jahren würde sie noch innerhalb des persönlichen Fehlers liegen. Aus diesem Grunde bedeutet die im folgenden beschriebene **objektive** lichtelektrische Methode der Rektaszensionsbestimmung einen wesentlichen Fortschritt.

In der Brennebene des Meridiankreises ist ein System von Lamellen angebracht, entsprechend Abb. 230, und dahinter die Photozelle. Während der Stern durch die Brennebene wandert,

---

[1] Betr. diese und die folgenden Ausführungen vgl. E. u. B. Strömgren: Zweite Sammlung astronomischer Miniaturen. Berlin 1927.

wird die Zellenkathode abwechselnd beleuchtet und verdunkelt, und im gleichen Wechsel fließt ein Photostrom. Der verstärkte Strom bedient ein Morserelais, das jedesmal Zeichen auf einem mit der Hauptuhr in Verbindung stehenden Chronographenstreifen anbringt. Wegen der zu verstärkenden sehr kleinen Spannungen dient zur ersten Verstärkung eine Doppelgitterröhre mit hochisoliertem Gitter (vgl. S. 171). Alle zufälligen Stromvariationen müssen vermieden werden. Den Einfluß geringer Heizstromänderungen eliminiert man dadurch, daß man zur Heizung und für das Gitterpotential mittels eines passend gewählten Widerstandes die gleiche Batterie benutzt. Bei geringer Vergrößerung des Heizstromes wird das Gitter entsprechend negativ, so daß der Anodenstrom konstant bleibt. Kriechströme werden durch geerdete Metallringe beseitigt, mit denen man die Isolatoren umgibt. Die ganze Apparatur wird durch Einbau in geerdete Metallkästen sorgfältig gegen elektrostatische Störungen geschützt. Mit einem in dieser Weise zusammengestellten Verstärker vermag man noch Durchgänge von Sternen zu registrieren, die bedeutend lichtschwächer sind als die schwächsten mit dem bloßen Auge wahrnehmbaren.

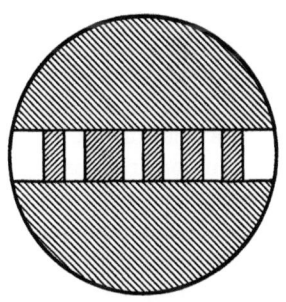

Abb. 230. Lamellen in der Brennebene des Meridiankreises zur lichtelektrischen Bestimmung der Rektaszension (nach E. u. B. Strömgren).

An den Angaben des Instrumentes muß man jedoch noch eine wichtige Korrektion anbringen. Die Auflading der Zellen- und Gitterkapazität über den großen Gitterwiderstand benötigt nach Gl. (9) S. 128 eine gewisse Zeit, deren Größe von dem Produkt aus Kapazität und Widerstand abhängig ist. Der hierdurch bedingte Fehler beträgt zwar ca. 0,1 sec, kann aber mit großer Genauigkeit aus den gemessenen elektrischen Daten berechnet werden.

Schließlich ist noch zu berücksichtigen, daß der Stern nicht punktförmig, sondern als kleine Scheibe abgebildet wird. Der Photostrom steigt daher nach einer bestimmten Funktion an deren Aussehen mit der Lichtstärke des Sternes variiert. Es empfiehlt sich daher, die Verstärkung entsprechend der Größe des Sternes in der Weise zu verändern, daß man bei einem helleren

Stern eine kleinere Verstärkung anwendet. Der Fehler, mit dem man die Verzögerung der Registrierung angeben kann, beträgt insgesamt etwa 0,0001 sec.

B. Die Verwendung der Photozelle zur Nachrichtenübermittlung und im Tonfilm.

48. Lichttelephonie.

Schon im 19. Jahrhundert war es möglich, auf optischem Wege über kurze Entfernungen einen sicheren Telegraphieverkehr durchzuführen. Auf der Empfangsseite beobachtete man zunächst lediglich mit dem Auge. Diese subjektive Methode wurde durch eine objektive mittels Selenzelle ersetzt, nachdem man deren Verwendbarkeit für diese Zwecke erkannt hatte. Durch die um die Jahrhundertwende einsetzende rasche Entwicklung der drahtlosen Telegraphie schwand jedoch das Interesse an der Lichttelegraphie, da die Reichweiten der Lichtsender gegenüber denjenigen der drahtlosen Sender zu gering waren. Die Erfindung der Dreielektrodenröhre und die Entwicklung der drahtlosen Telephonie haben nun neuerdings das Interesse für die Lichttelephonie wieder geweckt. Insbesondere scheint sie bei der Verwendung **unsichtbaren Lichts** für Spezialzwecke einige Vorteile gegenüber der drahtlosen Telephonie zu besitzen. Jedoch sind auch für sichtbares Licht eine Reihe von Anwendungsmöglichkeiten vorhanden, z. B. bei der Verkehrssicherung.

Für die Nachrichtenübermittlung mittels Lichttelephonie kommt nur ein bestimmter **Wellenlängenbereich** in Frage, der sich von etwa $0,25\,\mu$ bis etwa $2,5\,\mu$ erstreckt. Die mit kürzeren Wellen zunehmende Absorption in der Luft bestimmt die untere Grenze. Aus der Unmöglichkeit, genügend trägheitsfreie Empfangszellen für Wellen länger als $2,5\,\mu$ zu finden, ergibt sich die obere Grenze. Die Photozellen mit äußerem lichtelektrischem Effekt können bis $0,8\,\mu$, die Selenzellen und Thalliumzellen bis $1,2\,\mu$ und die Kupferoxydul-Sperrschichtzellen bis $1,6\,\mu$ benutzt werden. Die angegebenen Zahlen stellen nicht die langwellige Grenze der Zellen dar, sondern sind technische Werte und geben diejenige Wellenlänge an, bei welcher noch eine genügend große Empfindlichkeit vorhanden ist. Die Wahl der Photozelle wird durch den vom Lichtsender ausgestrahlten Spektralbereich bestimmt.

Als Sendelichtquellen kommen die Kohlebogenlampe, die Glühlampe, die Quecksilberdampflampe und die Glimmlampe in Frage. Zur Erzeugung ultravioletter Strahlung verwendet man hauptsächlich die Quecksilberbogenlampe, für ultrarote Strahlung die Glühlampe und die Glimmlampe. Der nicht gewünschte Teil des Spektrums wird durch entsprechende Filter ausgesondert (vgl. S. 206 ff.). Die Erzeugung sehr langwelliger Strahlung bestimmter Wellenlänge ($> 5\,\mu$) ist z. B. nach der Rubensschen Reststrahlenmethode möglich (an Quarz $8{,}8\,\mu$), mit deren Hilfe zur Zeit noch keine für den Telephonieverkehr ausreichenden Intensitäten hergestellt werden können.

Man kann in der Hauptsache zwei Arten von Telephoniesystemen unterscheiden:

a) Bei der ersten bleibt die Intensität der Lichtquelle konstant. Der Lichtstrahl wird auf seinem Wege an einer Stelle durch die Sprache moduliert. Als Modulatoren werden Schwingspiegel, spiegelnde Membranen, Kerrzellen, Schlitzblenden usw. verwendet.

b) Bei der zweiten Art wird die Lichtquelle direkt durch die Sprachschwingungen beeinflußt. Derartig steuerbare Lichtquellen sind Flammen, Bogenlampen (sprechender Bogen), Glimmlampen, Braunsche Röhren usw.

Neben der direkten niederfrequenten Lichttelephonie setzt sich neuerdings die hochfrequente Lichttelephonie immer mehr durch. Man stellt sich bei der letzteren auf der Senderseite zunächst ein Wechsellicht her (vgl. S. 188), dessen Frequenz höher liegen muß als die höchste der zu übertragenden Tonfrequenzen. Dieses hochfrequente Wechsellicht wird dann mit den tonfrequenten Schwingungen moduliert. Bei den Übertragungsmethoden der ersten Art erfolgt die Erzeugung des Wechsellichtes am einfachsten mit einer Lochscheibe. Moduliert man den Lichtstrahl mit der Kerrzelle, so wird man dieser die tonfrequent-modulierte Hochfrequenz direkt zuführen. Das gleiche geschieht, wenn die Sendelichtquelle, also z. B. eine Glimmlampe, direkt moduliert wird, wie dies bei der zweiten Art erforderlich ist. Wenn es aus Geheimhaltungsgründen notwendig ist, kann man durch einen zweiten Modulator noch einen niederfrequenten Störton überlagern, so daß bei Anwendung träger Empfangszellen nur der letztere aufgenommen wird.

Die erste Art der Lichttelephonie wird am einfachsten an dem von Bell[1] 1880 zum ersten Male durchgeführten Lichttelephonieversuch klar, der in Abb. 231 dargestellt ist. Von der Lichtquelle *1* wird mit Hilfe der Linse *2* ein paralleles Strahlenbündel auf die spiegelnde Telephonmembran *3* geworfen. Diese wird entweder von der Rückseite direkt besprochen oder über ein Mikrophon elektromagnetisch beeinflußt, so daß die am Rande eingespannte Membran sich konkav oder konvex durchbiegt. Dieses hat zur Folge, daß das parallele Strahlenbündel divergiert oder konvergiert. Wenn die Eigenschwingung der Membran außerhalb des zu übertragenden Frequenzbandes liegt, wird die Änderung des Strahlenbündels mit den akustischen Schwingungen formgetreu übereinstimmen. Als Emp-

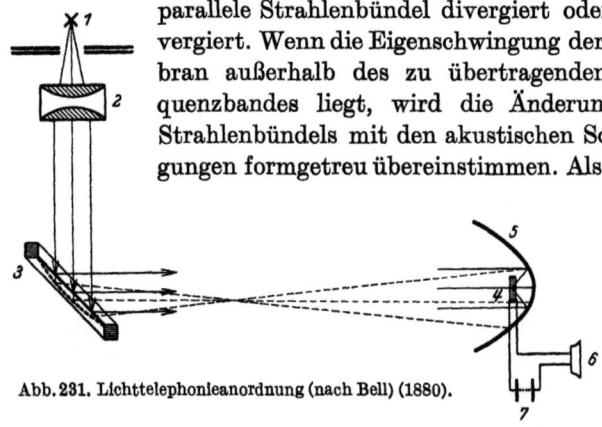

Abb. 231. Lichttelephonieanordnung (nach Bell) (1880).

fänger dient die Selenzelle *4*, die sich im Brennpunkt des Parabolspiegels *5* befindet und der durch die Batterie *7* eine Spannung aufgedrückt wird. Bei richtiger Anordnung wird die auf die Selenzelle auffallende Lichtmenge den Spiegelkrümmungen und somit auch den akustischen Schwingungen annähernd proportional sein. Im Telephon *6* hört man dann die ins Sendemikrophon gesprochenen Worte.

Die zweite Art der Lichttelephonie wurde erstmalig 1897 von Simon[2] vorgeschlagen und durchgeführt, wie in Abb. 232 schematisch dargestellt ist. Während der Empfänger dem Bellschen gleicht, wird als Sendelichtquelle eine „sprechende Bogenlampe" *1* benutzt, die durch die Ströme eines Mikrophons *3* über einen Transformator *4* direkt moduliert wird. Die Reichweite des

---

[1] Bell, A.: Proc. Am. Assoc. Adv. Scient. 1880, 115.
[2] Simon, H. Th.: Physik. Z. 2, 253 (1901); ETZ 22, 510 (1901). Simon, H. Th., und M. Reich: Physik. Z. 3, 278 (1902). Dudell, W.: Electrician 46, 269 und 310 (1900).

Senders ist durch die Lichtstärke und die Güte der benutzten Optik im Sender und Empfänger gegeben. Die Spiegelgröße wurde in den verschiedenen Versuchen von 20 cm bis 90 cm Durchmesser verändert. Zur Durchführung eines einwandfreien Licht-

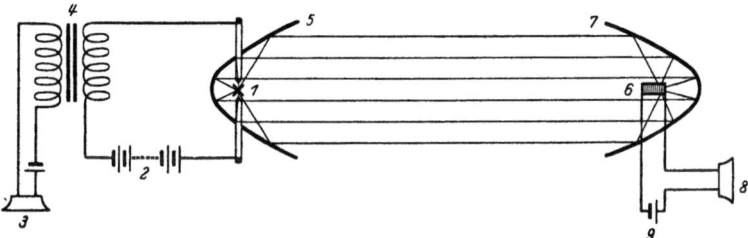

Abb. 232. Lichttelephonieanordnung mit sprechender Bogenlampe (nach Simon) (1897).

telephonieverkehrs ist im Empfänger eine bestimmte Minimalbeleuchtung $\Phi_{r\min}$ notwendig, die Zickler[1] nach folgender Gleichung berechnet:

$$\Phi_{r\min} = \frac{\left(1 - \dfrac{a}{100}\right)^r}{10^6 \cdot r^2} \cdot \Phi_0,$$

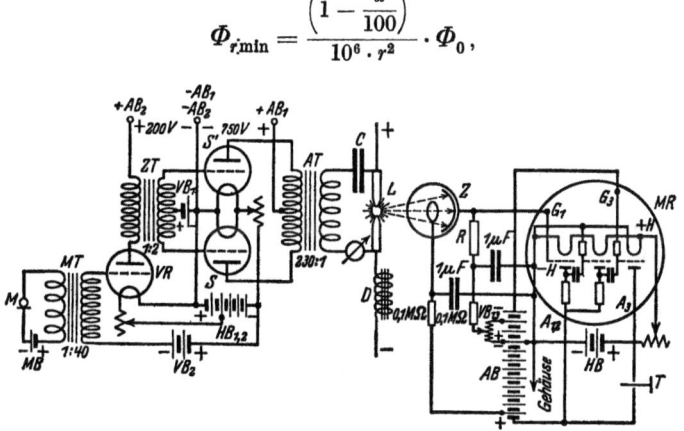

Abb. 233. Sende- und Empfangseinrichtung für Lichttelephonie-Gegenverkehr (nach Zickler). M Mikrophon, MT Mikrophontransformator zur Kopplung mit der ersten Verstärkerstufe, Röhre VR. Die zweite Stufe ist in Gegentaktschaltung ausgeführt, Röhren S u. S' und moduliert über AT die Bogenlampe L. Die Empfangszelle Z ist mit der Mehrfachröhre MR widerstandsgekoppelt, T Telephon.

in der Φ_0 die Intensität des Senders in Hefnerkerzen, r die Reichweite in km und a die Absorption in Prozenten pro km bedeutet.

---

[1] Zickler, K.: E. u. M. **46**, 769 und 793 (1928).

Zickler gibt für Φ_{min} $4 \cdot 10^{-3}$ lux an. Diese Größe ist zunächst von dem Verhältnis des Störlichtes (Tageslicht) zum empfangenen Licht und im übrigen sehr von der Güte des Empfängers abhängig. Der Empfang der kleinen Beleuchtungsstärken ist nur möglich, wenn man im Empfänger eine genügend hohe Verstärkung anwendet. Man kann jedoch die Verstärkung nicht beliebig erhöhen, da z. B. bei konstanter Beleuchtung (und auch bei völliger Dunkelheit) die Halbleiterzellen einen bestimmten Störpegel (vgl. S. 168) besitzen und für eine gute Verständlichkeit der durch das empfangene Wechsellicht hervorgerufene Wechselstrom mindestens um eine oder besser noch um zwei Zehnerpotenzen über dem Störpegel liegen muß. Man wird im allgemeinen eine 10^4fache Verstärkung nicht überschreiten können. Um eine klanggetreue Übertragung zu erzielen, müssen ferner die Elemente des Senders und Empfängers möglichst trägheitsfrei (vgl. S. 167) arbeiten.

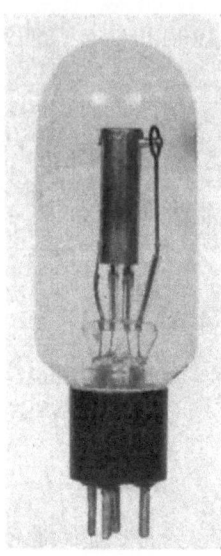

Abb. 234. Heliumsende-Glimmlampe für Ultrarottelephonie (nach Schröter und Ewest).

Bei den neueren Lichttelephonieapparaten, vgl. Abb. 233[1], verwendet man fast ausschließlich

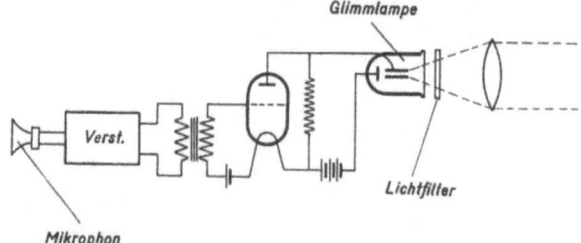

Abb. 235. Glimmlampensenderschaltung (nach Schröter).

die direkt modulierten Senderschaltungen[2] der zweiten Art. Abb. 234 zeigt eine für Ultrarottelephonie geeignete Helium-

---

[1] Zickler, K.: E. u. M. **46**, 769 und 793 (1928).
[2] Majorana, Q.: Linc. Rend. **5**, 726 (1927); **9**, 924 (1929).

lampe[1] großer Strahlungsdichte und Abb. 235 eine moderne Senderschaltung. Die Glimmlampe wird über einen Vorverstärker und eine Endverstärkerröhre direkt vom Mikrophon gesteuert. Durch ein Lichtfilter wird die sichtbare Strahlung abgeschnitten. Die zugehörige Empfangsschaltung ist in Abb. 236 angegeben, in welcher als Lichtempfänger die Telefunken-Selen-Tellurzellen (Abb. 93c, Seite 110) benutzt werden.

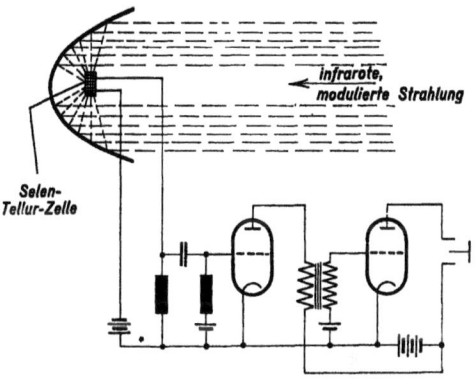

Abb. 236. Infrarotempfangsschaltung für Telephonie (nach Schröter). Die Zelle ist über Widerstände und Kondensator mit der ersten Verstärkerstufe gekoppelt.

In der folgenden Tabelle 13 sind einige bis jetzt erzielte Reichweiten mit den bisher verwendeten prinzipiellen Anordnungen chronologisch zusammengestellt.

49. Optophone, Blindenschrift.

Gleichzeitig mit der Ausbildung der ersten Lichttelephonieapparate versuchte Bell[2] mittels Selenzellen eine ,,Blindenschrift'' zu entwickeln, indem er mit einem Lichtstrahl normale Druckschrift beleuchtete und das reflektierte Licht auf Selenzellen fallen ließ. Wird gleichzeitig der Lichtstrahl durch eine Lochscheibe unterbrochen, so daß auf die Selenzelle ein Wechsellicht fällt, so wird man im angeschlossenen Kopfhörer einen lauten oder leisen Ton hören, je nachdem der Lichtstrahl auf eine unbedruckte oder bedruckte Stelle fällt.

Abb. 237. Zeilenabtastung durch vier Lichtpunkte für ,,Blindenschrift''

Neuerdings verwendet man nicht einen Ton, bzw. einen Lichtpunkt, sondern mehrere (etwa 4) Lichtpunkte, die so auf den Buchstaben fallen, daß seine ganze Länge überdeckt wird, wie in Abb. 237 dargestellt ist. Die vier

---

[1] Schröter, F.: E.N.T. 7, 1 (1930).
[2] Bell, A. G.: ETZ 1, 391 (1880).

310 Die Verwendung der Photozelle zur Nachrichtenübermittlung.

Tabelle 13[1].

Versuche von	Lichtquelle	Wellenlänge	Modulationsart	Empfangszelle	Röhrenzahl des Verstärkers	Reichweite in km
Bell 1880	Bogenlampe	langw. sichtb.	Reflexion an Membran	Selenzelle	—	0,25
Simon 1897	Bogenlampe	langw. sichtb.	sprechende Bogenlampe	Selenzelle	—	1,3
Ruhmer[2] 1904	Bogenlampe	langw. sichtb.	sprechende Bogenlampe (Dudell)	zylinderförmige Selenzelle	—	7—15
Thirring[3] 1920	Bogenlampe	langw. sichtb.	sprechende Bogenlampe	Selenz. Auffangfläche 1 mm^2	4	9,0
Majorana 1927	Quecksilber-Bogenlampe	ultraviolett 0,365	sprechender Bogen	Photozelle m. äußerem lichtelektr. Effekt	1	16
Zickler 1928	Bogenlampe	kurzw. sichtb.	sprechender Bogen	Kaliumzelle	Löwe 3fach-Röhre	nicht angegeb.
Schröter 1930	Glühlampe oder Helium-Glimmlampe	ultrarot	Kerrzelle	Thallofidezelle, Selen-Tellurzelle	4	nicht angegeb.
Schröter 1930	Bogenlampe	ultrarot	Lochscheibe	Selen-Tellurzelle	4	28

[1] Gresky, G.: Physik. Z. **32**, 193 (1931). [2] von Ruhmer, E.: ETZ **23**, 859 (1902); **25**, 1021 (1904).
[3] Thirring, H.: Physik. Z. **21**, 67 (1920).

Lichtpunkte *1, 2, 3* und *4* werden längs der Zeile geführt. Jeder Lichtpunkt ist mit einer anderen Tonfrequenz moduliert. Jedem Buchstaben wird dann eine bestimmte Klangfolge zugeordnet sein. Abb. 238 zeigt ein derartiges Optophon[1], wie es zum Hörbarmachen der Druckschrift dient. Der Nernstbrenner *1* wird durch eine geeignete Optik *2* auf der Lochscheibe *3* abgebildet, die z. B. vier Lochreihen mit verschiedenen Lochzahlen besitzen soll. Durch die Umdrehungszahl des Motors *4* kann die Höhe der Töne geändert werden. Die vier modulierten Lichtstrahlen werden mit Hilfe der Optik *5/6* auf die Druckzeilen des Buches *11* geworfen. Das von der betreffenden Stelle der Zeile reflektierte Licht wird von der Selenzelle *7* aufgenommen und die entstehenden Ströme über einen Verstärker *8* dem Telephon *9* zugeführt. Entweder wird nun der Tisch *10*, der eine Glasplatte trägt, auf welcher das Buch *11* liegt, an den Lichtpunkten zeilenweise vorbeigeführt oder die gesamte Optik *12* einschließlich Selenzelle *7* ist verschiebbar angeordnet. Aus der Klangart, Klangfolge und Zeitdauer erkennt der Blinde den einzelnen Buchstaben. Da die Töne relativ nahe zusammen liegen können, werden an den Verstärker keine hohen Anforderungen gestellt. Ebenso spielt die Trägheit der Abtastzelle keine Rolle. Man kann normale Druckschrift abtasten. Es ist lediglich notwendig, den Anfang jeder Zeile besonders zu kennzeichnen[2].

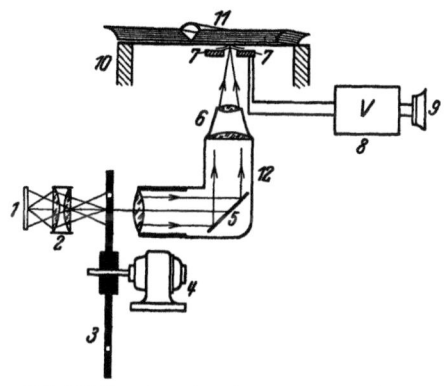

Abb. 238. Das Optophon (nach Fournier D'Albe).

50. Faksimileübertragung, Bildtelegraphie.

Auf dem Gebiete der Nachrichtenübermittlung stellt die Einführung der Faksimileübertragung einen großen Fortschritt und eine Erweiterung der Übertragungsmöglichkeiten dar. Man kann

---

[1] Fournier D'Albe, E.: Physik. Z. **13**, 942 (1912); El. Rev. **88**, 166 (1921).
[2] Weitere Angaben siehe unter: Campbell-Swinton: Electrician **86**, 305 (1920/21) und A. Barz: Roy. Soc. Arts. J. **69**, 371 (1921).

jetzt Originalschriften, Zeichnungen und Bilder auf telegraphischem Wege übermitteln. Der Schnelltelegraphie entsteht ein ernsthafter Konkurrent. Die halbautomatische, mechanische Übertragung der Zeichen mittels gestanzter Lochstreifen erlaubt schon ein sehr schnelles Tempo. Dieses wird jedoch durch die Faksimiletelegraphie noch weiter gesteigert, zur Zeit etwa 1000 Worte pro Minute. Damit ist die theoretische Grenze noch nicht erreicht. Noch wichtiger ist die **Ausschaltung der atmosphärischen Störungen** sowie der Störungen durch fremde Sender und die Vermeidung von Irrtümern, die z. B. beim Stanzen der Lochstreifen entstehen können. Durch die Wahl des Abtastverfahrens und durch die Größe des Abtastelementes kann jedem Buchstaben eine so große Zahl von Impulsen zugeordnet werden, daß Störungen praktisch ausgeschlossen sind.

Die ersten Bildübertragungsversuche wurden von A. Bain im Jahre 1843 und F. Backewell im Jahre 1848 unternommen. Beide benützten besonders hergestellte Bildunterlagen auf der Senderseite, die aus metallisch leitenden und isolierenden Flächenelementen bestanden. Ein Kontaktarm tastete das Bild ab und schloß einen Stromkreis, sobald er auf ein Metallelement kam. Auf der Empfangsseite wurde auf elektrochemischem Wege ein Bild erzeugt, das meist wenig Feinheiten aufwies. Die neueren Methoden mit einem Lichtstrahl als Kontaktarm ergeben in viel kürzerer Zeit Bilder von wesentlich feinerer Struktur. Dieses wird durch die größere Zahl der Impulse pro Sekunde erreicht. Aus diesem Grunde müssen an die Aufnahme- und Wiedergabeapparate hinsichtlich der Trägheitsfreiheit höhere Anforderungen gestellt werden. Deshalb verwendet man in den modernen Bildtelegraphiegeräten auf der Senderseite lichtelektrische Zellen und auf der Empfängerseite einen trägheitsfrei gesteuerten Lichtstrahl (vgl. S.191).

Man kann zwei Sendeverfahren unterscheiden. Bei dem älteren **Verfahren**[1] stellt man auf photographischem Wege von jedem Bild oder Schriftsatz eine **durchsichtige** Kopie her, die auf eine hohle Glas- oder Zellon-Trommel Tr gespannt wird, in deren Innerem sich die Photozelle Z befindet, wie dies Abb. 239 zeigt. Von der Lichtquelle L wird auf der Trommel Tr ein Lichtpunkt von $0{,}2 \times 0{,}2$ mm² erzeugt. Das durch Film und

---

[1] Korn, A.: ETZ **23**, 1190 (1902); Physik. Z. **5**, 113 (1904); Naturwissenschaften **4**, 689 (1916); Ding. poly. J. **101**, 85 (1920).

Trommel hindurchgehende Licht fällt auf die Photozelle Z und löst einen entsprechenden lichtelektrischen Strom aus. Mittels eines Schraubenantriebes, der bei jeder Umdrehung die Trommel um eine Bildelementbreite, also um 0,2 mm, seitlich verschiebt, wird das ganze Bild abgetastet. Bei diesem Verfahren kann der mittlere Lichtstrom, der die Photozelle trifft, relativ groß gemacht werden, so daß keine Schwierigkeiten hinsichtlich der für den Verstärker notwendigen Eingangswechselspannung (Eingangspegel) entstehen. Außerdem wird hierbei an die Trägheitsfreiheit der Photozelle keine hohe Anforderung gestellt, so daß gasgefüllte Kaliumzellen oder Selenzellen verwendet werden können.

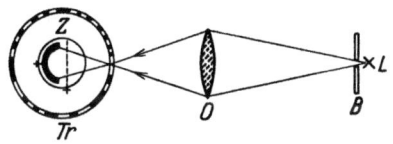

Abb. 239. Schematische Darstellung des Abtastverfahrens nach Korn.

Die erste praktische Anwendung dieses Verfahrens machte Korn[1] im Jahre 1902. Technisch weiter entwickelt wurde es von der Bell Telephone Company[2], die es bei Bildübertragungen auf Leitungen benutzt.

Die Herstellung eines besonderen Sendebildes bringt viele Nachteile mit sich, z. B. großen Zeitverlust, so daß man versuchte, das Originaldokument direkt abzutasten, was nur mit reflektiertem Licht möglich ist. Diese Reflexionsabtastung wurde erstmalig von Telefunken praktisch durchgeführt und stellte einen bedeutenden Fortschritt dar.

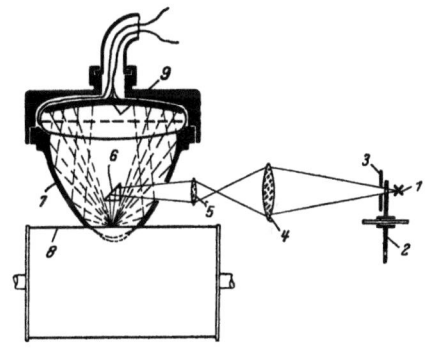

Abb. 240. Abtasteinrichtung für Bildtelegraphie (nach Schröter).

Der Nachteil gegenüber dem älteren Verfahren besteht in dem größeren Lichtverlust, der durch besondere Sammelvorrichtungen und Photozellenkonstruktionen von Telefunken behoben wurde. Die systematische Entwicklung des Verfahrens erfolgte zunächst durch Karolus und später in den Laboratorien der Telefunken-

---

[1] Korn, A.: l. c.
[2] Ives, Norten, Parker, Clark: B.S.T.J. **4**, April 1925.

gesellschaft. Abb. 240 zeigt eine von Schröter[1] angegebene Abtastvorrichtung mit Hilfe eines spiegelnden Paraboloids. *1* stellt die Lichtquelle dar, deren Licht durch die Lochscheibe *2* moduliert wird. Mittels der Optik *4, 5* und dem totalreflektierenden

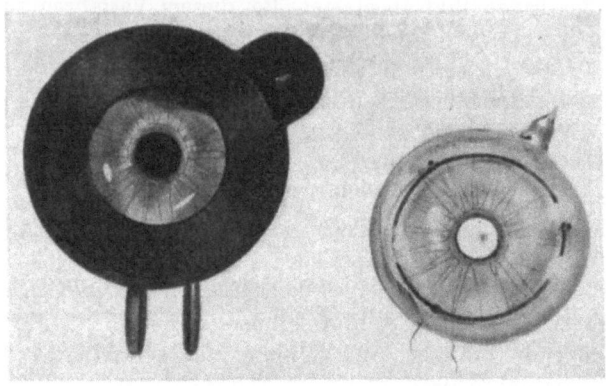

Abb. 241. Ringförmige Photozelle für lichtelektrische Abtasteinrichtungen (nach Schriever).

Prisma *6* wird auf der Trommel *8* ein scharfer Lichtpunkt erzeugt. Das vom beleuchteten Bildelement ausgehende diffuse Licht wird nahezu vollständig der Photozelle *9* zugeführt, wenn das beleuchtete Bildelement sich im Brennpunkt des spiegelnden

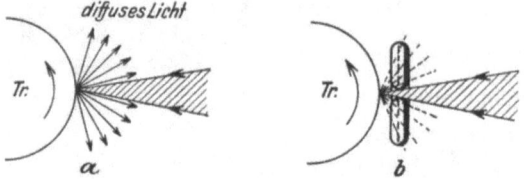

Abb. 242. Schematische Darstellung des Strahlengangs beim Reflexionsverfahren und Ringphotozelle.

Paraboloids befindet. Man kann bei dieser Abtastvorrichtung die normalen linsenförmigen Photozellen (vgl. Abb. 69, S. 90) gebrauchen. Den Weg der besonderen Formgebung der Photozelle hat Schriever[2] beschritten und die in Abb. 241 dargestellte ringförmige Photozelle entwickelt. Ihre Wirkungsweise ist in Abb. 242

---

[1] Schröter, F.: E.N.T. **5**, 449 (1928).
[2] Schriever, O.: Telefunken, vgl. E.N.T. **3**, 41 (1926).

schematisch angegeben. Durch die mittlere Öffnung trifft der Lichtstrahl auf das zu übertragende Bild. Die ringförmige Gestalt der Zelle ermöglicht eine so große Annäherung an das Bild, daß nahezu alles reflektierte Licht ausgenutzt wird. Beim Abtasten des Bildes ändern sich die Lichtintensitäten und erzeugen in der Photozelle einen entsprechend sich ändernden Strom, dessen Größe bei mittlerer Helligkeit bei 10^{-7} A liegt. Die Änderungen gehen relativ langsam vor sich und lassen sich

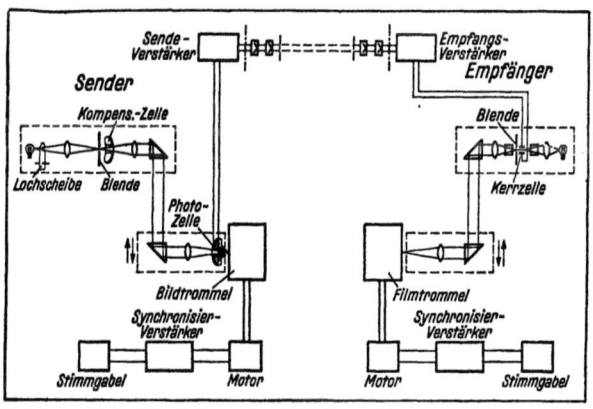

Abb. 243. Schematische Darstellung des Bildtelegraphiegegenverkehrs (nach Arendt[1]).

außerordentlich schwer direkt verstärken. Nun ist aber zur Modulation des Senders mindestens eine 10^5fache Verstärkung notwendig. Um die Schwierigkeiten der Gleichstromverstärkung zu vermeiden, benutzt man auch hier einen intermittierenden Lichtstrahl. Zur Erzeugung wird meist eine Lochscheibe benutzt. Man bezeichnet analog zur drahtlosen Telegraphie eine solche Belichtungsfrequenz als **Lichtträgerfrequenz**, die sich je nach der Umdrehungszahl der Lochscheibe und Anzahl der Löcher ändern läßt. Das Telefunken-Karolus-System benutzt z. B. 4 Scheiben mit 180, 120, 60 und 30 Löchern[2]. Je höher die Lichtträgerfrequenz gewählt wird im Vergleich zu der höchsten Frequenz, die durch die Helligkeitsunterschiede des Übertragungsbildes gegeben ist, um so vollkommener gleicht das Empfangsbild dem Original. Die von der Photozelle gelieferten Wechselströme be-

---

[1] Arendt, P.: Telefunken Z. 51, 30 (1929).   [2] Vgl. Abb. 153b S. 189.

316 Die Verwendung der Photozelle zur Nachrichtenübermittlung.

stehen aus einem hochfrequenten Trägerstrom (entsprechend der Lichtträgerfrequenz), dessen Amplitude sich im Rhythmus der Helligkeitsunterschiede der Bildelemente ändert.

Abb. 243 stellt das Prinzipschaltbild eines kompletten Sende- und Empfangsgerätes nach dem Telefunken-Karolus-System dar. Abb. 244 zeigt das neueste Gerät, wie es zur Zeit auf den Bildfunkstrecken in Betrieb ist. Mit dieser Apparatur ist es möglich,

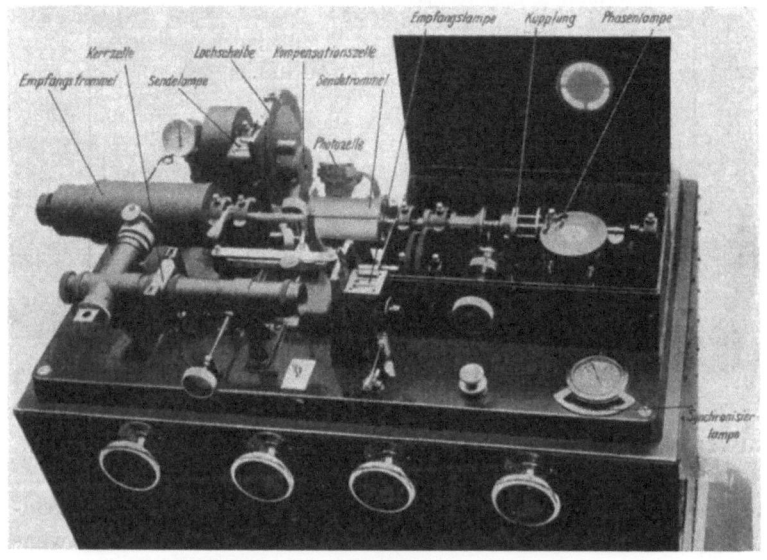

Abb. 244. Bildtelegraphiesender und -empfänger nach dem Telefunken-Karolus-Siemens-System.

je nach der Tourenzahl der Trommel ein Bild von 2 dm^2 in 0,5 bis 17 Min. zu übertragen. Bei drahtloser Übermittlung wird man kurze Zeiten wählen, um den Sender möglichst gut auszunutzen. Bei der Übermittlung auf Draht ist man in der Geschwindigkeit beschränkt, da die normalen Telephonleitungen infolge der Pupinisierung nur für Frequenzen von 200 bis 3000 Hertz durchlässig sind und daher die Trägerfrequenz innerhalb dieses Bereiches liegen muß.

Die Erzeugung des Empfangsbildes erfolgt auf photographischem Wege. Die Aufnahmetrommel des Empfängers hat die gleiche Konstruktion und Umlaufszeit wie die Sendertrommel

Faksimileübertragung; Bildtelegraphie.

und wird mit photographischem Papier bespannt. Die Belichtung erfolgt mit Hilfe eines Lichtstrahls, dessen Helligkeit durch die Photozellenströme des Senders gesteuert wird. Die Kennlinie der Photozelle, die Schwärzungskurve der photographischen Schicht und die Kennlinie des gesteuerten Lichtstrahls sind von ausschlaggebender Bedeutung für die getreue Wiedergabe des Sendebildes. Sämtliche Übertragungselemente müssen genügend linear arbeiten. Verwendet man eine Kerrzellenanordnung im Empfänger, so muß mit Hilfe einer entsprechenden Vorspannung der Arbeitspunkt so eingestellt werden, daß bei voller Aussteuerung noch auf dem geradlinigen Teil der Kennlinie gearbeitet wird, die in Abb. 245 dargestellt ist. Der Arbeitspunkt liegt bei 400 Volt. Die Amplitude der Steuerspannung soll 100 Volt nicht überschreiten. Die von Telefunken benutzte Kerrzelle ist in Abb. 246 dargestellt. Sie besteht aus einem kleinen Kondensator mit Nitrobenzol als Dielektrikum. Durch die Kondensatorplatten wird ein linearer polarisierter Lichtstrahl geschickt, dessen Polarisationsebene unter 45° gegen die elektrische Feldrichtung geneigt ist. Legt man an die Zelle eine Spannung Δe an, so findet im Nitrobenzol gemäß dem Kerrschen Gesetz eine Doppelbrechung statt, wodurch der Lichtstrahl um den Winkel φ gedreht wird. Es ist:

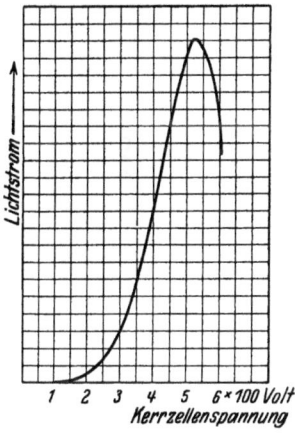

Abb. 245. Kennlinie der Telefunkenkerrzelle.

$$\varphi = \frac{B \cdot l \cdot (\Delta e)^2}{a^2}.$$

Hierbei bedeutet B die Kerrkonstante, l die Länge des Lichtweges im elektrischen Feld und a den Abstand der Elektroden. Die im Empfänger ankommende Wechselspannung wird hinreichend verstärkt und dem Kerrkondensator zugeführt. Außer der Kerrzelle werden auf der Empfangsseite Punkt-Glimmlampen und auch noch elektrochemische Verfahren benutzt.

In Abb. 247 ist der Stand des europäischen Bildübertragungsnetzes vom Mai 1929 angegeben. Man sieht an Hand der zahlreichen

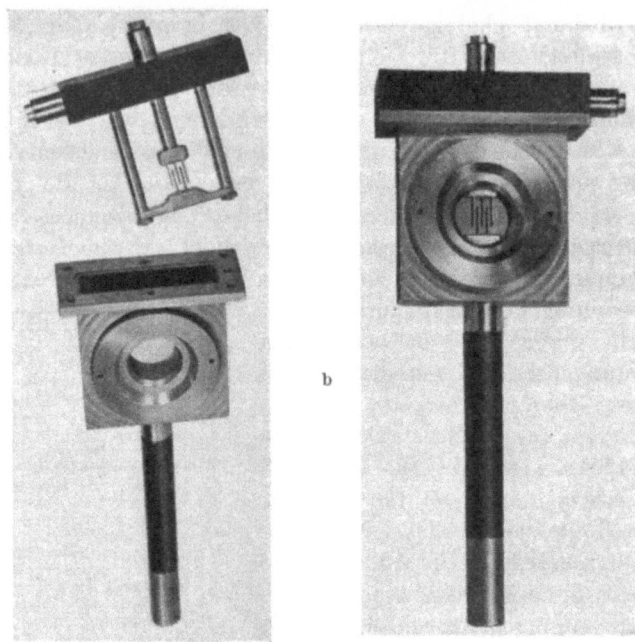

Abb. 246. Telefunkenkerrzelle (nach Karolus).
a auseinander genommen, b zusammengesetzt und mit Nitrobenzol gefüllt.

Abb. 247. Bildtelegraphieliniennetz im Jahre 1929 (nach Arendt, Siemens & Halske).

Faksimileübertragung; Bildtelegraphie.

Linien, wie wichtig dieser neueste Zweig der Nachrichtenübermittlung für die Wirtschaft geworden ist.

Die eben geschilderten Verfahren sind weiterhin durch Kompensationsschaltungen und durch Anwendung der Schrägabtastung und des Zeilensprungverfahrens verbessert worden. Die Kompensationsschaltungen ermöglichen es, auf der Empfangsseite sofort eine Positivkopie des Originals zu erhalten. Z. B. wird folgendes Prinzip benutzt: Die Belichtung zweier möglichst gleicher Zellen wird so eingestellt, daß der durch die hellste Stelle des Übertragungsbildes in der einen Photozelle hervorgerufene Elektronenstrom durch denjenigen in der anderen gerade aufgehoben wird. Dann liefern nur die dunkleren Stellen des Bildes eine Modulationsspannung für den Sender. Diese ruft im Empfänger hierdurch eine Lichtsteigerung und damit Schwärzung des entsprechenden Bildelementes auf dem photographischen Papier hervor.

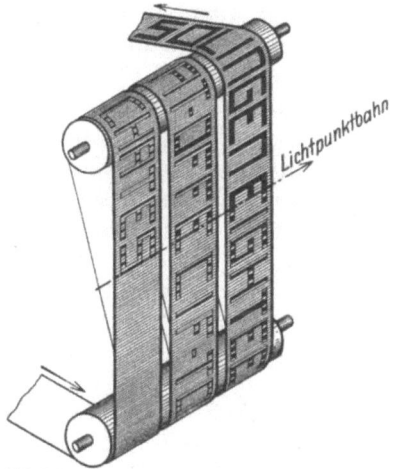

Abb. 248. Anwendung des Zeilensprungverfahrens zur Ausgleichung der Fadings bei einem Bandschnellschreiber für Faksimilierung endloser Telegrammstreifen (nach Schroter und Karolus).

Um den störenden Einfluß der Schwundscheinungen bei der drahtlosen Übermittlung weitgehendst auszuschalten, benutzt man Abtastmethoden, die zwei aufeinanderfolgende Lichtpunktbahnen in einem bestimmten Zeitabstand übertragen, der größer als die Periode der Schwunderscheinung ist. F. Schröter, der als erster diese Methode vorschlägt, bezeichnet sie als Zeilensprungverfahren, welches besonders bei der kontinuierlichen Bildüber-

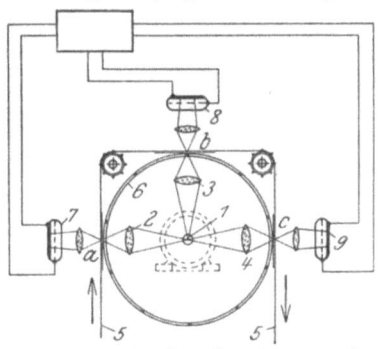

Abb. 249. Faksimilestreifentelegraph mit zweifachem Zeilensprung (nach Schröter).

tragung[1] vorteilhaft ist. Eine derartige Methode ist schematisch in Abb. 248 angegeben, aus der alle Einzelheiten leicht ersichtlich sind. Dieses Verfahren hat gegenüber den vorher beschriebenen Anordnungen den Vorteil, daß die Bilder pausenlos übertragen werden können und die Ausnutzung des Gerätes bedeutend gesteigert wird.

In Abb. 249 ist der Geber eines Faksimile-Streifentelegraphen[2] mit zweimaligem Zeilensprung und Schrägabtastung dargestellt. Die Lichtquelle *1* belichtet durch schräg zum Telegrammstreifen stehende Schlitze in der umlaufenden Trommel *6* den Telegrammstreifen *5* an den drei Stellen *a*, *b* und *c*. Das durch diesen hindurchgehende Licht fällt auf die Photozellen *7*, *8* und *9*.

Das Modell eines anderen Streifentelegraphen[2] zeigt Abb. 250. Bei diesem wird ein kontinuierlich umlaufender Lichtstrahl zum Abtasten benutzt. Prisma und Hohlspiegel rotieren. Der letztere führt das vom Streifen reflektierte Licht der Photozelle zu.

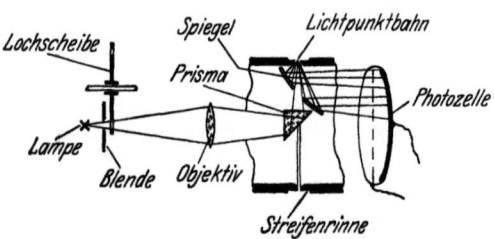

Abb. 250. Prinzip eines Faksimilestreifentelegraphen mit kontinuierlicher Abtastung (nach Schröter).

51. Fernsehen.

In der lichtelektrischen Zelle haben wir das einzige Mittel, Licht trägheitslos in elektrischen Strom umzuwandeln. Infolgedessen ist das Fernsehen erst durch die Photozelle möglich geworden. Zwischen dem Sehen des Auges oder dem photographischen Abbilden eines Gegenstandes und dem Fernsehen mittels drahtloser Wellen und Photozellen besteht jedoch der große Unterschied, daß die hellen und dunklen Lichteinwirkungen des Bildes für das Auge und die Platte **nebeneinander** erscheinen, beim Fernsehen dagegen **nacheinander** aufgenommen werden müssen, da das Fernsehbild **punktweise abgetastet** und übertragen wird. Im Empfänger

---

[1] Schröter, F., und A. Karolus: Festschrift „25 Jahre Telefunken" 1928.

[2] Schröter, F.: Telefunken-Zg. **54**, 28 (1930).

werden dann die einzelnen Bildpunkte zum ganzen Bild wieder zusammengesetzt.

Die Schärfe des Bildes hängt von der Feinheit der Rasterung, also von der Anzahl der Bildpunkte pro 1 cm² ab. Während bei der Bildtelegraphie, wie wir oben sahen, zeitlich unveränderliche Bilder mit beliebig kleiner Abtastgeschwindigkeit und nahezu beliebig großer Bildpunktzahl übertragen werden können, so daß man die höchsten Anforderungen an die Güte des Empfangsbildes stellen kann, ist beim Fernsehen der Bildpunktzahl eine Grenze gesetzt, da bewegte Bilder übermittelt werden müssen. Nun erscheint ein Vorgang für das Auge zusammenhängend, wenn in einer Sekunde etwa 12 Bilder wiedergegeben werden. Bei kleinerer Bildzahl tritt ein starkes Flimmern auf. Das bedeutet also, daß in einer Sekunde die ganze Bildfläche zwölfmal abgetastet werden muß. Daraus ergibt sich, daß die Anzahl der Bilder und die Anzahl der Bildpunkte die Grenzfrequenz und die Frequenzbandbreite bestimmen.

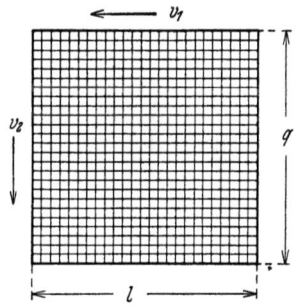

Abb. 251. Rastereinteilung des Bildfeldes. v_1 Lichtstrahlgeschwindigkeit, v_2 Zeilengeschwindigkeit.

Der Fernsehsender gleicht in seinem Aufbau dem normalen Rundfunksender. Während nun beim Rundfunk das Frequenzband 30 bis 10000 Hz umfaßt, muß es für die Fernsehsendung bis etwa 100000 Hz reichen. Je höher die zu übertragenden Frequenzen liegen, um so höher muß die Trägerhochfrequenz, also die Senderfrequenz, gewählt werden und um so breiter werden die Frequenzbänder. Man verwendet deshalb für Fernsehzwecke die Kurzwellensender. Die Breite des Frequenzbandes ist durch die Verstärkerschwierigkeiten, da die Verstärkung für alle zu übertragenden Frequenzen gleich sein muß, und durch die geringe Empfindlichkeit und die Frequenzabhängigkeit der Photozellen begrenzt. Bei den zur Zeit im Versuchsstadium befindlichen Senderverfahren ist man bis zu 100000 Bildpunkten in der Sekunde gegangen, womit sich schon ein recht gutes Fernsehbild erzielen läßt. Abb. 251 stellt ein Bildfeld mit Rastereinteilung dar. Ein quadratischer Lichtfleck durchläuft mit der Geschwindigkeit v_1 die erste Zeile von rechts nach links, springt dann auf die nächste darunterliegende Zeile, läuft wieder von rechts nach links usw., bis das ganze Bildfeld abgetastet ist. Die Zeilengeschwindigkeit beträgt dann v_2. Abb. 252 zeigt schematisch eine Abtasteinrichtung mit dem Weilerschen Spiegelrad[1]. Mit diesem läßt sich ein quadratisches bzw. rechteckiges Bild erzielen, während die Nipkowscheibe Kreisbogenzeilen liefert, wodurch das Bild die Form eines Ringausschnittes erhält. Um letzteres nicht so sehr in Erscheinung treten zu lassen, wählt man den Durchmesser der Nipkowscheibe möglichst groß.

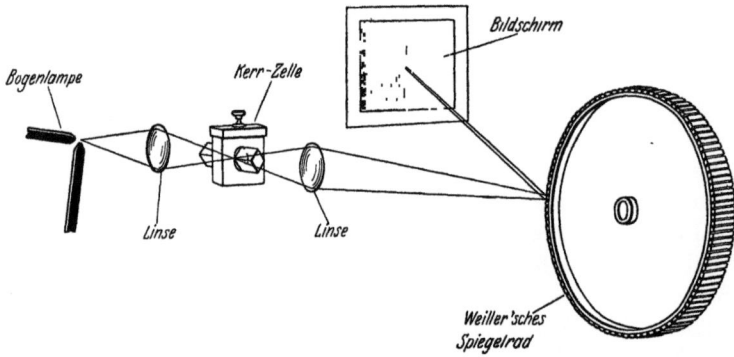

Abb. 252. Fernsehabtasteinrichtung nach Karolus mit Weilerschem Spiegelrad.

Werden in der Sekunde 12,5 Bilder von je 8000 Bildpunkten übertragen, so beträgt die Grenzfrequenz 100000 Hz. Je größer der Lichtfleck ist, um so verwaschener erscheinen die Konturen des Bildes. Ein schroffer Übergang von Schwarz auf Weiß im Original wird bei der Wiedergabe in einen allmählichen Übergang von der Breite eines Bildelementes verwandelt (vgl. Abb. 253). Hier schafft jedoch das Auge einen natürlichen Ausgleich, so daß die Konturen wieder härter erscheinen. Die Empfindlichkeit der Photozelle begrenzt die Übertragungsgeschwindigkeit, da das Auge vom Empfangsbild eine bestimmte Helligkeit verlangt und bei zu feiner Rasterung die Lichtintensität des Bildelementes auf der Sendeseite zu klein wird.

Diese Betrachtungen zeigen, welche Anforderungen an eine Photozelle beim Fernsehen gestellt werden. Die Photozelle muß

---

[1] Schröter, F.: E.N.T. **6**, 440 (1929).

also außerordentlich empfindlich sein und die höchsten Frequenzen möglichst trägheitslos übertragen.

Sehen wir zunächst davon ab, daß die maximale Übertragungsfrequenz aus den oben angegebenen Gründen beschränkt ist, so müßte man vorschlagen, beim Fernsehen nur hochevakuierte, auf dem äußeren lichtelektrischen Effekt beruhende Photozellen zu verwenden, da die gasgefüllten Zellen durch Ionisations- und Rekombinationsvorgänge und die Zellen mit innerem lichtelektrischem Effekt durch Sekundärströme Trägheitserscheinungen zeigen, die sich schon bei Frequenzen von 10^3 Hz bemerkbar machen. Unter bestimmten Voraussetzungen sind jedoch auch gasgefüllte Photozellen brauchbar. Eine zu große Zellenkapazität verursacht ebenfalls Trägheitserscheinungen. Aus diesem Grunde scheiden z. B. die Sperrschichtzellen aus. Die relativ kleine Kapazität C der Photozelle ist der Gitterkapazität der Eingangsröhre des Verstärkers parallel geschaltet, wie in Abb. 253 gestrichelt angedeutet wird, und hat beim Fernsehen schon einen Einfluß auf die Frequenzkurve.

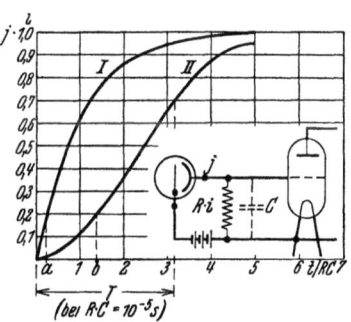

Abb. 253. Einfluß der Übertragungsdauer des Lichtpunktes auf die Zeitkonstante des Photozellenverstärkers (nach Schröter). j Photozellenstrom. I Anstieg von j sprunghaft bei plötzlichem Übergang eines hellen Rasterelementes zu einem dunklen. II Anstieg von j als Funktion der wachsenden Spaltöffnung berechnet für $T = 3{,}13 \cdot 10^{-5} s$.

In dieser Abbildung ist nur die erste Verstärkerstufe gezeichnet, da die weiteren für diese Betrachtungen ohne Bedeutung sind. Obwohl die Photozellenkapazität (bei normalen Fernsehzellen 2 bis 10 cm) klein ist, spielt sie doch eine große Rolle, sobald man versucht, den Kopplungswiderstand R dem inneren Widerstand der Photozelle anzupassen. Eine genaue Berechnung der Zeitkonstanten wurde von F. Schröter[1] durchgeführt. Er kommt zu der Bedingung

$$T > R \cdot C > 1/\omega,$$

wobei T die Zeit ist, in der ein Bildelement die Photozelle belichtet, und ω die Grenzfrequenz, die noch übertragen werden soll. Wollte man tatsächlich eine optimale Anpassung an den

---

[1] Schröter, F.: E.N.T. **6**, 447 (1929); Telefunken Zg. **58**, 5 (1931).

inneren Widerstand der Photozelle erreichen, so müßte man mit Widerständen von 10^9 bis 10^{11} Ohm rechnen. Da man die Photozellenkapazität nicht beliebig klein machen kann, ist dieses gemäß der obigen Beziehung nicht möglich.

Für das Fernsehen kommt im Gegensatz zur Bildübertragung nur die Lichtabtastung in Frage. Der Abtaster zerlegt das zu übertragende Bild in zeitliche Lichtschwankungen, die in der Photozelle entsprechende Stromschwankungen hervorrufen. Durch diese wird die Senderfrequenz moduliert. Es sind nun zwei prin-

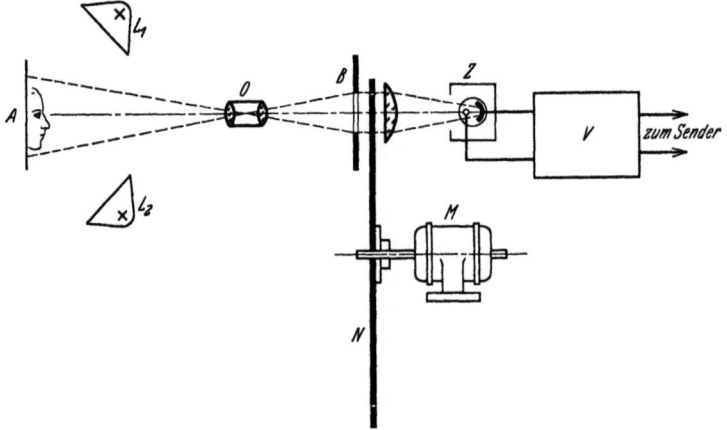

Abb. 254. Fernsehkamera mit Nipkow-Scheibe als Bildzerleger.

zipielle Methoden zu unterscheiden, die durch die Anordnung von Photozelle und Lichtquelle zum Übertragungsgegenstand gegeben sind. Die wesentliche Aufgabe besteht darin, der Photozelle von jedem abzutastenden Bildelement möglichst viel Licht zuzuführen bzw. einen möglichst großen Bruchteil des von dem Bildpunkt reflektierten Lichtes lichtelektrisch auszunutzen. Durch den Abtaster (Nipkow-Scheibe, Weilersches Spiegelrad usw.) wird die Fernsehapparatur in zwei Teile zerlegt. In dem einen Teil befindet sich die Lichtquelle und im anderen die Photozelle.

Beim ersten Verfahren sind die Lichtquelle und der zu übertragende Gegenstand bzw. die Person auf derselben Seite des Abtasters, wie es z. B. bei Tageslichtbeleuchtung immer der Fall ist. Abb. 254 stellt das Schema dieser Anordnung dar. Von dem Gegenstand A wird mittels des Objektives O auf der Nipkow-Scheibe N

ein reelles Bild entworfen. Von diesem sind alle Bildelemente durch die Nipkow-Scheibe abgeblendet, mit Ausnahme eines einzigen, dessen Licht durch das jeweilige Loch der Nipkow-Scheibe hindurchgehen kann und von der Photozelle Z in einen elektrischen Stromimpuls umgewandelt wird. Die Lochscheibe treibt der Motor M an, der mit den Antriebsmotoren der Empfänger synchron läuft. Durch die Rotation des Abtasters werden nacheinander die Lichtintensitäten aller Bildelemente der Photozelle zugeführt. Der durch den Verstärker V verstärkte Photostrom steuert den Bildsender. Um eine gute Beleuchtung des Fernsehgegenstandes zu erzielen, werden im allgemeinen mehrere Lichtquellen benutzt, wie man es von photographischen Atelieraufnahmen her gewöhnt ist.

Solange man nur Schwarz-Weiß-Bilder erzielen will, spielt bei diesem Verfahren die Farbempfindlichkeit der Photozelle eine untergeordnete Rolle. Die Photozelle soll möglichst im ganzen sichtbaren Spektrum gleichmäßig empfindlich sein. Es ist auch nicht erforderlich, daß die Empfindlichkeitskurve der Zelle der Empfindlichkeitskurve des Auges entspricht, da man die Farbe der künstlichen Lichtquellen auswählen kann. Photozellen mit Empfindlichkeitskurven, wie sie in Abb. 15 S. 28 und Abb. 192b Kurve I, S. 250 gezeigt wurden, eignen sich in jedem Falle für dieses Verfahren.

Beim zweiten Verfahren sind Photozelle und Lichtquelle vertauscht. Auf der Seite des Gegenstandes A befindet sich jetzt die Photozelle bzw. eine Anzahl Photozellen P_1, P_2, während auf der anderen Seite vom Abtaster die Lichtquelle angeordnet ist, wie Abb. 255[1] darstellt. Von der Bogenlampe L wird ein paralleles oder schwach divergentes Lichtbündel auf die Nipkow-Scheibe N geschickt. Auf der rechten Seite bleibt von diesem breiten Lichtbündel nur jeweils ein Strahl (entsprechend dem gerade im Lichtfeld befindlichen Loch der Nipkow-Scheibe) übrig, der den fernzusehenden Gegenstand in jedem Augenblick in einem Rasterelement beleuchtet. Das von diesem reflektierte Licht wird teilweise von den Photozellen P_1, P_2 usw. aufgenommen und in elektrische Ströme umgewandelt. Um möglichst viel Licht photoelektrisch auszunutzen, sind bei diesem Verfahren eine große Anzahl Photozellen um den Gegenstand angeordnet. Abb. 256 zeigt eine Anordnung der Bell Comp., Abb. 260 eine solche von Telefunken.

---
[1] Klette: Fernsehen 1, 220 (1930).

326 Die Verwendung der Photozelle zur Nachrichtenübermittlung.

Wenn man den Gegenstand, der ferngesehen werden soll, lediglich durch den Abtastlichtstrahl beleuchtet, so werden auch bei diesem Verfahren an die Photozellen keine besonderen Anforderungen gestellt. Man ist dann jedoch gezwungen, in einer völlig abgedunkelten Kabine aufzunehmen, da die Photozellen andernfalls eine zu starke konstante Vorbelichtung erhalten. Um dieses Verfahren für Personenbildübertragungen erträglich zu machen, insbesondere um die Blendung durch den schnell wandernden

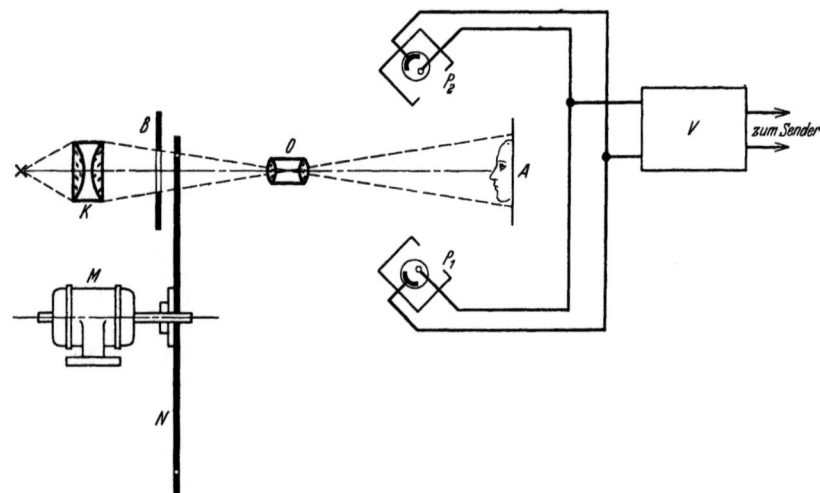

Abb. 255. Fernsehkamera mit Lichtabtastung durch Nipkow-Scheibe.

Lichtstrahl auszuschalten, ist eine Allgemeinbeleuchtung der Kabine notwendig. Man hat deshalb Photozellen entwickelt, die nur auf einen bestimmten Teil des Lichtspektrums reagieren. Man verwendet am zweckmäßigsten hierzu Photozellen, die lediglich im Ultrarot bzw. Rot oder im Blauviolett bzw. Ultraviolett empfindlich sind, also selektiv empfindliche Photozellen. Die Lichtfarbe des Abtaststrahls wird dann in die Gegend des selektiven Maximums der Photozelle gelegt und die Kabine mit Lichtquellen beleuchtet (Selektivstrahlern, z. B. Glimmlampen), die entweder in dem Empfindlichkeitsbereich der Photozelle keine Strahlen aussenden, oder bei welchen durch Farbfilter diese Lichtbereiche ausgefiltert sind.

Die Anordnung der Photozellen ist beim zweiten Verfahren ein wichtiges optisches Problem; denn nur bei richtiger Anordnung wird man im Empfänger eine richtige Beleuchtung des fernzusehenden Gegenstandes erhalten. Die Photozelle wirkt gewissermaßen als virtuelle Lichtquelle, so daß sowohl ihre Stellung zum Gegenstand wie auch zur Lichtquelle, die diesen beleuchtet, von ausschlaggebender Bedeutung ist. In den meisten Fallen wird man die Austrittsöffnung des aus der Nipkow-Scheibe austretenden Strahles mit den Photozellen ringförmig umgeben, so daß sich nahezu die Blickrichtung von der Lichtquelle aus ergibt. In der Abb. 256 erkennt man 3 Gruppen von Photozellen. Das Bell-System verwendet orangefarbiges Licht zur allgemeinen Beleuchtung der Fernsehkabine. Wie Abb. 257 zeigt, sind die dabei benutzten Photozellen für dieses Licht unempfindlich. Die Kurve A der Abb. 257 stellt die relative optische Durchlässigkeit des

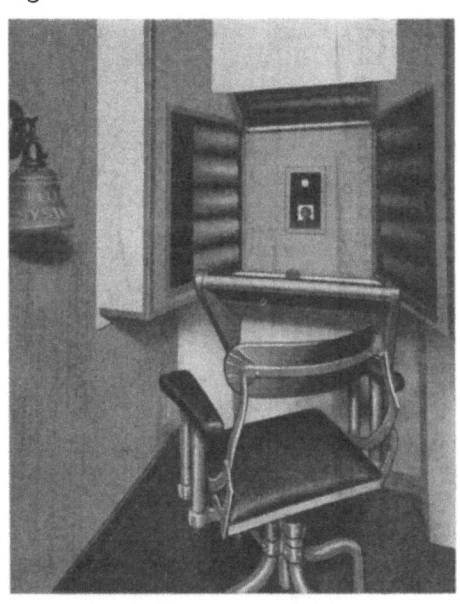

Abb. 256. Fernsehkabine der Bell Comp. U. S. A. An den Seiten sind deutlich die Photozellen sichtbar.

Filters dar, das in den Abtaststrahl eingeschaltet ist, Kurve B die relative Empfindlichkeit der benutzten Photozelle im sichtbaren und ultravioletten Spektrum. Beide Kurven decken sich sehr gut. Die Photozelle hat im Grün eine schon recht geringe Empfindlichkeit, die im Gelbrot zu Null wird. Hieraus ergibt sich zwangsweise die orangefarbene Beleuchtung der Fernsehkabine. Die spektrale Empfindlichkeit des Auges ist der Vollständigkeit halber ebenfalls in der Abb. 257 angegeben (Kurve C). Man erkennt, daß eine helle, für das Auge günstige Allgemeinbeleuchtung gewählt werden kann.

Um möglichst viel reflektiertes Licht zu erfassen, verwendet

328 Die Verwendung der Photozelle zur Nachrichtenübermittlung.

die Bell Telephone und Telegraph Co. sehr große Photozellen mit einer wirksamen Kathodenoberfläche von ca. 500 cm². Die Länge der röhrenförmigen Photozelle beträgt 50 cm, ihr Durchmesser 10 cm. Die Kathode ist auf der Röhrenwand niedergeschlagen. Sie besteht aus einer Silberträgerschicht mit Kaliumoberfläche, die mittels Schwefel (vgl. S. 33—35) sensibilisiert worden ist. Die Gasfüllung ist Argon. Als Anode dient ein dünner Draht, der auf ein Glasrohr aufgewickelt ist, wodurch die Relativbewegungen der Elektroden gegeneinander und damit die mikrophonischen Störgeräusche (vgl. S. 162) vermieden werden. Gasdruck und Konstruktion sind so gewählt, daß sich eine kleine Zeitkonstante ergibt. In Abb. 258[1] ist die Frequenzabhängigkeit der Zellen und der Zellen + Ausgleich wiedergegeben. Der Ein-

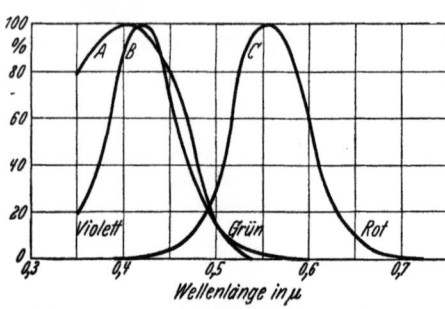

Abb. 257. *A* Relative optische Durchlässigkeit eines Blaufilters, das in den Abtastlichtstrahl der Aufnahmekamera des Bell-Fernsehsystems eingeschaltet ist. *B* Relative Empfindlichkeit der Photozellen. *C* Empfindlichkeitskurve des Auges (nach Ives, Gray und Baldwin).

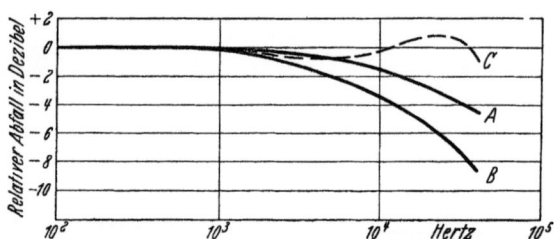

Abb. 258. Frequenzabhängigkeit des „Bell"-Photozellenverstärkers (Kurve *C*); *A* Frequenzabhängigkeit einer Zelle; *B* Frequenzabhängigkeit aller Zellen.

fluß der Zeitkonstante auf die Frequenzabhängigkeit tritt schon bei 1000 Perioden in Erscheinung und bewirkt bei 10000 Perioden 4%, bei 50000 nahezu 10% Spannungsabfall. Durch das in Abb. 259[1] angegebene Korrektionsglied läßt sich ein genügender Ausgleich schaffen.

---

[1] Aus: The Bell System Techn. J. 9, 456/457.

Das Telefunken-Verfahren nach Karolus und Schröter benutzt an Stelle der Nipkow-Scheibe das Weilersche Spiegelrad als Abtaster, das durch viele eingehende Versuche wesentlich verbessert worden ist. Abb. 260 stellt die Telefunken-Apparatur dar, die gemeinsam von Telefunken und Karolus entwickelt wurde. Es sind deutlich die vier eingebauten lichtelektrischen Zellen hinter den Schutzgittern zu erkennen. Rechts und links oben befinden sich je zwei Meßinstrumente. Innerhalb der Öffnung wird

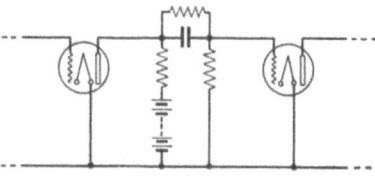

Abb. 259. Korrektionsglied zum Ausgleich des Frequenzabfalles der Photozellen bei hohen Frequenzen (nach Ives, Gray und Baldwin).

das Spiegelrad sichtbar, welches den Lichtstrahl auf den Gegenstand oder die Person wirft. Die lichtelektrischen Zellen fangen das reflektierte Licht auf und wandeln es in elektrische Ströme um. Die Abtastung geschieht nun so, daß bei der Drehung des Spiegel-

Abb. 260. Fernsehkamera von Telefunken.

rades jeder Spiegel eine senkrechte Lichtbahn erzeugt (vgl. Abb. 252 S. 322). Die einzelnen Bahnen liegen dicht nebeneinander und sind um eine Lichtpunktbreite gegeneinander versetzt, so daß, wenn alle Spiegel in Tätigkeit sind, eine rechteckige Fläche überstrichen wird.

Bei allen Fernsehverfahren kann der Lichtstrahl nicht unendlich dünn gemacht werden. Daher hat das momentan belichtete

330 Die Verwendung der Photozelle zur Nachrichtenübermittlung.

Abb. 261. Telefunken-Filmabtasteinrichtung für Fernsehzwecke nach Karolus.

Abb. 262. Fernsehempfänger von Telefunken.

Flächenelement eine endliche Größe. Je größer es nun ist, um so unschärfer wird das Bild im Empfänger, da die Photozelle nur die mittlere Helligkeit des Flächenelementes registriert. Gleichzeitig verliert das Bild an Tiefenschärfe. Da ferner eine von der Aufnahmekamera entferntere Stelle des Übertragungsgegenstandes den Photozellen weniger Licht zurückstrahlt als eine nähere gleich helle Stelle, so werden die Helligkeitsunterschiede falsch wiedergegeben. Die entferntere Stelle erscheint zu dunkel. Aus diesem Grunde benutzt man auf der Sendeseite zu Versuchszwecken eine Filmabtasteinrichtung (Abb. 261), die ebenso wie die kontinuierliche Faksimiletelegraphie arbeitet, nur noch höhere Abtastgeschwindigkeit besitzt.

Abb. 262 zeigt den Fernsehempfänger von Telefunken. Links befindet sich in einem Metallgehäuse die Lichtquelle L, dann folgt die Kerr-Optik KZ, die die Helligkeit des Lichtstrahles im Takte des Fernsehsenders steuert. Der Lichtstrahl wird dem Spiegelrad zugeführt. Das Bild kann im schrägen Spiegel S_2 durch die Öffnung O vom Beobachter betrachtet werden.

52. Der Tonfilm[1].

Die umfangreichste Anwendung findet die Photozelle bei der Tonfilmwiedergabe. Es sind zur Zeit etwa 20000 Tonfilmtheater mit Lichttoneinrichtung in Betrieb, die größtenteils je zwei Wiedergabeeinrichtungen besitzen, so daß schätzungsweise 40000 Photozellen dauernd in Gebrauch sind. Hierdurch wurde es erstmalig notwendig, Photozellen in Serienfabrikation herzustellen.

Man unterscheidet drei Aufnahmeverfahren: den Nadeloder Plattenton, den Magnetton und den Lichtton. Beim Nadelton werden besondere Grammophonplatten mit 10 Minuten Spieldauer benutzt. Sonst besteht kein Unterschied in der Aufnahme gegenüber den modernen Herstellungsverfahren und bei der Wiedergabe der Schallplatten. Beim Magnetton ist der Lautträger ein Stahldraht oder ein Stahlband, dessen Magnetisierung sich im Rhythmus der akustischen Schwingungen ändert. Beide Verfahren benötigen besondere Vorrichtungen, um einen vollständigen Gleichlauf zwischen Film und Lautträger zu erzielen, damit beim

---

[1] Fischer, F., u. H. Lichte: Tonfilm-Aufnahme und -Wiedergabe nach dem Klangfilmverfahren. Leipzig 1931.

332 Die Verwendung der Photozelle zur Nachrichtenübermittlung.

Zuschauer der gewohnte Eindruck der Gleichzeitigkeit erweckt wird. Das Magnettonverfahren ist bis jetzt noch nicht zur praktischen Anwendung gekommen.

Der Lichtton hat so viele Vorzüge bei der Herstellung, Synchronisierung, beim Transport und Verleih, daß er in immer stärkerem Maße den Nadelton verdrängt. Bild und Ton sind auf demselben Filmstreifen aufgezeichnet, so daß lediglich dessen

Abb. 263. Teile von Tonfilmstreifen, links mit Intensitätsschrift, rechts mit Amplituden- oder Schwarz-Weiß-Schrift.

Einlegen in die Wiedergabeeinrichtung für den Gleichlauf maßgebend ist. Der Gedanke der gleichzeitigen Aufzeichnung von Bild und Ton ist schon sehr früh ausgesprochen worden[1]. Jedoch erst im Jahre 1919 konnten von Vogt, Engl und Massolle[2] brauchbare Aufnahmen vorgeführt werden (Triergon-Verfahren), und es vergingen weitere neun Jahre, ehe die Allgemeinheit am Tonfilm Interesse fand. Seitdem ist der Film als stummer Film mit den störenden Zwischentexten nicht mehr zu denken.

Die Lichttonaufnahme erfolgt im wesentlichen nach zwei Verfahren, die beide in der Praxis Anwendung finden. Beim Intensitätsverfahren wird die ganze Fläche des Lichtspaltes

---

[1] Fritts, C. E.: U. S. A.-Patent 1203190.
[2] Rolle, J.: Die Kinotechnik **1922/23,** 857

Der Tonfilm. 333

und damit die ganze Breite des Tonstreifens gleichmäßig belichtet (vgl. Abb. 263, linke Seite). Die akustischen Wellen werden vom Mikrophon in elektrische Wechselströme verwandelt. Diese steuern die Lichtstärke einer Glimmlampe, einer Bogenlampe oder die Doppelbrechung einer Kerrzelle. Die Helligkeitsschwankungen werden auf photographischem Wege als Schwärzungsunterschiede auf dem Film niedergeschrieben, der sich mit konstanter Geschwindigkeit an der Belichtungsstelle vorbeibewegt. Beim **Amplitudenverfahren** bleibt die Helligkeit der Licht-

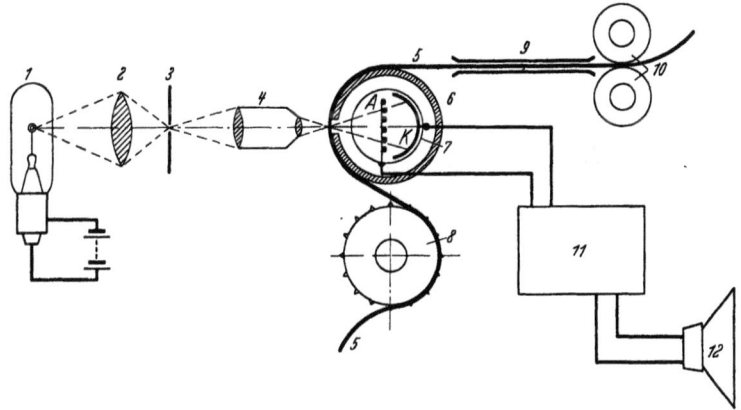

Abb. 264. Schematische Darstellung der Lichttonwiedergabe.

quelle für das einzelne Flächenelement konstant. Zwischen Lichtquelle und Film ist ein Spalt als Blende angeordnet. Je nach der Größe der akustischen und der dieser entsprechenden elektrischen Amplitude wird ein bestimmter Teil des Spaltes ausgeleuchtet. Der Tonstreifen (vgl. Abb. 263, rechts) ist im Mittel zur Hälfte durchlässig (unbelichtet) und zur anderen Hälfte undurchlässig (belichtet). Solange kein Ton aufgenommen wird, ist die Belichtung des Tonstreifens so eingestellt, daß genau die Hälfte belichtet wird. Die in der Mitte entstehende Trennungslinie zwischen dem lichtdurchlässigen und dem geschwärzten Teil stellt dann die Nullinie dar, um welche beim fertigen Tonstreifen die akustischen Schwingungen als Schwarzweißdiagramm aufgezeichnet sind (vgl. Abb. 263). Die Belichtung erfolgt beim Amplitudenverfahren entweder durch einen schwingenden Spiegel, durch eine gesteuerte Lichtblende oder durch eine Gehrkesche

334 Die Verwendung der Photozelle zur Nachrichtenübermittlung.

Glimmlichtoszillographenröhre, deren Lichtsäulenlänge in entsprechender Verkleinerung direkt auf dem Film abgebildet wird.

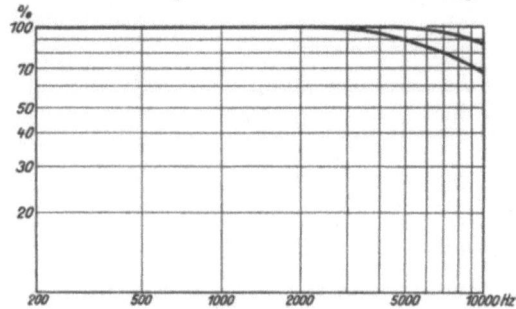

Abb. 265. Frequenzkurve eines Tonfilmphotozellenverstärkers mit Hochvakuumphotozelle (obere Kurve) und Gasphotozelle (untere Kurve) (nach Hehlgans).

Das Wiedergabeverfahren ist für beide Aufnahmemethoden das gleiche. Ein Prinzipschema zeigt Abb. 264. Der von einer

Abb. 266. Tonwiedergabegerät der Radio Corporation of America.

30-Watt-Wolframlampe *1** durch den Kondensor *2* beleuchtete Spalt *3* (0,17 mm × 21 mm wie bei der Aufnahme) wird mit einer

---

* Man benutzt dickfädige Wolframglühlampen, die eine enge horizontale Wendel besitzen und bei 2900° bis 3000° C brennen. Die Wärmeträgheit des Glühfadens muß so groß sein, daß kleine Heizschwankungen ausgeglichen werden.

Der Tonfilm. 335

Mikroskopoptik *4* auf dem Film *5* als Lichtlinie von 0,017 mm Höhe und 2,1 mm Breite abgebildet, so daß nahezu die ganze Breite

Abb. 267. Tonwiedergabezusatz zum AEG-Projektor „Triumphator".

des Tonstreifens überdeckt wird. Der Film gleitet auf der feststehenden Führungsbahn *6*. Innerhalb derselben befindet sich die Photozelle *7* mit Kathode K und Anode A. Das die Kathode treffende Licht ruft im Photozellenkreis schwache elektrische Ströme hervor, die im Verstärker *11* verstärkt und dem Schallsender *12* zugeführt werden. Die Stöße des Films werden durch die Einlaufrollen *10* und die Bremsbahn *9* gedämpft. Der Transport des Films erfolgt durch die gleichmäßig laufende Zahnrolle *8*.

Wird der Film mit der gleichen Geschwindigkeit wie bei der Aufnahme (24 Bilder pro sec) an der Belichtungsstelle vorbeigeführt, so sind bei

Abb. 268. Das „Uniton". Universal Tonzusatz der Klangfilmgesellschaft.

richtiger Frequenzkurve des Verstärkers und richtiger Schwärzung des Films, wenn also jede Verzerrung vermieden wird,

336 Die Verwendung der Photozelle zur Nachrichtenübermittlung.

die Photozellenströme ein getreues Abbild der Mikrophonströme.

Um eine gute Wiedergabe zu erzielen, muß die Lichtquelle möglichst konstant brennen. Dieses wird am sichersten durch Batterieheizung erreicht. Der Film muß außerordentlich gleichmäßig laufen, da der Ton sonst heult. Ferner müssen sämtliche Erschütterungen des Bildprojektors, der in den meisten Fällen das Bild ruckweise bewegt, und durch die Zahnräder vor der Belichtungsstelle durch mechanische Filter (Schwungmassen mit Federdämpfung) abgefangen werden. Die Dimensionierung des Spaltes ist für die Tonaufnahme und -wiedergabe von großer Bedeutung. Zunächst muß das Bild des Spaltes auf dem Film in beiden Fällen das gleiche sein. Ist dieses nicht der Fall, dann treten Verzerrungen auf. Die Höhe des horizontal liegenden Spaltbildes soll so klein wie möglich gewählt werden, damit bei gegebener Filmgeschwindigkeit auch die höchsten Töne noch einwandfrei aufgenommen und wiedergegeben werden können. Die untere Grenze der Spalthöhe ist durch das Auftreten von Beugungserscheinungen gegeben. Bei einem Filmtransport von 24 Bildern in der Sekunde, einer Bildgröße von 18 mm und einer Höhe des Spaltbildes von 0,02 mm beträgt die Grenzfrequenz, die noch einwandfrei wiedergegeben wird, etwa 11000 Hertz. Die Lichtlinie wird innerhalb des Films durch Zerstreuung und durch Reflexion an der Rückseite der Emulsionsschicht etwas verbreitert, so daß mit steigender Frequenz eine Verwischung und damit ein Amplitudenabfall eintritt. Läßt man 10% Abfall zu, so liegt die praktische Grenzfrequenz bei 8000 Hertz. Die Optik des Spaltbildgerätes muß so gut justiert und so starr sein, daß durch die Erschütterungen während des Laufens kein Vibrieren der Lichtlinie eintritt. Damit

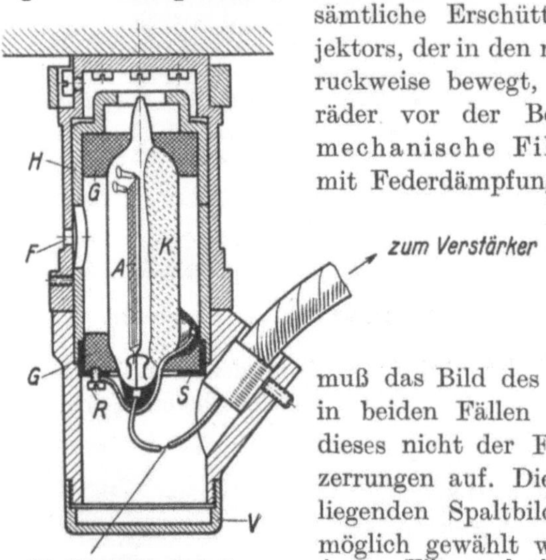

Abb. 269. Photozellenhalterung des Unitongerätes der Klangfilmgesellschaft.
F Belichtungsöffnung in der Filmführungsrolle, H Photozellenfassung, A Anode, K Kathode der Photozelle, die in Gummi weich gelagert ist.

durch ein seitliches Spiel des Films keine Störungen verursacht werden, schwärzt man die Ränder des Tonstreifens beim Intensitätsverfahren in genügender Breite und läßt die Lichtlinie beiderseits etwas überstehen.

Der Frequenzbereich des Verstärkers soll von 30 bis 10000 Hertz reichen. Abb. 265* zeigt die Frequenzkurve eines Tonfilmphotozellenverstärkers. Man kann die Prüfung mit einem

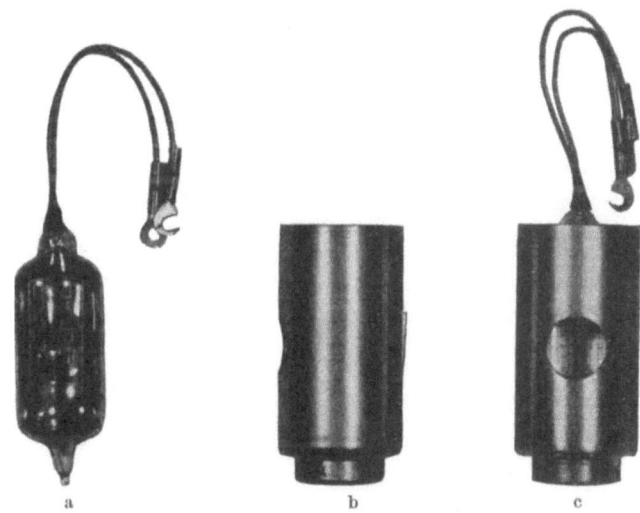

Abb. 270. Klangfilmphotozelle.
a Zelle, b Fassung, c Zelle in der Fassung.

Frequenzfilm, mit einer gesteuerten Kerrzelle oder mit der Schäfferschen Lichtsirene vornehmen (vgl. S. 190), z. B. wird der durch eine Kerrzelle tretende polarisierte Lichtstrahl mit einer von 30 bis 10000 Hertz veränderlichen elektrischen Frequenz konstanter Amplitude moduliert. Das so erhaltene Wechsellicht wird der Photozelle zugeführt und die Ausgangsamplitude des Verstärkers gemessen. Aus der oberen Kurve der Abb. 265 erkennt man, daß der Amplitudenabfall erst bei 5000 Hertz beginnt und bei 10000 Hertz erst 10% beträgt. Abb. 145, S. 181 stellt die Schaltung eines Photozellenverstärkers für Tonfilmwiedergabe dar. Die Kapazität der Photozelle ist hierbei vernachlässigbar. Da-

---

* Diese Kurve wurde uns freundlicherweise von Herrn Dr. Hehlgans, Forschungsinstitut der AEG, zur Verfügung gestellt.

338 Die Verwendung der Photozelle zur Nachrichtenübermittlung.

gegen ist die Kapazität der Zuleitung zum Verstärker zu berücksichtigen, besonders wenn ein längeres Kabel als Verbindung dient. Der Kopplungswiderstand R_a (vgl. Abb. 147, S. 182) muß dann

Abb. 271. Klangfilm-Tonbild-Wiedergabeprojektor.

entsprechend kleiner sein. R_a und R_g sind normalerweise Hochohmwiderstände von 0,5 bis 1,0 Megohm, C_k die Kopplungskapazität und C_d die wirksame Kapazität des Verstärkereingangs.

Der Tonfilm. 339

Die Abb. 266 bis 268 zeigen die technischen Ausführungen einiger Tonwiedergabegeräte. Abb. 266[1] ist die Ausführung der General Electric Co. für die Radio Corporation of America. Links ist der Lampenkasten mit 3 Lampen, damit eine schnelle Auswechslung einer durchgebrannten Lampe erfolgen kann. Im mittleren Raum befindet sich Optik und Belichtungsstelle. Rechts davon, elektrisch abgeschirmt, ist die Photozelle angebracht. Das Gerät

Abb. 272. Tonfilmeinrichtung in einem Ufa-Lichtspieltheater (Klangfilmsystem).

ist als Zusatz zu dem in Amerika sehr verbreiteten Simplexprojektor ausgeführt. Die Klangfilmgesellschaft hat für den AEG-Projektor einen besonderen Tonzusatz (Abb. 267)[2] herausgebracht und gleichzeitig ein Universalgerät, das Uniton (Abb. 268)[2], welches nahezu an alle Bildprojektoren angebaut werden kann. In Abb. 268 sieht man links den geöffneten Lampenrevolver mit der Mikroskopoptik. In dem großen topfförmigen Gehäuse befindet sich die Schwungmasse, die den Gleichlauf gewährleistet, in dem kleinen zylindrischen Körper ist die Photozelle untergebracht. Der letztere

---

[1] Von der GEC freundlichst zur Verfügung gestellt.
[2] Herrn Dr. Lichte danken wir bestens für die überlassenen Bilder.

340 Die Verwendung der Photozelle zur Nachrichtenübermittlung.

ist in Abb. 269 nochmals in nahe natürlicher Größe wiedergegeben. Die benutzte Photozelle samt Fassung zeigt Abb. 270.

Zum Ausgleich der verschiedenen Kopien, die zu hart oder zu weich sein können, wodurch Verzerrungen hervorgerufen werden, sind in den Verstärker nach der zweiten oder dritten Stufe gewöhnlich Entzerrungselemente eingebaut. Ferner ist ein Lautstärkenregler, Potentiometer, vorhanden, um die Anpassung an die

Abb. 273. Vorführerkabine für Tonfilmwiedergabe der Universalfilm-A.-G.

Theaterverhältnisse (Raumakustik) zu ermöglichen. Die Verstärkungsstufen und Verstärkerröhren sollen so gewählt werden, daß eine nachfolgende Röhre voll ausgesteuert ist, wenn die vorangehende zu etwa 50% ausgesteuert wird. Da die Photozellenströme außerordentlich klein sind, müssen sehr hohe Verstärkungen angewandt werden. Hierbei ist zu beachten, daß in den Anfangsstufen klingfreie Röhren mit wenig rauschenden Kathoden (Schroteffekt, Funkeffekt usw.) benutzt werden. Der Rauschpegel (vgl. S. 162) der Photozelle muß sehr niedrig sein, was dadurch erreicht wird, daß man entweder mit Hochvakuumzellen arbeitet, oder bei Gaszellen unter der Glimmspannung bleibt und höchstempfindliche Photozellen benutzt. Selbstverständlich dürfen die Zellen keine Trägheit besitzen (vgl. S. 162ff.). Zu den Störerscheinungen durch die Zelle kommt noch das **Filmrauschen**. All dieses ergibt zusammen ein Grundgeräusch, das sehr störend sein kann. Da es in der Hauptsache aus hohen Frequenzen besteht, kann es durch einen elektrischen Siebkreis geschwächt werden, der alle über 6000 Hz liegenden Töne abschneidet. Jedoch leidet dabei gleichzeitig die Schönheit der Wiedergabe.

Ein Tonbildfilmprojektor mit Photozellenverstärker und Schalteinrichtung ist in Abb. 271 dargestellt. Der Verstärker ist in der Nähe der Photozelle angeordnet, damit die schädliche Leitungskapazität möglichst klein bleibt.

Die Abb. 272 und 273 geben ein Bild von der Einrichtung einer modernen Vorführerkabine der Ufa für Tonfilmvorführungen.

C. Anwendungen der Photozelle in Überwachungs- und Sicherungseinrichtungen, als Steuerorgan von Schaltern, Maschinen u. dgl.

53. Die Photozelle als Relais; das „elektrische Auge".

Bei den unter A und B genannten Anwendungen mußte der Photozellenstrom mit Ausnahme des Optophons immer der auffallenden Lichtintensität proportional sein. Im folgenden werden nun Anordnungen beschrieben, bei denen dieses nicht erforderlich ist. Die Photozelle soll entweder lediglich zwischen hell und dunkel unterscheiden oder auf einen ganz bestimmten Helligkeitswert (Minimal- oder Maximalwert) reagieren.

Ein Photozellenrelais besteht also aus einer geeigneten Lichtquelle, einer für den jeweiligen Zweck bemessenen Optik und der Photozelle. Im einfachsten Falle wird von der Lichtquelle dauernd ein Lichtstrahl auf die Photozelle geschickt, der einen bestimmten Photostrom auslöst. Sobald der Lichtstrahl durch irgendeinen Gegenstand unterbrochen wird und die Zelle kein Licht mehr erhält, fließt kein Zellenstrom mehr, und die angeschlossene Signal- oder Schalteinrichtung spricht an. Die Photoströme selbst reichen meistens nicht aus, ein Starkstromrelais oder einen Schalter zu betätigen und müssen durch einen Verstärker verstärkt werden. Diese können jedoch außerordentlich einfach sein, da eine formgetreue Verstärkung nicht notwendig ist. Man benutzt deshalb am zweckmäßigsten steuerbare Gas- oder Dampfentladungsgefäße, die einen außerordentlich hohen Verstärkungsgrad haben. Photozelle und Verstärker können direkt aus dem Kraftnetz betrieben werden, wenn nicht die Sicherheit der Anlage eine Unabhängigkeit vom Netz erfordert.

Abb. 274. Großflächige AEG-Photozelle (½ nat. Größe).

Es kommen also Schaltungen in Frage, wie sie unter Ziffer 40c S. 182 und 40d S. 184 beschrieben sind.

Ebenso spielt die Trägheit der Photozellen eine untergeordnete Rolle, so daß man z. B. die Gaszellen mit äußerem lichtelektrischen Effekt im Vorglimmgebiet verwenden und die dort außerordentlich hohe innere Verstärkung durch Stoßionisation ausnutzen kann. Außer den Gaszellen eignen sich für Relaiszwecke die Sperrschichtphotozellen und die Zellen mit innerem Photoeffekt.

Bei diffusem Licht, z. B. bei der Überwachung der Helligkeit eines Arbeitsraumes verwendet man großflächige Zellen (vgl. Abb. 274) oder Zellen mit optischen Sammelvorrichtungen (Parabolspiegel usw.), um möglichst große Photoströme zu erzielen.

Die Konstruktion des Relais muß den Verhältnissen, unter welchen es benutzt wird, angepaßt sein. Bei der Benutzung in freier Luft oder in Fabrikräumen ist besonders auf die mögliche Verschmutzung und auf den Einfluß der Feuchtigkeit zu achten, da z. B. die Wasserhautbildung (vgl. S. 60) auf der Zellenwand oder auf anderen Isolierteilen die Ursache zum Versagen der Einrichtung sein kann. Aus diesen und anderen Gründen ist es immer vorteilhaft, die Schaltung so zu wählen, daß beim Versagen eines Teiles der Anlage eine Signaleinrichtung in Tätigkeit tritt.

Gegenüber den in den vorangehenden Abschnitten beschriebenen Anwendungen werden bei einigen im folgenden beschriebenen Einrichtungen wesentlich schärfere Anforderungen an die Konstanz der Zelle gestellt, und es hat sich bis jetzt gezeigt, daß die Zellen mit äußerem Effekt am geeignetsten sind. Hochvakuumzellen dieser Art können jetzt so gut hergestellt werden, daß sie nach einer Formierungszeit von 6 bis 10 Tagen mehrere Jahre vollkommen konstant bleiben. Dieses trifft auch für gasgefüllte Zellen zu, wenn sie nicht im Glimmgebiet benutzt werden. Abb. 275 zeigt Lebensdauerkurven von Photozellen. Die kleinen

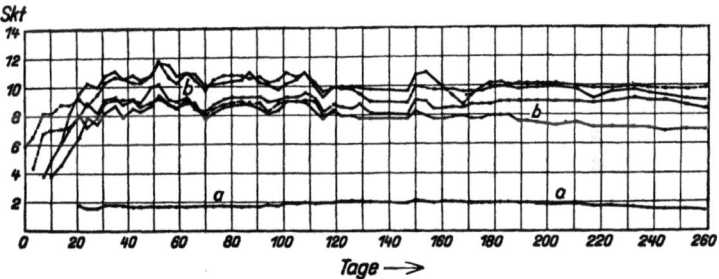

Abb. 275. Lebensdauerkurven von AEG-Photozellen (nach Kluge).
a Hochvakuumzelle, b Gaszellen.

in allen Kurven auftretenden Schwankungen sind auf die Veränderungen der Meßlampe zurückzuführen.

Die Bezeichnung „elektrisches Auge" für das Photozellenrelais ist deshalb in letzter Zeit häufig benutzt worden, weil bei vielen maschinellen Vorgängen, z. B. dem Sortieren, Abmessen und Prüfen auf richtige Lage von Gegenständen, die Photozelle als Überwachungsorgan benutzt wird und der Maschine als „Auge" dient[1]. Die Steuerung der Zelle benötigt nahezu keine Energie im Gegensatz zu den Einrichtungen, die mit Fühlhebeln die zu prüfenden Gegenstände abtasten. Aus diesem Grunde wird das „elektrische Auge" auch in der Maschinentechnik immer mehr Anwendung finden.

54. Anwendung des Photozellenrelais.

a) Die vollautomatische Lichtwarte. Die Kontrolle der Helligkeit spielt in der Praxis eine außerordentlich große Rolle. Die Kosten der Straßenbeleuchtung großer Städte sind sehr hoch, und jede Minute zu früh eingeschalteter Lampen bedeutet einen

---

[1] Geffken, H., und H. Richter: Sendung 7, H. 42.

großen Geldverlust, während durch zu späte Einschaltung unter Umständen Unglücksfälle eintreten können. Eine genaue Kontrolle ist nur mit Hilfe des Photozellenrelais möglich. Einige Großstädte haben bereits derartige Überwachungsorgane eingebaut.

Bei normalen Witterungsverhältnissen besteht ein fester Zusammenhang zwischen Tageszeit und Tageshelligkeit, so daß man häufig dazu übergegangen ist, die Beleuchtungsanlagen durch Zeitschalter zu betätigen. Diese schließen zu bestimmten Zeiten einen Kontakt, wodurch der Steuerimpuls zum Betätigen der Straßenbeleuchtung eingeleitet wird. Die Zeitschalter werden nach einem Brennkalender eingestellt oder von einer astronomischen Uhr gesteuert. Bei anormalen Witterungsverhältnissen versagen jedoch derartige Einrichtungen, und man ist auf das subjektive Empfinden des Stationsbeobachters angewiesen.

Abb. 276a. Photozelle in wetterfestem Gehäuse fur „Visomat B".

Das Photozellenlichtrelais stellt nun einen objektiven Dämmerungsmesser und -schalter dar. Prinzipiell lassen sich Selenzellen und Sperrschichtzellen verwenden. Zuverlässiger arbeiten jedoch die Alkali-Photozellen. Aus diesem Grunde verwendet man sie in den neuesten Lichtwarten[1] fast ausschließlich. Der Aufbau einer vollautomatischen Lichtwarte ist im folgenden beschrieben. Als lichtempfindliches Organ sind mehrere parallel arbeitende Photozellen so angebracht, daß eine direkte Bestrahlung durch die Sonne ausgeschlossen ist. Man verwendet stets mehrere Photozellen, um die unter Umständen auftretenden kleinen Empfindlichkeitsschwankungen auszuschalten. Die Verstärkung der schwachen Photozellenströme geschieht durch eine steuerbare Gasentladungsröhre mit Glühkathode (Thyratron). Die verstärkten Ströme wirken auf die Schalteinrichtung, die unter anderem ein Kontaktluxmeter enthält. Die Anlage ist nun so eingerichtet, daß kleine Veränderungen sich kompensieren. Gegenüber den lediglich mit Zeitschalter betätigten Lichtwarten er-

---

[1] Von der AEG zu beziehen.

Die vollautomatische Lichtwarte.

füllt die neue vollautomatische Lichtwarte noch eine weitere Anforderung, der man bisher nicht gerecht wurde und die durch die Sehfähigkeit bestimmt ist. Am Morgen braucht nämlich das ausgeruhte Auge eine geringere Helligkeit zur Wahrnehmung als am Abend, wenn es ermüdet ist. Diese Werte sind experimentell festgelegt worden und betragen: am Morgen 0,5 lux und am Abend 8 lux. Das Photozellenrelais muß also beim Überschreiten von 0,5 lux am Morgen die Beleuchtungsanlage außer Tätigkeit setzen und am

 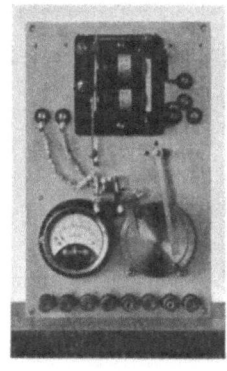 

b c d

Abb. 276 b, c, d. Dämmerungsschalter für automatische Straßenbeleuchtung der Fa. Preßler, Leipzig Visomat-Gerät Modell B nach Geffken u. Richter. b Vorderansicht (geschlossen), c Vorderansicht (geöffnet), d Rückansicht.

Abend beim Unterschreiten von 8 lux einschalten. Kurzzeitige Verdunklungen durch Wolken oder kurzzeitige Aufhellungen durch Blitze lösen keinen Schaltvorgang aus. Durch die Kombination des Photozellenrelais mit geeigneten Zeitwerken ist diese Aufgabe gelöst worden.

Eine ähnliche Anordnung, die mit Hochvakuumverstärkerröhren arbeitet, ist in Abb. 276 dargestellt. Die röhrenförmige Photozelle Abb. 276a ist in einem wetterdichten Gehäuse getrennt vom eigentlichen Schaltorganismus angeordnet und mit ihm durch ein Kabel verbunden. Durch einen periodisch umlaufenden, mit Hilfe eines Uhrwerks angetriebenen Schalter wird das Gitter der Verstärkerröhre in bestimmten Zeitabständen negativ aufgeladen, so daß kein Anodenstrom fließen kann. Dem Gitter-Kathodenkreis liegt ein Kondensator parallel, der die Gitterkapazität um so viel vergrößert, daß die Ladung bei unbelichteter Zelle zwischen zwei Aufladungen erhalten bleibt. Ohne Parallelkondensator würde sich die kleine Kapazität des Gitters über den Isolationswiderstand zu schnell entladen. Die Photozelle dient nun als Ableitewiderstand und wird den Kondensator um so schneller entladen, je stärker sie belichtet ist. Der Anodenstrom beginnt erst dann zu fließen, wenn die negative Ladung vom Gitter (+ Kondensator) abgeflossen und der neue Aufladestoß noch nicht erfolgt ist, d. h. also: von einem bestimmten Schwellwert der Belichtung an wird das Relais in Tätigkeit gesetzt, das dann die Straßenbeleuchtung einschaltet. In dem Apparateteil Abb. 276c und d sind die einzelnen Schaltelemente und die Verstärkerröhre eingebaut[1].

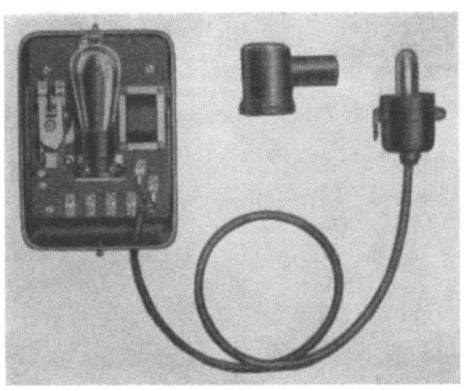

Abb. 277. Photozellenrelais der General Electric Co.

Eine weitere wichtige Anwendung der lichtelektrischen Helligkeitskontrollapparate ist die Überwachung der Helligkeit in Fabrikräumen (vgl. Abb. 225 S. 295). Es ist bekannt, daß die Arbeitsleistung bei vielen Arbeitsgängen sehr stark von der genügenden Beleuchtung des Arbeitsplatzes abhängt. Versuche mit lichtelektrischen Kontrollrelais sind außerordentlich günstig verlaufen, so daß man sie probeweise in verschiedenen Fabriken aufgestellt hat. Es kommen im allgemeinen relativ einfache Lichtrelais in Frage, die nur mit einer Photozelle ausgerüstet und auf einen bestimmten Helligkeitswert eingestellt sind.

b) Das lichtelektrische Zählrelais. Nachdem die versuchsweise Einführung von lichtelektrischen Zähleinrichtungen günstige Er-

---

[1] Einfachere Dämmerungsschalter werden auch von der Allgemeinen Elektricitäts-Gesellschaft, Berlin, von der Westinghouse Electric & Manuf. Co., Nevark U. S. A., und von der General Electric Co., U. S. A., geliefert.

gebnisse[1] gezeitigt hat, scheint die breitere Anwendung sich immer mehr durchzusetzen. Den verschiedenen Vorteilen stehen zunächst noch die höheren Anschaffungskosten entgegen. Es gibt jedoch eine Reihe von Anwendungsmöglichkeiten, in denen die mechanischen und elektromagnetischen Relais versagen, die meistens auf der Abtastung oder Wägung des zu zählenden Gegenstandes beruhen. Dieses ist der Fall z. B. beim Zählen glühender Gegenstände (Walzgut, Preßteile), beim Zählen verschieden großer oder verschieden schwerer Gegenstände und auch dann, wenn die Zählgeschwindigkeiten sehr groß werden. Der hauptsächlichste Vorteil der lichtelektrischen Relais liegt nun darin, daß man

Abb. 278.
Cäsium-Photozelle der
General Electric Co.
für Lichtrelaiszwecke.

Abb. 279. Visomat-Auge und Visomat-Schalter
Modell A nach Geffken u. Richter.

mit dem Zählvorgang gleichzeitig eine Qualitätsprüfung verbinden kann, so daß unbrauchbare Gegenstände ausgeschieden und nicht mitgezählt werden. Z. B. ist es möglich, beim Zählen blanker Metallteile ihre Oberfläche zu prüfen. Man arbeitet dann mit der Reflexionsmethode, bei der das vom Gegenstand reflektierte Licht auf die Photozelle einwirkt. Durch entsprechende Kombination mehrerer Zellen läßt sich die ganze Oberfläche des Gegenstandes lichtelektrisch abtasten. Ist die Zähleinrichtung an einer Stanze angebracht, so kann man gleichzeitig den Material-

---

[1] Walker, R. C.: Wireless World 29, 444 (1931). Breisky u. Erickson: J. amer. Inst. El. Engs. 48, 118 (1929).

348 Die Anwendung der Photozelle als Schaltorgan.

vorschub und die Stanzgeschwindigkeit regeln, wodurch eine bessere Materialausnutzung erreichbar ist.

Die wesentlichen Bestandteile des lichtelektrischen Zählrelais sind die Lichtquelle mit der zugehörigen Optik zur Erzeugung des Lichtstrahls, die Photozelle und die Verstärkereinrichtung mit der Anzeigevorrichtung der Zahlen. Die Gegenstände

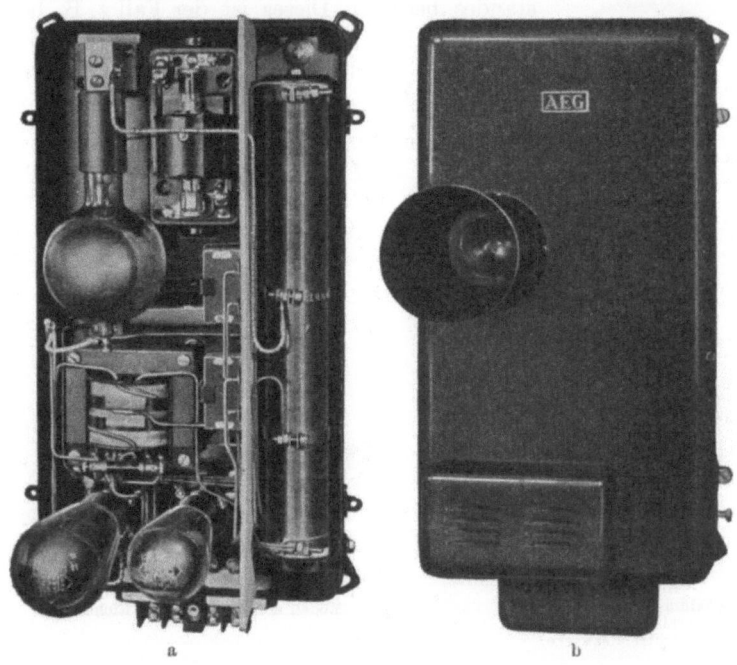

Abb. 280. Lichtrelais „Ipsilux" der Allgemeinen Elektricitäts-Gesellschaft, Berlin.

werden entweder so in den Strahlengang gebracht, daß sie die Photozelle verdunkeln oder daß das von ihnen reflektierte Licht die Photozelle trifft. Die entsprechenden Schaltungen sind unter Ziffer 39 und 40 angegeben. Die Photozelle arbeitet entweder von hell auf dunkel (vgl. Abb. 151, S. 188) oder umgekehrt (vgl. Abb. 150a, S. 186). Da in diesen Fällen eine Proportionalität zwischen Licht und Ausgangsstrom des Verstärkers nicht notwendig ist, verwendet man am besten gesteuerte Gasentladungsröhren (Thyratrons), da diese eine außerordentlich hohe Verstärkung besitzen. Ein großer Vorteil der lichtelektrischen Zähleinrichtungen besteht noch darin, daß man die Anzeigevorrichtung fern vom Arbeitsplatz, also z. B. in der Betriebszentrale, aufstellen kann. Abb. 277 stellt ein derartiges Zählrelais mit Thyratronverstärkerröhre dar. Die Photozelle auf der rechten Seite (Lichtschutzgehäuse abgenommen) ist durch ein längeres Kabel mit dem Verstärker verbunden, um die Zelle bequem an die Arbeitsstelle heranbringen zu können. Im Verstärkerkasten ist in der Mitte das Thyratron, links ein Starkstromrelais (oder ein Zählrelais) und rechts der Netztransformator zu sehen. Die in diesem Lichtrelais benutzte Alkalizelle ist in Abb. 278 wiedergegeben. Eine andere Ausführung des Lichtrelais zeigt Abb. 279. Dieses Gerät, das unter dem Namen Visomat[1] im

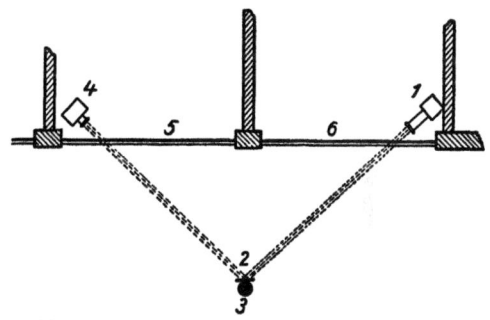

Abb. 281. Schematische Darstellung einer automatischen Schaufensterbeleuchtung mit Hilfe eines Lichtrelais.

Handel ist, kann sowohl für Batteriebetrieb als auch für Netzanschluß geliefert werden. Zwecks besserer Anpassung an die verschiedenen Verwendungsmöglichkeiten ist wiederum die Zelle (das „Auge") von dem Relais und der Schalteinrichtung getrennt.

c) Die Lichtschranke. Die unter b) beschriebenen lichtelektrischen Einrichtungen können auch als Lichtschranke benutzt werden. Sie sollen dann lediglich jeden den Strahlengang kreuzenden Gegenstand anzeigen, also z. B. ein Signal geben oder ein Warnungsschild aufleuchten lassen. Abb. 280 zeigt eine von der Allgemeinen Elektricitäts-Gesellschaft unter dem Namen Ipsilux[2] in den Handel gebrachte Lichtschranke, die für viele Zwecke Anwendung finden kann. In Abb. 280a ist das Lichtrelais geöffnet und in Abb. 280b geschlossen wiedergegeben. Die kugelförmige Photozelle (vgl. Abb. 274 S. 342) erhält ihre Anodenspannung von dem rechts angeordneten Potentiometer, an dessen Enden die durch eine Gleichrichterröhre aus dem Wechselstromnetz

---

[1] Zu beziehen von der Firma Otto Preßler, Leipzig.
[2] AEG-Mitteilungen **1931**, 195.

350   Die Anwendung der Photozelle als Schaltorgan.

gleichgerichtete Spannung liegt. Unter der Photozelle ist der Netztransformator und darunter die Verstärkerröhre (links) und die Gleichrichterröhre (rechts) zu sehen. Rechts oben neben der Photozelle befindet sich ein Quecksilberschalter (Cutax)[1] der sehr große

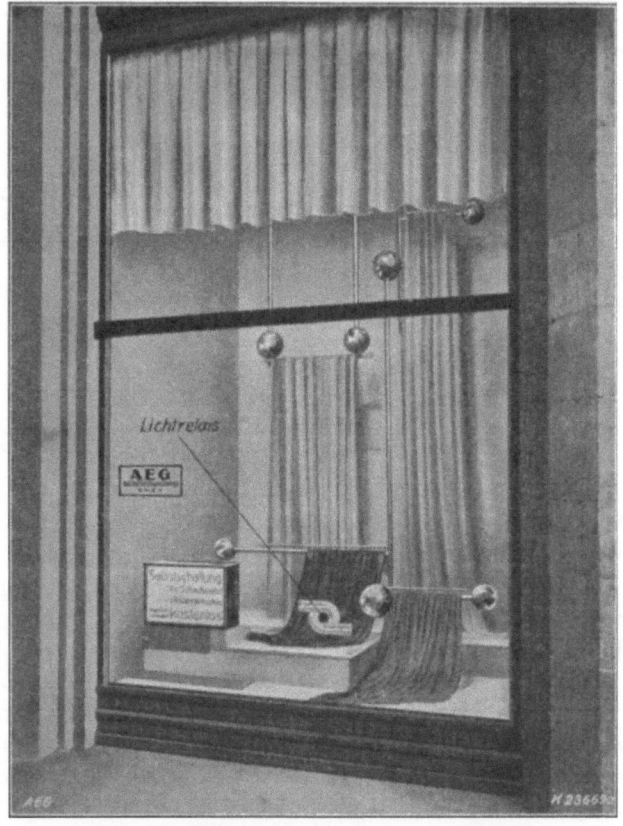

Abb. 282. Schaufensterbeleuchtung durch ein Lichtrelais.

Leistungen abzuschalten vermag. Eine Anwendung dieses Lichtrelais ist in Abb. 281 schematisch dargestellt. *1* ist ein kleiner Scheinwerfer, dessen Lichtstrahl durch die Glasscheibe *6* eines Schaufensters auf den Spiegel *2* geworfen wird, der an einem Mast *3* befestigt ist. Der vom Spiegel *2* reflektierte Strahl fällt durch

---

[1] Zu beziehen von der AEG, Berlin.

die Glasscheibe 5 eines zweiten Schaufensters auf die im Lichtrelais 4 befindliche Photozelle. Geht nun ein Passant an den Schaufenstern vorbei, so wird er zweimal den Lichtweg unterbrechen und damit das Lichtrelais betätigen, das eine Reklameeinrichtung oder die Schaufensterbeleuchtung einschalten kann.

Abb. 283. Lichtelektrischer Türöffner des „Magic house" in Schenectady.

Abb. 282 zeigt die praktische Durchführung einer Schaufensterbeleuchtung mit Hilfe einer Lichtschranke.

Eine weitere Anwendung ist im „Magic house" der General Electric Co. in Schenectady durchgeführt, wo mittels der Lichtschranke eine Tür geöffnet wird (Abb. 283) oder die Blitzlichtaufnahme[1] einer Person durchgeführt wird. Die letzte Einrichtung gehört schon zu den Schutz- und Sicherheitsein-

---

[1] Electrical Merchandising, Sept. 1931, S. 59.

richtungen, die weiter unten beschrieben sind. Diese Einrichtung ermöglicht, unerwünschte Besucher festzustellen.

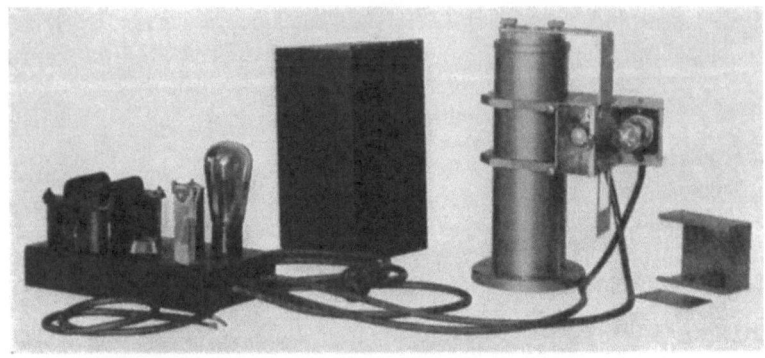

Abb. 284. Lichtrelais der General Electric Co., Schenectady.

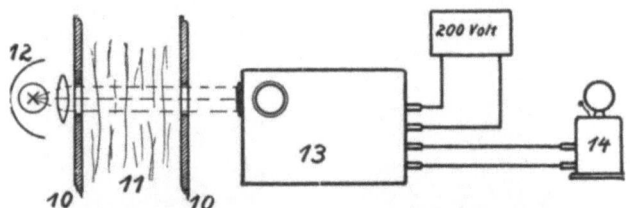

Abb. 285. Schematische Darstellung eines Rauchanzeigers.

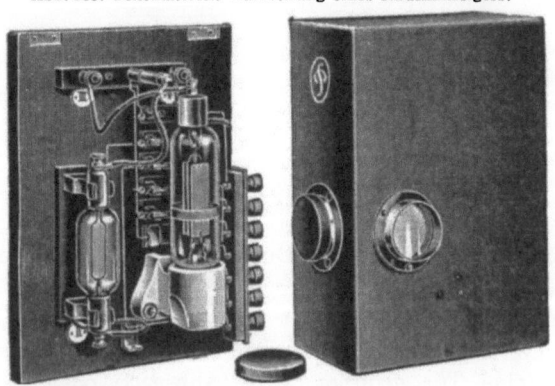

Abb. 286. Photozelle mit Glimmrelais nach Geffken u. Richter.

Die wichtigste Anwendung der Lichtschranken liegt auf dem Gebiet des Sicherungswesens und Signalwesens. Auf diesem Gebiet werden umfangreiche Versuche angestellt, um das Lichtrelais in den Eisenbahnsicherungsdienst einzuführen[1]. Bei der optischen Zugschlußmeldung befinden sich Lichtgeber und -empfänger auf der Strecke. Der Reflektor (Parabolspiegel) ist am Fahrzeug angebracht. Eine derartige Einrichtung zeigt Abb. 284. An der Säule sind Photozelle und Scheinwerferlampe angebracht. Die Verstärkung des Photostroms erfolgt durch ein Thyratron. Bei derartigen Signaleinrichtungen[2] verwendet man zweckmäßig unsichtbares Licht, damit eine Störung durch Unberufene möglichst weitgehend ausgeschaltet wird.

d) Das Lichtrelais als Trübungsmesser für Gase und Flüssigkeiten. Abb. 285 stellt schematisch die Verwendung des Lichtrelais als Rauchanzeiger dar. Durch den Kanal *10* strömen die zu untersuchenden Gase *11*. Mit Hilfe der Scheinwerferanordnung *12* wird ein Lichtbündel durch den Kanal gesandt. Nachdem es die Gasstrecke durchsetzt hat, fällt es auf die Photozelle des Lichtrelais *13*, das die Alarmglocke *14* bei zu starker Rauchentwicklung in Tätigkeit setzt. Ein für diese Zwecke geeignetes Lichtrelais[3] ist in Abb. 286 wiedergegeben. Die Photozellenströme werden durch ein Glimmrelais[3] nach Geffken und Richter (Abb. 287) verstärkt, indem die im Photozellenkreis am Serienwiderstand erzeugte Spannung an die Steuerelektrode des Glimmrelais gelegt wird. Bei dieser Schaltung zündet das Glimmrelais bei Verdunklung der Zelle.

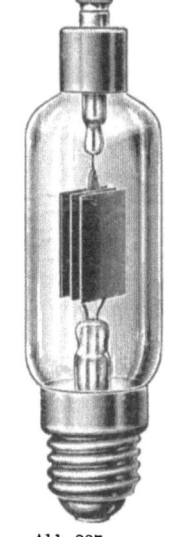

Abb. 287. Glimmrelais (nach Geffken u. Richter).

Abb. 288 zeigt ein Lichtrelais als Trübungsmesser für Flüssigkeiten, welche durch das hinter der Glühlampe befindliche Glasrohr strömen. Das durch dieses hindurchgehende, auf die lichtelektrische Zelle auffallende Licht löst einen bestimmten lichtelektrischen Strom aus. Übersteigt die Trübung oder die Verfärbung den festgelegten Wert und infolgedessen der Photo-

---

[1] Hampke: Ztg. d. Ver. Deutsch. Eisenbahnverwaltgn. **69**, 833. Herrnkind, O.: El. Anz. **48**, 373 (1931).
[2] ETZ **1929**, 1883 (Westinghouse).
[3] Zu beziehen durch die Fa. O. Pressler in Leipzig.

strom seine bestimmte Größe, so wird ein Relais eingeschaltet, das z. B. die Absperrhähne in der Flüssigkeitsleitung in die Sperrstellung drehen kann. Wird gefordert, daß die mittlere Trübung während einer bestimmten Zeit dauernd registriert werden soll, so benutzt man entweder eine Kompensationsschaltung mit Hilfe einer zweiten Photozelle und ein Registrierinstrument oder z. B. das weiter unten beschriebene Lichtmekapion.

Abb. 288. Trübungsmesser der AEG zur Kontrolle der Trübung oder Verfärbung von Flüssigkeiten und Gasen.

Die Photozelle wird ferner zur Kontrolle von Feuerungsanlagen benutzt, insbesondere bei Ölfeuerung. Der Ölzufluß kann durch die Photozelle sehr genau geregelt werden. Eine derartige Versuchs-Anlage ist in Abb. 289 wiedergegeben. Man erkennt auf dem Tisch die vor der Beobachtungsöffnung stehende Photozelle. Die gesamte Regeleinrichtung ist nochmals in Abb. 290 dargestellt. Als Verstärkerröhre wird ein Thyratron verwendet. Es handelt sich um eine Versuchsausführung der General Electric Co., Schenectady.

e) **Das Lichtmekapion.** Bei sehr genauen Kontrollmessungen kleiner Lichtintensitäten oder kleiner Lichtintensitätsschwankungen, die selbsttätig erfolgen sollen, benutzt man das von Strauß konstruierte Lichtmekapion[1], das eine Photozelle in Kombination mit einem Röhrenelektrometer darstellt. Es gestattet,

Abb. 289. Ofenregulierung durch ein Photozellenrelais (Versuchsausführung der General Electric Co.).

selbsttätige Einzelmessungen und Dauerregistrierungen vorzunehmen. Die Photozelle ist auf der Abb. 291 nicht mit abgebildet. Sie ist durch ein Kabel mit dem Verstärker verbunden, der eine Verstärkerröhre mit hochisoliertem Gitter (vgl. Abb. 134 S. 171)

---

[1] Strauß, S.: E. u. M. **1926**, 348 und **1928**, 1.

enthält. In dem Gitterkreis liegt ein kleiner hochisolierter Kondensator, dem die Photozelle parallel geschaltet ist. Sie stellt also einen mit der Belichtung sich ändernden Überbrückungswiderstand dar, der den Kondensator entlädt. Durch einen Ladestoß

Abb. 290. Lichtelektrischer Regelsatz der General Electric Co. Der geregelte Motor dient zum Öffnen und Schließen der Ventile einer Ölfeuerungsanlage.

wird zunächst der Kondensator aufgeladen, wodurch das Gitter eine so hohe negative Spannung erhält, daß kein Anodenstrom fließen kann. In demselben Maße, wie die Entladung des Kondensators zurückgeht, steigt der Anodenstrom von Null an.

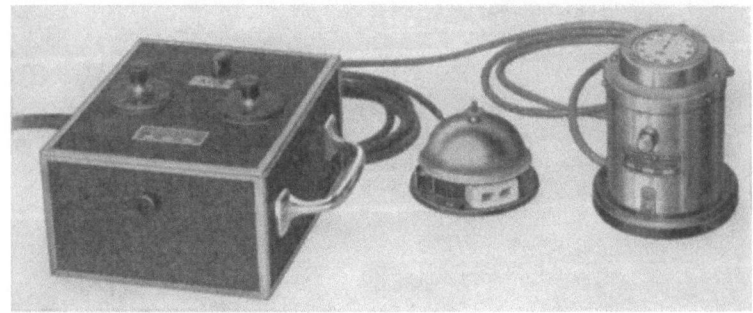

Abb. 291. Mekapion (nach Strauß).

Hat der Anodenstrom eine bestimmte Größe erreicht (wenn der Kondensator entladen ist), so wird durch den Anodenstrom eine Relaiseinrichtung betätigt, die dem Kondensator eine neue Ladungsmenge zuführt. Der Vorgang beginnt wieder von neuem. Die Geschwindigkeit der Ladestöße ist daher ein Maß für die auf die Photozelle auffallende Lichtintensität. Für das Mekapion sind besondere Schreibeinrichtungen entwickelt worden, die auch integrierende Messungen möglich machen,

Abb. 292. Integrierender Kurvenschreiber (nach Strauß).

z. B. Mittelwertsbildungen über mehrere Minuten. Abb. 292 zeigt einen Kurvenschreiber, der über eine Zeit von 5 Minuten

Abb. 293. Kurvenschreiber für lichtelektrische Registrierungen (nach Strauß).

die wirkliche Lichtenergie integriert und damit z. B. die mittlere Trübung der Flüssigkeit angeben kann, die in dieser Zeit durch die

Prüfröhre geflossen ist. Ein zweiter Kurvenschreiber (Abb. 293) zeichnet Ordinaten, deren Länge der Ablaufzeit des Mekapions proportional ist, die zwischen zwei Ladungsstößen liegt. Die Verbindungslinie der Endpunkte aller nebeneinanderliegenden Ordinatenzüge gibt somit eine Kurve, die der auffallenden Lichtenergie umgekehrt proportional ist. Der Antrieb der beiden Schreiber erfolgt am besten durch kleine Synchronmotore. Abb. 291 stellt die technische Ausführung des Mekapions dar. Es besteht neben der Photozelle aus dem Verstärkerkasten und einer elektromagnetisch gesteuerten Stoppuhr.

55. Photozellensteuerung von Sortiermaschinen.

Zum Schluß sollen noch einige Anwendungen beschrieben werden, die erst in neuester Zeit Beachtung und Bedeutung erlangt haben. Es handelt sich um die Verwendung der Photozelle als Steuerorgan in Sortiereinrichtungen, in welchen verschiedenfarbige Gegenstände ausgesucht werden sollen. So ist vorgeschlagen worden, Zigarren oder Kaffeebohnen auf diese Weise nach ihrer Farbe zu sortieren. Ferner hat man maschinelle Einrichtungen unter Verwendung eines Lichtrelais durchgebildet, die beim Einlegen von Gegenständen, z. B. Zigaretten, dafür sorgen, daß diese immer richtig liegen. Man tastet den Gegenstand mit einem Lichtstrahl ab und führt das reflektierte Licht einer oder mehreren Photozellen zu, die ihrerseits die Maschine steuern. Ein kleines Versuchsmodell der General Electric Co. zeigt Abb. 294. Auf einer Zuführungsbahn werden schwarze und weiße Kugeln der Prüfstelle zugeleitet. Die Prüfstelle wird von einem Lichtstrahl beleuchtet, und das reflektierte Licht zwei Photozellen zugeführt. Befindet sich eine weiße Kugel an der Prüfstelle, so wird sie mit Hilfe eines Relais in den rechten Kasten geleitet, eine schwarze Kugel gelangt auf entsprechende Weise in den Nebenkasten. Zwei über der Belichtungsstelle befindliche Zählrelais sind gleichzeitig in Tätigkeit, so daß diese Einrichtung außer dem Sortieren auch das Zählen der Gegenstände vornimmt. Die Verstärkung der Photoströme und die Steuerung der Relais erfolgt durch Thyratronröhren. Auf Grund dieses einfachen Modells lassen sich eine Reihe von Sortiermaschinen entwickeln, die im einzelnen nicht beschrieben werden sollen.

Die Photozelle als Steuerorgan in Sortiermaschinen. 359

Eine Anwendung der Photozelle, die auch in dieses Gebiet fällt, ist die Herstellung der perforierten Kartonvorlagen für Jacquard-Webstühle[1]. Die Karten wurden bisher nach der vorhandenen Vorlage durch Abzählen der einzelnen Fäden hergestellt. Nach einem Vorschlage von Korn ist man dazu übergegangen,

Abb. 294. Modell einer photoelektrischen Sortiermaschine.

die Abzählung der Fäden mittels Photozellen vorzunehmen und automatisch die Karten zu perforieren. Es wurde weiterhin vorgeschlagen, durch selektiv empfindliche Photozellen bzw. durch Photozellen mit vorgeschalteten Farbfiltern die Farben der Vorlage auf elektrischem Wege auf den Webstuhl zu übertragen und den Webstuhl direkt mit Hilfe von photoelektrischen Zellen zu steuern.

---

[1] Elektrotechn. Anz. 81, 1181 (1930).

Nachtrag zu V, Ziffer 27.

In Abb. 295 ist eine technische Form der auf dem Becquereleffekt (vgl. S. 54) beruhenden Sperrschichtphotozellen wiedergegeben, die unter dem Namen „Arcturus Photolytic Cell" von der Arcturus Radio Tube Co., Newark, New Jersey in den

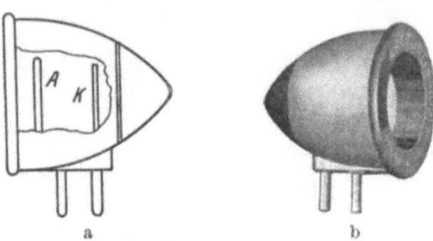

Abb. 295. „Arcturus Photolytic Cell".
A Anode, *K* Kathode.

Handel gebracht worden ist. Die Kathode K der Zelle (vgl. Abb. 295a) ist mit Kupferoxyd oder Kupferoxydul überzogen und befindet sich mit der Anode in einer Natriumhydratlösung. Der Photostrom ist bei diesen Zellen der auffallenden Lichtmenge nicht mehr proportional, sondern steigt etwas langsamer an.

Namen- und Sachverzeichnis.

Abbesches Prisma 211.
Absorbierter Anteil des auftreffenden Lichtes 7.
Absorptionsmessungen 279.
Abtastgeschwindigkeit 316, 321.
Abtastlichtstrahl, Farbe des — 328.
Abtastverfahren nach Korn 313.
Abtasteinrichtung nach Schröter 313.
Achromate 212.
Adsorbierte Alkaliatome auf Metalloberflächen 26.
— dünne Schichten 17, 24.
AEG-Photozelle 86, 87, 90, 105, 166, 337, 342.
Alkaliazide 70.
Alkaliverbindung als Zwischenschicht 28.
Alt 295.
Alterung der Zellen 119.
Amalgamlampen 202.
Amplitudenverfahren 333.
Ampullen für Alkalimetalle 68.
v. Angerer, E., 56, 79, 205.
Anlaufkurve 10.
Anode 2.
—, zentrale A. 8, 84.
Anodenableitewiderstand, Photozelle als A. 171.
Anodenrückwirkung 159.
Anodenschaltung 172, 178.
Anwendbarkeit der verschiedenen elektrostatischen Methoden 137.
Arbeitskurve der Photozelle 160.
Arbeitskurve der Verstärkerröhre 159.
Arendt, P. 315, 318.
Astrophotometrie 299.
Atomarer Wasserstoff, Wirkung auf Kalium 33.
Audionschaltung 180.

Aufbau einer selektiv emittierenden Oberfläche 32.
Aufladegeschwindigkeit 122.
Auflademethode bei schlechter Isolation 124.
Auge, elektrisches 341.
Augenempfindlichkeit 233.
—, Angleichung der Empfindlichkeitskurve der Photozelle an die A. 249.
Ausbeute 13, 159.
Ausfrieren der schädlichen Dämpfe 58.
Ausfriertasche 58.
Ausheizprozeß 61.
Ausschlagsmethode 130.
—, Arbeitsbedingungen bei schlechter Isolation 134.
—, Meßfehler 139.
Austrittsarbeit 10, 20, 22.
v. Auwers, O. 49.
Azide 71.
Azidverfahren 70.

Backewell, F. 312.
Böcklin 272.
Bain, A. 312.
Ball, A. 23.
Barium, rein 72.
— als Getter 82.
Barkhausen u. Kurz 176.
Barnard, G. R. 46, 104.
Barz, A. 311.
Beams, J. W. 4, 191.
Bechstein 266.
Becker, A. 6, 10, 16.
Becquerel 54
Becquereleffekt 54.
Beleuchtung der Fernsehkabine 327.
Bell, A. G. 107, 306, 309.

Berg, C. 244.
Bergwitz, R. 16.
Beutler, H. 238, 267.
Bidwell, S. 106.
Bildtelegraphie 311.
Bildtelegraphieliniennetz 318.
Bildtelegraphiesender und -empfänger 316.
Bild-Ton-Wiedergabeprojektor 338.
Biologische Strahlungsmessung 292.
Bleieinschmelzgläser 64.
Blindenschrift 309.
de Boer, H. 71, 91.
Bogen, „sprechender B." 306.
Bolometer 224.
Boltzmannsche Konstante 11.
Bomke, H. 298.
Borosilikatgläser 64.
Breeding, H. A. 96.
Breisky u. Erickson 347.
Brennrahmen 119.
Brentano, J. 178.
Breyer, F. 209, 277.
Briggs, H. B. 24.
Brodsky, J. 55.
v. Bronck, O. 106.
Bronson-Widerstand 149.
Brown, F. C. 114.
Brüche, E. 79.
Buckley, O. E. 80.
Burger 221.
Büttner, K. 293, 295.

Cäsium 66, 71.
Cäsiumhäute auf Platinspiegel 38.
Cäsiumphotozelle 84, 90, 342, 347.
„Cäsopreß"-Zelle 91.
Campbell, N. R. 24, 97, 150, 252, 260, 311.
Carruthers, G. H. 247.
Case, T. W. 24, 47, 111, 169.
Charakteristik 8.
Chloridverfahren 71.
Clausing, P. 71.
Clusius, K. 70.
Crew, W. H. 24.
Curtius, Th., u. J. Rissom 70.
Czerny, M. 236.

Dämmerungsschalter 344.
Darstellung reiner Metalle 65.
— — Gase 76.
Dember, H. 23, 296.
Des Coudres 227.
Destillation, mehrfache — nach Wiedmann u. Hallwachs 67.
Destillationsmethode 66.
Deubner 230.
Dieterich, E. O. 111.
Differentialphotozelle 259.
Diffusionspumpen 56, 57.
Diffusion von Wasserstoff 62.
Dipoltheorie 20, 26.
Dispersionskurve 196, 217.
Dispersionsnetzpapier 217.
Dixon, A. W. 274.
Dobson, G. M. B. 241.
Döpel, R. 34.
Doppelgitterröhre 170.
Doppelmonochromator 212.
—, Justierung der Linsen 213.
— nach Pohl und Hilsch 216.
Doppelschicht 18.
Dorno, C. 292, 293, 294, 298.
Dornostrahlung 297.
Dossmann, B. 150.
Drahtzelle 105.
Duantenelektrometer 146.
Du Bois-Rubens 225.
Du Bridge, L. A. 11, 18.
Dudell, W. 306, 310.
Dunkelaufladung 124, 248.
Dunkelstrom beim inneren lichtelektrischen Effekt 45.
Dunkelwiderstand 112.
Dünne Schichten 24.
— — auf Metallspiegeln 35.
— —, spektrale Empfindlichkeitskurve 31.
Dunoyer, L. 187.
Durchgang von Sternen 302.
Durchgriff der Verstärkerröhre 158.
Dushman, S. 60.

Ebert, L. 279, 292.
Eckert, E. 65.
Edelgase 77, 93.

Eichkondensator 148.
Eigengeschwindigkeit der Elektronen 9.
Einlaßvorrichtung für Gase 79.
Einsatzwerte des inneren lichtelektrischen Stromes 42, 167, 169.
Einsteinsche Gleichung 10.
Eisen-Wasserstoffwiderstand 180, 197.
Elektrolytisches Verfahren 73.
Elektromagnetische Meßmethoden 155.
Elektrometer 140.
Elektrometerempfindlichkeit, Schaltung zum Verändern der E. 243.
Elektrometerrückgang 120.
Elektron, Ladung des E. 10.
Elektronegative Substanzen, Elektronenaustrittsarbeit bei Besetzung mit e. S. 27.
Elektronenaffinität 11.
Elektronenausbeute, maximal erreichbare E. 13.
Elektronenaustrittsarbeit, Ermittelung aus der lichtelektrischen Gesamtemission 17.
— von Metallen 22.
— von Verbindungen 23.
Elektronenbombardement 20, 80.
Elektrostatische Meßmethoden 120.
Elektrostatischer Schutz 153.
Elster, J. 24, 32, 38, 75, 234, 292, 293, 294.
Empfindlichkeit, höchst erreichbare 233.
—, s. lichtelektrische Empfindlichkeit.
— von Photozellen 192.
Empfindlichkeitskurve des Auges 250, 328.
—, Verlauf 6.
—, „wahre" E. 6.
Energiequant 10.
Energieverteilungskurve 10.
Engel, K. 146.
Entgasungsverfahren 79.
Erdalkalimetalle 22, 66, 72.
—, Darstellung reiner E. 70.

Erdungsschlüssel 142.
Ermüdung 20.
Ermüdungserscheinungen 247.
Erregung, Beseitigung durch Ausleuchten 42.
Ersatzschema der Photozelle 159.
— des Photozellenkreises 182.
Erythemwirkung 297.

Fabry 195.
— u. Buisson 298.
Fadenelektrometer 140.
—, Anwendungsmöglichkeiten 147.
—, Empfindlichkeit 145.
— nach Lutz-Edelmann 141.
— nach R. Pohl 143.
— nach Th. Wulf 141.
Faksimileübertragung 311.
„Falsches" Licht 275.
Farbenanalysator 286.
Farbkurve 288.
Farbtemperatur 195.
—, Lichtelektrisches Photometer zur Ermittlung der F. 260.
Fensterglas, Durchlässigkeit im UV 209.
Fernsehabtasteinrichtung nach Karolus 322.
Fernsehempfänger von Telefunken 330.
Fernsehen 320.
Fernsehkabine der Bell Comp. 327.
Fernsehkamera 324, 326.
— von Telefunken 329.
Fernsehzellen der AEG 87.
Feußner, O. 274.
Filmabtasteinrichtung für Fernsehen 330.
Filtergläser 206.
Filter für Hg-Linien 210.
Fischer, F. 164, 331.
—, u. F. Schroeter 70.
Fleischer, R. 14, 23, 33.
Fleischmann, R. 23, 232.
Flimmermethode 241.
Flüssigkeitswiderstand 150.
Formierung 109.
Formierungszeit 111.

Forsythe 195.
Fournier D'Albe 311.
Fowler, R. H. 32.
Frehafer, M. K. 194.
Frequenzabhängigkeit 166, 169, 328, 334.
—, Ausgleich der 329.
Frequenzband 321.
Frequenzbereich des Tonfilmverstärkers 337.
Frisch, R. 240, 282, 284.
Fritts, C. E. 114, 332.
Fritz-Schmidt 63, 211.
Fry, Th. C. 8.
Füllgase 93.
Fulda, M. 62.
Funkenlicht 203.

Gaede, W. 56, 57.
Galvanometer, direkte Messung des Photostroms mit dem G. 155.
—, Einfluß magnetischer Störungen 227.
—, hochempfindliche 224.
Gardiner, H. W. B. 260.
Garrison, A. 55.
Gasabgabe der Gläser 60.
Gasbeladung 20.
Gasdruck, optimaler 94.
Gase, okkludierte G. 66.
Gasentladungsröhre, gesteuerte 184.
Gasofen 83.
Geffken, H. 343, 345, 347, 352, 353.
Gehlhoff, G. 63, 77, 197, 211.
Gehlhoff-Zelle 78.
Geiger, H. 234.
—, P. H. 47.
Geitel, H. 24, 32, 38, 75, 234, 292, 293, 294.
General Electric Co., Zellen der GEC 85, 99, 347.
Geradsichtmonochromator nach Löwe 214.
Gerdien, H. 149.
Gesamtemission, lichtelektrische 15.
Gesamtlichtstrom 252.
Gesamtstrahlungs-Pyrometer 273.
Geschwindigkeit der Elektronen 9.

Getter 82.
Gibson, K. S. 239.
Giltay, J. W. 109.
Gitterableitewiderstand, Photozelle als G. 170.
Gitterspannung, kritische 187.
Gitterwirkung beim Thyratron 185.
Gläser, Eigenschaften der G. 60.
Glas, Thüringer 63.
Glaselektrolyse 73, 77.
Glaselektrolyse nach Marton u. Rostás 74.
Glaserweichungspunkt 62.
Glasisolation, unzureichende G. 154.
Glassorten 60.
Gleichrichtercharakteristik mit und ohne Belichtung 52.
Glimmentladung in Sauerstoff 27.
— in Wasserstoff 20, 32.
Glimmrelais 353.
Glimmspannung 96.
Glimmstreckenspannungsteiler nach Körös 180.
Glühlampen 197.
Glühsender 81.
Goetz, A. 56, 80.
Goldmann, A. 55.
Goldraster 109.
Goldschmidt, H. 295.
Goos, F. 75, 268, 269.
„Grauer" Strahler 195.
Graukeil 240, 248.
Gravierte Zelle 108.
Grenzfrequenz 321, 336.
Gresky, G. 310.
Gripenberg, W. S. 114.
Gross, F. 35.
Grundversuch, lichtelektrischer G. 1.
Gudden, B. 3, 21, 32, 39, 41, 42, 44.
Güntherschulze, A. 55.
Guthnick, P. 299.
Gyemant, A. 150, 151.

v. Halban, H. 135, 239, 291, 292.
Halbleiter, lichtelektrische Leitfähigkeit 44.
Halbleiterschicht, Herstellung der H. 109, 117.

Halbleiterzellen, Abhängigkeit von der Lichtintensität 46.
—, Konstruktion der H. 104.
—, die eine EMK geben 113.
—, Frequenzabhängigkeit 169.
—, spektrale Empfindlichkeitsverteilung 46.
Hallwachs, W. 1, 23, 67.
Hampke 353.
Hanff u. Buest 57, 58.
Hansen, G. 268.
Hardy, A. C. 286.
Harms 148.
Harrison, T. H. 247.
Hartgläser 64.
Hartmann, C. A. 150.
Haußer, K. W. 174, 297.
Haußer-Ganswind, J. 80.
Hauterythemkurve 297.
Hehlgans, F. 166, 337.
Heizelement 101.
Heliumsendelampe für Ultrarottelephonie 308.
Helligkeitskontrolle 346.
Herrnkind, O. 353.
Herstellung einer durch Wasserstoff sensibilisierten Kaliumzelle 92.
— einer Zelle mit dünner Alkalischicht auf oxydiertem Silber 28.
— von Photozellen 56.
Hill, A. V. 228.
Hilsch, R. 216.
Hinterwandzelle 48, 115.
Hochfrequenzentgasung 80.
Hochohmwiderstand 149.
—, belichtete Photozelle als H. 149, 170, 237.
—, Bestimmung seiner Größe 134.
— mit Elektrolyten 150.
— nach Krüger 150.
Hoffmann, G. 146.
Hughes, A. L. 59.
Hull, A. W. 92, 101, 184.
Hyde 195.
Hydrid 33.

Ihmori, T. 61.
Innerer lichtelektrischer Effekt, grundlegender Unterschied gegenüber äußerem 39.
Instrumente für elektrostatische Messungen 140.
Intensitätsverfahren 332.
Intensitätsverteilung, relative I. im sichtbaren Spektrum des schwarzen Körpers bei verschiedenen Temperaturen 193.
— im Quecksilber-Spektrum 201.
Ionenstrom, Aufbauzeit 164.
Ionisationsmanometer 56, 58, 80, 81.
Ionisierungsspannung 93, 165.
Ipsilux 348.
Isolation, Ansprüche an die I. in der Spektralphotometrie 276.
—, unzureichende I. von Photozellen 154.
Isolationsfehler 123, 177.
Isolationsmaterial 106, 153.
Isolationsprüfung 155.
Isolationswiderstand 160.
—, Mindestwert 125.
Isolierkörper für Selenzellen 104.
Ives, H. E. 24, 26, 35, 36.
Ives, Norten, Parker, Clark 313.

Jacquard-Webstuhl 359.
Jäger, R. 174.
Jobst, Richter, Wehnert 104.
Johnsrud, A. L. 24.
Joos, G. 205.

Kabinenbeleuchtung beim Fernsehen 327.
Kadmiumzelle 298.
Kalium, Laboratoriumsmethode zur Darstellung sehr reinen K. 69.
Kaliumhydrid 33.
Kältemittel 58.
Kannenstine 165.
Kapazitätsbestimmung 122.
Kapazitätseinwirkung 323.
Karolus, A. 313, 320, 322, 329.
Kathode 2.
—, Fehler durch ungleichmäßige Empfindlichkeit der K. 278.

Kathode, Ungleichmäßigkeit in der Empfindlichkeit der K. 246.
—, zentrale K. 8, 88.
Kathodenträgermetalle 74.
Kathodenzerstäubung 76.
Kayser, H. 196.
Kellogg, C. A. 274.
Kennlinie 8, 127, 131, 160.
Kenyon, J. 291.
Kerrzelle, Kennlinie 317.
—, Telefunkenbauart 318.
Kerrzellensteuerung 191.
Kerschbaum, H. 49, 53.
Klette 325.
Kluge, W. 32, 86, 87, 91, 98, 119, 164, 295.
Klumb, H. 20.
Koch, P. P. 75, 149, 237, 267, 269.
Körös, L. 180.
Kohle, granulierte aktive K. 59.
Kollath, W. 277.
Koller, L. R. 33, 96, 99.
Kolorimetrie 288.
Komparator 268.
Kompensationsschaltung 176, 188, 237, 319.
Kondensator, variabler 149, 244.
Kondensatoren 148.
Kondensator-Nullmethode 136, 137.
Kondensatorzelle 107.
Konstanz der Zellen 343.
Konstruktion u. Herstellung verschiedener Zellentypen 83, 98, 104, 115.
Kontaktpotential 12.
Kontinuierliches ultraviolettes Spektrum 205.
Konen, H. 295.
Korn, A. 312, 313, 359.
Kortüm, G. 247, 279, 292.
Krüger, F. 23, 150, 173.
Kugelpanzergalvanometer von Du Bois-Rubens 225.
Kühl, W. 294.
Kummerer 210.
Kunz, J. 247.
Kupfer - Kupferoxydulgleichrichter, Widerstand- und Stromspannungscharakteristik 51.

Kupferoxydulzelle 49, 116.
Kurvenschreiber nach Strauß 357.
Kurzschlußstrom 50.

Lampenkasten 200.
Lampenphotometer mit intermittierender Belichtung 257.
— — — — (Einzellen-Flimmermethode) 258.
—, Prinzip des lichtelektrischen L. 251.
—, technisches L. 253.
Lampensortiermaschine 256.
Lange, B. 53, 116, 117, 259, 266.
Langmuir, J. 31, 61, 184.
Langwellige Grenze 6.
— — von Halbleitern 23.
— — von Metallen 22.
— —, Maximalwert der l. G. bei monoatomarmen Schichten 26.
— — von Verbindungen 23.
— —, Verschiebung der l. G. mit zunehmendem Anodenpotential 13.
Lark-Horovitz, K. 229.
Lasinski, E. 115.
Lawrence, E. O. 4, 12, 191.
Lax, E. 73.
Lebensdauerkurven 343.
Lebensdauerprüfung 119.
Leiß, C. 213.
Leitfähigkeit des Glases 62.
Licht, moduliertes L. 188.
Lichtabsorptionsmessung 279.
Lichtausbeute, Einrichtung zur selbsttätigen Bestimmung der L. 255.
Lichte, H. 164, 331, 339.
Lichtelektrische Empfindlichkeit 4.
— Gerade 16.
— Leitfähigkeit, Abhängigkeit vom Material 43.
— Photometrie 233.
— Photometrie, Meßgenauigkeit 236.
Lichtelektrischer Effekt, äußerer l. E. 2.
— —, innerer l. E. 2.

Namen- und Sachverzeichnis.

Lichtenergie, auffallende und absorbierte L. 6.
Lichtfilter, Durchlässigkeitsgebiete verschiedener für L. in Betracht kommender Substanzen 206.
— für meteorologische Zwecke 293.
Lichtintensität, Vorrichtungen zum Messen der L. 218.
Lichtmekapion 354, 356.
Lichtquellen 192.
— mit kontinuierlichem Spektrum 193, 196.
— — — — im UV 205.
Lichtschranke 349.
Lichtschwächungsvorrichtungen 239.
—, Verwendung bei Abweichungen vom Proportionalitätsgesetz 248.
Lichtschwankungen, Flimmermethode zum Eliminieren von L. 241.
—, Kompensationsschaltung zum Eliminieren von L. 237.
—, Überblick über die verschiedenen Methoden zum Eliminieren von L. 245.
—, Zweizellenmethode nach Pohl zum Eliminieren von L. 243.
Lichtsirene nach Schäffer 190.
Lichttelephonie 304.
— nach Bell 306.
— nach H. Th. Simon 307.
— -Gegenverkehr nach Zickler 307.
Lichtton 332.
Lichttonaufnahme 332.
Lichttonwiedergabe 333, 334.
Lichtträgerfrequenz 188, 315.
Lichtverteilungskurven, automatische Aufnahme räumlicher L. 263.
Lichtzählrelais 346.
Lichtzählrohr 234.
Lichtzerstreuungsfilter 246.
Lindemann, F. A. 34.
Lindemann-Elektrometer 147.
Linford, L. B. 12.
Lochscheibe 189, 309, 324.
Loebe, W. W. 254.
Löwe 214.

Lubszynski, G. 165, 190.
Lukirsky, P. 9, 12.
Luminotron nach Nakken 103.
— nach Ries 103.
Luterbacher 112.

Majorana, Q. 47, 308.
Marton, L. 74.
Maximalgeschwindigkeit 9.
Maximalpotential 9.
Maximalpotentiale, beobachtete M. 12.
Mayrhofer, K. 292.
McLennan, J. C., u. D. S. Ainslie 72.
McLeodsches Manometer 80.
Mechau, R. 230.
Meridiankreis 302.
Meßgenauigkeit der verschiedenen elektrostatischen Methoden 137.
Meßmethoden mit Verstärkeranordnungen, Allgemeines 157.
Metalle 66.
Metallspiegel als Träger der lichtempfindlichen Schicht 75.
Metallzusätze 111.
Meteorologische und biologische Strahlungsmessung 292.
— Strahlungsmessung, Spektralphotometer hierfür 296.
Methode des stationären Ausschlags 130.
— — — —, Meßfehler 139.
Metronom 122.
Meyer, E. 248.
Michelssen, F. 47, 109, 111, 113.
Middlerton, E. 274.
Mikrophonische Geräusche 87, 162, 328.
Mikrophotometer 264.
—, registrierendes 267.
— mit Sperrschichtphotozelle 266.
Millikan, R. A. 12.
Modulation 189.
— durch Kerrzelle 191.
— durch Lochscheibe 189.
— durch optische Rückkopplung 188.
— durch Überlagerer 192.

Molekularer Wasserstoff, Wirkung auf Alkalimetalle 23.
Moll 221, 224.
Mönch, G. 21.
Monoatomare Schichten 25.
Monochromatoren 211.
Monochromator mit 90° Ablenkung 215.
—, Justierung der Linsen 213.
Moser, L. 76.
Mouton, L. 196.
Mulden, P. J. 286.
Müller, C. 221, 240, 263, 281, 284.
—, L. 274.
—, R. H. 290.
—, W. 234.
Mumetall 181, 228.

Nakken, Th. H. 102, 103.
Naphtalindampf, Einfluß auf lichtelektrische Empfindlichkeit 29.
Natriumamalgam 73.
Natriumnitrat 73.
Nava-Photozelle 85.
Nernstbrenner 196.
Newbury, K. 24.
Nipkow-Scheibe als Bildzerleger 322, 324.
— zur Lichtabtastung 326.
„Normale" Empfindlichkeitskurve 5, 27.
Normalspektrum 195.
Nullmethode 130, 243.
Nullmethoden, elektrostatische N. 135.
—, Meßfehler 139.

Ofen, elektrischer 83.
Ofenregulierung 355.
Olpin, A. R. 24, 26, 33, 34, 35.
Öldämpfe 59.
Ölpumpe 56.
Ölrücklauf 56.
Optophon 309.
— nach Fournier d'Albe 311.
Ortsbestimmung von Fixsternen 302.
Osramdreielektrodenzelle 100.
Oxyde der Erdalkalimetalle, lichtelektrische Empfindlichkeit 24.

Panzergalvanometer von Paschen 227.
Partridge, H. M. 290.
Partzsch, A. 95.
Paschen 227.
Pforte, W. S. 146.
Photoelektrischer Strom in Abhängigkeit von der Belichtung 97.
Photo-EMK beim äußeren lichtelektrischen Effekt 39.
—, Fehlen einer Photo-EMK beim inneren lichtelektrischen Effekt 40.
Photokathodenverstärkerröhre 100.
„Photolytic Cells" 54, 360.
Photometrie 233.
—, Meßgenauigkeit 236.
Photometrierung unzerlegten Lichtes, Allgemeines 248.
Photostrom, direkte Messung mit dem Galvanometer 155.
Photozelle mit Glimmrelais 352.
— als veränderlicher Widerstand (Phasenschieber) 183.
— mit mehr als zwei Elektroden 99.
— mit planparalleler Anordnung 90.
— mit zentraler Anode 84.
— mit zentraler Kathode 88.
— mit zwei gleichwertigen Elektroden 91.
— nach Hull 92.
Photozellenfehler 246.
Photozellenherstellung 56, 104, 115.
Photozellenrelais 341.
—, Anwendung des Ph. 343.
— zur Erhöhung der Galvanometerempfindlichkeit 229.
Pirani, M. 73.
Planck, M. 193.
Plancksche Konstante 10.
— Strahlungsgleichung 16, 193.
Platinmohr 24.
— mit monoatomarer Alkalihaut 13.
— als Trägermetall 25, 277.
Platinspiegel als Trägermetall 30.
Pohl, R. 3, 14, 32, 33, 34, 38, 39, 41, 42, 44, 216, 243.

Poindexter, F. E. 59.
Polarimetrie 291.
Polarisation bei elektrolytischen Zellen 54.
Polarisationseffekt 35.
Polarisationsvorrichtungen 217.
Polarisierte Atome 20.
Potentialmeßmethode 122.
— bei ansteigender Stromspannungscharakteristik 126.
—, Arbeitsbedingungen bei ansteigender Stromspannungskurve 128, 130.
— innerhalb des Sättigungsgebietes 120.
—, Meßfehler 137.
— bei schlechter Isolation 124.
du Prel, G. 176.
Preßler 89, 90, 345, 349, 353.
— -Photozelle 89, 90.
Priležaev, S. 9, 12.
Pringsheim, P. 14, 33, 34, 38.
Primärstrom, Proportionalität mit der Lichtintensität 41.
—, Trägheitslosigkeit 41.
Prior, W.; u. C. E. Riley 106.
Prismatisches Spektrum 195, 196.
Prismen konstanter Ablenkung 211.
Proportionalität mit der Lichtintensität 4, 97.
— des Photostromes mit der Lichtintensität, Abweichungen von der P. 97, 247
Prüfung der Zellen 119.
Pumpanordnung, Schema einer P. 56.
Pumpen 57.
Pumpstand 118.
Punktlichtlampe 198.
Pyrometer 17, 273.

Quadrantelektrometer 143.
— nach Dolezalek 145.
—, Anwendungsmöglichkeiten 147.
—, Empfindlichkeit 145.
Quantenäquivalent 14.
Quarzfenster 99, 277.
Quarzglas 65.
Quarzeinschmelzung 98.

Quarzisolierte Photozelle 231, 247, 277.
Quarzphotozelle 99, 232.
Quarz-Quecksilberbogenlampe 198.
Quarz-Quecksilberpunktlampe 200.
Quecksilberdestillationseinrichtung 59.
Quecksilberlinien, Intensitätsverteilung der Q. 201.
Quecksilberreinigung 60.
Quecksilberspektrum 201.

Radiovisor 109.
Rajewsky, B. 234.
Raster 109.
Rastereinteilung 321.
Rauchanzeiger 352.
Rauschen 162, 164.
Rauschpegel 340.
Raytheon Co., Zellen der R. 76, 84, 85.
Razek, J. 286.
Reduzierventil 78, 79.
Reflexionsabtastung 311, 313.
Reflexionsverluste, Berechnung nach Fresnel 220.
Reflexionsmethode bei lichtelektrischen Zählvorrichtungen 347.
Reflexionsvermögen, Berücksichtigung des R. 7.
Regelsatz, lichtelektrischer 356.
Registrierendes Einzellen-Mikrophotometer 271.
— Mikrophotometer 267.
— Spektralphotometer nach der Auflademethode 284.
— — nach der Methode des stationären Ausschlags 281.
— Zweizellen-Mikrophotometer 268.
Registrierfilm 282.
Registrierphotometer für Lampen 262.
Registrierung der Gesamthelligkeit 294.
Reichweiten bei der Lichttelephonie 310.
Rekombinationsverzug 164.
Rektaszensionsunterschied, lichtelektrische Bestimmung 302.

Relais, Photozellen- 341.
— -Photozellen der AEG 348.
—, Photozellen- der GEC 346, 352.
—, Thermo- und Photozellenrelais zur Erhöhung der Galvanometerempfindlichkeit 229.
Richardson, O. W. 15, 23.
Richardsonsche Gleichung für Glühelektronen 11.
Richter, H. 343, 345, 347, 352, 353.
Richtmeyer, F. K. 239.
Ries, Chr. 103, 104.
Riglie, A. 114.
Riley, C. E. 106.
Rillbe, P. 107.
Ringphotozelle 88, 314.
Ritchie, D. 252.
Röhren, indirekt geheizte für Röhrenvoltmeter 179, 180.
Röhrenvoltmeter 173.
— mit Netzanschluß 178.
— nach Brentano 177.
— nach Kallmann 180.
— nach Rosenberg 177.
Rolle, J. 332.
Rosenberg, H. 176, 247, 248, 264, 299.
Rosenmüller, M. 274.
Rostás, E. 74.
Rote Grenze 6.
Rothe, H. 12.
Rotierender Verschluß 241.
Roy, S. C. 15, 16.
Rubidium, Darstellung durch Chloridverfahren 71.
Rubidiumhäute auf Platinspiegel 38.
Rückgang des Elektrometers 248.
Rückkopplung, optische 188.
v. Ruhmer, E. 310.
Ruhmer, G. W. 106.
Rüttenauer, A. 210, 298.
Rukop, H. 80, 182.
Runge, I. 46.
Rupp, E. 32.

Sabine, R. 112, 114.
Sättigungsgebiet 8, 160.
Sättigungsspannung 87.

Samson, C. 254.
Sauerstoff, Wirkung auf Kalium 33.
Sauerstoff, Darstellung reinen S. 76.
Schäffer, W. 190.
Schanz, F. 23, 296.
Schaufensterbeleuchtung 349.
Scheibe, G. 280.
Schein, A. 176.
Schirmgitterphotozelle nach Zworykin 104.
Schleifengalvanometer 229.
Schottky, W. 12, 20, 49, 116, 163.
Schrägabtastung 320.
Schriever, O. 88, 314.
Schrieverzelle 314.
Schröter, F. 104, 309, 314, 320, 322, 323.
—, u. A. Karolus 320.
—, u. G. Lubszynski 165, 190.
—, u. F. Michelsen 109.
Schroteffekt 162.
Schueler, J. L. 274.
Schwarzer Körper 7, 84.
„Schwarzer" Strahler 193.
Schwärzung photographischer Platten, Ermittelung der Sch. 264.
Sektor, rotierender 240.
Sekundärstrahlröhre mit Photokathode 101.
Sekundärstrom 43.
— beim inneren lichtelektrischen Effekt 45.
„Selektives" Maximum 5, 27.
— —, Bedingungen für das Zustandekommen 32.
— —, Lage 34.
Selen 111.
—, Modifikationen 44, 111.
Selényi, P. 77, 116, 253.
Selenzellen 45, 104, 110, 168.
Selenzelle nach v. Bronck 106.
— nach Riley 107.
— nach Ruhmer 106.
— nach Thirring 107.
Selen-Tellurzellen 113.
— - — von Telefunken 109.
Sende, M. 18.
Senderlichtquellen 305.

Namen- und Sachverzeichnis. 371

Sensibilisierung von Kaliumoberflächen 32.
Serienherstellung 117.
Sewig, R. 46, 100, 169.
Sharp, Clayton, H. 258.
Sherman, G. W. 229.
Siedentopf, K. 239, 291.
Siegbahn, M. 272.
Siemens, W. 105, 114.
Siemensphotozelle 105, 110, 116.
Silber, oxydiertes S. als Trägermetall 28.
Simon, H. 18, 20, 80, 81, 86, 87, 91, 98, 295, 296.
Simon, H. Th. 306, 310.
Skaupy, F. 70.
Snow, Ch. L. 194.
Sonnenbrand 297.
Sonnenintensität im UV 298.
Sortiermaschinen 256, 358.
Spannungsabfall, maximal zulässiger Sp. bei der Methode des stationaren Ausschlags 132.
Spannungsreihe, elektrochemische Sp. 22.
Spektralphotometer 278.
— für meteorologische Strahlungsmessung 296.
—, registrierendes S. 281.
Spektralphotometrie 274.
Sperling, M. A. W. 114.
Sperrphase 185.
Sperrschichteffekt, Entstehungsort der Photoelektronen 49.
Sperrschichtphotoeffekt 47.
—, Sekundärströme 52.
—, Trägheitsfreiheit 51.
—, Wellenlängenabhängigkeit 53.
Sperrschichtphotostrom, galvanometrische Messung 157.
Sperrschichtphotozellen, Herstellung von S. 115.
— mit Linse 266.
Sperrschichtphotozelle nach Lange 116.
— nach Schottky 116.
Steilheit, „relative", der Photozelle 129.

Steilheit der Verstärkerrröhre 158.
Steinke, E. 247.
Sternphotometrie 299.
Störpegel 164, 340.
Störerscheinungen 162.
Stoletow, A. 95.
Stoppuhr 123, 152.
Stoßionisation 95.
Strahlungsgleichung von Planck 193.
— von Wien 193.
Strahlungsmessung, meteorologische und biologische St. 292.
—, registrierende 294.
Strahlungsphotometer 294.
Strahlungspyrometer, lichtelektrisches St. 273.
Straubelsches Prisma 212.
Strauß, S. 355.
Streifentelegraph 319.
— nach Schröter 319, 320.
Strömgren, E. u. B. 302.
Stromspannungskurve 8, 86.
— bei verschiedenem Gasdruck 96.
—, dauerndes Ansteigen der Str.-Sp.-K. 12.
Stufensektor 240, 282.
Suhrmann, R. 5, 11, 12, 14, 16, 18, 19, 23, 24, 28, 31, 33, 37, 70, 101, 209, 218, 231, 273, 275, 298.
Suits, Ch. G. 178.

Talbotsches Gesetz 240.
Tartowsky, P. 23
Teichmann, H. 23, 117, 259.
Teilstrahlungspyrometer 273.
Telefunkenringzelle nach O. Schriever 88, 314.
Telefunkenstabröhre als Photozelle 104.
Temperaturabhängigkeit von Gläsern 63.
Temperatureinfluß auf Selenzellen 111.
Teves, M. C. 91.
Thalliumsulfid-Zellen 111, 112.
Thalliumzellen 169.
Thalofidzellen 45, 111.

24*

Theissing, H. 14, 15, 23, 24, 31, 37.
Thermitverfahren 72.
Thermorelais 229.
Thermosäule 218.
—, Eichung 222.
Thermosäulen, Empfindlichkeit verschiedener Th. 224.
Thermosäule, Kompensationsschaltung 222.
— nach Zernike 220, 224.
Thirring, H. 107, 167, 169, 310.
Thomas, M. 62, 211.
Thyratronprinzip 184.
Thyratronsteuerung durch eine Photozelle 187.
Tiede, B. 70.
Tiefenschärfe 331.
Titration, lichtelektrische 289.
Todesco, G. 47, 291.
Tonfilm 331.
Tonfilmabtastzelle 89.
Tonfilmphotozelle 336, 337.
Tonfilmstreifen 332.
Tonwiedergabegerät der AEG 335, 339.
— der GEC 334, 339.
Toulon, P. 187.
Townsend, J. S. 95.
Trägerfrequenz 188, 315, 321.
Trägermetall für die lichtempfindliche Substanz 74.
—, oxydiertes Silber als T. 28.
—, Platinmohr als T. 25.
Trägerplatte für Selenzellen 108.
Trägheit 162, 163.
— der Halbleiterzellen 167.
— des Photozellenstromes 4.
Trägheitserscheinungen 323.
Trübungsmesser 353.
— der AEG 354.
Türöffner, lichtelektrischer 351.
Tungsram-Gesellschaft Ujpest, Zellen der T.-G. 85, 116.

Überkriechen von Ladungen 124, 155.
Überlagerer 191.

Ulbrichtsche Kugel 252.
v. Uljanin, W. 114.
Ultrarotdurchlässigkeit von Gläsern 63.
Ultrarot-empfindliche Oberflächen 27.
— Zellen 113.
Ultrarottelephonie nach Schröter 308.
Ultrasinglas, Durchlässigkeit im UV 209.
Uniton-Gerät 335, 339.
Unterwasserfunken 205.
Uspensky, A. W. 6.
UV-Glas 64, 209.
—, Einwirkung der Sonnenstrahlung auf die Durchlässigkeit 209.
UV-Zellen 98, 232, 277, 298.

Vahle, W. 174, 297.
Vektoreinfluß bei dünnen Alkalimetallhäuten 35.
— an flüssigen Kalium-Natriumlegierungen, sowie an Spiegeln von Kalium, Barium und Strontium 38.
Vergleichszelle 118, 230.
Verschiebungsgesetz von Wien 193.
Verstärker, Gleichstrom- 170, 176.
—, für Tonfilm nach Lichte 181.
—, Transformatoren- 181.
Verstärkeranordnungen, Allgemeines über Meßmethoden 157.
Verstärkerröhre mit Photokathode 100.
— mit der Photozelle im selben Glaskolben 102.
Verstärkerröhren, Wirkungsweise der V. 158.
Verstärkung durch Gasfüllung 92.
Verstärkungsfaktor 93, 173.
Versuchszelle für Laboratoriumszwecke 91.
Vieweg, R. 21.
Visomat 344, 345.
Visomat-Auge 347.
Voege, W. 223, 224.
Volmerpumpe 57.

Vorbelichtung 247.
Vorderwandzelle 49, 116.
Vorführungskabine der Ufa 339, 340.

Walker, R. C. 347.
Wandladungsphotozelle 103.
Warburg, E. 61, 73.
Wasserdampf, Wirkung auf die Empfindlichkeit des Kaliums 33.
Wasserhäute auf Gläsern 60.
Wasserstoff 76.
—, Wirkung auf Kalium, s. atomarer bzw. molekularer Wasserstoff.
Wasserstoffbeladung 19.
Wasserstoffionen, Bombardement mit W. 33.
Wasserstoffschicht, „monoatomare" W. 18.
Wechsellicht 188.
Weglänge, mittlere freie 94.
Weigert, F. 195. 210, 224.
Weilersches Spiegelrad 322, 329.
Werner, S. 6.
Westinghouse-Zelle 102.
White, C. W. 114.
Wiedmann, G. 23, 67.
Wien, W. 193.
Wiensche Strahlungsgleichung 16, 193.
Wiensches Verschiebungsgesetz 193.
Widerstands-Nullmethode 135.
Wilson, E. D. 84, 104.
Wilson, W. 16.
Winch, G. T. 260.
Winter, C. 54, 211.
Wolframbogenlampe 198.
Wolframgläser 64.

Wolframlampe mit Quarzfenster nach Gehlhoff 197.
Wood, R. W. 206, 207.
Wrede, B. 205.
Wulf, Th. 149.
Wyneken, I. 205.

Zahlrelais 346.
Zählrohr, lichtelektrisches 234.
Zecher, G. 71.
Zeigergalvanometer, spitzengelagertes 156.
Zeilensprungverfahren 319.
Zeitkonstante des Photozellenverstärkers 323.
Zeitmeßmethode 123.
— (Auflademethode) bei ansteigender Stromspannungskurve 126.
— — innerhalb des Sättigungsgebietes 120.
—, Meßfehler 139.
— bei schlechter Isolation 124.
Zellenkapazität, Einfluß der Z. 161.
Zentrale Anode 8, 84.
— Kathode 8, 88.
Zerfallmethode 70.
Zernike 220, 224, 228.
Zerstreuungsfilter 246.
Zickler, K. 307, 308.
Zusatzkapazität 126, 188.
Zweizellen-Kompensationsmethode 257.
Zwischengläser 65, 99.
Zwischenschicht, Beeinflussung der spektralen Empfindlichkeit durch Z. 28.
Zwischenvakuum 57.
Zworykin, V. K. 84, 102, 103, 104.
Zylinderzelle 86.

Druck von Oscar Brandstetter in Leipzig.

Verlag von Julius Springer / Berlin

*Lichtelektrische Erscheinungen. Von Bernhard Gudden, o. Professor der Experimentalphysik an der Universität Erlangen. („Struktur der Materie in Einzeldarstellungen", Band VIII.) Mit 127 Abbildungen. IX, 325 Seiten. 1928.   RM 24.—; gebunden RM 25.20

Gudden stellt die klassische „äußere" lichtelektrische Wirkung der physikalisch sauberen „inneren" gegenüber, deren Hauptförderung auf das Konto von Gudden und Pohl fällt. Bei der äußeren lichtelektrischen Wirkung unterscheidet Gudden wieder die normale und die selektive Wirkung, während die wesentlichste Unterteilung der inneren Wirkung durch die Elektronenbeweglichkeit gegeben ist; dementsprechend werden Isolatoren, Halbleiter, Selen u. a. getrennt behandelt. Überall spürt man die sachkundige Führung des experimentell Erfahrenen. Man muß der Darstellung den nachhaltigsten Eindruck auf alle auf lichtelektrischem Gebiet Arbeitenden wünschen.   *„Zeitschrift für technische Physik"*

*Lichtelektrische Photometrie. Von Prof. Dr. H. Rosenberg, Kiel. (Enthalten in Band II/1. Hälfte vom „Handbuch der Astrophysik") Mit 134 Abbildungen. XI, 430 Seiten. 1929.
RM 66.—; gebunden RM 69.—)

Allgemeines. Konstruktion und Eigenschaften der Photozellen. Methoden zur Messung des Photoeffektes. Die vollständigen photoelektrischen Apparaturen. Anwendungsgebiet der lichtelektrischen Methoden in der Astronomie.

Band II, 2. Hälfte vom „Handbuch der Astrophysik":
*Photographische Photometrie. Von Professor Dr. G. Eberhard, Potsdam. — **Visuelle Photometrie.** Von Professor Dr. W. Hassenstein, Potsdam. Mit 85 Abbildungen. VII, 322 Seiten. 1931.
RM 54.—; gebunden RM 57.20

Der Kauf eines Teilbandes verpflichtet zur Abnahme des ganzen Bandes.

Physikalisches Handwörterbuch. Herausgegeben von Dr.-Ing. e. h. Dr. phil. Arnold Berliner und Geh. Reg.-Rat Professor Dr. phil. Karl Scheel. Zweite Auflage. Mit 1114 Textfiguren. VI, 1428 Seiten. 1932.   RM 96.—; gebunden RM 99.60

*Elektrische Gleichrichter und Ventile. Von Professor Dr.-Ing. A. Güntherschulze. Zweite, erweiterte und verbesserte Auflage. Mit 305 Textabbildungen. IV, 330 Seiten. 1929.   Gebunden RM 29.—

Der Quecksilberdampf-Gleichrichter. Von Kurt E. Müller-Lübeck, Ingenieur der AEG-Apparatefabriken, Treptow.

*Erster Band: **Theoretische Grundlagen.** Mit 49 Textabbildungen und 4 Zahlentafeln. IX, 217 Seiten. 1925.   Gebunden RM 15.—

*Zweiter Band: **Konstruktive Grundlagen.** Mit 340 Textabbildungen und 4 Tafeln. VI, 350 Seiten. 1929.   Gebunden RM 42.—

---

* *Auf alle vor dem 1. Juli 1931 erschienenen Bücher wird ein Notnachlaß von $10^0/_0$ gewährt.*

Verlag von Julius Springer / Berlin

Struktur der Materie in Einzeldarstellungen. Herausgegeben von M. Born-Göttingen und J. Franck-Göttingen.

*I. **Zeemaneffekt und Multiplettstruktur der Spektrallinien.** Von Dr. E. **Back**, Privatdozent für Experimentalphysik in Tübingen, und Dr. A. **Landé**, a. o. Professor für Theoretische Physik in Tübingen. Mit 25 Textabbildungen und 2 Tafeln. XII, 213 Seiten. 1925.
RM 14.40; gebunden RM 15.90

*II. **Vorlesungen über Atommechanik.** Von Professor Dr. **Max Born**. Herausgegeben unter Mitwirkung von Privatdozent Dr. **Friedrich Hund**. Erster Band: Mit 43 Abbildungen. IX, 358 Seiten. 1925.
RM 15.—; gebunden RM 16.50
*Zweiter Band: **Elementare Quantenmechanik.** Von Professor Dr. **Max Born** und Professor Dr. **Pascual Jordan**. XI, 434 Seiten. 1930. RM 28.—; gebunden RM 29.80

*III. **Anregung von Quantensprüngen durch Stöße.** Von Professor Dr. **J. Franck** und Professor Dr. **P. Jordan**. Mit 51 Abbildungen. VIII, 312 Seiten. 1926. RM 19.50; gebunden RM 21.—

*IV. **Linienspektren und periodisches System der Elemente.** Von Dr. **Friedrich Hund**, Privatdozent an der Universität Göttingen. Mit 43 Abbildungen und 2 Zahlentafeln. VI, 221 Seiten. 1927.
RM 15.—; gebunden RM 16.20

*V. **Die seltenen Erden vom Standpunkte des Atombaues.** Von Professor Dr. **Georg v. Hevesy**. Mit 15 Abbildungen. VIII, 140 Seiten. 1927. RM 9.—

*VI. **Fluorescenz und Phosphorescenz im Lichte der neueren Atomtheorie.** Von Professor Dr. **Peter Pringsheim**. Dritte Auflage. Mit 87 Abbildungen. VII, 357 Seiten. 1928.
RM 24.—; gebunden RM 25.20

*VII. **Graphische Darstellung der Spektren von Atomen und Ionen mit ein, zwei und drei Valenzelektronen.** Von Dr. **W. Grotrian**, a. o. Professor der Universität Berlin. Erster Teil: Textband. Mit 43 Abbildungen. XIII, 245 Seiten. 1928. Zweiter Teil: Figurenband. Mit 163 Abb. X, 168 Seiten. 1928. Beide Bände RM 34.—; geb. RM 36.40

VIII. **Lichtelektrische Erscheinungen.** Siehe I. Anzeigenseite.

IX. Siehe II., Zweiter Band: Elementare Quantenmechanik.

*X. **Das ultrarote Spektrum.** Von Dr. **Clemens Schaefer**, o. ö. Professor der Physik an der Universität Breslau, und Dr. **Frank Matossi**, Breslau. Mit 161 Abbildungen. VI, 400 Seiten. 1930. RM 28.—; gebunden RM 29.80

*XI. **Astrophysik auf atomtheoretischer Grundlage.** Von Dr. **Svein Rosseland**, Professor an der Universität Oslo. Mit 25 Abbildungen. VI, 252 Seiten. 1931. RM 19.80; gebunden RM 21.20

XII. **Der Smekal-Raman-Effekt.** Von Professor Dr. **K. W. F. Kohlrausch**, Graz. Mit 85 Abbildungen. VIII, 392 Seiten. 1931.
RM 32.—; gebunden RM 33.80

XIII. **Die Quantenstatistik und ihre Anwendung auf die Elektronentheorie der Metalle.** Von **Léon Brillouin**, Professor der Theoretischen Physik an der Sorbonne in Paris. Aus dem Französischen übersetzt von Dr. E. **Rabinowitsch**, Göttingen. Mit 57 Abbildungen. X, 530 Seiten. 1931. RM 42.—; gebunden RM 43.80

---

*Auf alle vor dem 1. Juli 1931 erschienenen Bücher wird ein Notnachlaß von 10% gewährt.

MIX
Papier aus verantwortungsvollen Quellen
Paper from responsible sources
FSC® C105338

If you have any concerns about our products,
you can contact us on
ProductSafety@springernature.com

In case Publisher is established outside the EU,
the EU authorized representative is:
**Springer Nature Customer Service Center GmbH
Europaplatz 3, 69115 Heidelberg, Germany**

Printed by Libri Plureos GmbH
in Hamburg, Germany